高效随身查

——PPT 2021必学的美化设计应用技巧

视频教学版

赛贝尔资讯◎编著

清华大学出版社
北京

内容简介

本书从制作优秀的PPT的正确理念入手，并通过大量的设计范例进行解析和推进，让职场人士在接到PPT任务时，能够轻松地整理资料、活用模板，还能辅以漂亮的设计，以便在短时间内制作出能提升职场竞争力的PPT。

本书共11章，分别讲解了用正确的理念指引你的设计、演示文稿创建及基本编辑、定义演示文稿的整体风格和布局、幻灯片中文本的处理及美化、图片对象的编辑和处理、图形对象的编辑和处理、工作型PPT中SmartArt图形的妙用、工作型PPT中表格的使用技巧、幻灯片中音频和视频的处理技巧、幻灯片中对象的动画效果、演示文稿的放映及输出的相关内容。

本书中所讲到的操作技能、设计方案，皆是从实际出发，注重设计效果，且贴近读者实际办公需求。希望通过学习本书，能为即将走入职场的新人指点迷津，使其在众多的招聘者中脱颖而出，或让已在职场工作的人员重新认识PPT，使其制作的PPT获得质的飞跃，从而更受企业的重视。

图书在版编目（CIP）数据

高效随身查：PPT2021必学的美化设计应用技巧：视频教学版/赛贝尔资讯编著. —北京：清华大学出版社，2022.9

ISBN 978-7-302-61407-4

Ⅰ. ①高…　Ⅱ. ①赛…　Ⅲ. ①图形软件. Ⅳ. ① TP391.412

中国版本图书馆CIP数据核字（2022）第136151号

责任编辑：贾小红
封面设计：姜　龙
版式设计：文森时代
责任校对：马军令
责任印制：朱雨萌

出版发行：清华大学出版社
网　址：http://www.tup.com.cn，http://www.wqbook.com
地　址：北京清华大学学研大厦A座　　邮　编：100084
社 总 机：010-83470000　　邮　购：010-62786544
投稿与读者服务：010-62776969，c-service@tup.tsinghua.edu.cn
质量反馈：010-62772015，zhiliang@tup.tsinghua.edu.cn

印 装 者：北京同文印刷有限责任公司
经　销：全国新华书店
开　本：145mm×210mm　　印　张：12.125　　字　数：472千字
版　次：2022年10月第1版　　印　次：2022年10月第1次印刷
定　价：79.80元

产品编号：091276-01

前　言

Preface

工作堆积如山，加班加点总也忙不完？

百度搜索很多遍，依然找不到确切的答案？

大好时光，怎能全耗在日常文档、表格与 PPT 操作上？

别人工作很高效、很利索、很专业，我怎么不行？

您是否羡慕他人早早做完工作，下班享受生活？

您是否注意到职场达人，大多都是高效能人士？

没错！

工作方法有讲究，提高效率有捷径：

一两个技巧，可节约半天时间；

一两个技巧，可解除一天烦恼；

一两个技巧，少走许多弯路；

一本易学书，菜鸟也能变高手；

一本实战书，让您职场中脱颖而出；

一本高效书，不必再加班加点、匀出时间分给其他爱好。

1. 这是一本什么样的书

（1）着重于设计思路的引导和提高工作效率：与市场上很多同类型图书不同，本书并非单纯讲解工具的使用，而是给出了众多专业幻灯片，在讲解专业技能的同时，还兼顾引导读者的设计思路。

（2）应用技巧详尽、丰富：本书选择了几百个应用技巧，足够满足日常办公应用。

（3）图解方式，一目了然：本书采用图解的方式讲解，可以让读者轻松学习，快速掌握应用技巧。

（4）突出重点、解疑释惑：本书在内容讲解的过程中，遇到重点知识与问题时，会以“专家点拨”“应用扩展”等形式进行突出讲解，让读者能彻底读懂、学会，少走弯路。

2. 这本书写给谁看

（1）想成为职场“白骨精”的小 A：高效干练，企事业单位的主力骨干，白领中的精英，高效办公是必需的！

（2）想干点“更重要”的事的小 B：日常办公耗费了不少时间，掌握点技巧，可节省 2/3 的时间，去干点个人发展的事更重要啊！

（3）想获得领导认可的文秘小 C：要想把工作及时、高效、保质保量地做好，让领导满意，怎么能没点办公绝活？

（4）想早下班逗儿子的小 D：人生苦短，莫使金樽空对月，享受生活是小 D 的人生追求，一天的事情半天搞定，满足小 D 早早回家陪儿子的愿望。

（5）不善于求人的小 E：事事求人，给人的感觉好像很谦虚，但有时候也可能显得自己很笨，所以小 E 这类人，还是自己多学两招。

3. 此书的创作团队

本系列图书的创作团队都是长期从事行政管理、HR 管理、营销管理、市场分析、财务管理和教育 / 培训的工作者，以及微软办公软件专家。他们在电脑知识普及、行业办公中具有十多年的实践经验，出版的书籍广泛受到读者好评。而且本系列图书所有的写作素材都是采用企业工作中使用的真实数据报表，这样编写的内容更能贴近读者使用及操作规范。

本书由赛贝尔资讯组织策划与编写，参与编写的人员有张发凌、吴祖珍、姜楠、韦余靖等老师，在此对他们表示感谢！尽管作者对书中的列举文件精益求精，但疏漏之处仍然在所难免。如果读者朋友在学习的过程中遇到一些难题或是有一些好的建议，欢迎和我们交流。

目　录

contents

第 1 章　用正确的理念指引你的设计 1

1.1　怎样才能做出优秀的幻灯片 1

技巧 1　文字过多的幻灯片怎么处理 1
技巧 2　排版文本时关键字要突出 2
技巧 3　文字排版忌结构零乱 4
技巧 4　文本忌用过多效果 5
技巧 5　文字与背景分离要鲜明 6
技巧 6　图示图形忌滥用渐变 7
技巧 7　全文字也可以设计出好版式 9
技巧 8　图示，幻灯片必不可少的武器 10

1.2　幻灯片色彩搭配 11

技巧 9　颜色的组合原则 11
技巧 10　根据演示文稿的类型确定主体色调 13
技巧 11　背景色彩与内容色彩要合理搭配 15
技巧 12　配色小技巧——邻近色搭配 16
技巧 13　配色小技巧——同色系搭配 17
技巧 14　配色小技巧——用好取色器借鉴网络完美配色 19

1.3　幻灯片布局原则 21

技巧 15　整体布局的统一协调 21
技巧 16　保持框架均衡 22
技巧 17　画面有强调有对比 23
技巧 18　至少遵循一个对齐规则 24

1.4　准备好素材 26

技巧 19　推荐几个好的模板下载基地 26
技巧 20　寻找高质量图片有捷径 28
技巧 21　哪里能下载好字体 32
技巧 22　如何找到无背景的 PNG 格式图片 34
技巧 23　推荐配色网站去学习 38

第 2 章　演示文稿创建及基本编辑 42

2.1　初识幻灯片 42

技巧 1　创建新演示文稿 42
技巧 2　应用模板或主题创建新演示文稿 44

技巧 3　快速保存演示文稿 46
技巧 4　创建新幻灯片 47
技巧 5　向占位符中输入文本 49
技巧 6　调整占位符的位置与大小 50
技巧 7　在任意位置添加文本框输入文本 51
技巧 8　向幻灯片中添加图片 52
技巧 9　一次性添加多张图片 53
技巧 10　向幻灯片中插入图形 54

2.2　幻灯片的操作技巧 56

技巧 11　移动、复制、删除幻灯片 56
技巧 12　复制其他演示文稿中的幻灯片 58
技巧 13　隐藏不需要放映的幻灯片 59
技巧 14　标准幻灯片与宽屏幻灯片 61
技巧 15　给幻灯片添加时间印迹 62
技巧 16　为幻灯片文字添加网址超链接 64
技巧 17　为幻灯片添加批注 65

2.3　演示文稿文件管理 67

技巧 18　快速打开最近编辑的演示文稿 67
技巧 19　将最近常使用的演示文稿固定到最近使用列表中 67
技巧 20　加密保护演示文稿 68
技巧 21　设置演示文稿的默认保存位置 69
技巧 22　设置演示文稿的默认保存格式 70

第 3 章　定义演示文稿的整体风格和布局 72

3.1　主题、模板的应用技巧 72

技巧 1　什么是主题，什么是模板 72
技巧 2　为什么要应用主题和模板 75
技巧 3　下载使用网站上的模板 77
技巧 4　自定义幻灯片背景——渐变背景 79
技巧 5　自定义幻灯片背景——图片背景 81
技巧 6　自定义幻灯片背景——图案背景 83
技巧 7　将设置的图片背景以半透明柔化显示 84
技巧 8　将设置的幻灯片背景应用于所有幻灯片 85
技巧 9　保存下载的主题为本机内置主题 86
技巧 10　将下载的演示文稿保存为我的模板 88

3.2　母版的应用技巧 89

技巧 11　母版的作用 89

技巧 12　在母版中定制统一的幻灯片背景 92
技巧 13　在母版中定制统一的标题文字与正文文字格式 94
技巧 14　为幻灯片定制统一的页脚效果 97
技巧 15　在母版中定制统一的 LOGO 图片 99
技巧 16　在母版中为幻灯片设计统一的页面元素 101
技巧 17　在母版中设计统一的标题框修饰效果 104
技巧 18　自定义可多次使用的幻灯片版式 106
技巧 19　将自定义的版式重命名保存下来 111
技巧 20　试着自定义一套主题 112

第 4 章　幻灯片中文本的处理及美化 121

4.1　文本编辑技巧 121

技巧 1　下载、安装字体 121
技巧 2　快速调整文本的字符间距 123
技巧 3　为文本添加项目符号 124
技巧 4　为文本添加编号 127
技巧 5　排版时增加行与行之间的间距 128
技巧 6　多段落时一次性设置段落格式 130
技巧 7　设置文字竖排效果 131
技巧 8　在形状上添加文本达到突出显示或美化效果 132
技巧 9　一次性替换修改字体格式 133
技巧 10　相同文字格式时用“格式刷”刷取 134
技巧 11　将正文文本拆分为两张幻灯片 136
技巧 12　查找指定文本并替换 137
技巧 13　快速将文本直接转换为 SmartArt 图形 139

4.2　文本的美化技巧 140

技巧 14　为大号文字应用艺术字效果 140
技巧 15　为大号文字设置渐变填充效果 142
技巧 16　为大号文字设置图案填充效果 144
技巧 17　为大号文字设置图片填充效果 145
技巧 18　为大号文字设置映像效果 146
技巧 19　为大号文字设置发光效果 148
技巧 20　为大号文字设置立体字效果 149
技巧 21　文字也可以设置轮廓线 151
技巧 22　以波浪形显示特殊文字 152
技巧 23　美化文本框——设置文本框的边框线条 154
技巧 24　美化文本框——设置文本框的填充颜色 156
技巧 25　用“格式刷”快速引用文本框的格式 158

第 5 章 图片对象的编辑和处理 159

5.1 了解图片的排版 159

技巧 1 全图形幻灯片 159
技巧 2 图片主导型幻灯片 160
技巧 3 多小图幻灯片 160

5.2 图片的编辑与调整 161

技巧 4 插入新图片并调整大小 161
技巧 5 随心所欲地裁剪图片 163
技巧 6 插入使用 SVG 图标 164
技巧 7 把图片裁剪为自选形状样式 167
技巧 8 从图片中抠图 167
技巧 9 图片的边框修整 169
技巧 10 增强图片立体感 172
技巧 11 套用图片样式快速美化图片 174
技巧 12 让图片亮起来 175
技巧 13 巧妙调整图片色彩 176
技巧 14 图片艺术效果 177
技巧 15 将多图片更改为统一的外观样式 178
技巧 16 多小图的快速对齐 180
技巧 17 将多图片应用 SmartArt 图形样式进行快速排版 181

第 6 章 图形对象的编辑和处理 183

6.1 图形辅助页面排版的思路 183

技巧 1 图形常用于反衬文字 183
技巧 2 图形常用于布局版面 184
技巧 3 图形常用于提升版面设计效果 185
技巧 4 图形常用于表达数据关系 186

6.2 图形的绘制及编辑 187

技巧 5 选用并绘制需要的图形 187
技巧 6 绘制正图形的技巧 189
技巧 7 图形的位置、大小、旋转调整 190
技巧 8 调节图形顶点变换图形 192
技巧 9 自定义绘制图形 195
技巧 10 合并多形状获取新图形 197
技巧 11 等比例缩放图形 199
技巧 12 精确定义图形的填充颜色 200
技巧 13 设置渐变填充效果 202

技巧 14　设置图形的边框线条 204
技巧 15　设置图形半透明的效果 205
技巧 16　设置图形的三维特效 206
技巧 17　设置图形的阴影特效 207
技巧 18　为图形设置映像效果 209
技巧 19　为多个对象应用统一操作 210
技巧 20　多图形快速对齐 210
技巧 21　完成设计后组合多图形为一个对象 212
技巧 22　用格式刷快速刷取图形的格式 214

6.3　图形设计范例 215

技巧 23　制作立体便签效果 215
技巧 24　制作逼真球体 218
技巧 25　制作创意目录 223
技巧 26　制作立体折角图标效果 226

第 7 章　工作型 PPT 中 SmartArt 图形的妙用 229

7.1　学会选用合适的 SmartArt 图形 229

技巧 1　并列关系的 SmartArt 图形 229
技巧 2　流程关系的 SmartArt 图形 230
技巧 3　循环关系的 SmartArt 图形 231

7.2　学会 SmartArt 图形的编辑技巧 231

技巧 4　快速创建 SmartArt 图形 231
技巧 5　形状不够要添加 233
技巧 6　重新调整文本级别 234
技巧 7　调整 SmartArt 图形顺序 236
技巧 8　将 SmartArt 图形更改为另一种类型 237
技巧 9　更改 SmartArt 图形中默认的图形样式 239
技巧 10　通过套用样式模板一键美化 SmartArt 图形 241
技巧 11　将 SmartArt 图形转换为形状后打散重排 243
技巧 12　将 SmartArt 图形转换为纯文本 245

第 8 章　工作型 PPT 中表格的使用技巧 247

8.1　幻灯片中表格的插入及编辑 247

技巧 1　幻灯片中的表格美化 247
技巧 2　插入新表格 248
技巧 3　自定义符合要求的表格框架 249
技巧 4　表格行高、列宽的调整 251
技巧 5　一次性让表格具有相等行高和列宽 253

技巧 6　成比例缩放表格 254
技巧 7　隐藏 / 显示任意框线 254
技巧 8　套用表格样式一键美化 256
技巧 9　为表格数据设置合理的对齐方式 257
技巧 10　自定义设置不同的框线 258
技巧 11　自定义单元格的底纹色 261
技巧 12　突出表格中的重要数据 261
技巧 13　巧用表格布局幻灯片版面 262
技巧 14　复制使用 Excel 表格 267

8.2　幻灯片中图表的创建及编辑 269

技巧 15　了解用于幻灯片中的几种常用图表类型 269
技巧 16　创建新图表 271
技巧 17　为图表追加新数据 273
技巧 18　重新定义图表的数据源 275
技巧 19　快速变换图表的类型 276
技巧 20　为图表添加数据标签 278
技巧 21　为饼图添加类别名称与百分比数据标签 279
技巧 22　套用图表样式实现快速美化 281
技巧 23　图表中重点对象的特殊美化 282
技巧 24　隐藏图表中不必要的对象实现简化 283
技巧 25　将设计好的图表转换为图片 284
技巧 26　复制使用 Excel 图表 285

第 9 章　幻灯片中音频和视频的处理技巧 289

9.1　音频的处理技巧 289

技巧 1　在幻灯片中插入音频 289
技巧 2　设置音频自动播放 290
技巧 3　录制声音到幻灯片中 290
技巧 4　录制音频后快速剪裁无用部分 291
技巧 5　设置淡入淡出的播放效果 292
技巧 6　隐藏小喇叭图标 293

9.2　视频的处理技巧 293

技巧 7　在幻灯片中插入视频 293
技巧 8　设置视频的封面图片 295
技巧 9　将视频中的重要场景设置为封面 296
技巧 10　自定义视频播放窗口的外观 298
技巧 11　让视频在幻灯片放映时全屏播放 299
技巧 12　自定义视频放映时的色彩效果 299

第 10 章 幻灯片中对象的动画效果 300

10.1 设置幻灯片的切片动画 300

技巧 1 为幻灯片添加切片动画 300
技巧 2 一次性设置所有幻灯片的切片动画 300
技巧 3 自定义切片动画的持续时间 301
技巧 4 让幻灯片能自动切片 301
技巧 5 快速清除所有切片动画 302

10.2 自定义动画 302

技巧 6 动画设计原则 1——全篇动作要顺序自然 302
技巧 7 动画设计原则 2——重点内容用动画强调 304
技巧 8 为目标对象添加动画效果 305
技巧 9 修改不满意的动画 307
技巧 10 对单一对象指定多种动画效果 308
技巧 11 让对象按路径进行移动 310
技巧 12 饼图的轮子动画 312
技巧 13 柱形图的逐一擦除式动画效果 313
技巧 14 SmartArt 图形逐一出现动画 314
技巧 15 删除不需要的动画 316
技巧 16 为每张幻灯片添加相同的动作按钮 316

10.3 动画播放效果设置技巧 319

技巧 17 重新调整动画的播放顺序 319
技巧 18 自定义设置动画播放速度 320
技巧 19 控制动画的开始时间 321
技巧 20 让多个动画同时播放 322
技巧 21 让某个对象始终是运动的 323
技巧 22 让对象在动画播放后自动隐藏 323
技巧 23 播放文字动画时按字、词显示 324
技巧 24 让播放后的文本换一种颜色显示 325
技巧 25 在显示产品图片的同时伴随拍照声音 326

第 11 章 演示文稿的放映及输出 328

11.1 放映前的设置技巧 328

技巧 1 让幻灯片自动放映（浏览型） 328
技巧 2 让幻灯片自动放映（排练计时） 329
技巧 3 录制幻灯片演示 331
技巧 4 只播放整篇演示文稿中的部分幻灯片 332
技巧 5 实现在文件夹中双击演示文稿即进入播放状态 334

11.2 放映中的操作技巧 335
技巧 6 放映中返回到上一张幻灯片 335
技巧 7 放映时快速切换到其他幻灯片 336
技巧 8 在放映幻灯片时隐藏光标 337
技巧 9 在放映幻灯片时对重要内容做标记 338
技巧 10 更改绘图笔的默认颜色 340
技巧 11 放映时放大局部内容 340
技巧 12 在放映时屏蔽幻灯片内容 342
技巧 13 远程同步观看幻灯片放映 343
11.3 演示文稿的输出 345
技巧 14 创建讲义 345
技巧 15 在 Word 中创建讲义 346
技巧 16 将演示文稿保存为图片 347
技巧 17 将演示文稿打包成 CD 349
技巧 18 一次性打包多篇演示文稿并加密 351
技巧 19 将演示文稿转换为 PDF 文件 353
技巧 20 将演示文稿创建为视频文件 355
附录 A 问题集 357
问题 1 主题颜色是什么？什么情况下需要更改？ 357
问题 2 为什么修改了主题色，图形却并不变色？ 358
问题 3 为什么在母版中设置了文字的格式，幻灯片中却不应用？ 359
问题 4 在 Word 中拟好文本框架，有没有办法一次性转换为 PPT？ 361
问题 5 如何将文本转换为二级分类的 SmartArt 图形？ 362
问题 6 幻灯片页面中很多用来布局的不规则图形是手工绘制的吗？ 364
问题 7 在制作教学课件时怎样才能先出现问题，再出现答案呢？...... 366
问题 8 在放映幻灯片的过程中，背景音乐始终在播放，这是如何实现的？...... 366
问题 9 在放映幻灯片时，想在放映和讲解的同时查看备注信息，可以实现吗？ 367
问题 10 如何保存文稿中的图片或者背景图片？ 368
问题 11 PPT 在其他计算机中打开时，为什么字体都不是原来的字体了？...... 369
问题 12 如果不想让别人在“最近使用的文档”列表中看到我打开了哪些文件，有没有办法实现？ 370
问题 13 不启动 PowerPoint 程序能放映幻灯片吗？ 371
问题 14 演示文稿建立好后通常体积都会比较大，有哪些办法为演示文稿瘦身？ 372
问题 15 如何抢救丢失的文稿？ 373

第1章 用正确的理念指引你的设计

1.1 怎样才能做出优秀的幻灯片

技巧1 文字过多的幻灯片怎么处理

在设计商务演示文稿的过程中，如果一张幻灯片中的文字内容比较多，整个版面就会显得拥挤，如图 **1-1** 所示。这种页面不但视觉效果差，而且也不便于放映时观众对重点内容的吸收。

BUSINESS

新产品上市的几种类型

- 全 新 产 品　是指应用新原理、新技术、新材料，具有新结构、新功能的产品。
- 改进型新产品　是指在原有老产品的基础上进行改进，使产品在结构、功能、品质、花色、款式及包装上具有新的特点和新的突破，改进后的新产品，其结构更加合理，功能更加齐全，品质更加优质，能更多地满足消费者不断变化的需要。
- 本企业新产品　是企业对国内外市场上已有的产品进行模仿生产，称为本企业的新产品。

图 1-1

通过以下几种方式可以有效地改善以上情况。

❶ 压缩文本，转换文本表达方式，如让文本图示化，效果如图 **1-2** 所示。

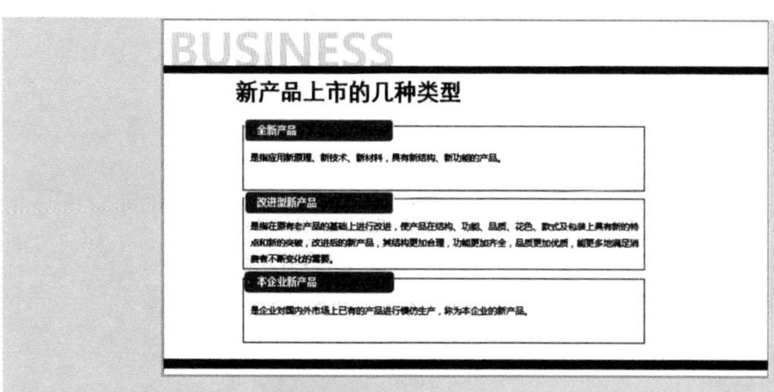

图 1-2

❷ 对于无法精简的文本可以设置文本条目化，如改变文本级别、添加项目符号等，效果如图 1-3 所示。

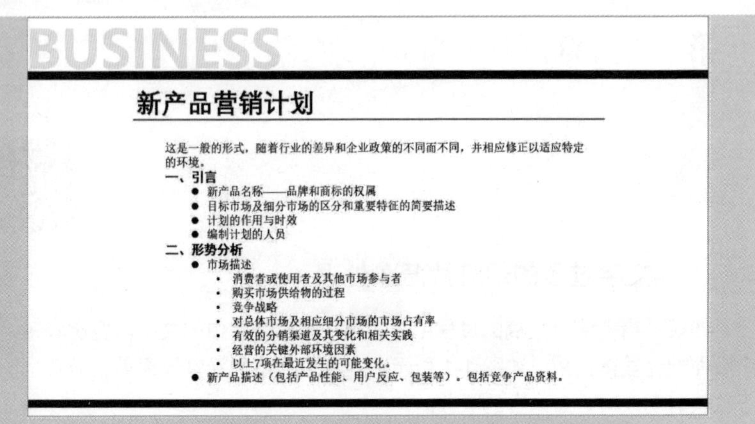

图 1-3

❸ 提炼关键词或者保留关键段落，其余的可以采用建立批注的方式，效果如图 1-4 所示。

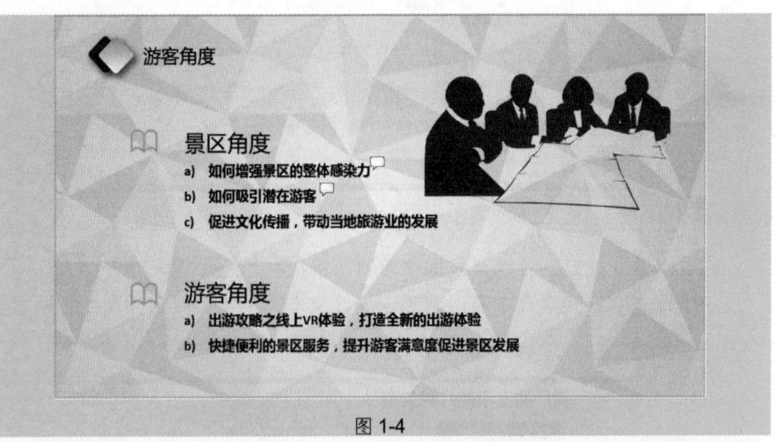

图 1-4

技巧 2　排版文本时关键字要突出

在阅读演示文稿时，只要文本关键字突出，就容易让人抓住重点。因此在设计幻灯片时，要注意对关键字做有别于其他文本的特殊化设计。

一般通过以下几种方式来突出关键字。

一、变色

通过变色造成视觉上的色差，就很容易突出关键字，效果如图 1-5 所示。

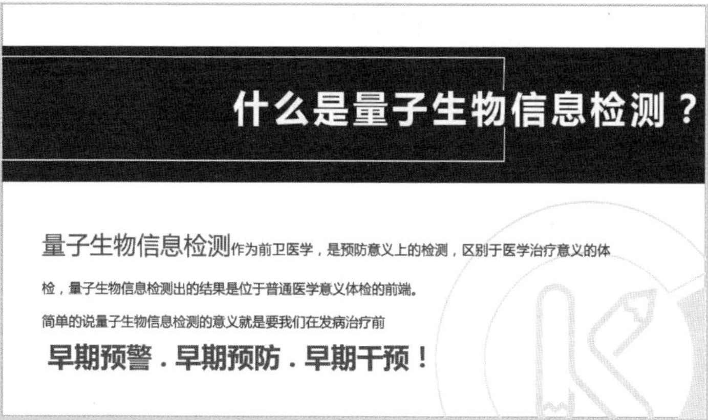

什么是量子生物信息检测？
量子生物信息检测作为前卫医学，是预防意义上的检测，区别于医学治疗意义的体
检，量子生物信息检测出的结果是位于普通医学意义体检的前端。
简单的说量子生物信息检测的意义就是要我们在发病治疗前
早期预警．早期预防．早期干预！

图 1-5

二、加大字号

通过加大字号，使得关键字在空间上被突出，效果如图 1-6 所示。

决定我们的视野
成功的思路决定成功的出路

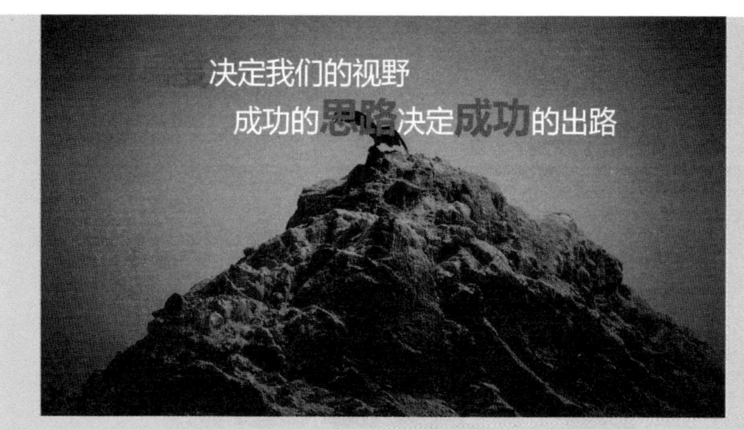

图 1-6

三、图形反衬

通过图形反衬指向关键字，更能加深阅读者的印象，如图 1-7 所示。

图 1-7

技巧 3　文字排版忌结构零乱

有些幻灯片本身包含的元素没有任何问题，但由于文字的排版较随意，而导致结构显示零乱，如图 **1-8** 所示。

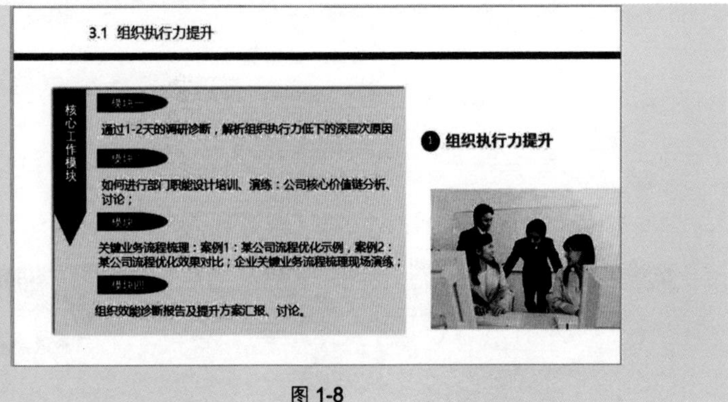

图 1-8

解决以上问题的方法是对文本重新排版，一定要注意合理的对齐方式。经过重新排版后，可以得到如图 **1-9** 所示的效果。

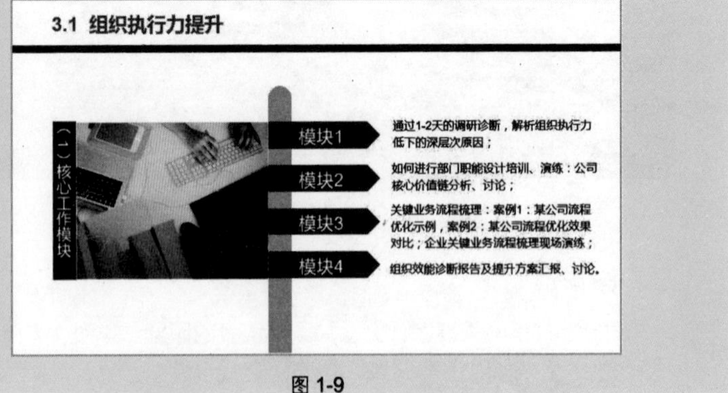

图 1-9

技巧 4 文本忌用过多效果

在建立文本型幻灯片时，有的设计者为了区分各项不同内容，会为不同的文本设置不同的格式。如图 1-10 所示，既使用不同的填充色调，又使用不同的字体，由于表现形式比较混乱，从而导致整体效果较差。

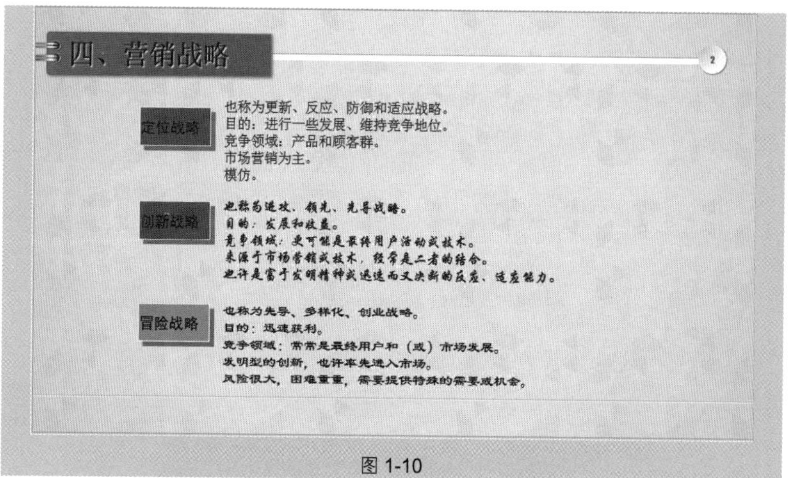

图 1-10

文本设置时要注意避免使用过多的颜色，同一级别的文本使用同一种效果，这样就可以避免页面过于零乱。另外，也可以增加多种表现形式，如添加线条间隔文本（如图 1-11 所示），或者将文本转换为图示来表示。

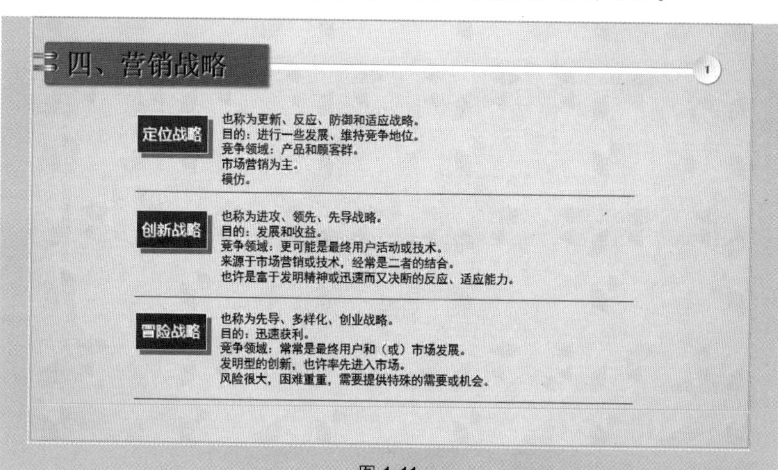

图 1-11

技巧 5　文字与背景分离要鲜明

使用大图作为背景，是幻灯片设计中的一种较为常见的风格，如果采用这种设计，一定要注意文字与背景分离要鲜明，既不能忽略了图片的作用，也不能让文字主体看不清。这种设计有以下三个注意点及处理方式。

❶ 要注意图片的选择与文字的颜色，如图 **1-12** 所示的幻灯片，文字颜色及效果是不达标的。

图 1-12

合理的做法是尽量设置背景为单一色彩，这样就避免了文字与不同背景色的色彩冲突，即深色背景使用浅色文字，浅色背景使用深色文字。更改图 **1-12** 文字的颜色，效果即可达标，如图 **1-13** 所示。

图 1-13

❷ 很多时候会使用图形来制作文字编辑区，如图 1-14 所示。

图 1-14

❸ 也可以使用半透明图形覆盖图片，如图 1-15 所示。

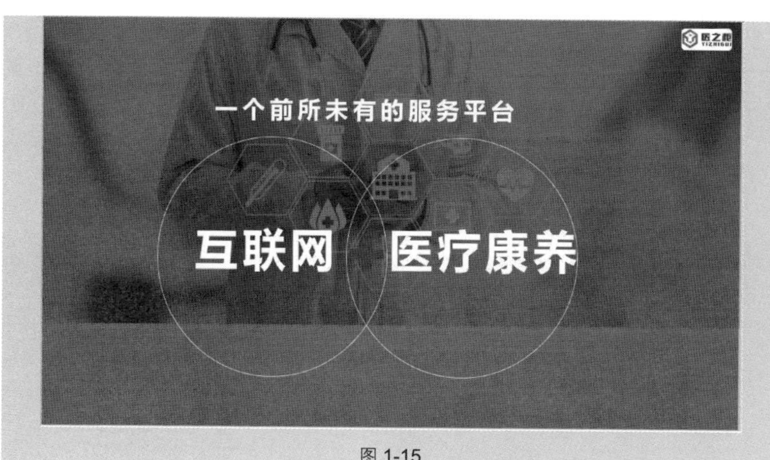

图 1-15

专家点拨

如果你选用的图片有一定的留白区域，并且其整体页面设置也按留白空间来设计，图片保持原样也是可以的。

技巧 6　图示图形忌滥用渐变

如图 1-16 所示的幻灯片中，各图形都应用了不同的渐变效果，这样会使得幻灯片颜色过多，配色效果老气，整个图解不美观。

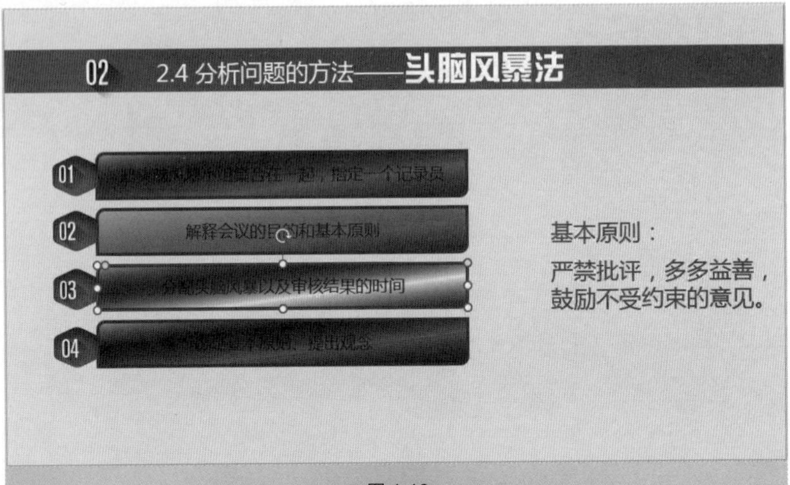

图 1-16

当在幻灯片设计中使用多种颜色，尤其是渐变颜色时，如果随意用色容易给人造成繁杂、土气的感觉。因此，最好在选定主题色后，再选择同色系的颜色或是差异不大的色调来设置渐变。

图 1-17 是针对图 1-16 幻灯片重新设置后的效果，有效地避免了滥用渐变造成的页面不美观问题。

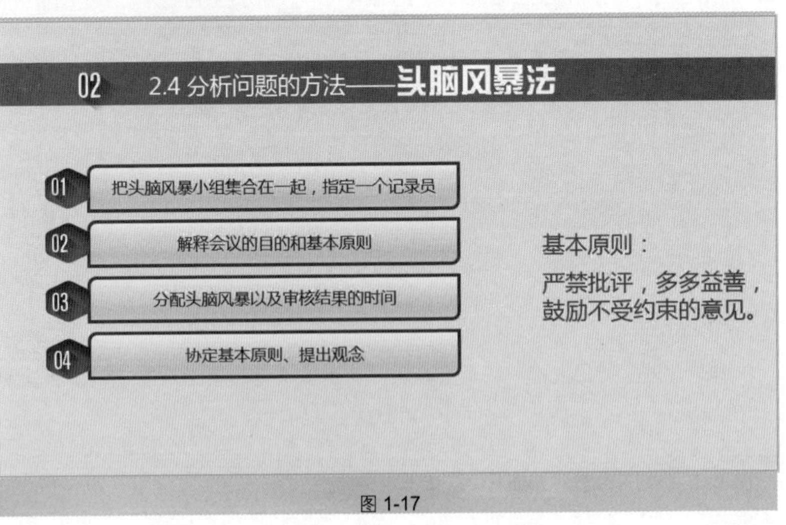

图 1-17

技巧 7　全文字也可以设计出好版式

“全文字”版面的设计最需要注意的是文字段落格式的设置，可以配合使用文本框、线条、字体等来辅助设计，效果如图 1-18 和图 1-19 所示。

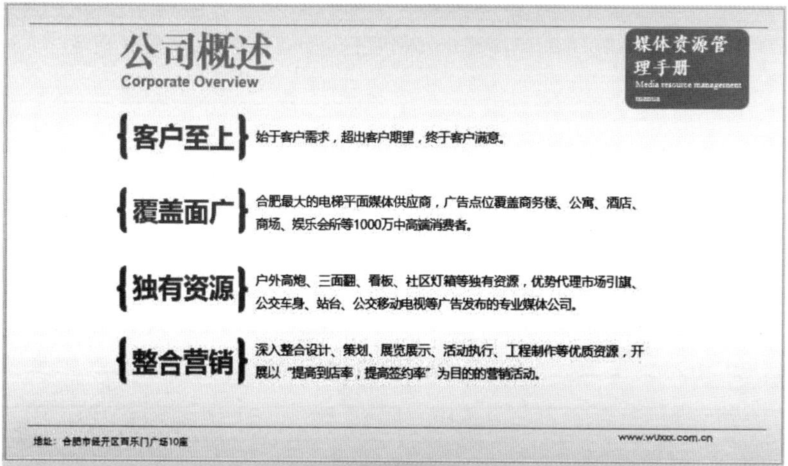

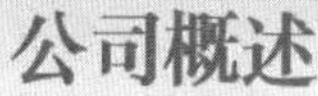

公司概述
Corporate Overview
媒体资源管理手册
Media resource management manua
客户至上
始于客户需求，超出客户期望，终于客户满意。
覆盖面广
合肥最大的电梯平面媒体供应商，广告点位覆盖商务楼、公寓、酒店、商场、娱乐会所等1000万中高端消费者。
独有资源
户外高炮、三面翻、看板、社区灯箱等独有资源，优势代理市场引旗、公交车身、站台、公交移动电视等广告发布的专业媒体公司。
整合营销
深入整合设计、策划、展览展示、活动执行、工程制作等优质资源，开展以“提高到店率，提高签约率”为目的的营销活动。
地址：合肥市经开区百乐门广场10座
www.wuxxx.com.cn

图 1-18

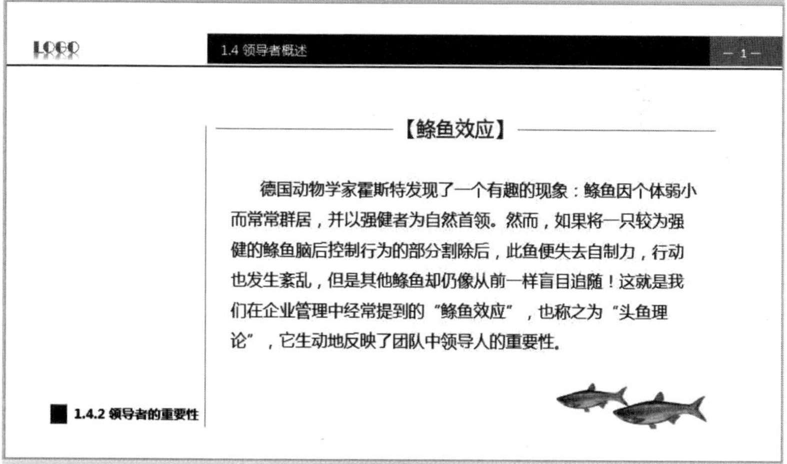

LOGO
1.4 领导者概述
— 1 —
【鲦鱼效应】
德国动物学家霍斯特发现了一个有趣的现象：鲦鱼因个体弱小而常常群居，并以强健者为自然首领。然而，如果将一只较为强健的鲦鱼脑后控制行为的部分割除后，此鱼便失去自制力，行动也发生紊乱，但是其他鲦鱼却仍像从前一样盲目追随！这就是我们在企业管理中经常提到的“鲦鱼效应”，也称之为“头鱼理论”，它生动地反映了团队中领导人的重要性。
1.4.2 领导者的重要性

图 1-19

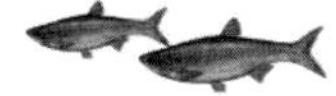

技巧 8　图示，幻灯片必不可少的武器

人们对大篇幅的文本往往没有过多的阅读兴趣，而简洁明了的一个图示就胜似千言万语。在工作型幻灯片中，图示扮演着非常重要的角色，它可以直接地表达出列举、流程、循环、层次等多种关系。

图示可以使用程序自带的 SmartArt 图形，如图 1-20、图 1-21 所示。

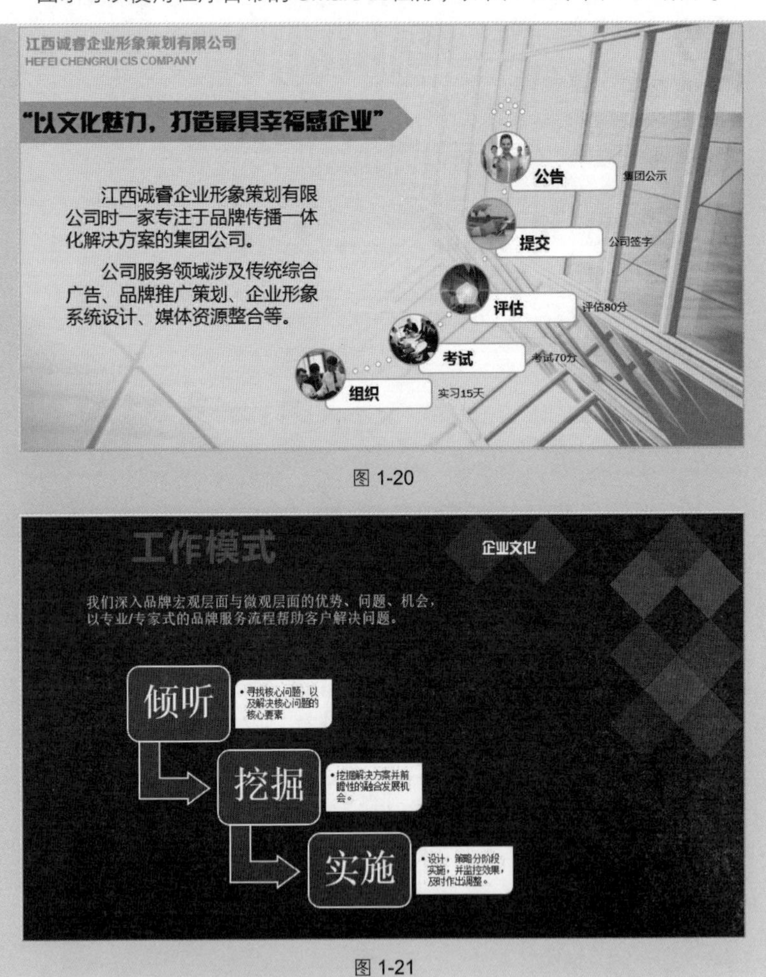

图 1-20

图 1-21

图示也可以使用图形编辑功能来进行自定义设置，巧妙的编辑设置可以表达出任意关系，如图 1-22、图 1-23 所示。

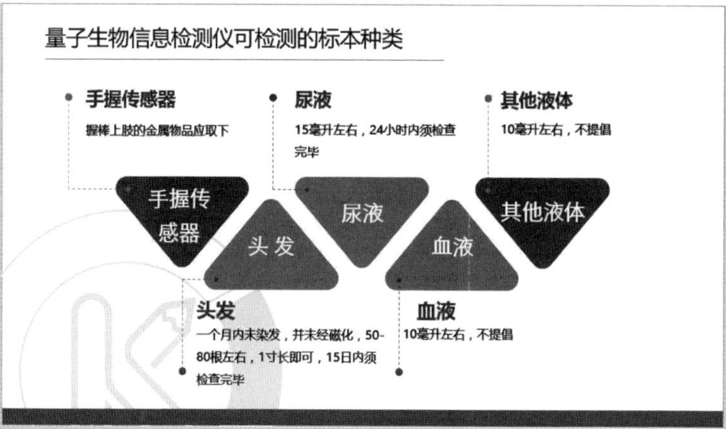

量子生物信息检测仪可检测的标本种类

手握传感器
握棒上肢的金属物品应取下

尿液
15毫升左右，24小时内须检查完毕

其他液体
10毫升左右，不提倡

手握传感器
头发
尿液
血液
其他液体

头发
一个月内未染发，并未经磁化，50-80根左右，1寸长即可，15日内须检查完毕

血液
10毫升左右，不提倡

图 1-22

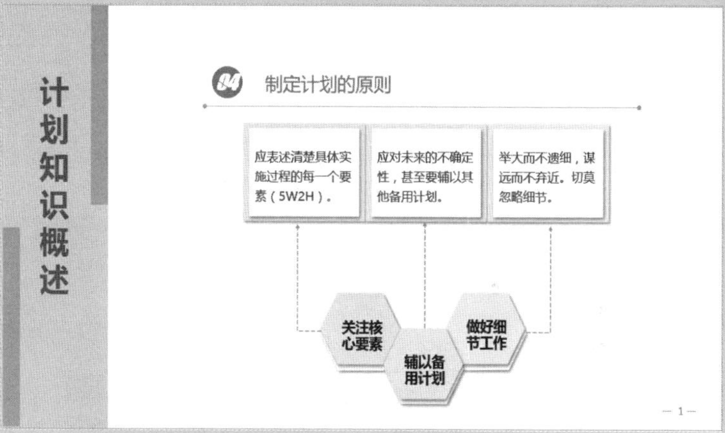

计划知识概述

04 制定计划的原则

应表述清楚具体实施过程的每一个要素（5W2H）。

应对未来的不确定性，甚至要辅以其他备用计划。

举大而不遗细，谋远而不弃近。切莫忽略细节。

关注核心要素

辅以备用计划

做好细节工作

— 1 —

图 1-23

1.2 幻灯片色彩搭配

技巧 9 颜色的组合原则

色彩是人的视觉最敏感的东西，色彩总的应用原则应该是“总体协调，局部对比”，即主页的整体色彩效果应该是和谐的，只有局部的、小范围的地方可以有一些强烈色彩的对比。下面介绍几种色彩给人带来的心理感受。

一、暖色调

暖色调即红色、橙色、黄色、褐色等色彩的搭配。这种色调的运用，可使主页呈现温馨、和煦、热情的氛围，如图 1-24 所示的幻灯片。

图 1-24

二、冷色调

冷色调即青色、绿色、紫色等色彩的搭配。这种色调的运用，可使主页呈现宁静、清凉、高雅的氛围，如图 1-25 所示的幻灯片。

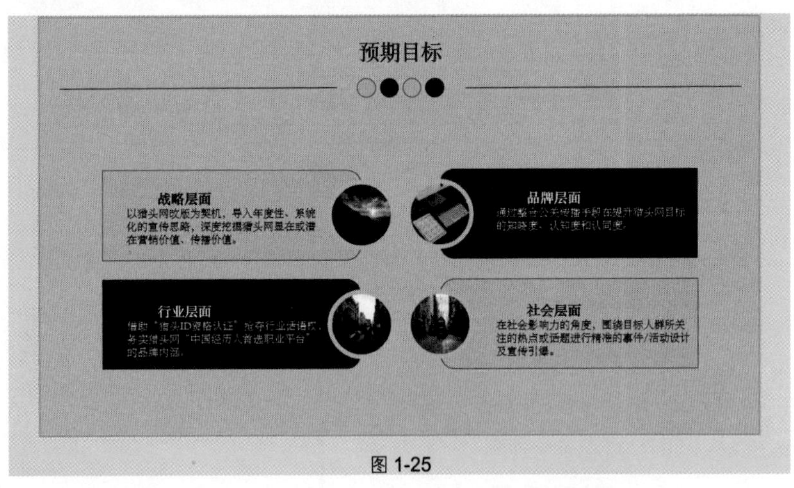

图 1-25

三、对比色调

对比色调即把色调完全相反的色彩搭配在同一个空间里。例如，红与绿、黄与紫、橙与蓝等。这种色彩的搭配，可以产生强烈的视觉效果，给人亮丽、鲜艳、喜庆的感觉。如图 1-26、图 1-27 所示的幻灯片。

图 1-26

图 1-27

当然，对比色调如果用得不好会适得其反，即产生俗气、刺眼的不良效果。这就要把握“大调和，小对比”这一重要原则，即总体的色调应该是统一和谐的，局部的地方可以有一些小的强烈对比，让幻灯片在整体上具备统一的色感。

技巧 10　根据演示文稿的类型确定主体色调

在色彩的运用上，可以根据演示文稿内容的需要，分别采用不同的主色调。因为色彩具有职业的标志色，如军警的橄榄绿、医疗卫生的白色等。色彩还具有明显的心理感觉，如冷、暖的感觉，进、退的效果等。充分运用色彩的这些特性，可以使我们的主页具有深刻的艺术内涵，从而提升主页的文化品位。因此，在确定主体色调时要考虑到这些方面的因素，如果没有特殊的要求，可以依据视觉的舒适度，合理搭配并组合使用颜色即可。

如图 1-28、图 1-29 所示的两组幻灯片即依据幻灯片类型合理选用的配色。

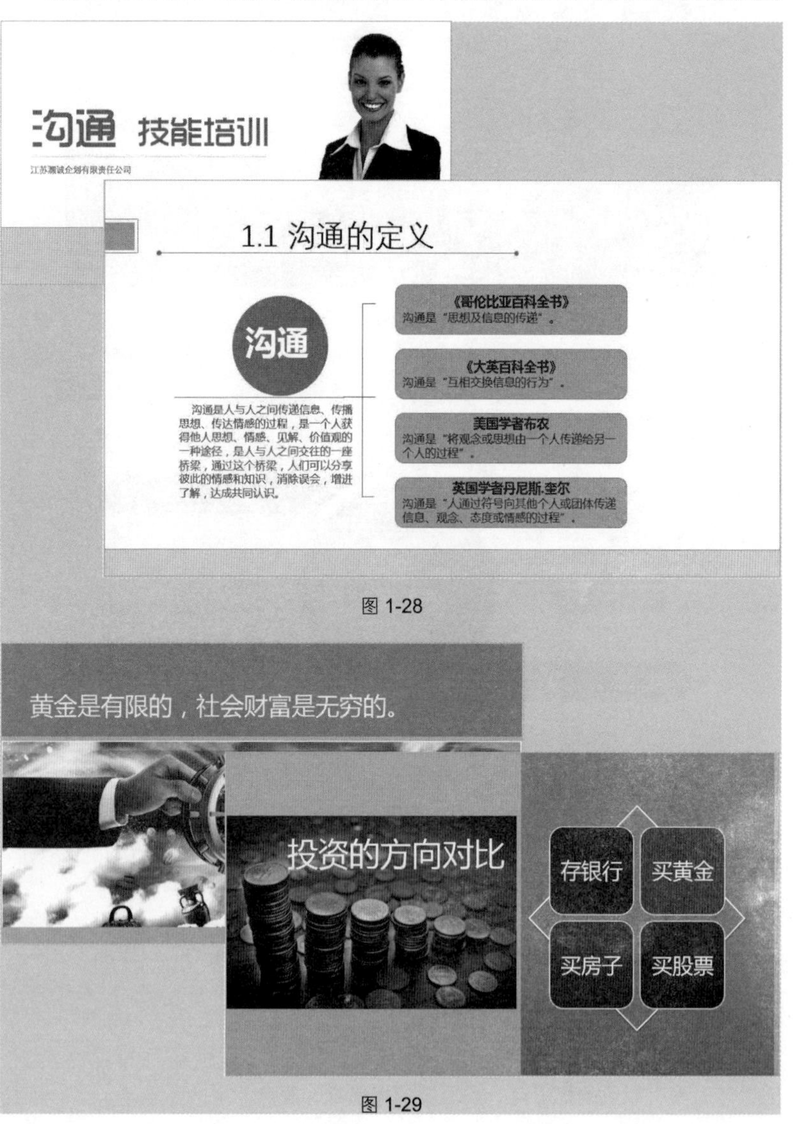

图 1-28

图 1-29

技巧 11　背景色彩与内容色彩要合理搭配

在配色时要考虑主页底色（背景色）的深、浅，就是摄影中经常说到的“高调”和“低调”这两个术语。底色浅的称为高调；底色深的称为低调。底色深，文字的颜色就要浅，以深色的背景衬托浅色的内容（文字或图片），如图 1-30 所示；反之，底色淡的，文字的颜色就要深些，以浅色的背景衬托深色的内容（文字或图片），如图 1-31 所示。这种深浅的变化在色彩学中称为“明度变化”。

图 1-30

图 1-31

有些主页的底色是黑的，但文字也选用了较深的色彩，由于色彩的明度比较接近，读者在阅览时就会感觉很吃力，影响了阅读效果。这时就需要使用鲜明的对比色，如图 **1-32** 所示的幻灯片，背景与文字颜色搭配合理。

图 1-32

技巧 12　配色小技巧——邻近色搭配

邻近色就是在色带上相邻近的颜色，如绿色和蓝色、红色与橘色就是临近色。在如图 **1-33** 所示的调色板中，可以看到相邻的颜色为临近色。

如图 **1-34** 和图 **1-35** 所示的幻灯片为邻近色搭配的效果。

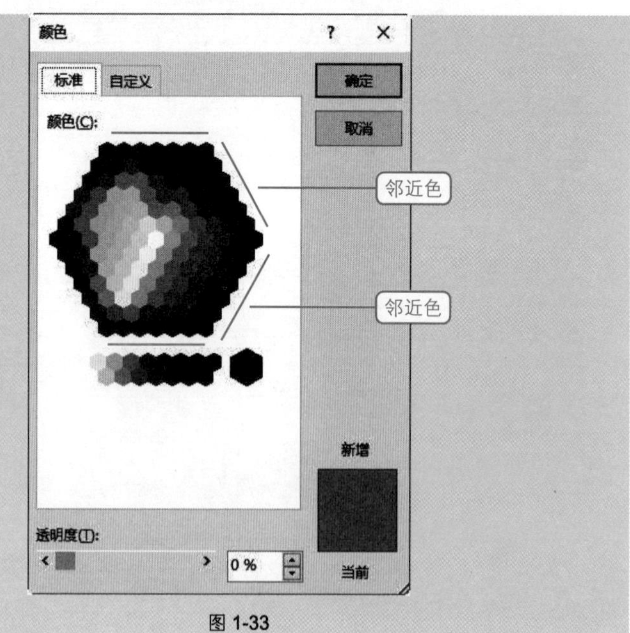

图 1-33

图 1-34

图 1-35

技巧 13　配色小技巧——同色系搭配

同色系是指在某种颜色中，改变明度就能得到不一样的色调。在如图 1-36 所示的调色板中，可以看到同一颜色的明暗变化。

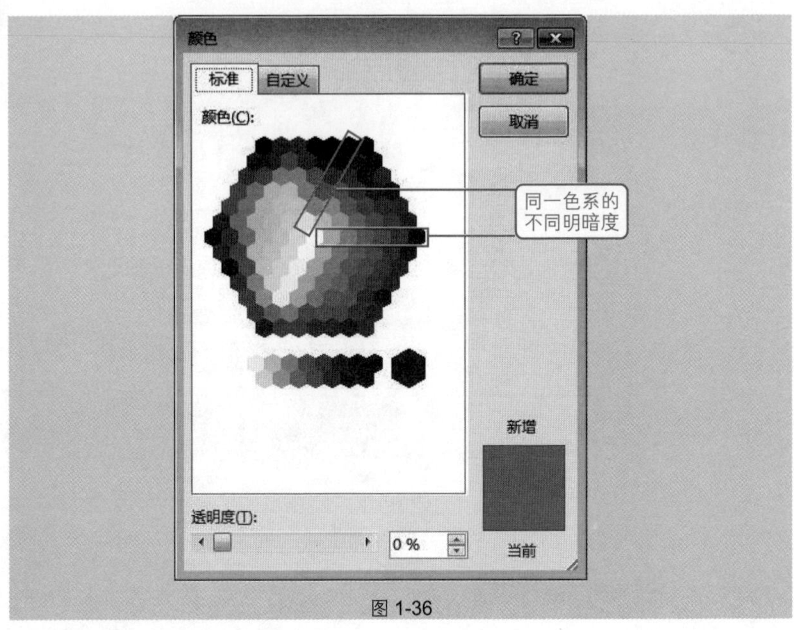

图 1-36

同色系搭配是保障配色效果不会出错的基本技巧，如图 1-37 和图 1-38 所示是同色系搭配的幻灯片效果。

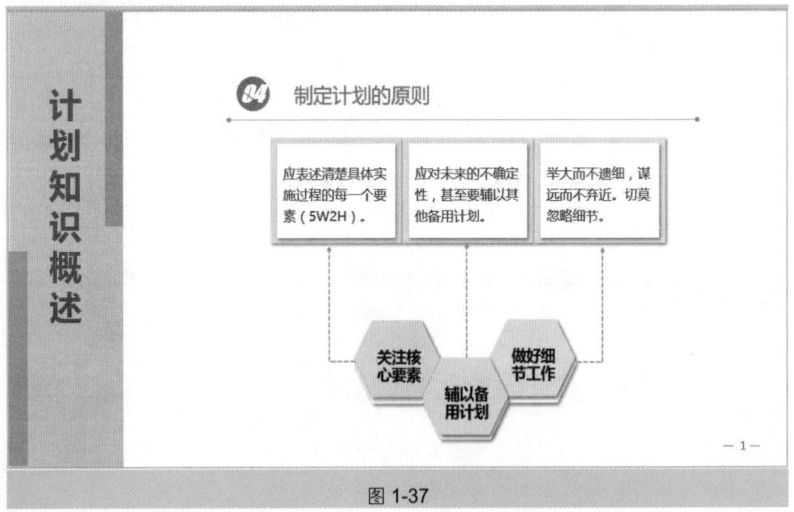

图 1-37

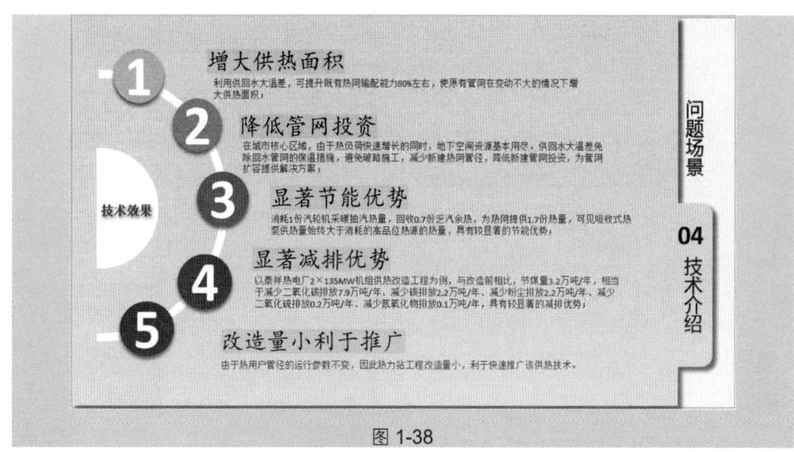

图 1-38

技巧 14　配色小技巧——用好取色器借鉴网络完美配色

合理的配色是提升幻灯片质量的关键所在，但若非专业的设计人员，往往在配色方面总是达不到满意的效果，而在 PowerPoint 2016 中为用户提供了“取色器”这项功能，即当你看到某个较好的配色效果时，可以使用“取色器”快速拾取它的颜色，而不必知道它的 RGB 值。这为初学者配色提供了很大的便利。

在“形状填充”“形状轮廓”“文本填充”“背景颜色”等涉及颜色设置的功能按钮下都可以看到有一个“取色器”命令，因此当涉及引用网络完善配色方案时，可以借助此功能进行色彩提取。具体方法如下。

❶ 将所需要引用其色彩的图片复制到当前幻灯片中（先暂时放置，用完之后再删除），如图 1-39 所示。

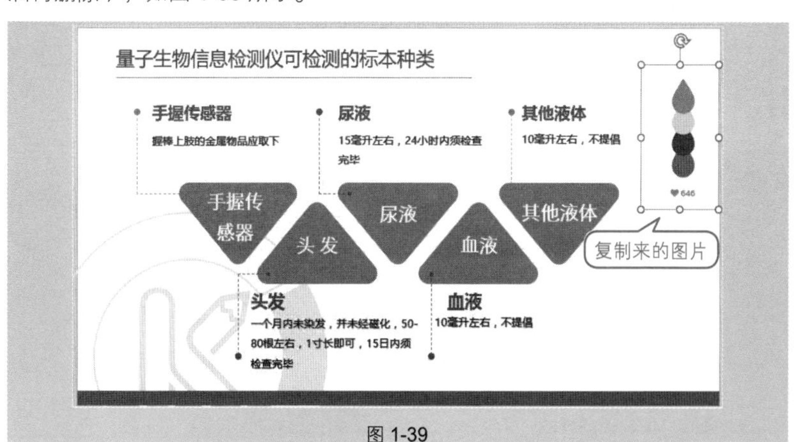

图 1-39

❷ 选中需要更改色彩的图形，在“形状格式”→“形状样式”选项组中选择“形状填充”命令按钮，在打开的下拉列表中选择“取色器”命令，如图 1-40 所示。

❸ 此时光标箭头变为类似于笔的形状，将取色笔移到想取其颜色的位置，单击就会拾取该位置下的色彩，如图 1-41 所示。

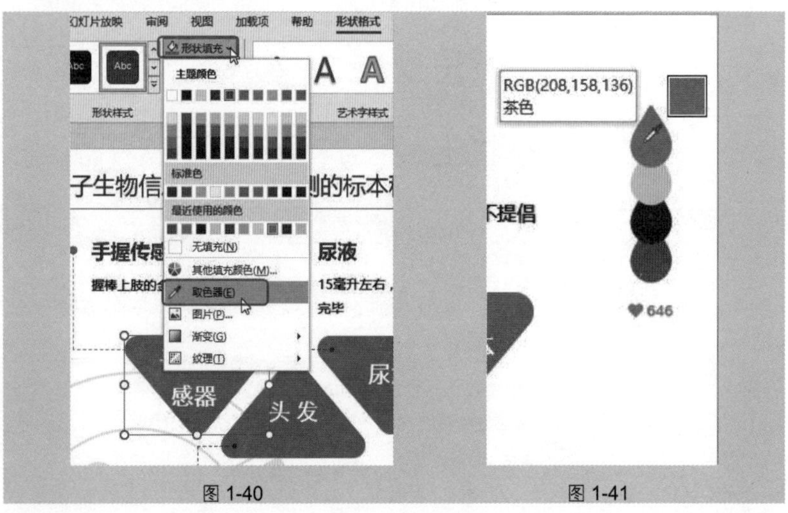

图 1-40　　图 1-41

❹ 通过引用搭配好的色彩为自己的图形配色，可以达到美观、协调的效果，如图 1-42 所示。

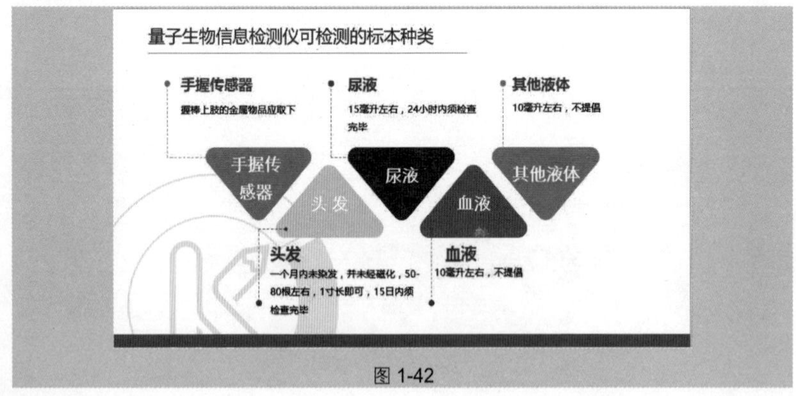

图 1-42

应用扩展

“取色器”命令存在于所有用于色彩填充的命令按钮下。例如，当要设置文字颜色时，单击设置文字颜色的按钮，在下拉列表中可以看到“取色器”命令，如图 1-43 所示。

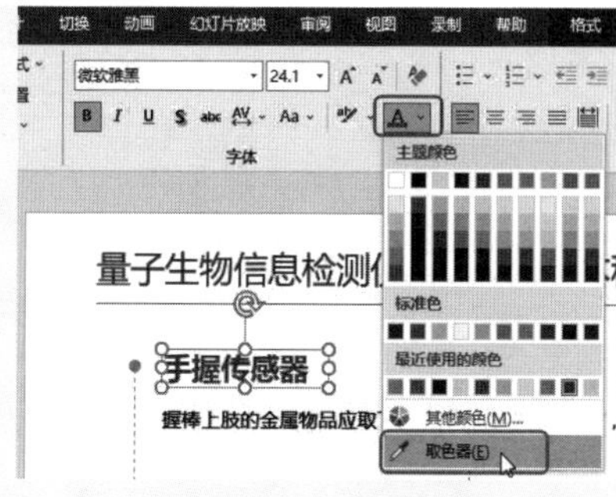

图 1-43

1.3 幻灯片布局原则

技巧 15 整体布局的统一协调

无论是工作型 PPT，还是娱乐型 PPT，其设计的过程都要遵循一条主线，即构成演示文稿的每一张幻灯片都应该具有统一的模板、页边距、色彩、文字效果等，也就是说即使页面布局效果在改变，但总有一些元素是保持统一的。试想一套幻灯片，如果每一张页面风格都在变、每一张颜色都在变，这种“上窜下跳”的感觉肯定没有人愿意接受。图 1-44 和图 1-45 都是页面效果统一的幻灯片。

图 1-44

图 1-45

技巧 16　保持框架均衡

当幻灯片过于突出标题或图像时，会破坏整体的设计均衡感。保持框架的均衡也是幻灯片布局中的一个原则。

如图 **1-46** 所示的幻灯片效果过于突出图像，如图 **1-47** 所示为调整后的效果，达到了左右均衡。

图 1-46

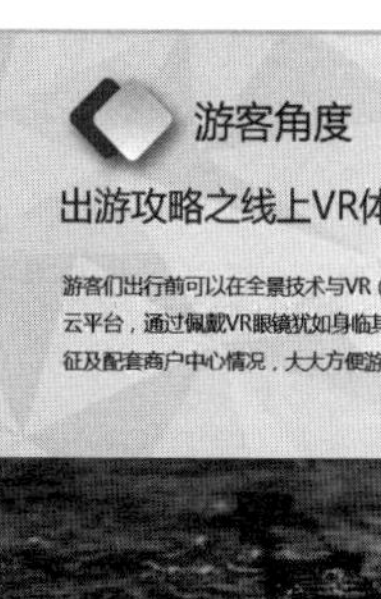

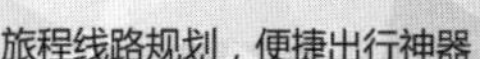

图 1-47

如图 **1-48** 所示的幻灯片整体给人以方方正正、稳重的感觉，比较符合幻灯片主题。

图 1-48

技巧 17　画面有强调有对比

准确强调幻灯片内容中的核心内容或最终结论，可以让观众一目了然，印象深刻。

如图 **1-49** 所示，该幻灯片配图贴切，且重点文字用特殊颜色强调。

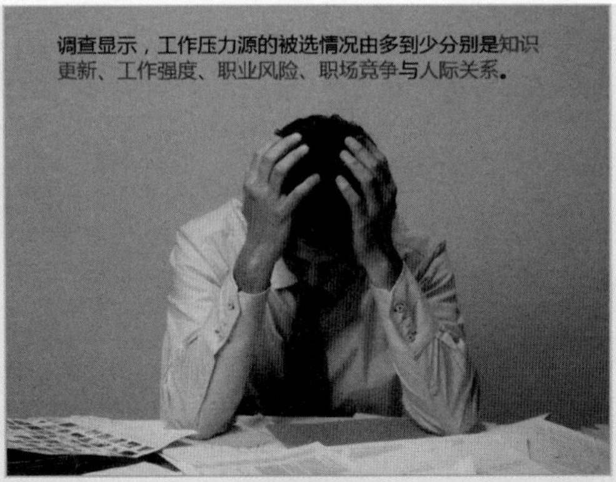

调查显示，工作压力源的被选情况由多到少分别是知识更新、工作强度、职业风险、职场竞争与人际关系。

图 1-49

如图 1-50 所示，该幻灯片画面简单，但具有很强的强调感，可以让观众瞬间抓住重点信息。

可持续增长率达到3.2%

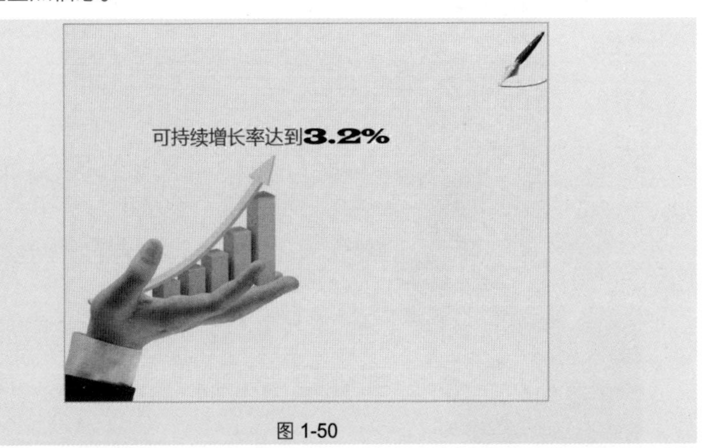

图 1-50

技巧 18 至少遵循一个对齐规则

一篇演示文稿有时候会包含多个元素，甚至元素之间会相互叠加，所以在布局幻灯片元素的时候就要考虑到元素之间的对齐格式。对齐是一种强调，能让元素间、页面间增强结构性；对齐还能实现调整整个画面的顺序和方向。若元素无序排列和堆积，就不能清晰地表达观点。

元素对齐有标题水平居中、同级对齐、横向分布等方式。如图 1-51 所示的幻灯片与图 1-52 所示的幻灯片，二者在元素上没有任何差别，只是图 1-51 不注重同类元素的对齐排列，图 1-52 注重了对齐排列，其工整效果显而易见。

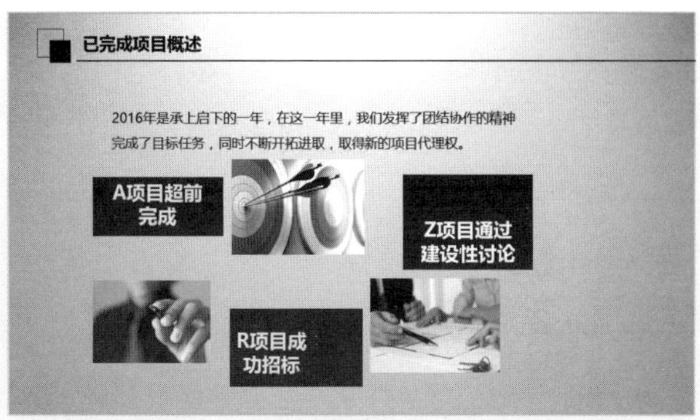

图 1-51

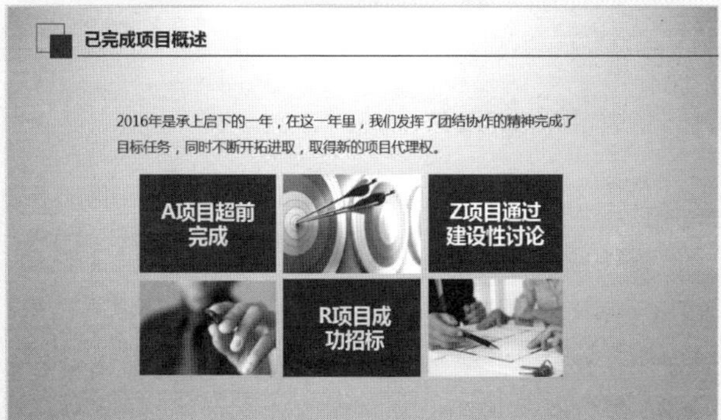

图 1-52

也可以将上面的幻灯片排列成如图 1-53 所示的效果，即无论哪种效果，都应时时考虑到元素的对齐排列。

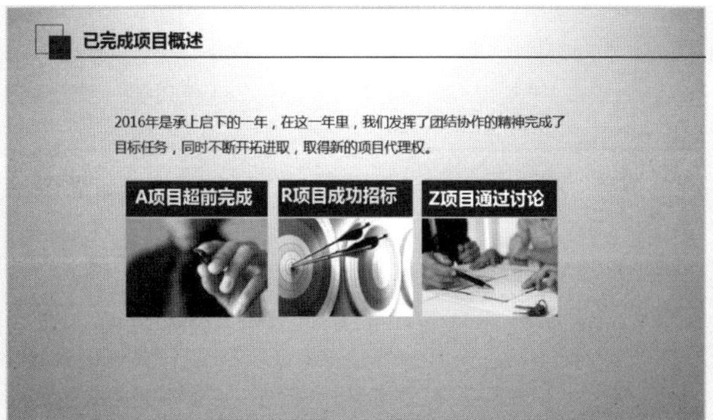

图 1-53

对齐还分为左对齐、右对齐、居中对齐等，无论哪种对齐方式，我们至少要让多元素间有“距”可循。如图 1-54 所示的幻灯片，有图表、有图片、有文字，还有不同级别的标题，元素是比较多的，但它在布局上就比较规整，给人十分专业的设计感。

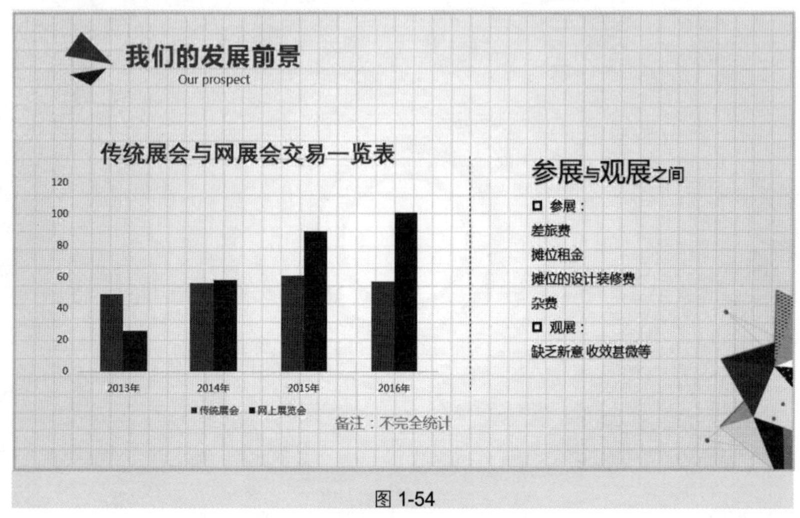

图 1-54

1.4 准备好素材

技巧 19 推荐几个好的模板下载基地

模板或主题在幻灯片设计中扮演了一个很重要的角色，因为模板或主题约定了幻灯片的整体风格。当个人的设计不够专业时，我们通常都是采用从网络下载的方式获取模板，然后再根据自己的需要进行局部修改，这样幻灯片的制作就相对简单了许多。下面推荐几个好的模板下载基地。

一、站长素材

打开浏览器，输入网址 http://sc.chinaz.com/ppt/，进入站长素材主页面，如图 1-55 所示。定位到 PPT 标签，可以看到有众多模板可供下载，其中提供了“免费 PPT 模板”和“精品 PPT 模板”两个分类，当然精品 PPT 模板一般是需要收费的。

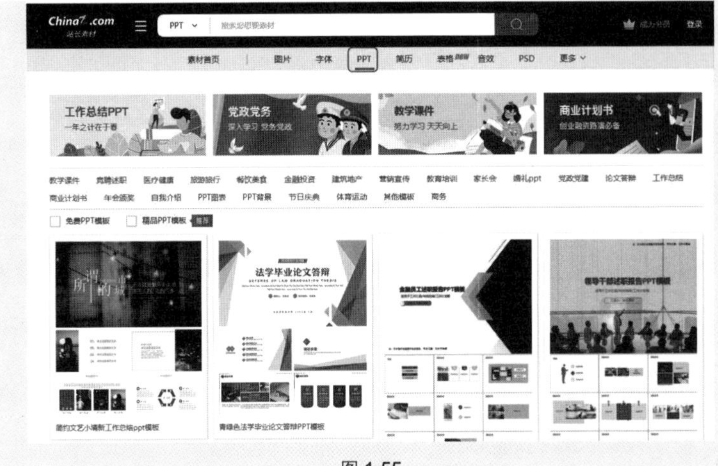

图 1-55

也可以在搜索框中输入搜索关键词进行针对性的查找，如“商务 PPT”。

二、扑奔网

打开浏览器，输入网址 http://www.pooban.com/，进入主页面，如图 1-56 所示。可以翻看查找需要的 PPT 模板，也可以在搜索框中输入要使用的 PPT 模板类型进行查找，如“汇报 PPT”。

图 1-56

专家点拨

下载模板的操作步骤在第 3 章中会详细地介绍。

技巧 20 寻找高质量图片有捷径

图片是增强幻灯片美观效果的核心元素。PPT 中的背景和素材图片一般都是 JPG 格式的。JPG 是我们最常用的一种图片格式，网络图片基本都属于这种格式类型。其特点是图片资源丰富、压缩率高，节省储存空间。只是图片精度固定，在放大时图片的清晰度会下降。

所以在选用此类图片的时候要注意几点：要有足够的精度，杜绝马赛克或模糊不清、低分辨率的图片；要与页面主题匹配，能说明问题；要有适当的创意，创意是美的基础上的更高层次。那么该如何才能找到满足条件的图片呢？下面推荐几个寻找高质量图片的去处。

一、百度图片

多数用户寻找图片都会使用百度图片工具，因为它是我们手边最方便使用的工具，可以利用搜索的方式快速找到图片。

❶ 打开浏览器，输入网址 http://image.baidu.com/，进入主页面，如图 1-57 所示。

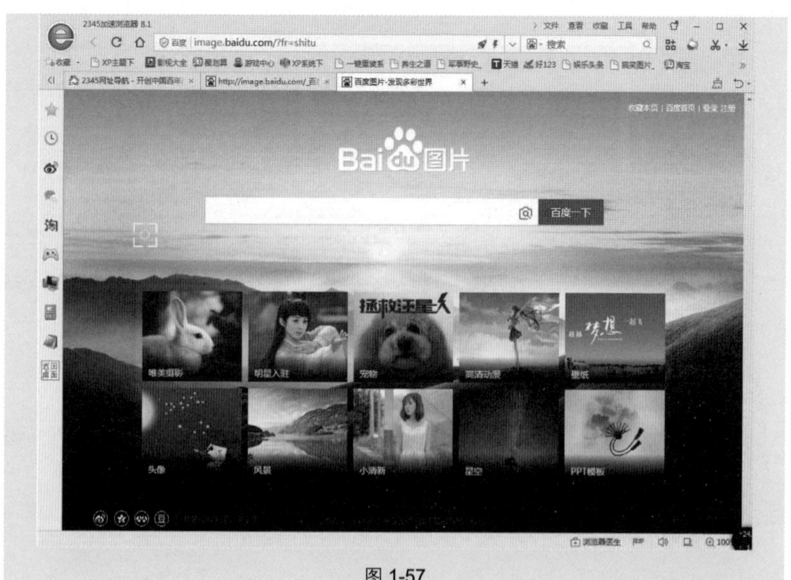

图 1-57

② 在搜索框中输入要使用的图片关键词，如“商务”，单击“百度一下”按钮，即可显示出大量与“商务”相关的图片，如图 1-58 所示。

图 1-58

③ 单击目标图片打开，在图片上用鼠标右击，在弹出的快捷菜单中选择“图片另存为”命令（如图 1-59 所示），打开对话框，自定义选择保存地址，保存完成后即可使用。

图 1-59

二、素材 CNN

❶ 打开浏览器，输入网址 http://www.sccnn.com/，进入主页面，如图 1-60 所示。

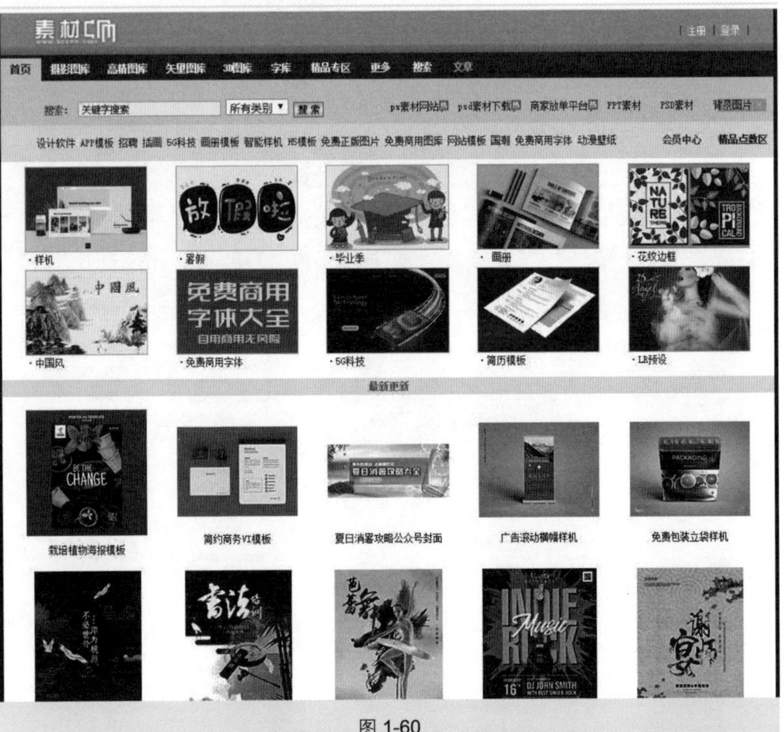

图 1-60

❷ 在搜索框中输入要使用的图片关键词，如“弧线”（如图 1-61 所示），单击“搜索”按钮，即可显示出大量与“弧线”相关的图片，如图 1-62 所示。

图 1-61

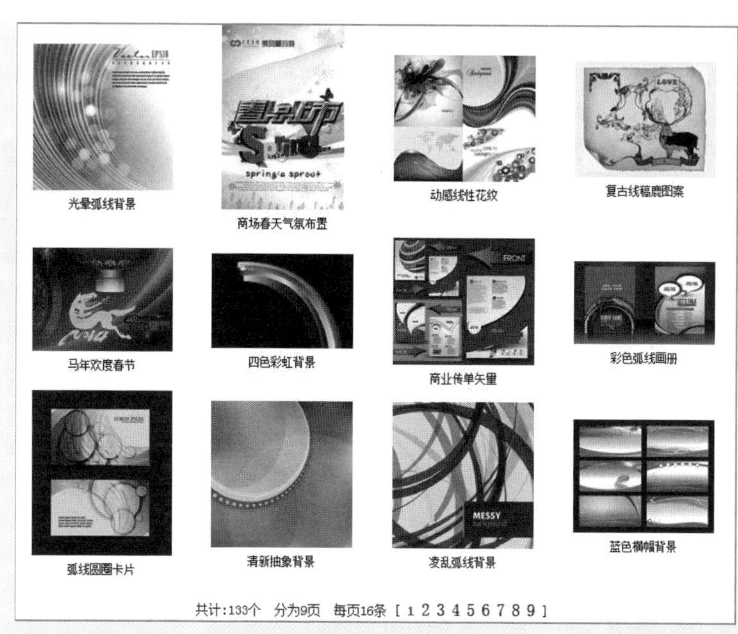

图 1-62

三、昵图网

❶ 打开浏览器，输入网址 http://www.nipic.com/index.html，进入主页面，如图 1-63 所示。

图 1-63

② 可以在搜索框中输入要使用的图片关键词，也可以通过分类查看图片，如图 **1-64** 所示。如单击“城市剪影”，可以查看到如图 **1-65** 所示的图片。

图 1-64

图 1-65

技巧 21 哪里能下载好字体

文字是幻灯片表达核心内容的重要载体，不同的字体带有不同的感情色彩，所以在幻灯片中使用好字体，一方面可以更贴切地表达内容，同时也能美化幻灯片的整体页面效果。程序内置的字体有限，可以利用网络资源，下载丰富的字体。

一、模板王

① 打开浏览器，输入网址 http://fonts.mobanwang.com/200908/4977.html，

进入主页面，可以在页面主体部分选择所需字体，也可以在搜索框中输入目标字体，如图 1-66 所示。

② 找到目标字体后，页面下方会显示该字体的下载地址，单击“点击此处进入下载”链接，如图 1-67 所示。

图 1-66

图 1-67

③ 下载完成后按照提示安装即可使用。

二、爱给网

① 打开浏览器，输入网址 https://www.aigei.com/font/class/blackbody/，进入爱给网主页面，在“字体”标签下可以看到许多字体分类，如图 1-68 所示。

② 寻找需要的字体并单击即可进入下载，如图 1-69 所示。

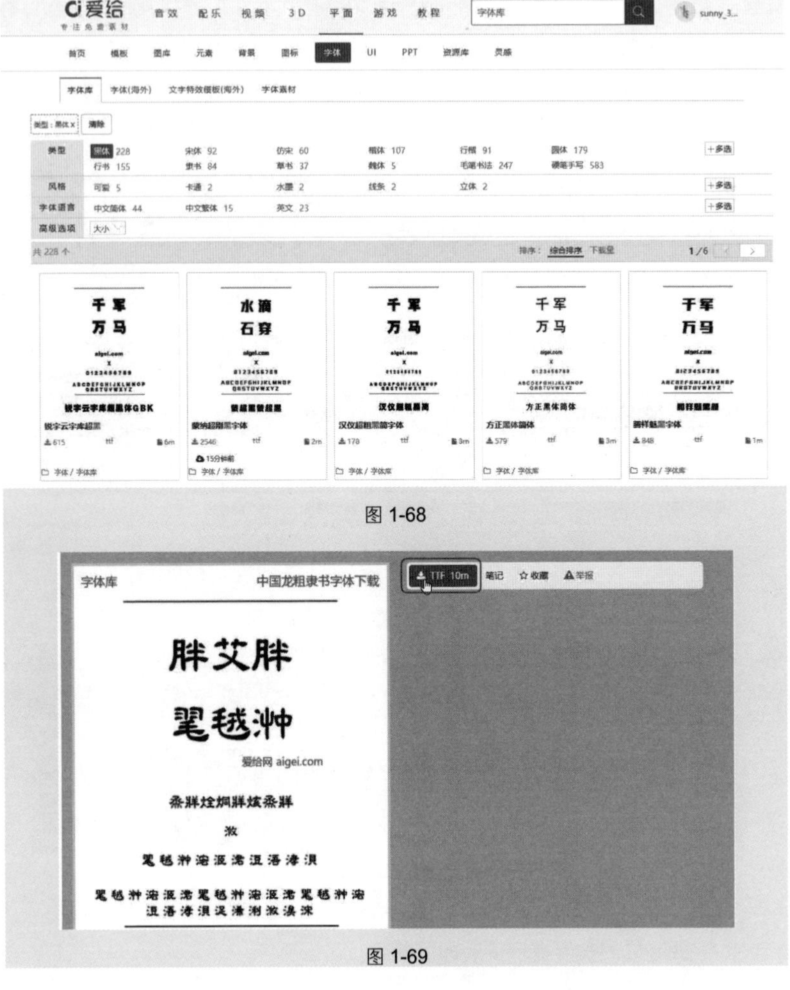

图 1-68

图 1-69

专家点拨

爱给网中提供的字体及其他素材目前都是免费的，但需要先登录才能下载。

技巧 22　如何找到无背景的 PNG 格式图片

在 PPT 中除了常用 JPG 格式的图片作为背景图外，还有一种格式的图片也是十分常用的，就是 PNG 格式的图片。PNG 格式的图片我们一般称为 PNG 图标。PNG 图标本身就属于商务风格，与 PPT 风格较接近，作为 PPT 里的点缀素材，很形象，很好用。

PNG 图片有以下三个特点。

- 清晰度高。
- 背景一般透明，与背景很好融合。
- 文件较小。

一、觅元素

❶ 打开浏览器，输入网址 http://www.51yuansu.com/，进入主页面，如图 1-70 所示。

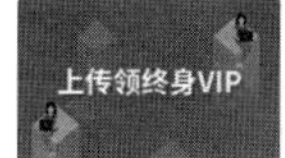

图 1-70

❷ 可以通过网站提供的分类去寻找目标元素（如图 1-71 所示），也可以在搜索框中输入关键字搜索目标元素，如图 1-72 所示。

图 1-71

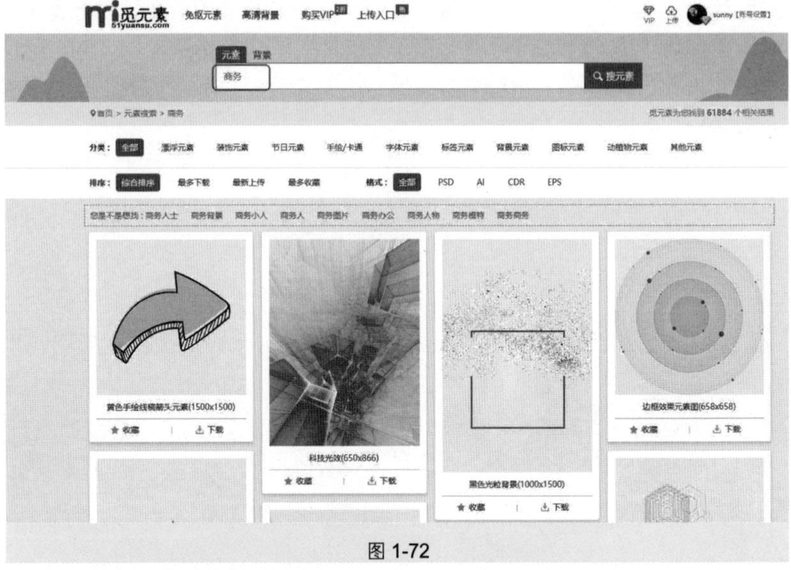

图 1-72

③ 下载的元素是无背景的，非常好用，如图 1-73 所示。

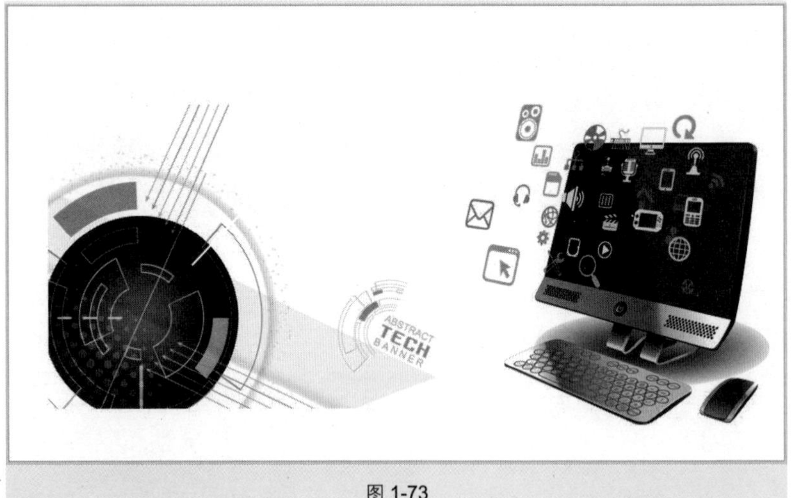

图 1-73

专家点拨

目前觅元素每天最多允许下载 5 张免费的 PNG 素材。

二、快图网

❶ 打开浏览器，输入网址 http://www.kuaipng.com/，进入主页面，如图 1-74 所示。

图 1-74

❷ 可以通过网站提供的分类去寻找目标元素（如图 1-75 所示），也可以在搜索框中输入关键字搜索目标元素，如图 1-76 所示。

图 1-75

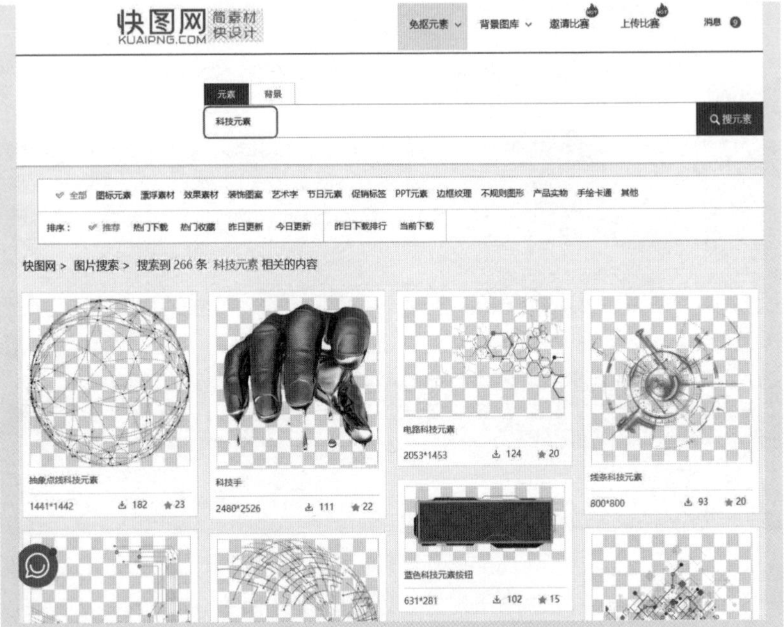

图 1-76

专家点拨

目前快图网每天最多允许下载 10 张免费的 PNG 素材。

技巧 23　推荐配色网站去学习

所谓配色，简单来说就是将颜色摆在一起，做一个最好的安排。色彩是通过人的印象或者联想来产生心理上的影响的，而配色的作用就是通过合理的搭配来表达气氛、获取舒适的心理感受。

幻灯片制作的过程中，在做文字颜色、形状填充、背景色等颜色搭配时，都要用到配色，所以配色在一定程度上决定了一篇演示文稿的制作是否成功。但对于多数人而言，在配色时常会出现不知如何搭配、配色总是土等问题，因此建议多去一些配色网站学习，先借鉴再逐步提升自己的设计素养。

一、color hunter

❶ 打开浏览器，输入网址 http://www.colorhunter.com/，进入主页面，如图 1-77 所示，每个调色板下都有颜色的编号。

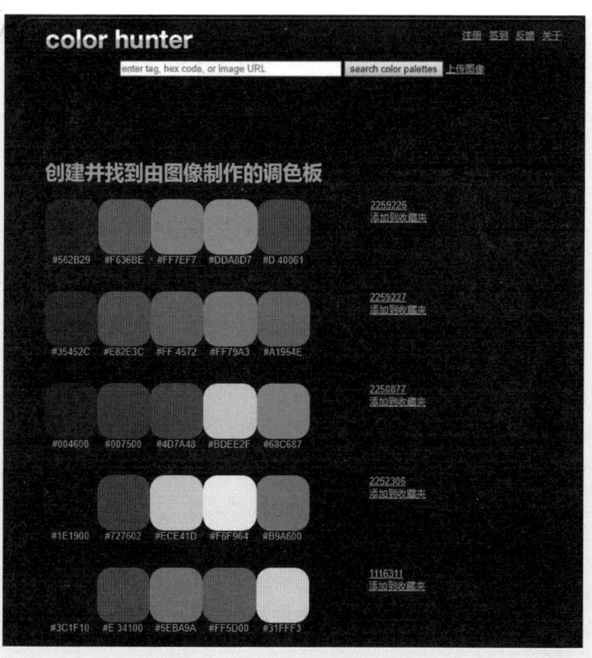

图 1-77

❷ 网站还可以在线分析图片中的配色。单击“上传图像”链接，可选择本地图片上传，如选择如图 1-78 所示的图片。通过分析可以得到该图的调色版，如图 1-79 所示。

图 1-78

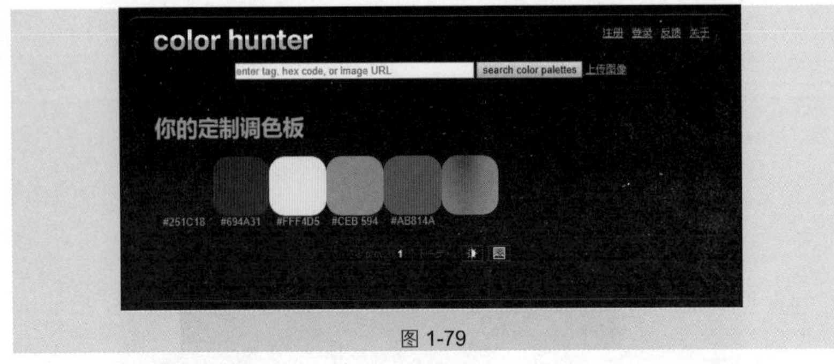

图 1-79

应用扩展

在 PPT 2019 中提供了取色器的功能，因此如果看中哪种配色，可以从网站中截取为图片，然后插入幻灯片中，使用取色器来进行取色（技巧 14 中已做介绍）。当得到颜色编号后，在设置对象的颜色时，可以打开"颜色"对话框，在"十六进制"框中输入颜色的编号，如图 1-80 所示。

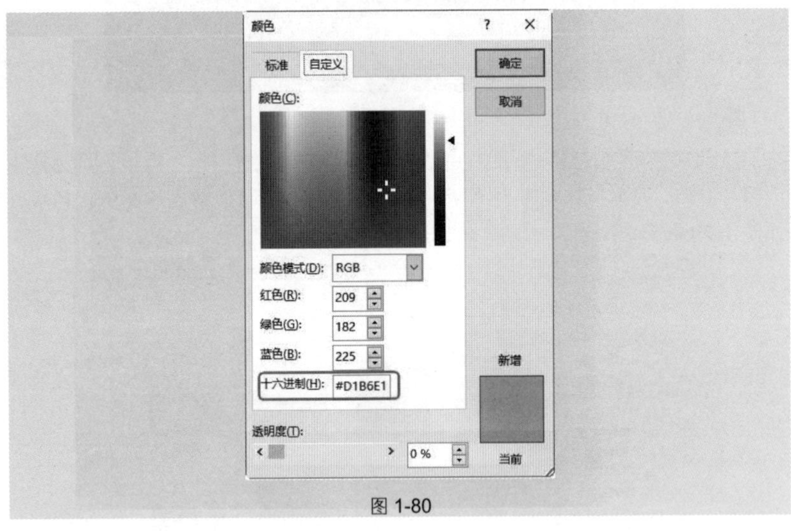

图 1-80

二、大作

❶ 打开浏览器，输入网址 https://www.bigbigwork.com/board/0ee57bb893194451adcef44d122e6163/，进入主页面，大作网提供的配色方案非常雅致清新，有的还给出了例图展示，如图 1-81 所示。

② 单击某一种配色方案，可以看到配色中各个颜色对应的颜色编号，如图 1-82 所示。

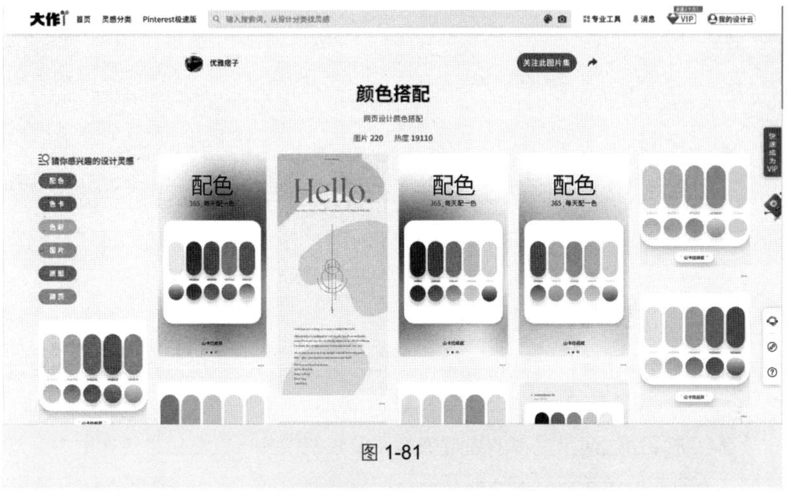

图 1-81

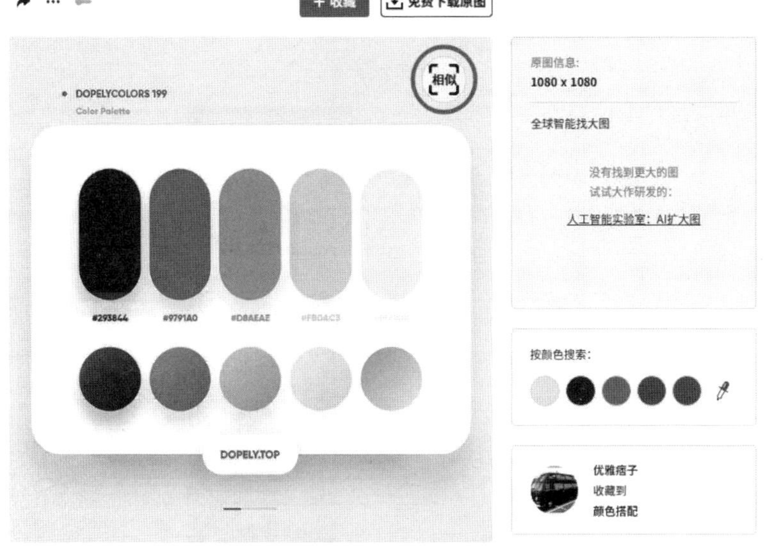

图 1-82

第2章 演示文稿创建及基本编辑

2.1 初识幻灯片

技巧1 创建新演示文稿

当需要进行工作汇报、企业宣传、技术培训、应聘演讲以及项目方案解说时，只是通过个人口述，是不具有吸引力和说服力的，当具备PPT放映条件时，一般都会选择通过演示文稿的播放来加深观众的印象，提高信息传达的力度与效率。下面我们来学习创建一篇新演示文稿。

❶ 在桌面任务栏左下角单击“开始”按钮，在弹出的菜单中，选择“所有程序”命令，在展开的列表中找到PowerPoint（如图2-1所示），单击即可打开PowerPoint的启动界面，如图2-2所示。

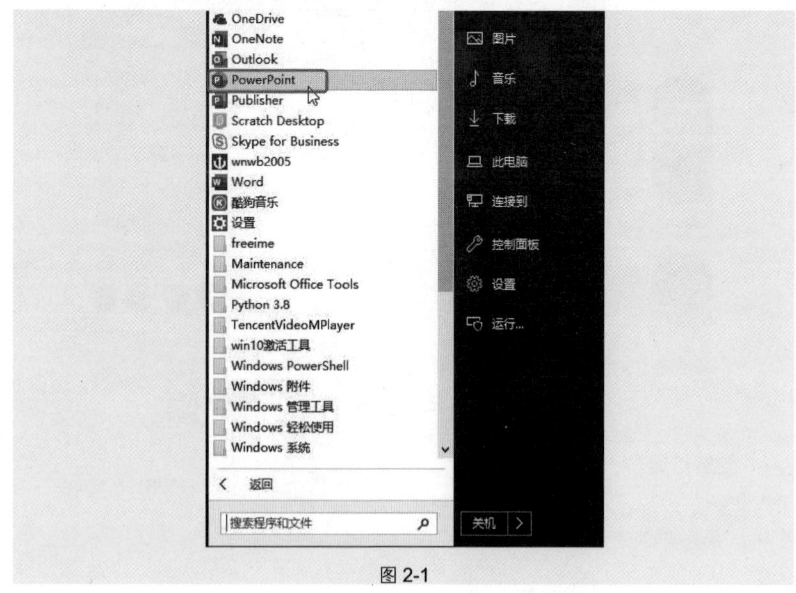

图2-1

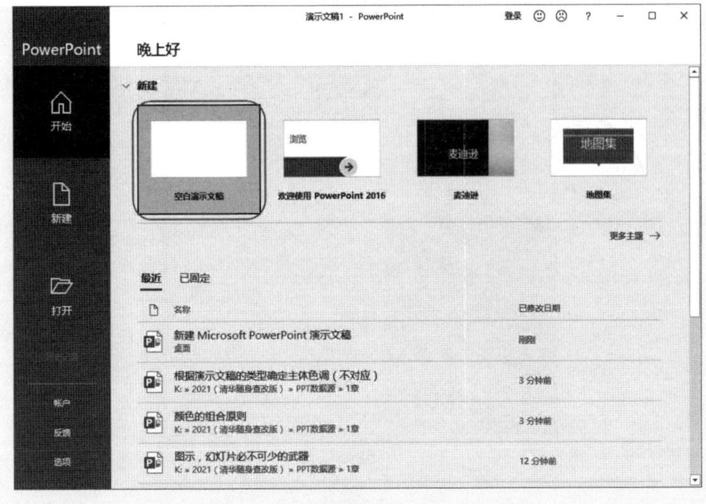

图 2-2

❷ 单击“空白演示文稿”即可创建空白的新演示文稿，如图 2-3 所示。

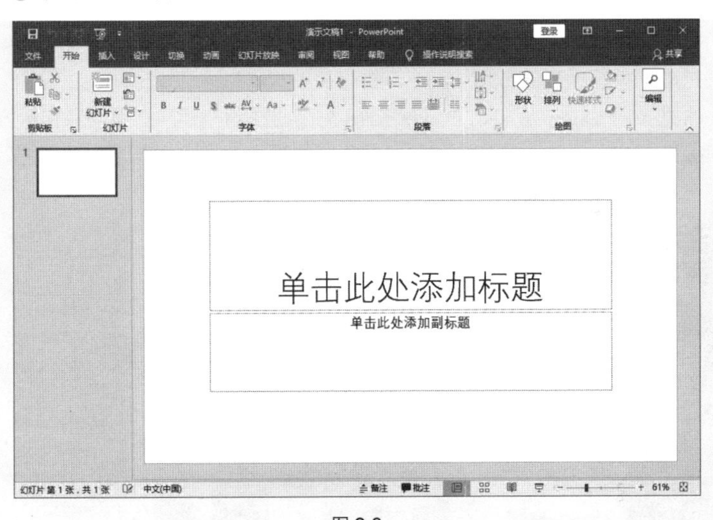

图 2-3

应用扩展

也可以在桌面上创建演示文稿。在桌面上单击鼠标右键，在弹出的快捷菜单中依次选择“新建”→“Microsoft PowerPoint 演示文稿”命令（如图 2-4 所示），即可在桌面上创建一个新演示文稿，双击也可进入 PowerPoint 程序。

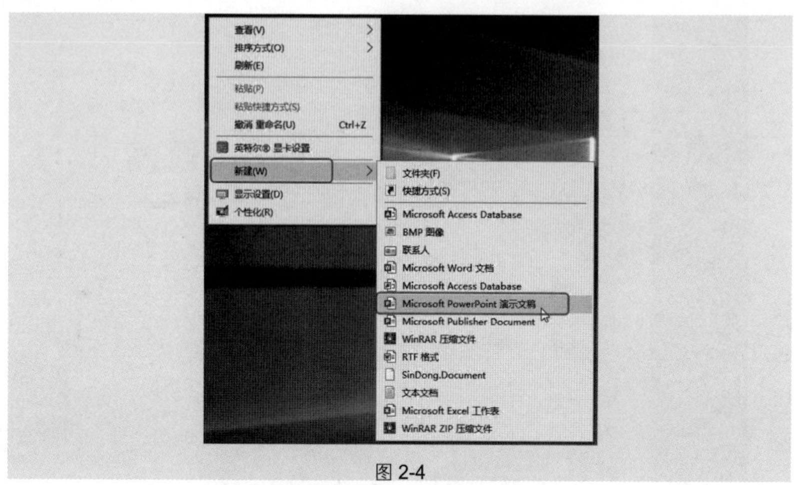

图 2-4

技巧 2　应用模板或主题创建新演示文稿

技巧 1 中创建的演示文稿为空白演示文稿，除此之外还可以应用程序内置的模板或主题创建新演示文稿。此方法创建的演示文稿已经有了主题效果，如果是应用模板创建的，则可能还具有相关的版式。

❶ 按技巧 1 的方法启动 PowerPoint 程序，在创建演示文稿时可以选择应用模板而不使用“空白演示文稿”。进入创建页面后，在左侧单击“新建”标签，在右侧可以选择模板，如图 2-5 所示。

图 2-5

❷ 选中所需要的模板并单击，弹出提示框可选择不同的配色方案，选中相应的颜色，单击“创建”按钮（如图 2-6 所示），即可创建新演示文稿，如图 2-7 所示。

图 2-6

图 2-7

应用扩展

除了程序列举的模板之外，还可以通过搜索的方式获取 office online 上的模板，搜索到之后，下载即可使用。如图 2-8 所示，只要在搜索框中输入关键字，然后单击🔍按钮即可实现搜索。

图 2-8

专家点拨

当未打开 PPT 程序时，只要打开 PPT 程序就创建了一个新演示文稿。如果已经打开了 PPT 程序，而又要再创建一个新演示文稿，则在程序中单击左上角位置的“文件”选项卡，在打开的菜单中选择“新建”命令，然后在右侧可以选择创建新演示文稿或依据模板创建演示文稿。

技巧 3　快速保存演示文稿

当在创建演示文稿后要进行保存操作，将它保存到计算机中的指定位置，这样下次才可以再次打开使用或编辑。这个保存操作可以在创建了演示文稿后就保存，也可以在编辑后保存，建议先保存，然后在整个编辑过程中随时单击左上角的按钮及时更新保存。

❶ 创建演示文稿后，单击左上角的按钮（如图 2-9 所示），弹出“另存为”提示面板，单击“浏览”（如图 2-10 所示），弹出“另存为”对话框。

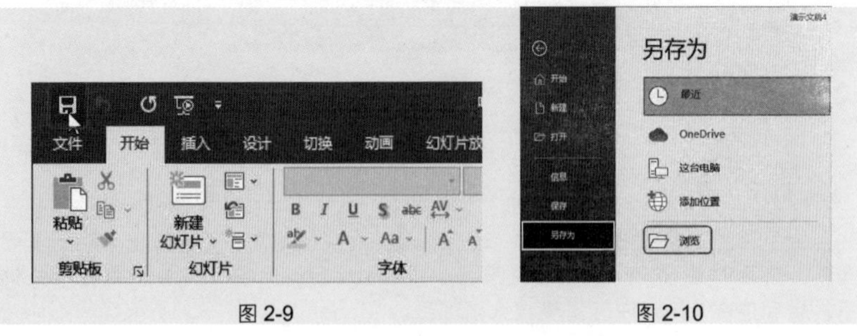

图 2-9　　图 2-10

② 设置好保存位置，并输入文件名，如图 2-11 所示。

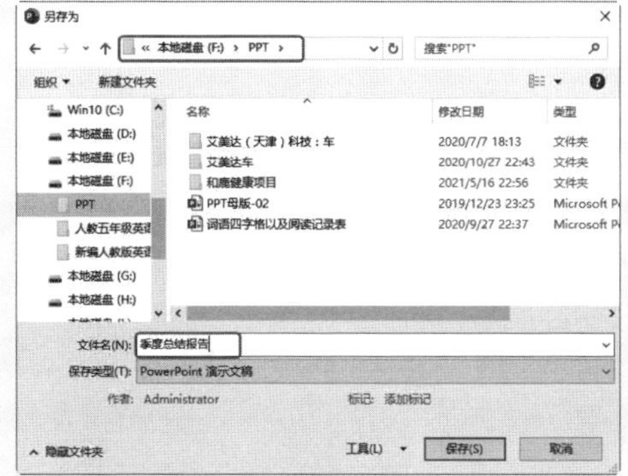

图 2-11

③ 单击"保存"按钮即可看到当前演示文稿已被保存，如图 2-12 所示。

图 2-12

专家点拨

首次创建新演示文稿后单击🖫按钮会提示设置保存位置，对于已保存的演示文稿，编辑过程中随时单击🖫按钮则不再提示设置保存位置，而是对已保存文件进行更新保存。

技巧 4 创建新幻灯片

创建新演示文稿后，当在任意位置需要创建新幻灯时，只要选中当前幻灯片，按 Enter 键即可在后面插入一张，并且新插入的幻灯片保持与上一张幻灯片版式一致。如果要插入特定版式的新幻灯片，则按如下方法操作。

打开演示文稿，在“开始”→“幻灯片”选项组中单击“新建幻灯片”按钮，在其下拉列表框中选择想使用的版式，如“比较”版式（如图 2-13 所示），单击即可以此版式创建一张新的幻灯片，如图 2-14 所示。

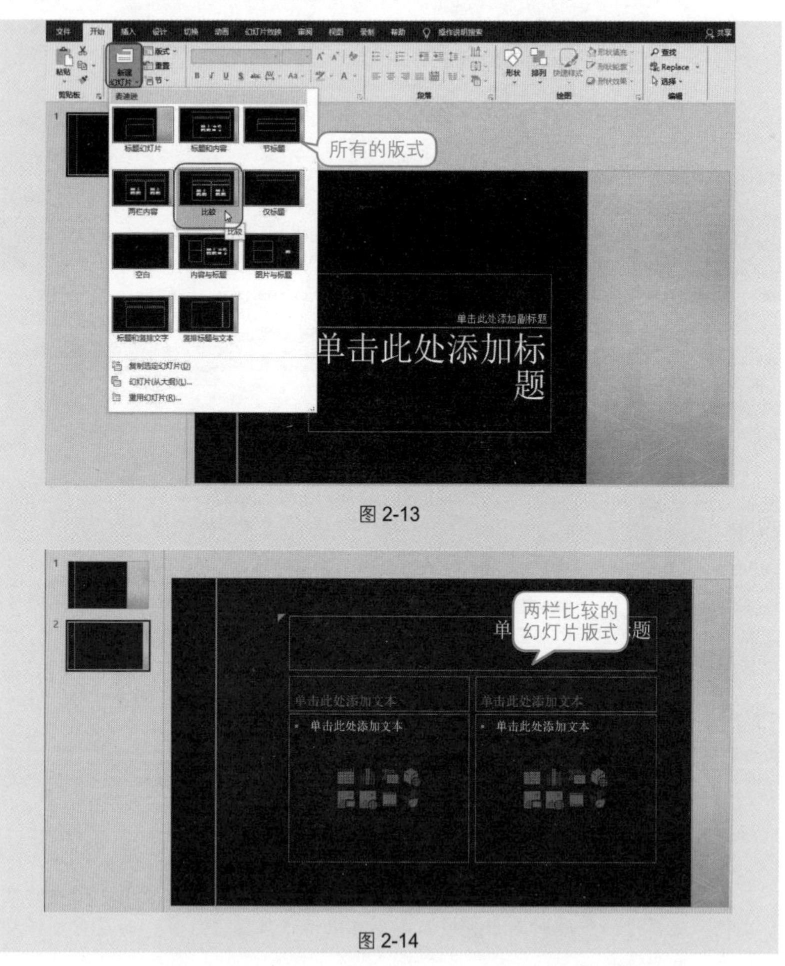

图 2-13

图 2-14

应用扩展

创建一个演示文稿时，默认会包含一些常规的版式，而这些默认的版式有时并不是自己在创建幻灯片时需要使用的，在 PPT 中可以自定义创建一些版式并保存下来，这样方便自己随时使用。图 2-15 就是一个自定义创建的“小节标题”的版式，当需要创建节标题幻灯片时，就可以以此版式来创建，然后单击占位符编辑文本即可。

图 2-15

关于如何自定义创建自己的版式，它需要借助幻灯片母版来实现，此内容将在第 3 章中做详细的介绍。

技巧 5　向占位符中输入文本

占位符应用于幻灯片上，是指先占住一个固定的位置。表现为一个虚框，虚框内部往往有“单击此处添加标题”“单击此处添加文本”之类的提示文字，一旦鼠标单击之后，提示文字会自动消失。在编辑幻灯片时可以直接向占位符中输入文字，输入后也可以再根据当前的设计需求改变占位符位置，或设置文字格式等。

① 如图 2-16 中显示的“单击此处添加标题”“单击此处添加文本”，这两个文本框就是占位符。

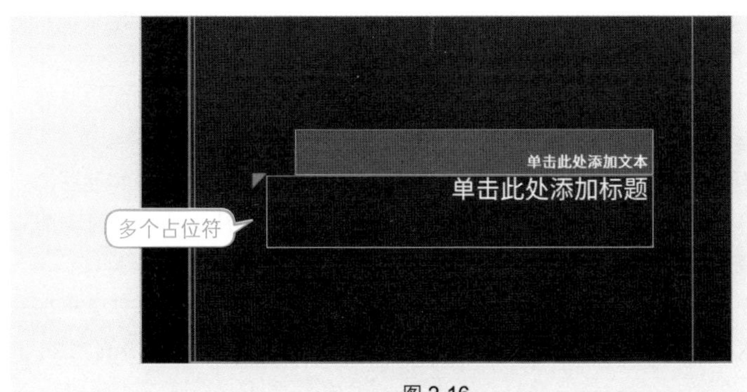

图 2-16

❷在占位符上单击即可进入文字编辑状态（如图 2-17 所示），这时可以输入文本，如图 2-18 所示。

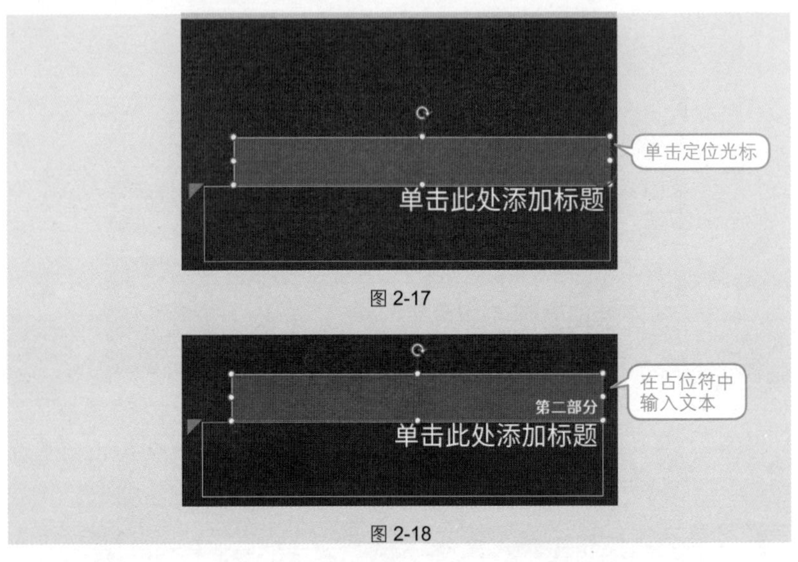

图 2-17

图 2-18

专家点拨

占位符实际是在幻灯片母版中设计的，对于一些经常制作PPT的用户而言，他们可能会设计一个通用的模板，这个模板需要长期使用，而且每次编辑这个PPT 时变动不是很多。这时就可以借助母版来创建一些特定的版式，版式中就包含占位符（有文字占位符，也有图片占位符），我们只需要填入相应的信息即可，不需要再进行排版。关于利用母版制作 PPT 模板的操作，在后面第 3 章中将详细地讲解。

技巧 6　调整占位符的位置与大小

占位符能起到布局幻灯片版面结构的作用。根据当前幻灯片排版的需要，可以重新调整占位符的大小和位置。

❶选中占位符，将鼠标指针指向占位符边线上（注意不要定位在调节控点上），按住鼠标拖动到合适位置（如图 2-19 所示），释放鼠标后即可完成对占位符位置的调整。

❷选中占位符，将鼠标指针指向占位符边框的尺寸控点上，按住鼠标拖动到需要的大小（如图 2-20 所示），释放鼠标后即可完成占位符大小的调整。

图 2-19

图 2-20

技巧 7 在任意位置添加文本框输入文本

在设计幻灯片时，有时我们会使用模板中的默认版式，而有时我们也会自定义设计一些幻灯片的版式，如在任意需要的位置上去绘制文本框来添加文字，如图 2-21 所示。

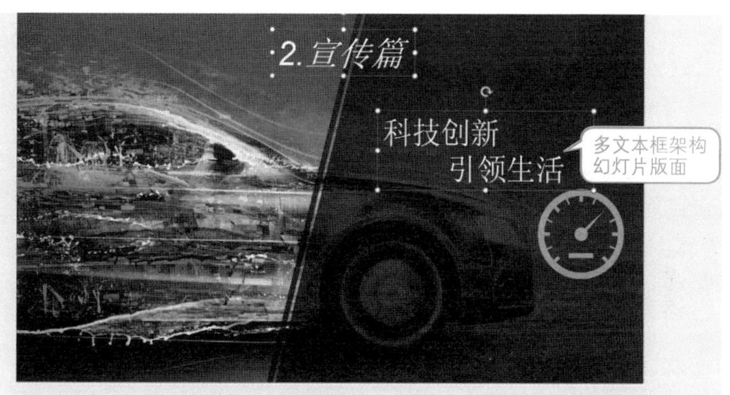

图 2-21

❶ 在“插入”→“文本”选项组中单击“文本框”下拉按钮，在下拉列表中选择“绘制横排文本框”命令，如图 2-22 所示。

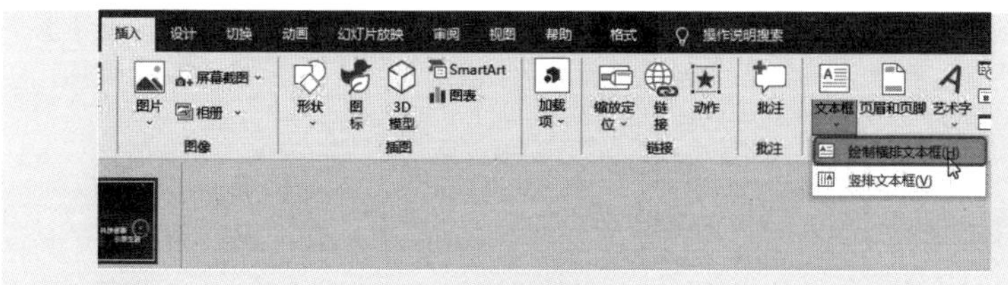

图 2-22

❷ 执行❶ 步命令后，在需要的位置上按住鼠标拖动即可绘制文本框，选中文本框并右击，在弹出的快捷菜单中选择“编辑文字”命令，如图 2-23 所示。

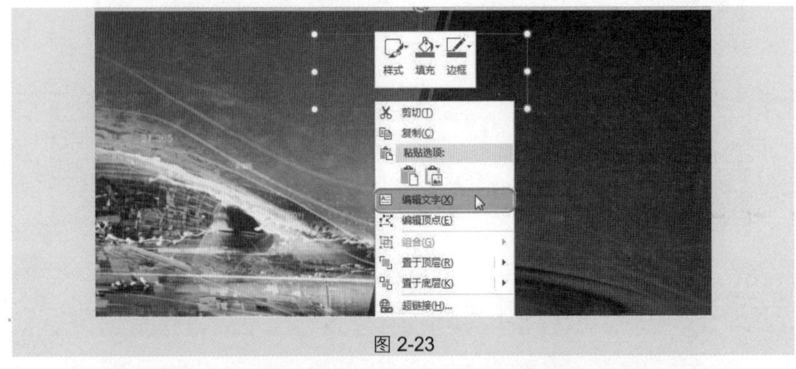

图 2-23

❸ 此时可在文本框里编辑文字，如图 2-24 所示。

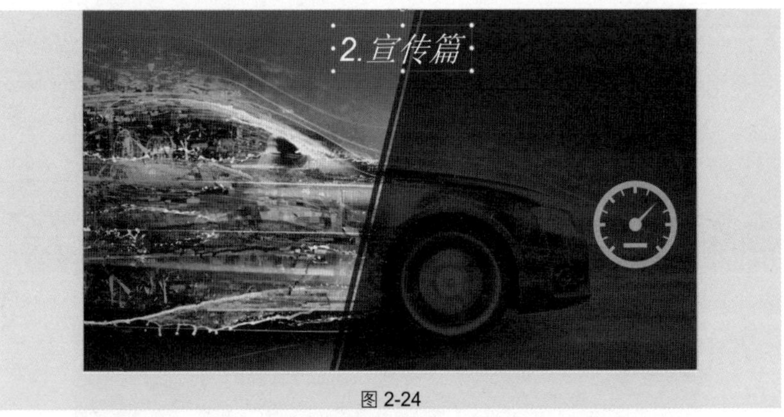

图 2-24

❹ 按照此操作方法可在任意需要的位置上添加文本框，输入文字后可以重新设置字体的格式，并拖动调整文本框到需要的位置。

专家点拨

如果某处的文本框与前面的文本框格式基本相同，可以选中文本框复制并粘贴下来，再重新编辑文字，移至需要的位置上即可。关于文本框的编辑、调整在后面的章节中会详细地做出介绍。

技巧 8　向幻灯片中添加图片

为了丰富幻灯片的表达效果，图片是幻灯片中必不可少的一个要素，图文结合可以让幻灯片的表达效果更直观，并且提升观赏性。生活中我们随处可见图片应用丰富的幻灯片，那么如何向幻灯片中添加图片呢？操作步骤如下。

❶ 选中目标幻灯片，在“插入”→“图像”选项组中选择“图片”→“此设备”命令（如图 2-25 所示），打开“插入图片”对话框，找到图片存放位置，选中目标图片，如图 2-26 所示。

图 2-25　　　　图 2-26

❷ 单击“插入”按钮插入图片，然后可根据版面调整图片的大小和位置（关于图片的格式调整在后面的章节中会详细地做出介绍），如图 2-27 所示。

图 2-27

技巧 9　一次性添加多张图片

如果幻灯片中要使用多张图片（有些时候会使用多张小图进行编辑以达到某种表达效果），此时可以一次性将多张图片同时添加进来。

❶ 选中目标幻灯片，在“插入”→“图像”选项组中单击“图片”按钮，打开“插入图片”对话框，找到图片存放位置，按住 Ctrl 键不放，依次选中需要插入的图片。

❷ 用鼠标一次性拖曳选取文件夹中所需要的图片文件，如图 2-28 所示。

图 2-28

❸ 单击“插入”按钮即可一次性插入选中的图片 , 如图 2-29 所示。

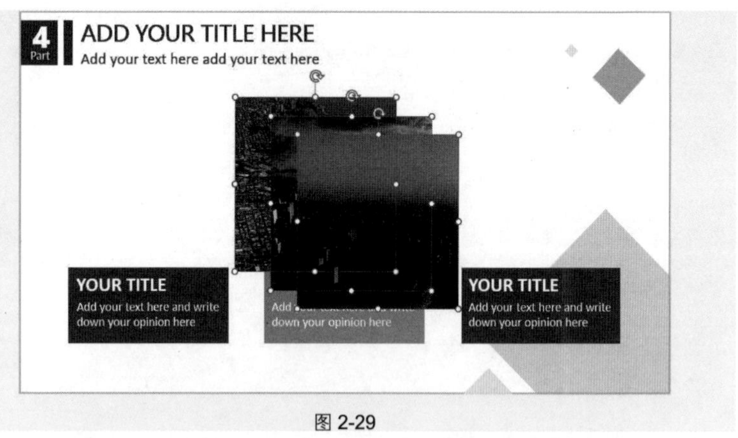

图 2-29

❹ 插入图片后，可调整图片的大小和位置及添加相关元素。

技巧 10 向幻灯片中插入图形

图形在幻灯片的设计中具有非常重要的作用，日常所见的幻灯片，基本都会使用到图形。图形实现的效果主要有突出文字、规划版面、表达数据关系、点缀修饰等。如图 2-30 所示的幻灯片，其中就使用了三角形图形，下面以此为例介绍向幻灯片中插入图形的方法。

图 2-30

① 选中目标幻灯片，在“插入”→“插图”选项组中单击“形状”下拉按钮，在下拉列表中选择要绘制的形状，如“等腰三角形”，如图 2-31 所示。

② 此时鼠标箭头变为十字形状，按住鼠标不放进行绘制，释放鼠标后即可得到图形，如图 2-32 所示。

图 2-31

图 2-32

③ 对图形进行大小和位置的调整（方法同占位符大小和位置调整）。

④ 再按此方法绘制得到下方图形，单击鼠标右键，在弹出的快捷菜单中选择“设置形状格式”命令，打开“设置形状格式”窗格，单击“填充”图标按钮，选中“纯色填充”单选按钮，设置“颜色”为“青绿”，透明度为“40%”，如图 2-33 所示。

图 2-33

专家点拨

图形是幻灯片中非常重要的元素，可用于修饰文字、布局版面、图示展示等，因此在后面的章节中将会着重介绍图形的使用与编辑。

2.2 幻灯片的操作技巧

技巧 11 移动、复制、删除幻灯片

一篇演示文稿通常都会包含多张幻灯片，但因为内容的前后逻辑关系，很多时候需要对多张幻灯片进行移动、复制、删除等操作。

一、移动幻灯片

在“视图”→“演示文稿视图”选项组中选择“幻灯片浏览”命令进入幻

灯片浏览视图中，选中需要被移动的图片（如图 2-34 所示），按住鼠标拖动到合适的位置释放，即可完成移动，如图 2-35 所示。

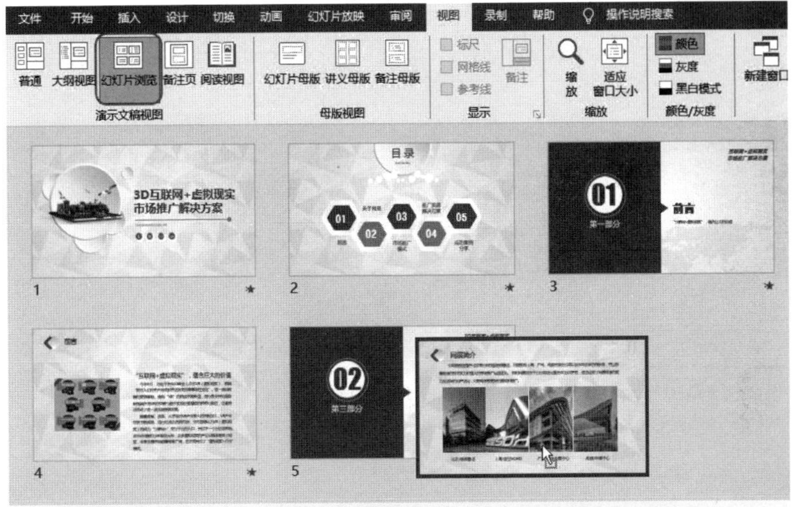

图 2-34

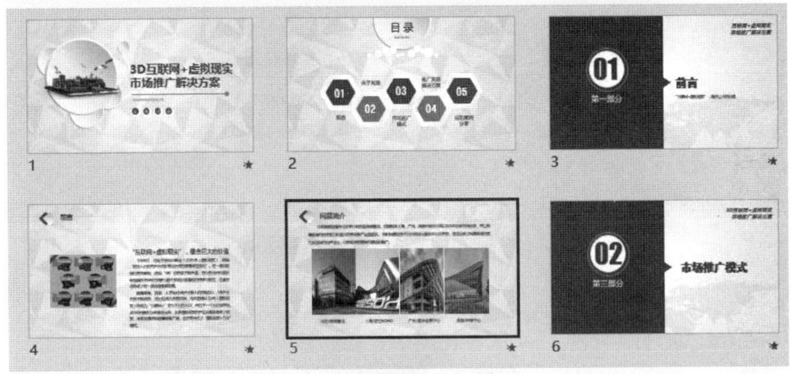

图 2-35

二、复制幻灯片

在幻灯片浏览视图中选中要复制的幻灯片，单击右键，在弹出的快捷菜单中选择“复制幻灯片”命令（如图 2-36 所示）即可完成复制。

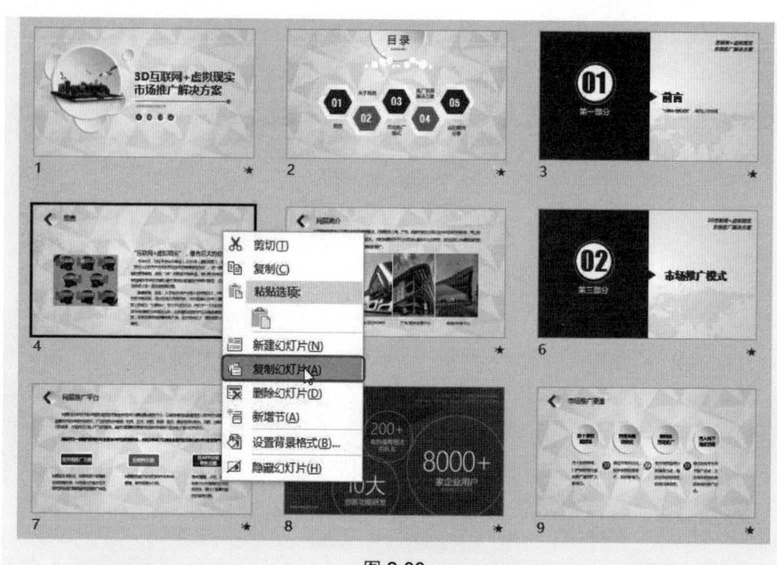

图 2-36

要删除幻灯片，则选中幻灯片，单击右键，在弹出的快捷菜单中选择“删除幻灯片”命令即可。

技巧 12 复制其他演示文稿中的幻灯片

如果当前创建的演示文稿需要使用其他演示文稿中的某张幻灯片，可以将其复制过来使用。

❶ 打开目标演示文稿，选中要使用的幻灯片并按 Ctrl+C 组合键进行复制操作，如图 2-37 所示为选中了第 10 张幻灯片并复制。

图 2-37

② 切换到当前幻灯片中，在窗口左侧的缩略图窗格中定位光标的位置，按 Ctrl+V 组合键进行粘贴，如图 2-38 所示。

图 2-38

应用扩展

复制得来的幻灯片默认自动应用当前演示文稿的主题（即它的配色方案、主题字体会自动与当前演示文稿保持一致），如果想让复制得到的幻灯片保持原有主题，操作方法如下。

复制幻灯片后，不要直接粘贴，而是在"开始"→"剪贴板"选项组中单击"粘贴"下拉按钮，在打开的下拉列表中单击"保留源格式"按钮（如图 2-39 所示），粘贴后即可让复制来的幻灯片保持原有主题不做任何改变。

图 2-39

技巧 13 隐藏不需要放映的幻灯片

在窗口左侧的幻灯片窗格中显示了所有幻灯片的缩略图，在实际工作中可能不是每张幻灯片都需要播放，那么如何在不删除幻灯片的情况下实现跳过播放该幻灯片呢？这时需要隐藏幻灯片。

① 在幻灯片窗格中选中需要隐藏的幻灯片并单击鼠标右键，在弹出的快捷菜单中选择“隐藏幻灯片”命令，如图 2-40 所示。

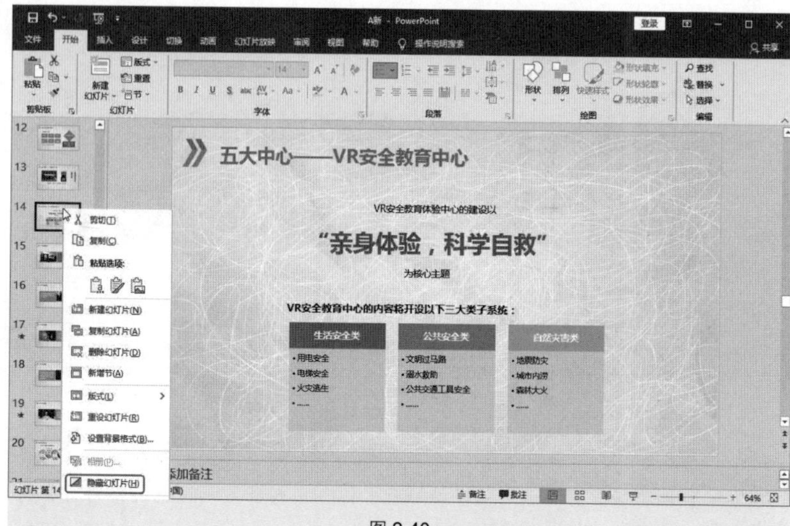

图 2-40

② 执行该命令后，被隐藏的幻灯片编号前会添加一个“\”标记，如，如图 2-41 所示。

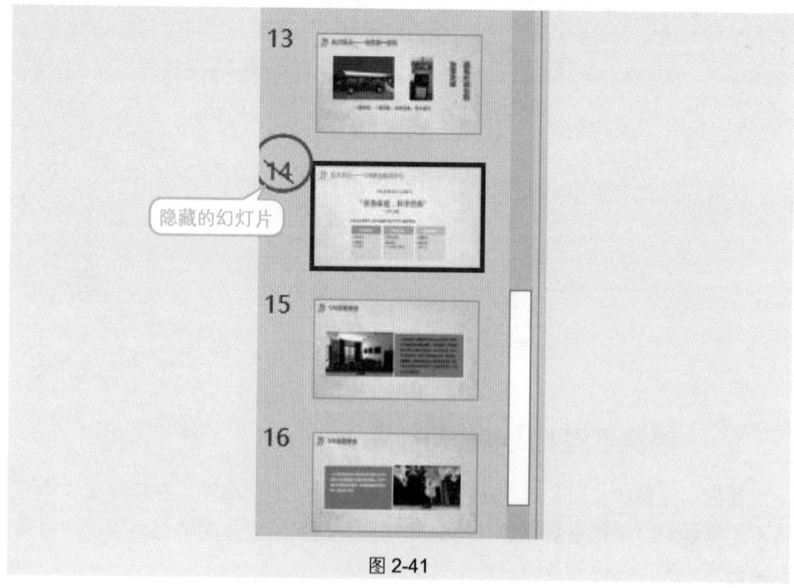

图 2-41

应用扩展

如果想一次性隐藏多张幻灯片，则可以按住 Ctrl 键，用鼠标依次选中多张需要隐藏的幻灯片，然后在"幻灯片放映"→"隐藏"选项组中单击"隐藏幻灯片"按钮即可实现一次性隐藏多张幻灯片。

技巧 14 标准幻灯片与宽屏幻灯片

Office 2019 版演示文稿幻灯片有标准幻灯片和宽屏幻灯片之分，标准幻灯片尺寸为 4:3，宽屏幻灯片尺寸为 16:9，不同情况下可以选用不同的尺寸。如图 2-42、图 2-43 所示分别为标准幻灯片及宽屏幻灯片。

图 2-42

图 2-43

某些情况下，标准幻灯片和宽屏幻灯片尺寸可以互相转换，操作步骤如下。

① 在“设计”→“自定义”选项组下，根据当前幻灯片的尺寸大小，自行对相对应的尺寸进行转换，此例为标准幻灯片，可选择“宽屏”命令，如图 2-44 所示。

图 2-44

② 单击“宽屏”后弹出提示框，选择“确保适合”选项（如图 2-45 所示）即可转换为宽屏幻灯片，如图 2-46 所示。

图 2-45　　图 2-46

专家点拨

在创建幻灯片时建议开始设计前就将尺寸大小确定好，然后根据幻灯片的页面大小去编排设计其他元素，因为如果设计好后再更改幻灯片的大小，有时会打乱原来的元素布局，或需要再次调整。

技巧 15　给幻灯片添加时间印迹

系统默认创建的演示文稿是没有日期标识的，为了标识出制作日期，可以在幻灯片中统一添加时间信息，如图 2-47、图 2-48 所示。

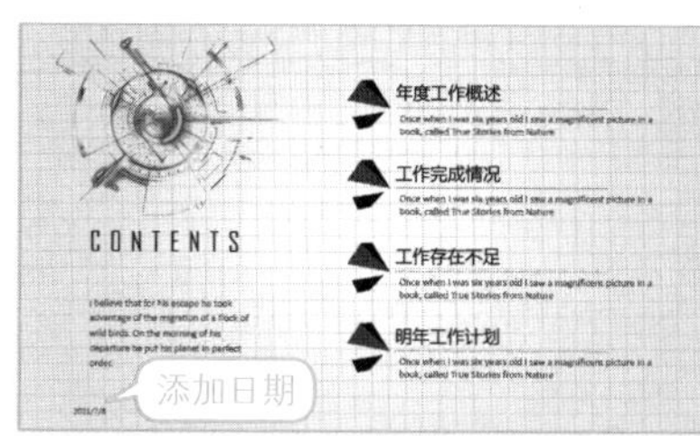

图 2-47

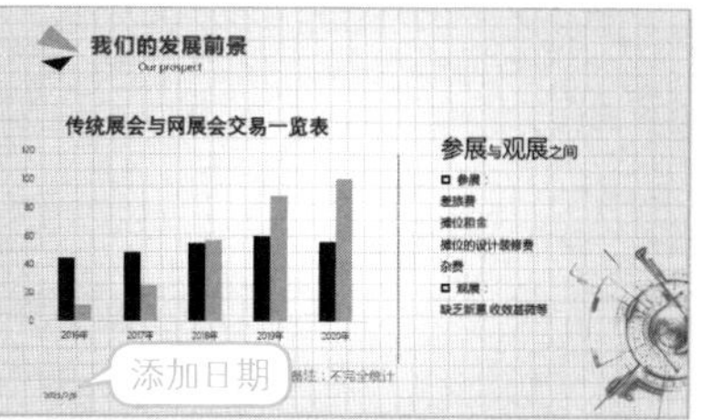

图 2-48

① 在"插入"→"文本"选项组中单击"日期和时间"按钮（如图 2-49 所示），打开"页眉和页脚"对话框。

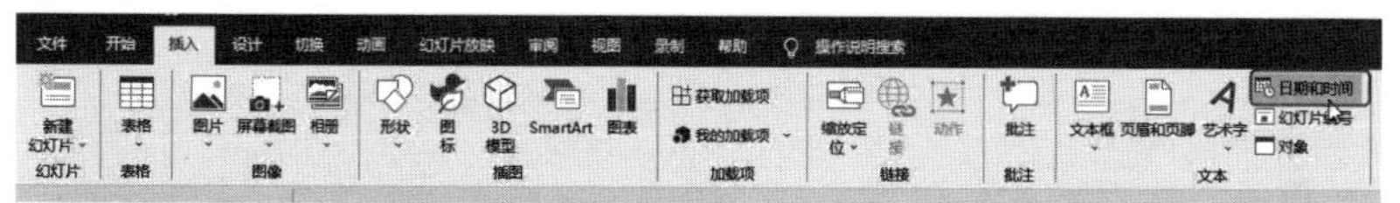

图 2-49

② 选中"日期和时间"复选框，选中"固定"单选按钮，文本框中会显示当前日期，也可以手动输入固定日期，如图 2-50 所示。

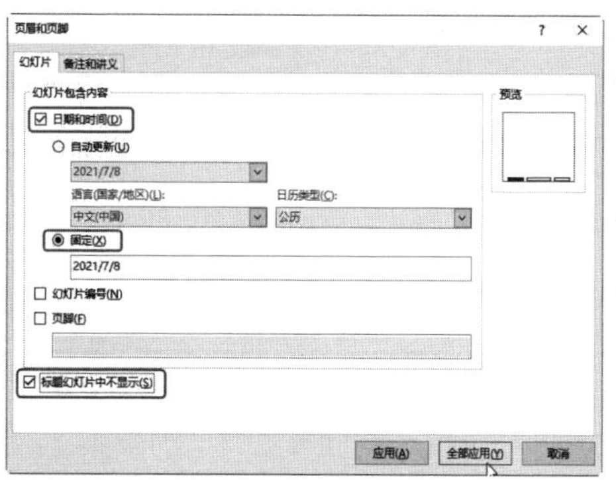

图 2-50

③ 单击"应用"按钮，将为当前选中的幻灯片添加日期。单击"全部应用"按钮，将为所有幻灯片添加日期。

应用扩展

如果要插入随系统时间自动更新的日期和时间，操作方法如下。

在"页眉和页脚"对话框中选中"日期和时间"复选框，接着选中"自动更新"单选按钮，在"日期"下拉列表中可以选择一种日期样式，单击"全部应用"按钮即可，如图 2-51 所示。

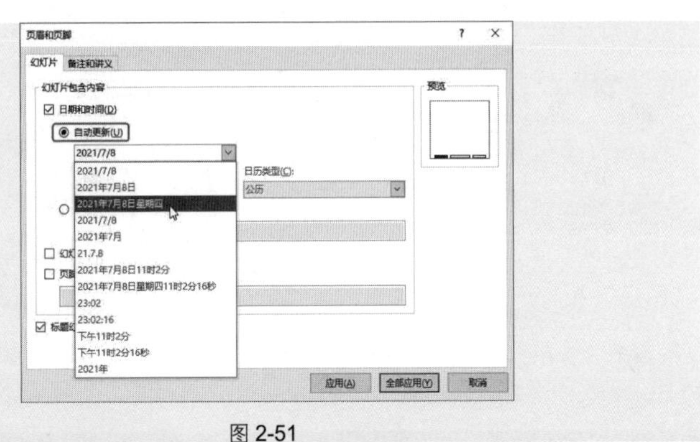

图 2-51

专家点拨

插入日期后，可以选中并进行文字格式设置或调整位置，但是如果想一次性设置日期的文字格式，需要进入母版视图中进行操作。进入母版视图后，选中“时间”页脚框，在“开始”→“字体”选项组中进行设置即可。

技巧 16 为幻灯片文字添加网址超链接

超链接实际上是一个跳转的快捷方式，单击含有超链接的对象，将会自动跳转到指定的幻灯片、文件或者网址等。

① 选中文字所在的文本框，在“插入”→“链接”选项组中单击“链接”按钮，如图 2-52 所示。

图 2-52

② 打开“插入超链接”对话框，在“地址”文本框中输入网址，如图 2-53 所示。

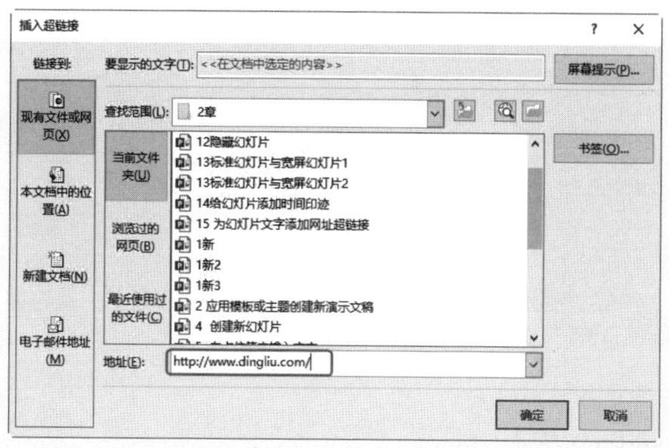

图 2-53

③ 单击“确定”按钮完成设置。鼠标再指向文字时，将提示访问链接的方法，如图 2-54 所示。

图 2-54

专家点拨

本例介绍的是将文字超链接到网址，另外，在设置链接对象时可以是网址（如本例），也可以是当前演示文稿的某张幻灯片，还可以是其他文档，如 Word 文档、Excel 表格等。只要在“查找范围”中确定要链接文档的保存位置，然后在列中选中要链接的对象即可。

技巧 17 为幻灯片添加批注

幻灯片在设计时既要考虑实用性，也要考虑其观赏性，因此在设置版面时易简不易繁，忌讳大篇幅文字，因此对于一些需要特殊说明的概念，可以为其添加批注。批注是一种备注，它可以使注释对象的内容或者含义更易于理解。如图 2-55 所示为标题文字添加了批注。

图 2-55

① 选中要插入批注的对象，在“插入”→“批注”选项组中单击“批注”按钮，如图 2-56 所示。

图 2-56

② 在窗口右侧打开“批注”窗格，光标会出现在批注中，输入批注内容即可，如图 2-57 所示。

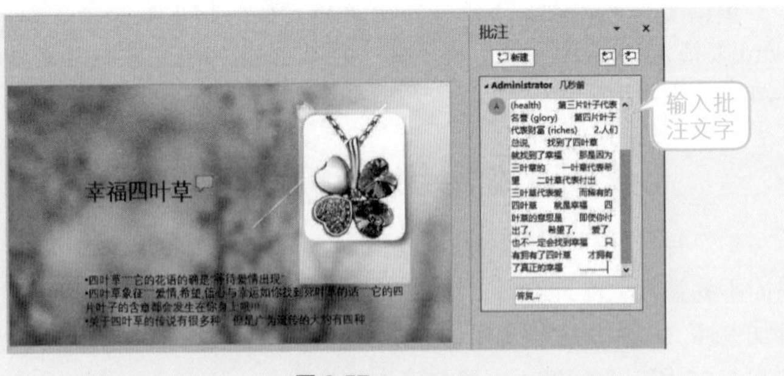

图 2-57

③ 添加批注后，对象的边角会出现一个标记，在标记上单击即可打开"批注"窗格查看批注。

2.3 演示文稿文件管理

技巧 18 快速打开最近编辑的演示文稿

在编辑演示文稿过程中，最近打开的几个演示文稿会被程序记录下来，如果今天编辑演示文稿时想使用其他几个最近打开过的演示文稿，则可以快速打开它们，而不必进入保存目录中去打开。

① 在当前演示文稿中，单击"文件"菜单，在打开的菜单中选择"开始"命令，在右侧单击"最近"标签，则会显示出最近打开的演示文稿列表，如图 2-58 所示。

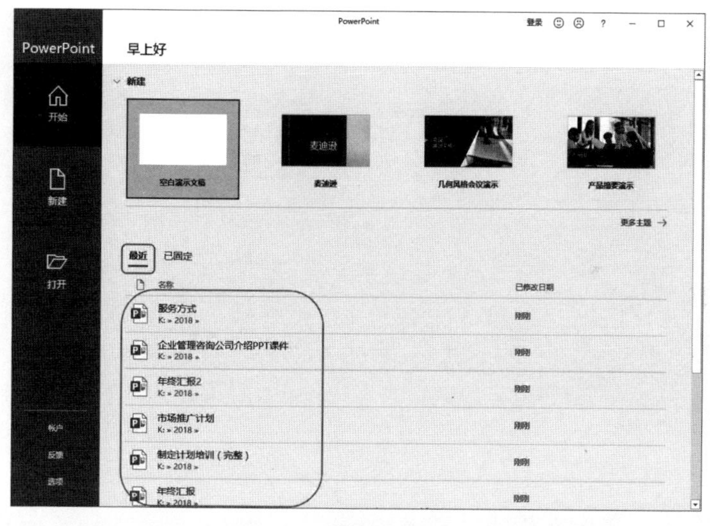

图 2-58

② 找到目标演示文稿，单击即可快速打开。

技巧 19 将最近常使用的演示文稿固定到最近使用列表中

在最近使用的文稿中，随着新文档的打开，旧文档会依次被替换，如果某个文档最近每天都需要打开，则可以将其锁定在最近使用列表中。锁定后此文档始终显示在这个位置，不会被其他文档替换，可以方便我们快速打开此文档。

① 打开演示文稿，单击“文件”菜单，在打开的菜单中选择“开始”命令，在右侧单击“最近”标签。找到目标文档后，鼠标定位到该条文档标题的右侧，此时显示锁定图标并显示提示语“固定至列表”（如图2-59所示），单击该图标，即可完成锁定。

② 按相同的方法操作可以锁定多个文档，单击“已固定”标签可进行查看，如图2-60所示。

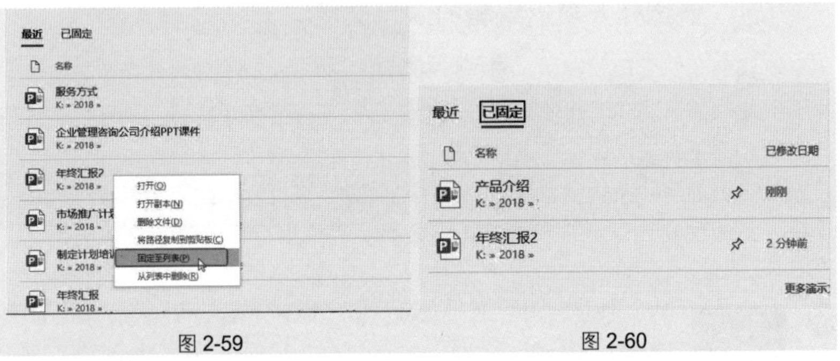

图 2-59　　图 2-60

应用扩展

如果想要对锁定的文稿进行解锁，单击锁定的文稿右侧的解锁标志即可完成解锁，如图2-61所示。

图 2-61

技巧 20　加密保护演示文稿

如果想要保护编辑完成的演示文稿不被修改，用户可以为演示文稿设置密码。设置密码后，当再次打开演示文稿时，就会弹出“密码”对话框，提示用户只有输入正确的密码才能打开。

① 在当前演示文稿中，单击“文件”菜单，在打开的菜单中选择“信息”命令，单击“保护演示文稿”下拉按钮，在下拉列表中选择“用密码进行加密”选项（如图2-62所示），打开“加密文档”对话框，输入密码，如图2-63所示。

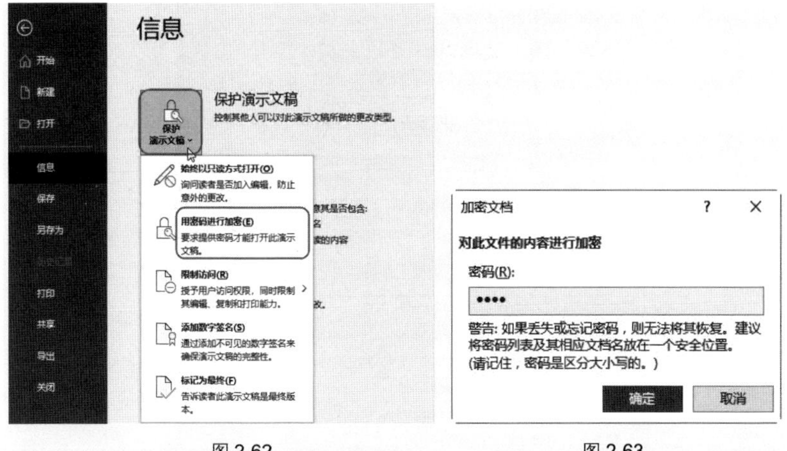

图 2-62　　　　图 2-63

❷ 单击“确定”按钮，打开“确认密码”对话框，在“重新输入密码”文本框中再次输入密码，如图 2-64 所示。

❸ 单击“确定”按钮，即可为演示文稿添加密码保护。当再次打开演示文稿时，则提示需要输入密码，如图 2-65 所示。

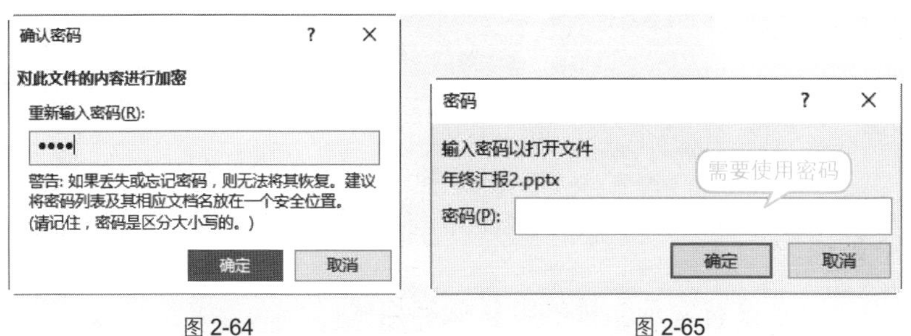

图 2-64　　　　图 2-65

应用扩展

如果想取消所设置的密码，则在打开演示文稿后，按上面❶步操作打开“加密文档”对话框，将原密码清空即可，也可以重新输入新密码实现修改密码。

技巧 21　设置演示文稿的默认保存位置

演示文稿编辑完成后都是需要保存的，如果自己的工作 PPT 都是保存在一个指定的位置，则可以设置一个默认保存位置，即对所有新建的 PPT 文件进行保存时就会自动保存到那个位置，只要输入文件名后即可快速保存，而不用每次保存时都去设置保存位置。

❶ 打开需要设置的演示文稿，单击"开始"→"选项"命令，打开"PowerPoint选项"对话框。在左侧单击"保存"，在"默认本地文件位置"文本框内输入"d:\PPT 演示文稿 \"，如图 2-66 所示。

图 2-66

❷ 单击"确定"按钮即可完成设置。

技巧 22 设置演示文稿的默认保存格式

在 PowerPoint 2019 中编辑完成演示文稿后，将演示文稿保存为 PowerPoint 97-2003 格式，可以解决兼容性问题。如果希望每次建立的演示文稿都保存为此格式，则可以通过如下方法进行设置。以此类推，如果想设置保存为其他默认格式，操作方法相同。

❶ 在主选项卡中单击"文件"菜单，在打开的菜单中选择"选项"命令，打开"PowerPoint 选项"对话框。在左侧单击"保存"，然后单击"将文件保存为此格式"后面的下拉按钮，选择"PowerPoint 97-2003 演示文稿"选项，如图 2-67 所示。

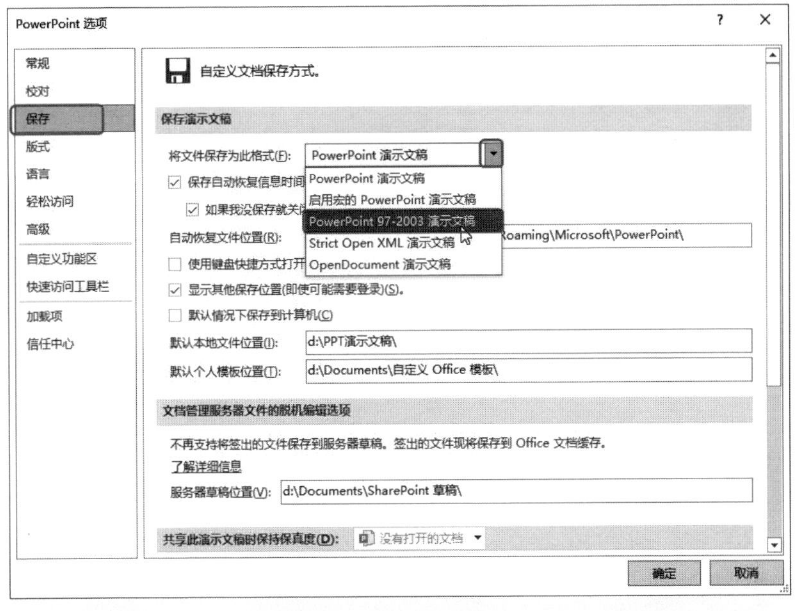

图 2-67

② 单击“确定”按钮完成设置。当下次需要保存演示文稿时，将自动保存为 PowerPoint 97-2003 格式。

第 3 章 定义演示文稿的整体风格和布局

3.1 主题、模板的应用技巧

技巧 1 什么是主题，什么是模板

一、主题

所谓主题是用来对演示文稿中所有幻灯片的外观进行匹配的一个样式，如让幻灯片具有统一的背景效果、统一的修饰元素、统一的文字格式等。当应用了主题后，无论你使用什么版式都会保持统一的风格。

❶ 在主程序界面的“设计”→“主题”选项组中单击⊡按钮（如图 3-1 所示），可显示出程序内置的所有主题，如图 3-2 所示。

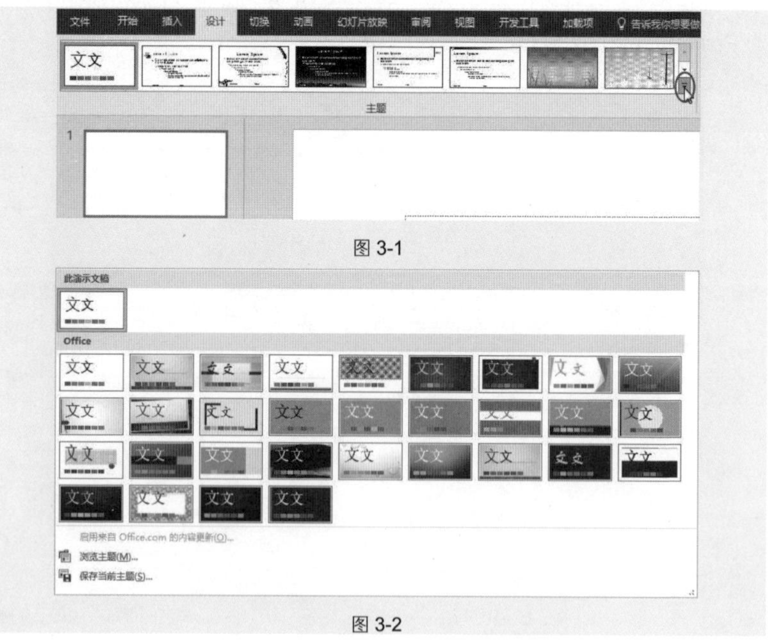

图 3-1

图 3-2

② 在列表中单击想使用的主题，即可依据此主题创建新演示文稿，如图 3-3 所示。从创建的演示文稿中可以看到整体的配色与修饰元素，以及文字的字体格式等。

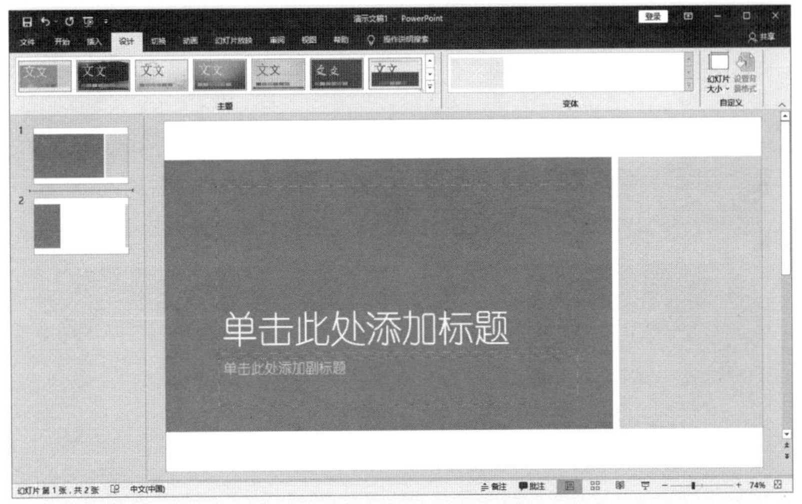

图 3-3

专家点拨

鉴于现在的商务 PPT 对幻灯片的设计外观都有着极高的要求，因此对于 PPT 软件中内置的这些主题一般很少去使用，一般会使用从网络上下载的主题和模板，条件允许的会自己设计主题。

二、模板

模板是 PPT 的骨架，它包括了幻灯片的整体设计风格（使用哪些版式、使用什么色调，使用什么图形图片作为设计元素等）、封面页、目录页、过渡页、内页和封底。有了这样的模板，在实际创建 PPT 时可以直接填入相应内容，补充设计即可。

模板包含主题，主题是组成模板的一个元素。

如图 3-4 所示即为一套模板，可以看到不但包括主题元素，同时设计好了一些版式，用户在进行设计时，如果这些版式正好符合你的要求，就可以直接填入内容了，或者可做局部更改后投入使用。

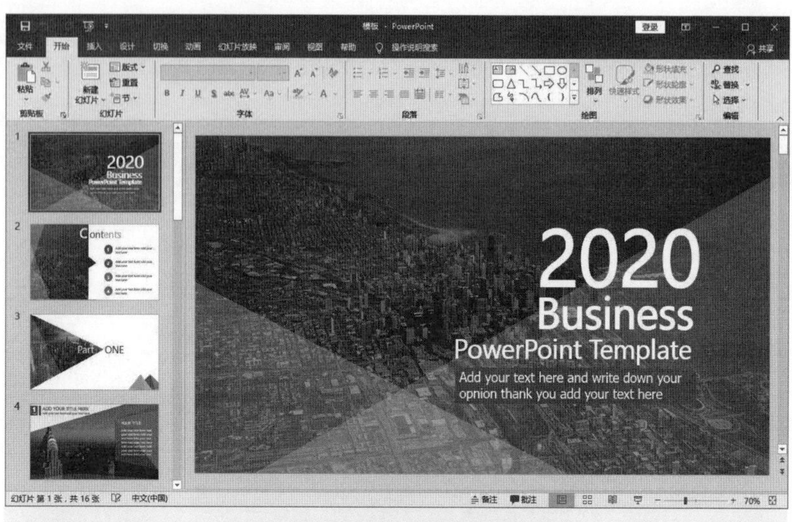

图 3-4

应用扩展

在主选项卡中单击“文件”菜单，在打开的菜单中选择“新建”命令，显示在右侧列表中有模板也有主题，如图 3-5 所示。

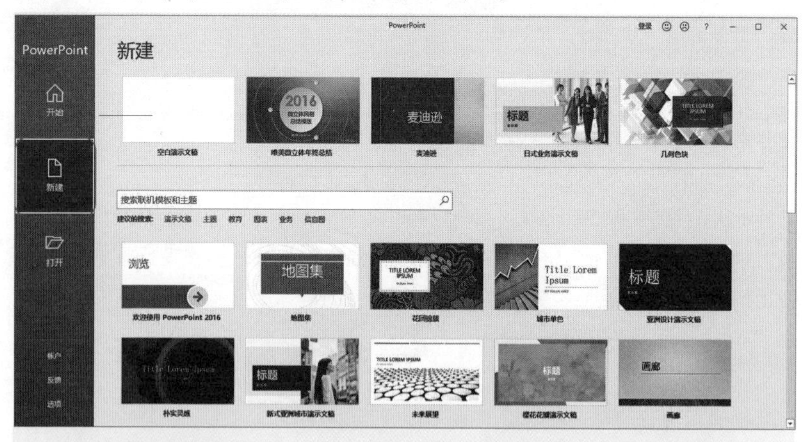

图 3-5

单击选中的模板后（如图 3-6 所示），再单击“创建”按钮即可进行创建。

图 3-6

也可以输入关键字，然后在线搜索 office online 上的联机模板与主题，如图 3-7 所示。

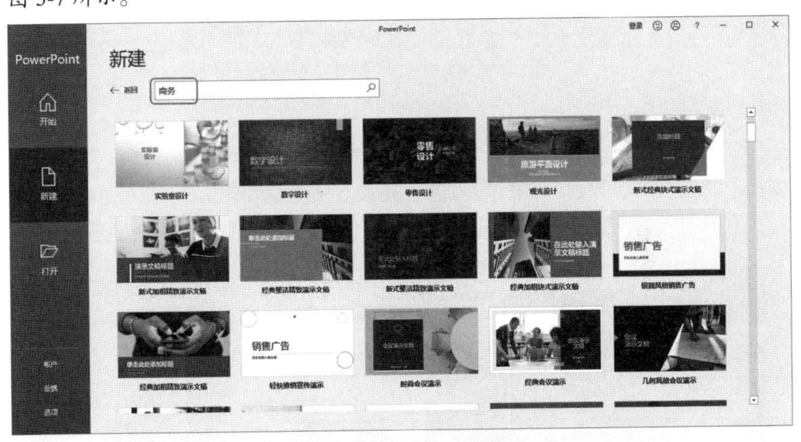

图 3-7

技巧 2 为什么要应用主题和模板

默认创建的演示文稿是空白状态，对页面效果、整体布局及内容编辑都没有提供任何思路，通过应用主题和模板可以达到如下效果。

一、美化文稿

应用了主题和模板的幻灯片对背景样式、字体格式、版面装饰效果等都有定义，可以立即获取半成品的演示文稿，如图 3-8 所示。

图 3-8

二、规划版面

应用模板的幻灯片有些版式还是很实用的，它预定义了一些占位符的位置，同时也有不少设计好的图示效果，如图 3-9 所示。这可以让不太懂设计的人不至于把版面布局做得很糟糕。

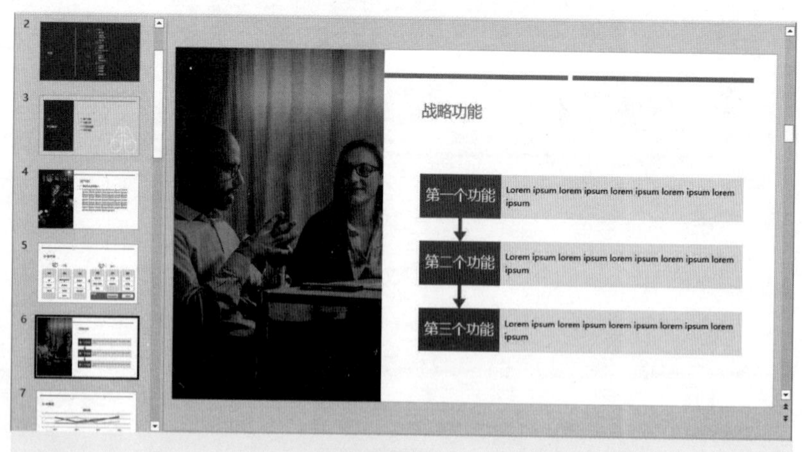

图 3-9

三、节省时间

因为模板对幻灯片的整体风格已经确定，并且配备了一些实用版式，因此在编辑内容时比较方便快捷，提高了工作效率。

专家点拨

在新建演示文稿时，可以套用模板，有的模板提供了主题，有的模板提供了一些专用幻灯片的建立模式。

技巧 3 下载使用网站上的模板

演示文稿想要精彩，离不开好的内容和模板，只有好的内容，模板选择的不合适，最终效果也会大打折扣，所以选择合适的模板也是至关重要的。在互联网上有很多精美的模板，通过下载便可直接使用。如果下载的模板不是十分满意，还可以充分运用你的设计思路去补充、修改模板。

因为对于普通用户来说，要想完全设计一套真正好的模板并非易事，而有了主体思路后再去修改就要容易很多。下面举例介绍从网络上下载模板的步骤。

❶ 打开“第 1PPT”网页（如图 3-10 所示），这里有很多不同的 PPT 分类，可以按自己的需要去使用。

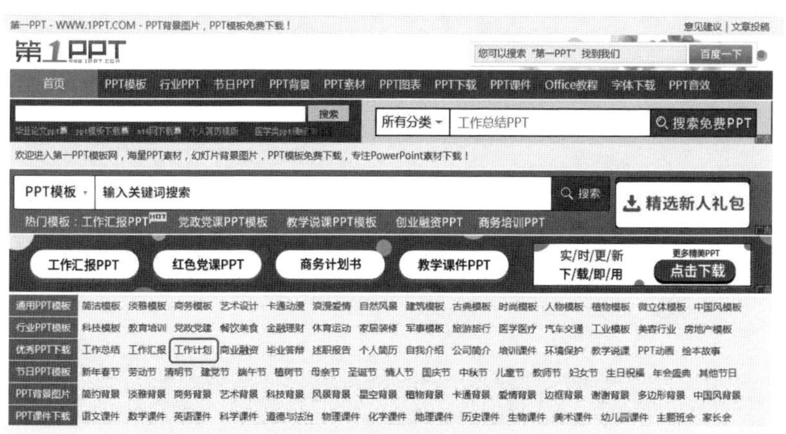

图 3-10

❷ 例如，单击“工作计划”可以打开这个分类，接着再挑选合适的模板，如图 3-11 所示。

图 3-11

③ 单击目标模板，进入新的页面可以找到下载地址链接，如图 3-12 所示。

图 3-12

④ 单击下载地址链接，设置好下载模板存放的路径，如图 3-13 所示。

新建下载任务

文件名 1-210329111R6.zip 2.43MB

保存到 G:\

复制链接地址

直接打开 下载 取消

图 3-13

⑤ 单击“下载”按钮，下载完成后，即可打开下载的模板并使用，如图 3-14 所示。

图 3-14

专家点拨

有些网站中的优秀模板是需要收取费用才能下载使用的，当然也有众多免费的模板，可以根据自己的需要选择使用。

技巧 4 自定义幻灯片背景——渐变背景

背景颜色就是指幻灯片背景处的颜色，它可以是纯色的，也可以是渐变色，也可以设置为图片。本例要设置背景的渐变填充效果。

如图 3-15 所示为默认背景色，如图 3-16 所示为设置了背景渐变填充后的效果。

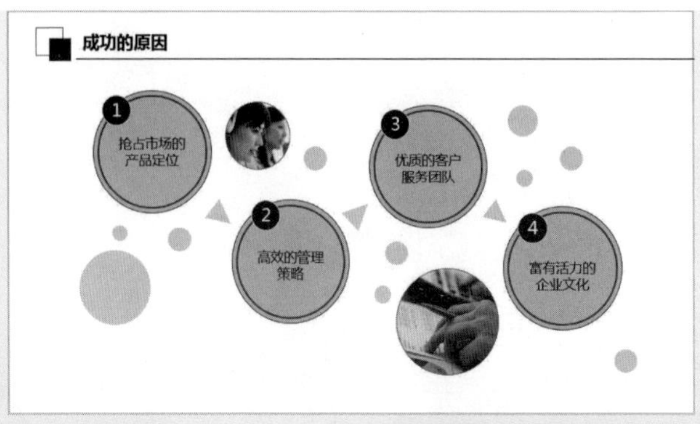

图 3-15

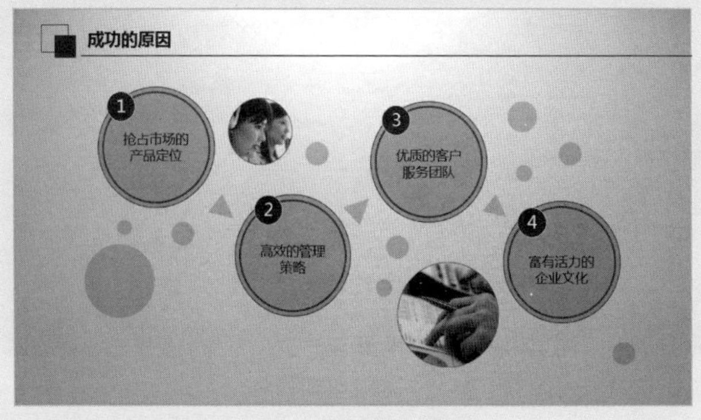

图 3-16

❶ 在"设计"→"自定义"选项组中单击"设置背景格式"按钮（如图 3-17 所示），打开"设置背景格式"窗格。

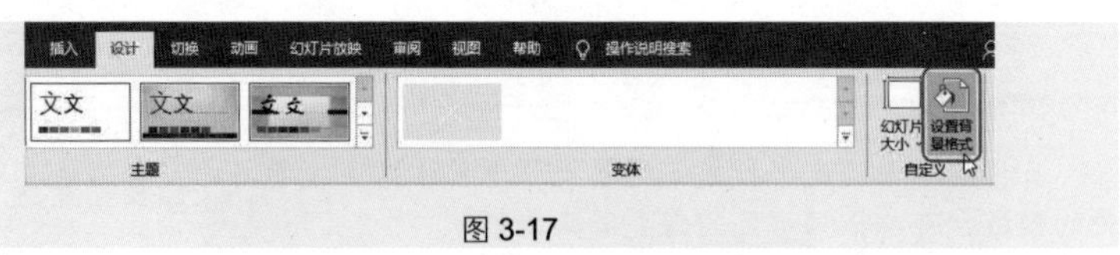

图 3-17

❷ 在"填充"栏中选中"渐变填充"单选按钮。先在"预设渐变"的下拉列表中选择"顶部聚光灯 - 个性色 5"的渐变类型，通过或按钮在"渐变光圈"上保留 3 个点。渐变光圈的颜色首先与所选择预设渐变一致。如果要改变颜色，则选中目标光圈，然后单击下拉按钮，即可重新设置此光圈的颜色。本例设置为"白色"至"灰色"的渐变填充，拖动光圈在横条上的位置可以控制每种颜色的渐变区域，如图 3-18 所示。

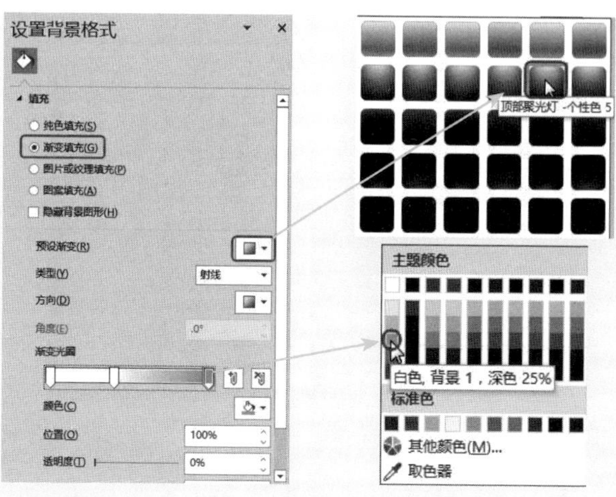

图 3-18

③ 单击“关闭”按钮，即可为当前的幻灯片背景设置渐变填充，达到如图 3-16 所示的效果。

技巧 5　自定义幻灯片背景——图片背景

图片在幻灯片编辑中的应用是非常广泛的，我们通常会根据当前演示文稿的表达内容、主题等来选用合适的图片作为背景。图 3-19 所示即为使用了计算机中保存的图片来作为背景。

图 3-19

① 在“设计”→“自定义”选项组中单击“设置背景样式”按钮，打开“设置背景格式”窗格。

❷ 在“填充”栏中选中“图片或纹理填充”单选按钮，单击“插入”按钮（如图 3-20 所示），打开“插入图片”对话框。

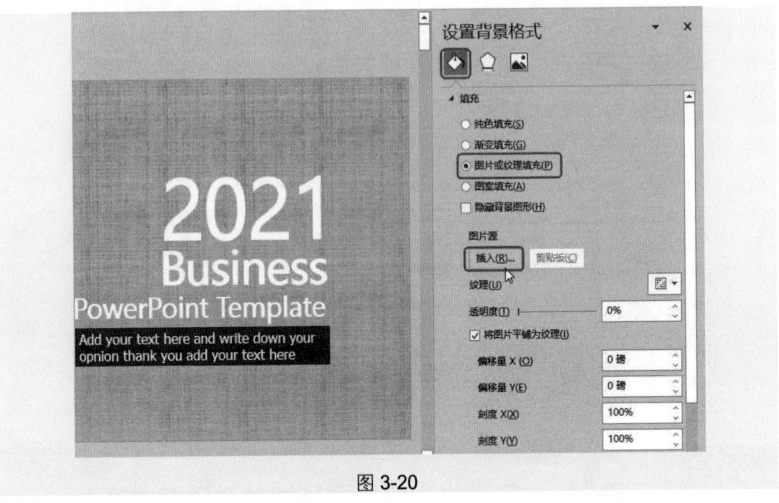

图 3-20

❸ 单击“来自文件”（如图 3-21 所示），在弹出的对话框中选中目标图片，如图 3-22 所示，单击“插入”按钮，即可将选中的图片应用为演示文稿的背景。

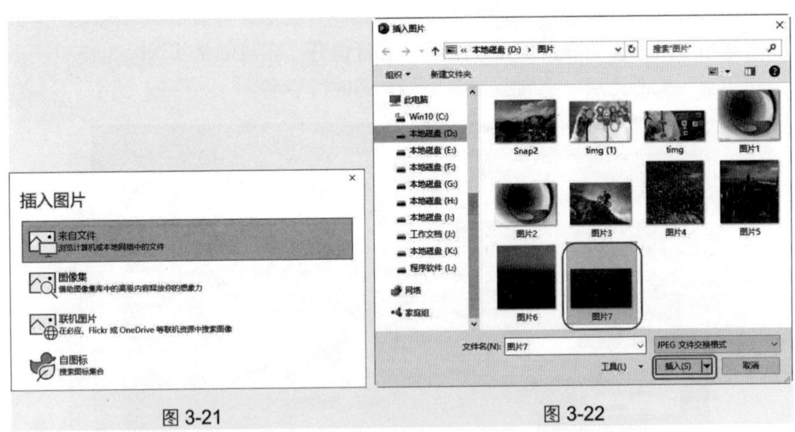

图 3-21　　图 3-22

应用扩展

如果有好的背景图片，我们也可以保存起来作为备用素材。右击幻灯片背景（如果幻灯片中包含了占位符、文本框、图形等对象，注意要在这些对象以外的空白处单击鼠标右键），在弹出的快捷菜单中选择“保存背景”命令，如图 3-23 所示。

图 3-23

技巧 6 自定义幻灯片背景——图案背景

除了为幻灯片设置渐变背景和图片背景外，还可以使用图案背景填充效果。如图 3-24 所示为默认背景色，如图 3-25 所示为设置了图案背景后的效果。

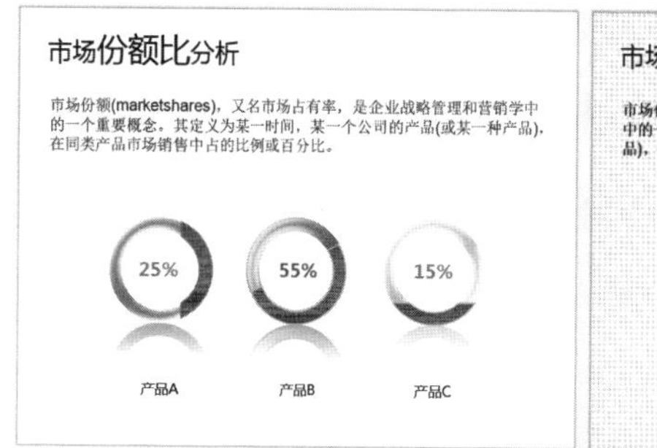

图 3-24

图 3-25

❶ 在“设计”→“自定义”选项组中单击“设置背景样式”按钮，打开“设置背景格式”窗格。

❷ 在“填充”栏选中“图案填充”单选按钮，在“图案”列表中选择“实心菱形网络”样式，并设置好前景色与背景色，如图 3-26 所示。

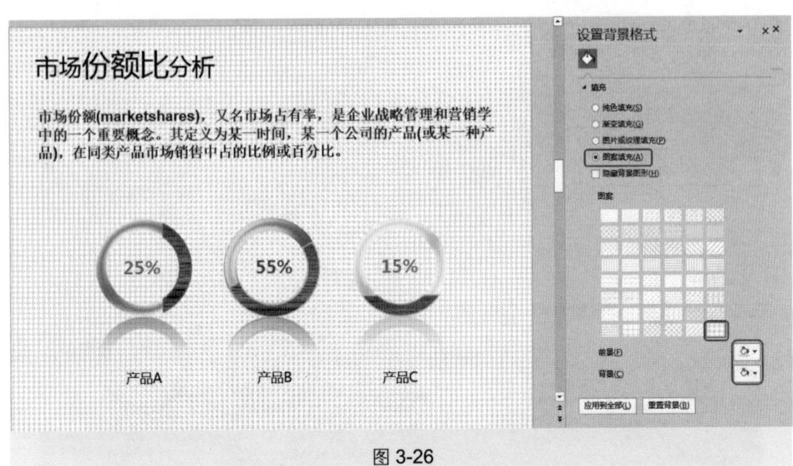

图 3-26

③ 单击“关闭”按钮，即可完成图案背景的设置。

技巧 7 将设置的图片背景以半透明柔化显示

当设置图片作为幻灯片的背景时，如果图片本身色彩艳丽，那么设置后有时会干扰主体内容的显示，如图 3-27 所示。这时可以通过设置让背景图片以半透明柔化的效果显示，如图 3-28 所示。

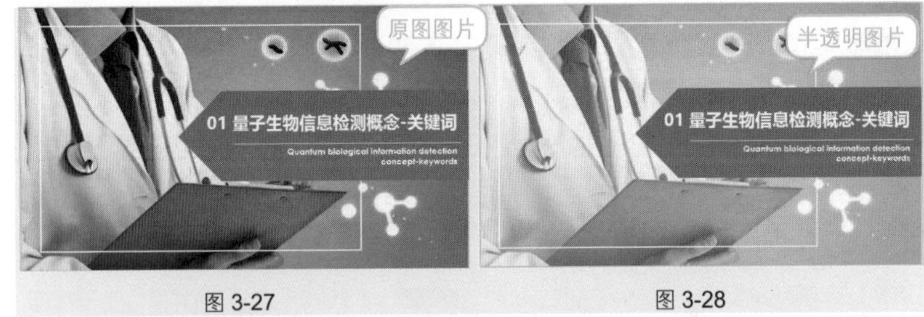

图 3-27　　图 3-28

① 在幻灯片的空白位置单击鼠标右键，在弹出的快捷菜单中选择“设置背景格式”命令，打开“设置背景格式”窗格。按“自定义幻灯片背景——图片背景”技巧选择图片后回到“设置背景格式”对话框，拖动“透明度”滑块设置透明度，如图 3-29 所示。

② 调整后关闭“设置背景格式”对话框即可。

图 3-29

技巧 8 将设置的幻灯片背景应用于所有幻灯片

当选中某张幻灯片并为其设置背景效果时，默认只将效果应用于当前幻灯片，如果想让所设置的效果应用于当前演示文稿中所有的幻灯片，则可以按如下方法操作。

❶ 在“设计”→“自定义”选项组中单击“设置背景样式”按钮，打开“设置背景格式”窗格。

❷ 按技巧 5 的方式选择图片后回到“设置背景格式”对话框，单击“应用到全部”按钮，如图 3-30 所示。

图 3-30

③ 此时在“视图”→“演示文稿视图”选项组中单击“幻灯片浏览”按钮进入幻灯片浏览视图中，即可看到演示文稿中的所有幻灯片都使用了相同的背景样式，如图 3-31 所示。

图 3-31

技巧 9　保存下载的主题为本机内置主题

下载的模板中包含的主题也可以将其保存为程序的内置主题，使其不仅能应用于当前的幻灯片，而且还可以供新建幻灯片时直接套用。

① 如图 3-32 所示为当前幻灯片的主题效果。

图 3-32

② 在“设计”→“主题”选项组中单击按钮，在展开的下拉列表中选择

“保存当前主题”命令（如图 3-33 所示），打开“保存当前主题”对话框。

③ 保持默认的保存位置，文件名也可以保持默认，如图 3-34 所示。

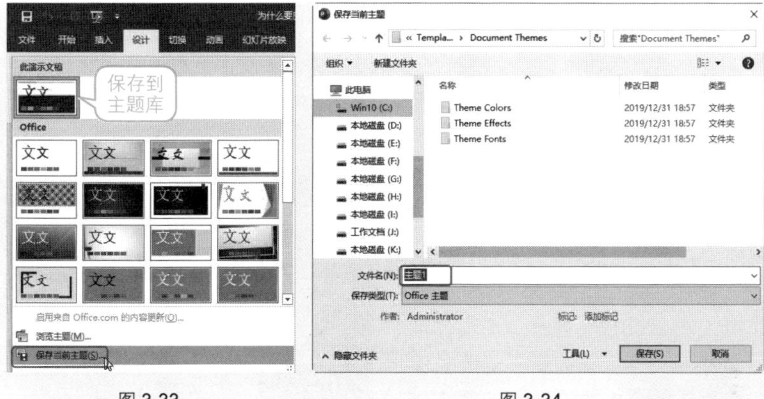

图 3-33　　　　图 3-34

④ 单击“保存”按钮即可保存成功。

⑤ 完成上面的操作后，所保存的主题就可以显示在“主题”列表中了，如图 3-35 所示。如果有空白的演示文稿想套用这个主题，单击即可套用，如图 3-36 所示。

图 3-35　　　　图 3-36

专家点拨

PPT 程序确实内置了一些主题，但这些主题的效果可能一般的使用者都不会满意，所以如果应用到一些好的模版，将其中包含的主题保存下来以后直接套用，也不失为一个好办法。

技巧 10　将下载的演示文稿保存为我的模板

如果对下载的演示文稿或模板效果满意，则可以将其保存到"我的模板"中，保存后，后期再创建文稿时，就可以快速地套用这个模板来创建。

① 演示文稿准备好后，在主选项卡中单击"文件"菜单，在打开的菜单中选择"另存为"命令，单击右侧的"浏览"按钮（如图 3-37 所示），打开"另存为"对话框。

② 在"保存类型"下拉列表中选择"PowerPoint 模板"选项，可以重命名文件，但注意不要改变保存位置，如图 3-38 所示。设置完成后单击"保存"按钮，即可将演示文稿模板保存到"我的模板"中。

图 3-37

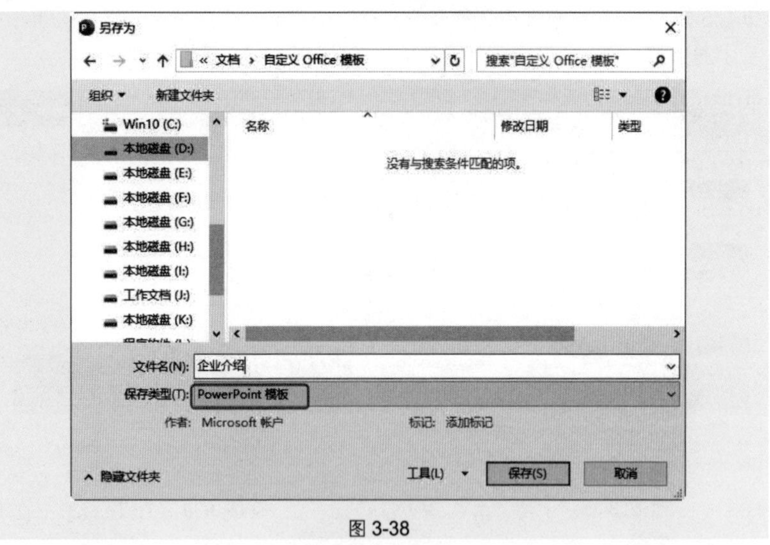

图 3-38

③ 当要使用这个模板时，启动 PPT 程序后，单击"文件"菜单，在打开的菜单中选择"新建"命令，在右侧单击"自定义"标签（如图 3-39 所示），再双击"自定义 Office 模板"文件夹，即可看到保存的模板，如图 3-40 所示。

图 3-39　　　　图 3-40

❹ 单击即可依据此模板创建新演示文稿。

专家点拨

在"保存类型"下拉列表框中选择"PowerPoint 模板"选项后，保存位置就会自动定位到 PPT 模板的默认保存位置，注意不要修改这个位置，否则将无法看到所保存的模板。

应用扩展

当演示文稿编辑完成后，如果后期经常需要使用类似的演示文稿，也可以将其保存为模板。例如，我们自己建立了一套关于月工作报告的演示文稿，为了便于每月使用，也可以按此方法将其保存为模板。

3.2　母版的应用技巧

技巧 11　母版的作用

幻灯片母版用于存储演示文稿的主题版式的信息，包括背景、颜色、字体、效果、占位符大小和位置。母版是定义演示文稿中所有幻灯片页面格式的幻灯片视图，它规定了幻灯片的文本、背景、日期及页码格式，包含了演示文稿中的共有信息，因此让演示文稿具有统一的外观特点。

单击"视图"→"母版视图"选项组中的"幻灯片母版"按钮（如图 3-41 所示），即可进入母版视图，可以看到幻灯片版式、占位符等，如图 3-42 所示。

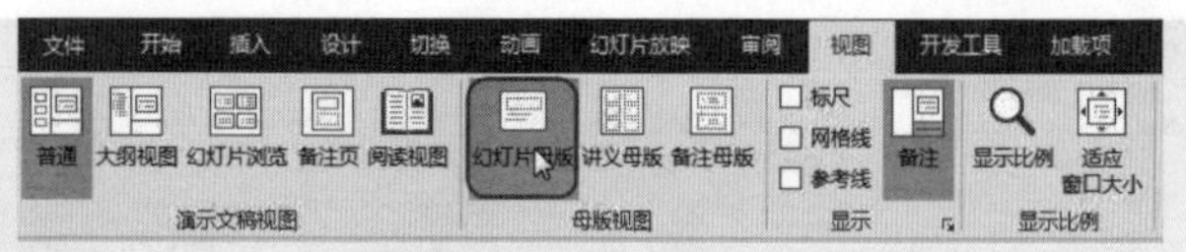

图 3-41

图 3-42

一、版式

母版左侧显示了多种版式，一般包括“标题幻灯片”“标题和内容”“图片和标题”“空白”“比较”等 11 种版式，这些版式都是可以进行修改与编辑的。例如，此处选中“标题幻灯片”版式，为其添加图片背景，如图 3-43 所示。

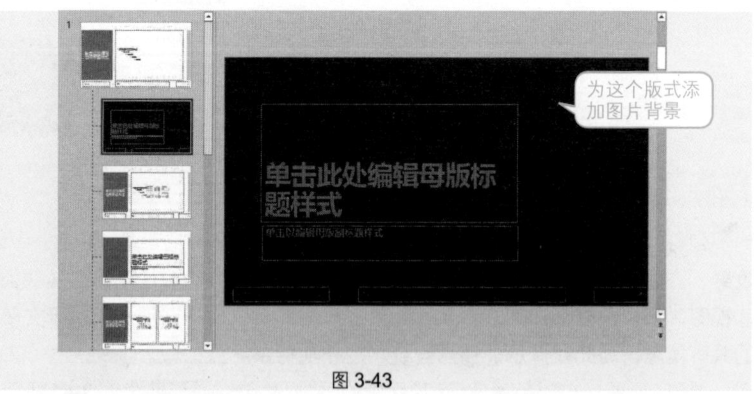

图 3-43

修改版式后，在“幻灯片母版”→“关闭”选项组中单击“关闭母版视图”按钮（如图 3-44 所示），即可退出母版。

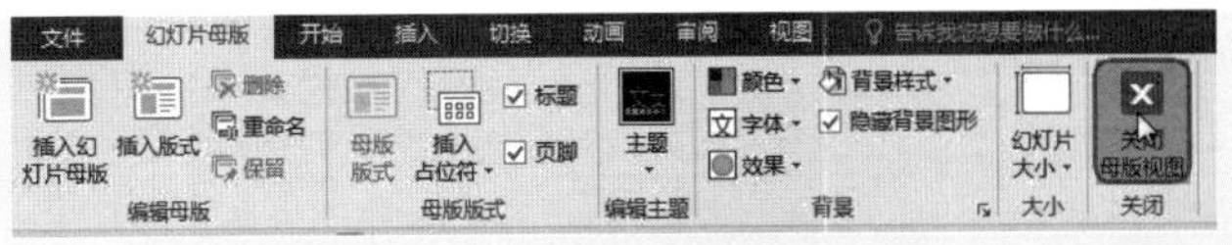

图 3-44

此时在“开始”→“幻灯片”选项组中单击“新建幻灯片”下拉按钮（下拉列表中显示出该模板提供的 11 种版式），在下拉列表中可以看到“标题幻灯片”的版式与前面设置的一样（如图 3-45 所示），单击“标题幻灯片”版式，即可以此版式新建幻灯片，如图 3-46 所示。

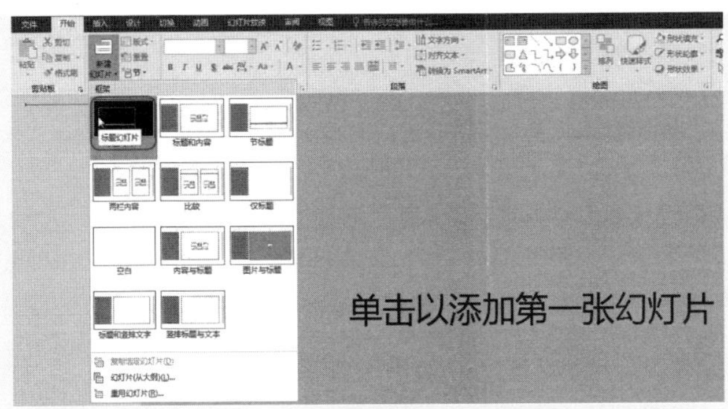

图 3-45

图 3-46

应用扩展

在新建幻灯片时，想使用哪个版式，就可以在新建时选择需要的版式，也可以在新建后更改版式。选中幻灯片右击，在快捷菜单中选择“版式”选项，在弹出的子菜单中选择需要的版式，即可更改为该版式幻灯片，如图 3-47 所示。

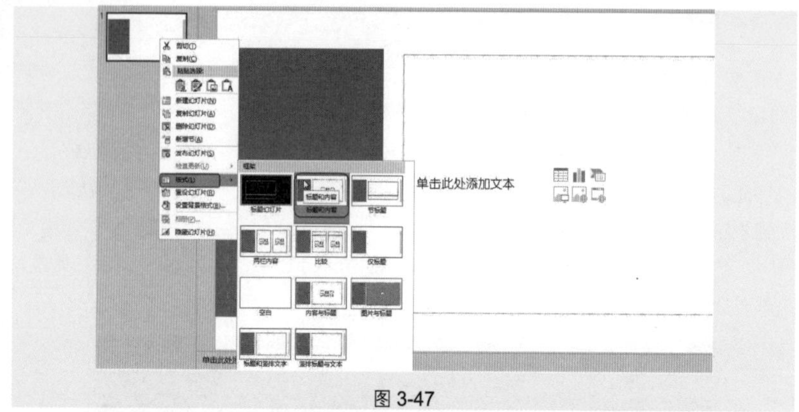

图 3-47

二、占位符

占位符是一种带有虚线或阴影线边缘的框，绝大部分幻灯片版式中都有这种框，在这些框内可以放置标题及正文，或者图表、表格和图片等对象，并规定这些内容默认放置的位置和区域面积，如图 3-48 所示。占位符就如同一个文本框，还可以自定义它的边框样式、填充效果等，定义后，在应用此版式创建新幻灯片时就会呈现出所设置的效果。

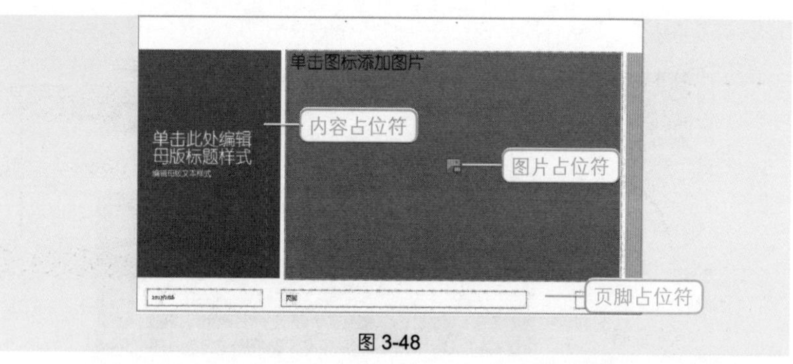

图 3-48

由此可见，可以借助幻灯片母版来统一幻灯片的整体版式，对其进行全局修改，如设置所有幻灯片统一字体、定制项目符号、添加页脚以及 LOGO 标志，都可以借用母版统一设置。在下面的内容中会更加详细地介绍在母版中的操作，深入了解在母版中编辑为整篇演示文稿带来的影响。

技巧 12　在母版中定制统一的幻灯片背景

前面介绍了将图片设置为幻灯片背景的技巧，当进入母版视图中进行背景的设置后，那么设置的背景效果（可以是纯色、图片、渐变等）就会应用于所有幻灯片中，如图 3-49 所示。

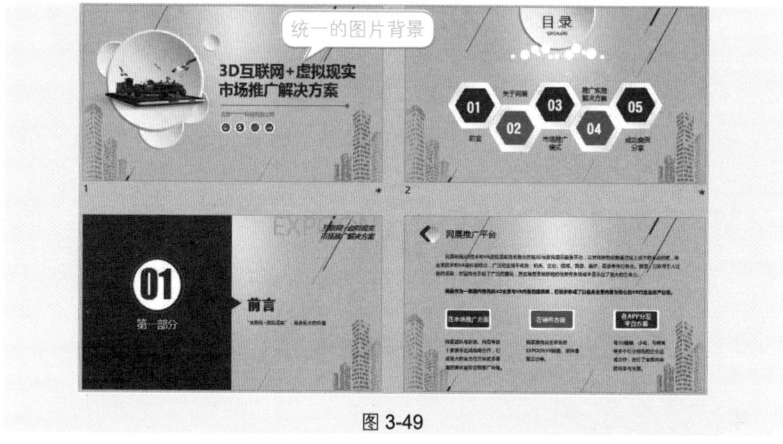

图 3-49

❶ 在“视图”→“母版视图”选项组中单击“幻灯片母版”按钮，进入母版视图中。

❷ 选中左侧窗格中最上方的幻灯片母版（注意是母版，不是下面的版式），在“设计”→“自定义”选项组中单击“设置背景样式”按钮（如图 3-50 所示），打开“设置背景格式”窗格。

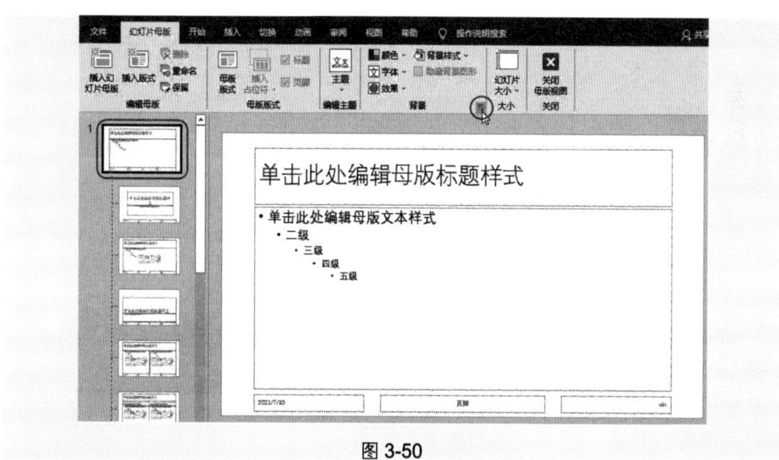

图 3-50

❸ 展开“填充”栏，选中“图片或纹理填充”单选按钮，在“图片源”中单击“插入”按钮（如图 3-51 所示），打开“插入图片”对话框。找到图片所在路径并选中图片，如图 3-52 所示。

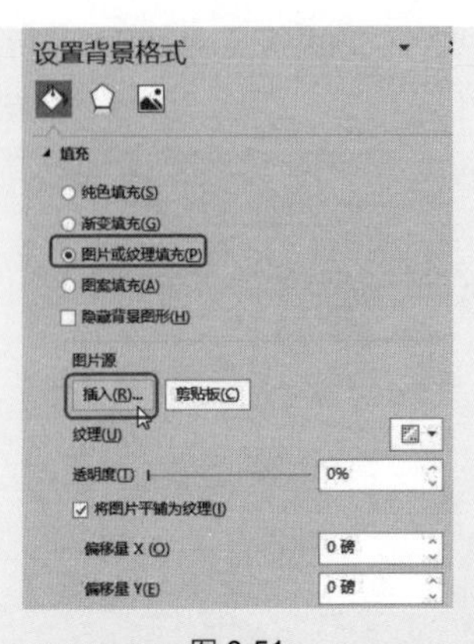

图 3-51

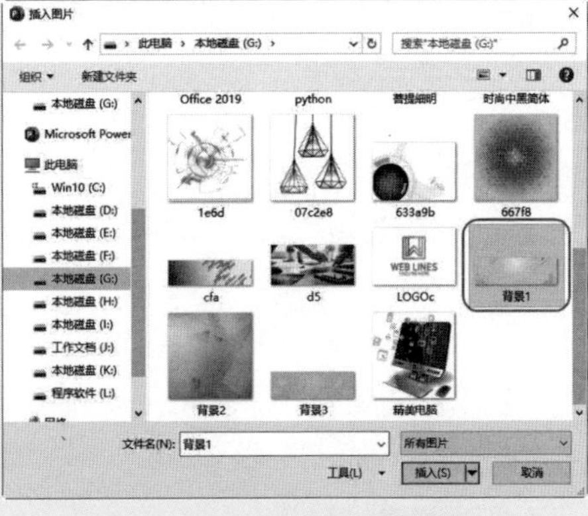

图 3-52

❹ 单击“插入”按钮，此时所有版式幻灯片都应用了所设置的背景，如图 3-53 所示。

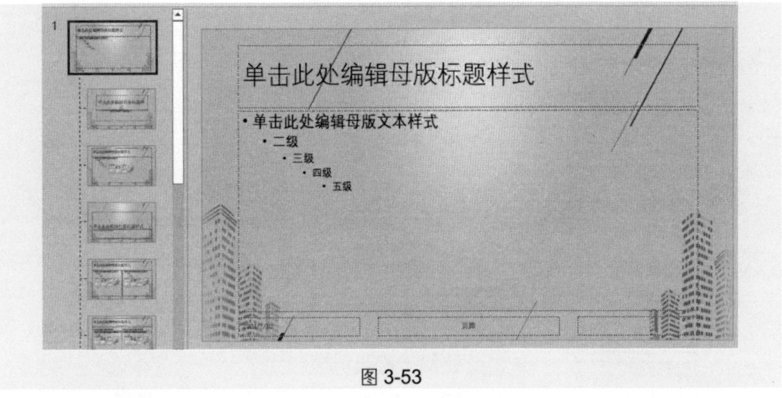

图 3-53

❺ 退出母版视图，可以看到整篇演示文稿都使用了刚才所设置的背景。

专家点拨

注意在设置图片背景前一定要选中主母版，如果选中的是主母版下的任意一种版式，那么所设置的这个背景则只会应用于这个版式，即只有幻灯片应用这个版式时才有这个背景，否则没有。而选择主母版设置背景，则无论你的幻灯片应用哪种版式，都会是这个相同的背景。

技巧 13 在母版中定制统一的标题文字与正文文字格式

在套用模板或主题时，不仅应用了背景效果，同时标题文字与正文文字的格式也是版式中定义好的。例如，在下面的幻灯片中，在“开始”→“幻灯片”选项组中单击“新建幻灯片”按钮，在下面的列表中选择“标题和内容”版式（如图 3-54 所示），新建的幻灯片如图 3-55 所示。

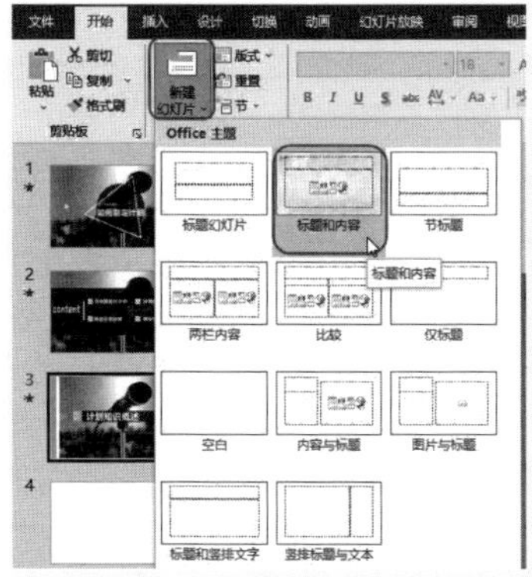

图 3-54

图 3-55

接着单击占位符，输入标题及文本，得到的幻灯片如图 3-56、图 3-57 所示。

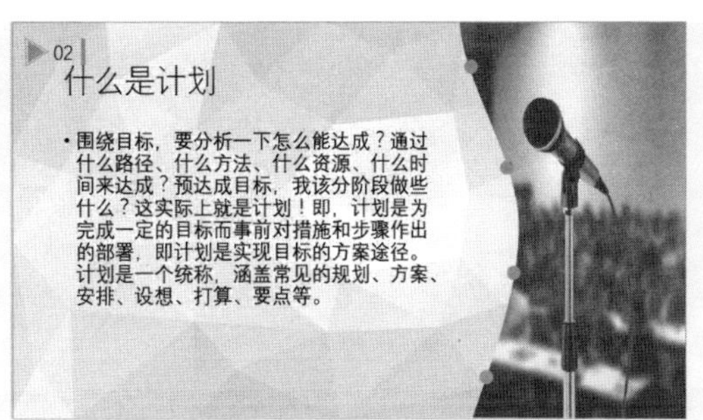

图 3-56

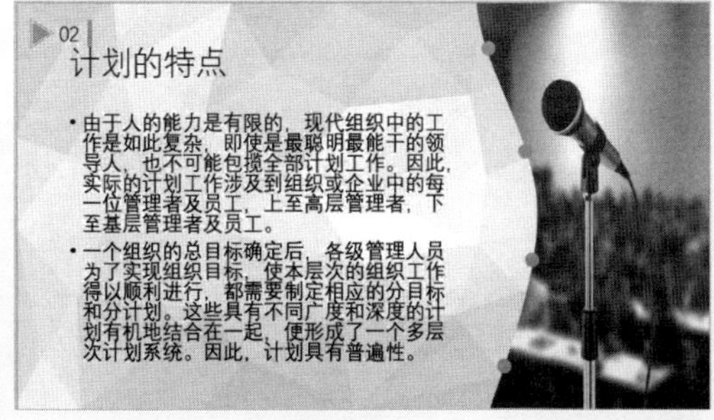

图 3-57

当然我们可以手动排版幻灯片，可以依次去重新修改字体、字号、调整占位符的位置等，但如果这种版式在一个演示文稿中有多张幻灯片使用，这时就要进入母版中一次性设置标题文字与正文文字的格式。

❶在“视图”→“母版视图”选项组中单击“幻灯片母版”按钮，进入母版视图中，在左侧选中“标题和内容”版式（注意：想更改哪个版式，一定要在左侧窗格先选中），如图 3-58 所示。

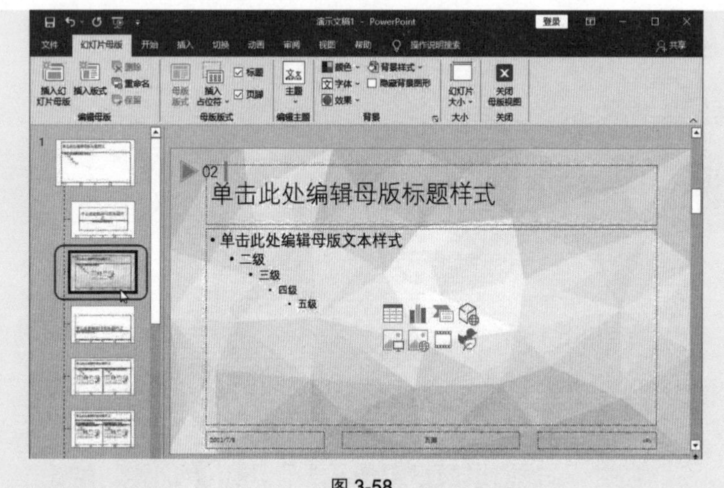

图 3-58

❷选中“单击此处编辑母版标题样式”文字，在“开始”→“字体”选项组中设置标题文字格式（字体、字形、颜色等），并调整好它的位置，如图 3-59 所示。

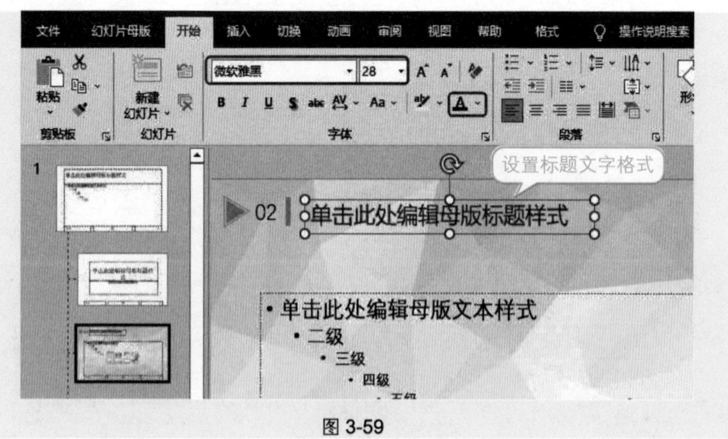

图 3-59

③ 选中“单击此处编辑母版文本样式”文字，在“开始”→“字体”选项组中设置正文文字格式（字体、字形、颜色等），如图 3-60 所示。

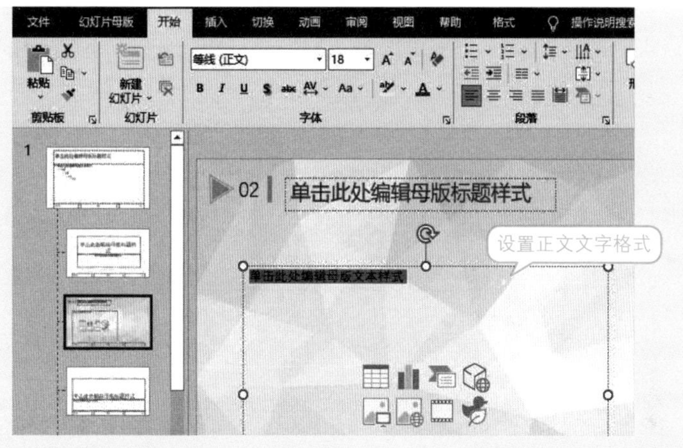

图 3-60

④ 在“关闭”选项组中单击“关闭母版视图”按钮回到幻灯片中，可以看到应用了这个版式后，幻灯片的标题文字与正文文字格式都是统一的样式，如图 3-61 所示。

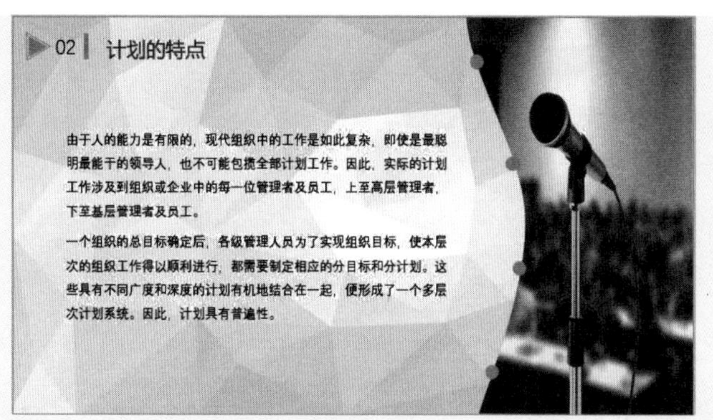

图 3-61

技巧 14　为幻灯片定制统一的页脚效果

如果希望所有幻灯片都使用相同的页脚效果，可以进入母版视图中进行编辑。如图 3-62 所示为所有幻灯片都使用“低碳·发展·共存”页脚的效果，其中封面幻灯片未应用页脚。

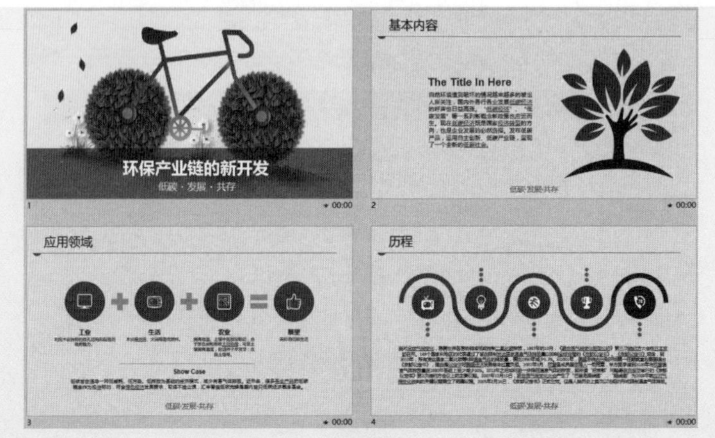

图 3-62

❶ 在“视图”→“母版视图”选项组中单击“幻灯片母版”按钮，进入母版视图中。在左侧选中主母版，在“插入”→“文本”选项组中单击“页眉和页脚”按钮（如图 3-63 所示），打开“页眉和页脚”对话框。

图 3-63

❷ 选中“页脚”复选框，在下面的文本框中输入页脚文字，如果标题幻灯片不需要显示页脚，则选中“标题幻灯片中不显示”复选框，如图 3-64 所示。

图 3-64

❸ 单击“全部应用”按钮，即可在母版中看到页脚文字，如图 3-65 所示。

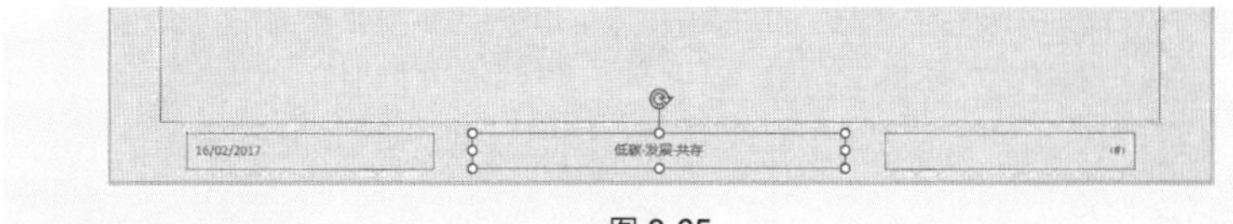

图 3-65

❹ 对文字进行格式设置，可以设置字体、字号、字形或艺术字等，如图 3-66 所示。

图 3-66

❺ 设置完成后，关闭母版视图，即可看到每张幻灯片都显示了相同的页脚。

专家点拨

页脚除了显示为特定的文字外，日期、时间及幻灯片编号等也通常会作为页脚显示。

技巧 15 在母版中定制统一的 LOGO 图片

在一些商务性的幻灯片中经常会将 LOGO 图片显示在每张幻灯片中，一方面体现公司的企业文化，另一方面也起到修饰布局版面的作用。

如图 3-67 所示为所有幻灯片都使用了该公司的 LOGO 图片。

图 3-67

❶ 在“视图”→“母版视图”选项组中单击“幻灯片母版”按钮，进入母版视图中。在左侧选中主母版，在“插入”→“图像”选项组中选择“图片”→“此设备”命令，如图 3-68 所示。

❷ 在打开的“插入图片”对话框中找到 LOGO 图片所在路径并选中该图片（如图 3-69 所示），单击“插入”按钮即可插入图片。适当调整图片大小并移动图片到需要的位置上，如图 3-70 所示。

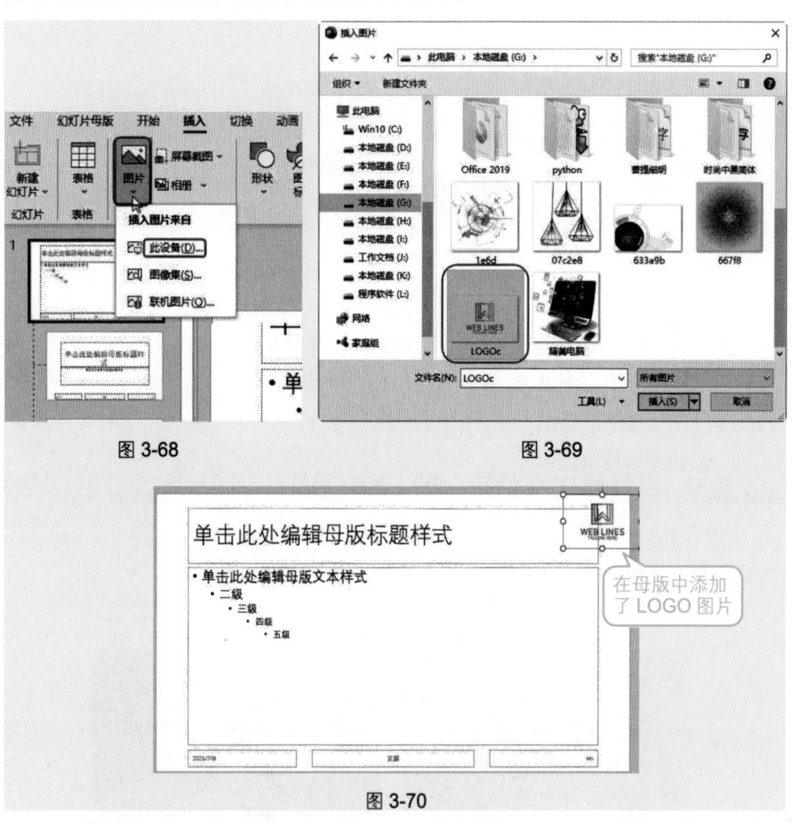

图 3-68　　图 3-69

图 3-70

❸ 设置完成后，关闭母版视图，即可看到每张幻灯片都显示了相同的 LOGO 图片。

专家点拨

如果标题幻灯片不想添加 LOGO 图片，则不能选中主母版来进行添加图片的操作，可以逐一为除“标题幻灯片”版式之外的其他所有版式插入 LOGO 图片。

技巧 16 在母版中为幻灯片设计统一的页面元素

一篇演示文稿的整体风格一般由背景样式、图形配色、页面顶部及底部的布局效果来决定。因此在设计幻灯片时，一般都会为整体页面使用统一的页面元素进行布局或修饰。即使是下载的主题有时也需要我们进行一些类似的补充设计，当然只要掌握了操作方法，设计思路可谓创意无限。

如图 3-71 所示的一组幻灯片就使用了图形为其定义了统一的页面元素（左上角位置）。

图 3-71

下面我们以此为例介绍在母版中的编辑方法，读者可根据自己的设计思路举一反三。

❶ 在“视图”→“母版视图”选项组中单击“幻灯片母版”按钮，进入母版视图中。

② 选中“标题和内容”版式（因为像标题幻灯片、节标题幻灯片等一般都需要特殊的设计，所以在设计时可以选中部分版式进行设计），在“插入”→“插图”选项组中单击“形状”下拉按钮，在下拉列表中选择“直线”图形样式（如图 3-72 所示），此时光标变成十字形状，按住鼠标拖曳绘制线条，如图 3-73 所示。

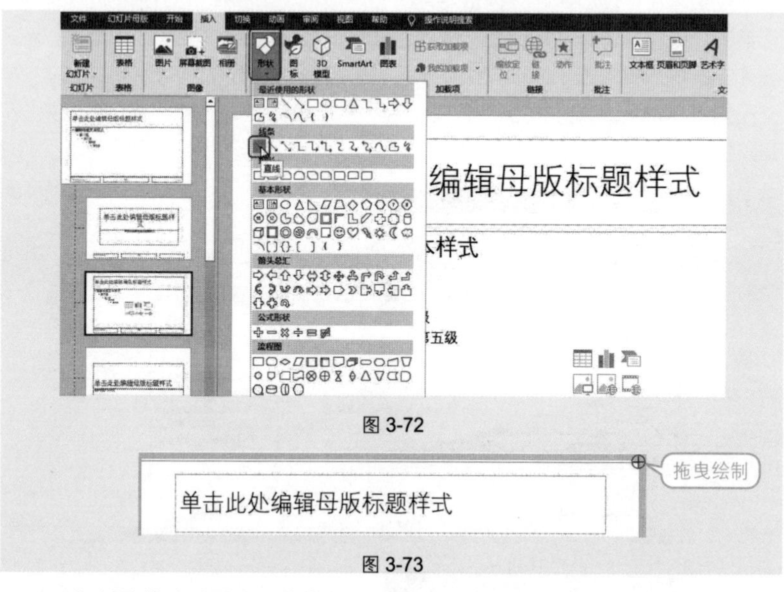

图 3-72

图 3-73

③ 复制并粘贴前面绘制的线条，将其放置到如图 3-74 所示的位置。

图 3-74

④ 再次在“插入”→“插图”选项组中单击“形状”下拉按钮，在下拉列表中选择“矩形”图形样式，绘制完成后的效果如图 3-75 所示。重新设置图形的填充颜色，如图 3-76 所示。

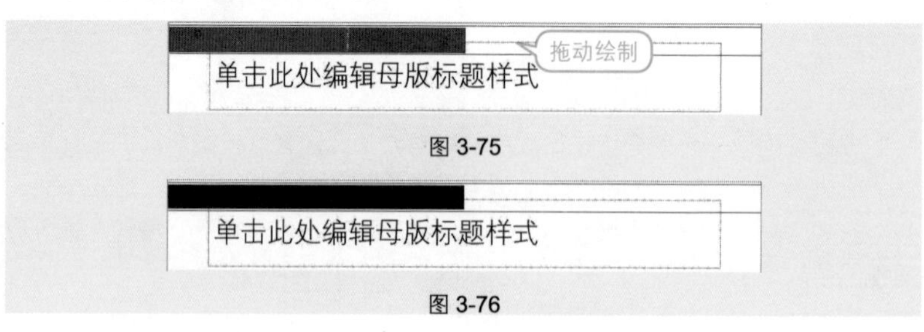

图 3-75

图 3-76

❺ 接着通过编辑顶点来调节长矩形的样式，如图 3-77 所示（图形顶点的变换在后面章节中会详细地介绍），接着添加等腰三角形，并放置到如图 3-78 所示的位置。

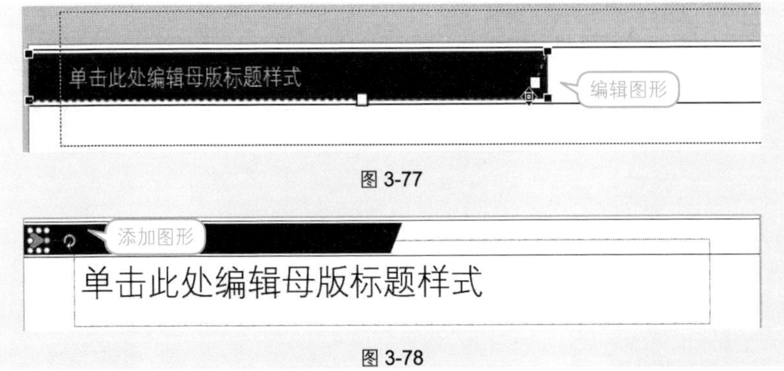

图 3-77

图 3-78

❻ 此时页面元素设计基本完成，可根据标题的需要重新调整标题文字的格式，如图 3-79 所示。

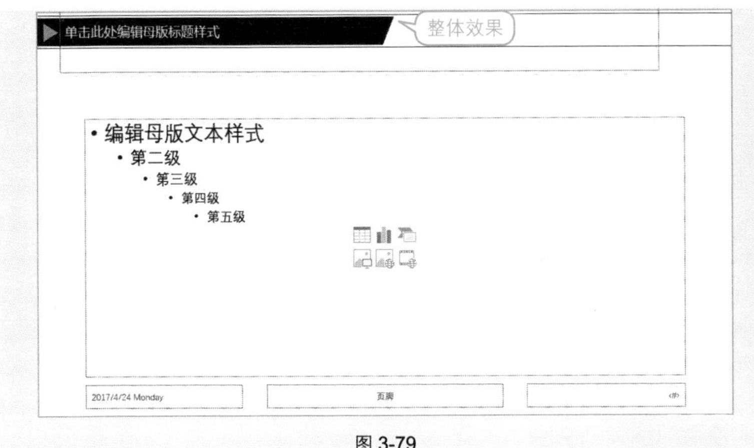

图 3-79

❼ 完成设置后退出母版视图，可以看到所有幻灯片都包含了这些设计的元素。

专家点拨

关于图形的格式设置在第 5 章中会给出详细的讲解，此处只是指引读者的一种方法，至于如何进行页面布局，每个人都可以有独特的设计思路。

技巧 17 在母版中设计统一的标题框修饰效果

在幻灯片的标题位置处通常会设计图形进行统一修饰，一方面突出标题，另一方面也有优化版面的效果。要达到此设置效果也需要进入母版中进行操作。如图 3-80 所示为所有幻灯片标题框中都使用了统一的修饰效果。

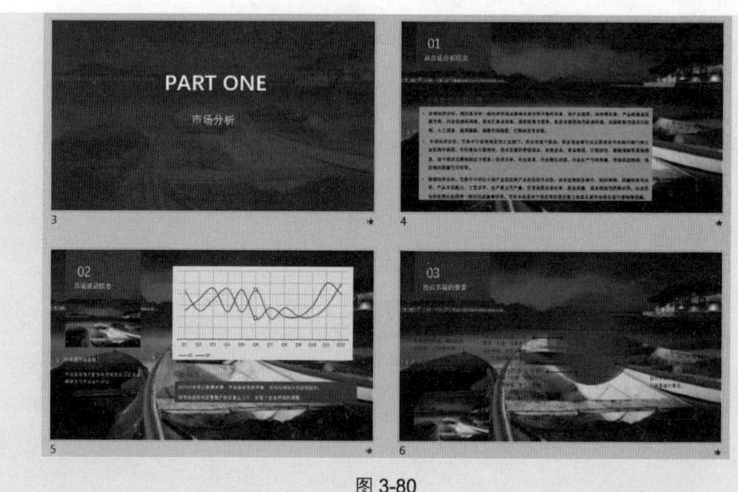

图 3-80

❶ 在“视图”→“母版视图”选项组中单击“幻灯片母版”按钮，进入母版视图中。选中“标题和内容”版式，在“插入”→“插图”选项组中单击“形状”下拉按钮，在下拉列表中选择“矩形”图形样式（如图 3-81 所示），此时光标变成十字形状，按住鼠标绘制图形，如图 3-82 所示。

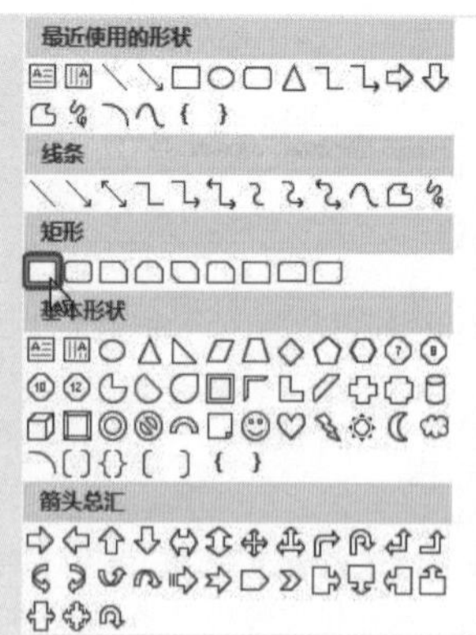

图 3-81

图 3-82

❷ 重新设置图形格式（如图 3-83 所示），在占位符边框上单击鼠标右键，在快捷菜单中将光标定位于“置于顶层”，在其子菜单中选择“置于顶层”命令（即将标题占位符移到图形的上方），如图 3-84 所示。

图 3-83

图 3-84

❸ 选中标题占位符，调节其大小，并将其置于红色图形上，然后在“开始”→“字体”选项组中设置文字格式，如图 3-85 所示。

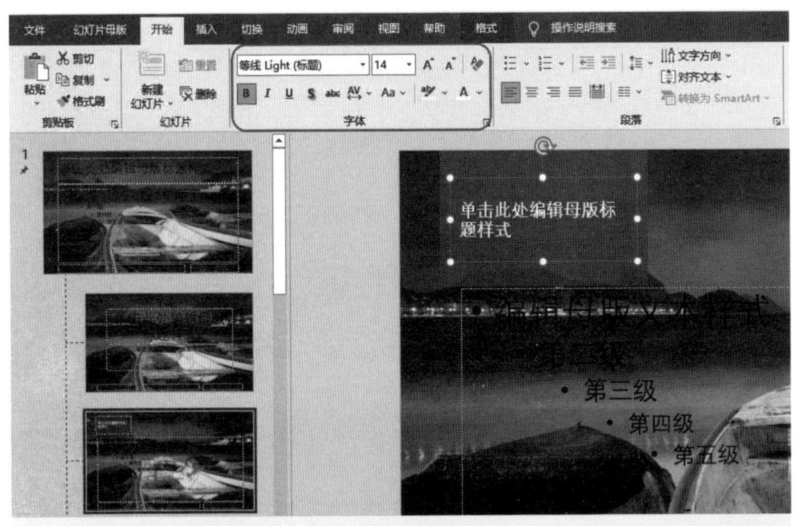

图 3-85

❹ 完成设置后退出母版视图，再创建幻灯片时即可看到相同的标题框修饰效果，如图 3-86 所示。

图 3-86

技巧 18 自定义可多次使用的幻灯片版式

母版中的默认版式有 11 种，这些版式可以在原有基础上重新编辑修改，另外也可以自定义新的版式。当多张幻灯片需要使用某一种结构，而这种结构的版式在程序默认的版式中又无法找到时，就可以自定义设计版式。当然无论是自定义修改原版式，还是创建新的版式，操作方法基本是相同的。

下面以修改"节标题"版式为例介绍操作方法。如图 3-87 所示为统一定制背景的"节标题"版式，现在重新自定义版式以达到如图 3-88 所示的效果。

图 3-87

图 3-88

使用自定义的“节标题”版式创建幻灯片并编辑内容，如图 3-89 所示。

图 3-89

❶ 进入母版视图中，在左侧选中“节标题”版式，默认版式如图 3-90 所示。

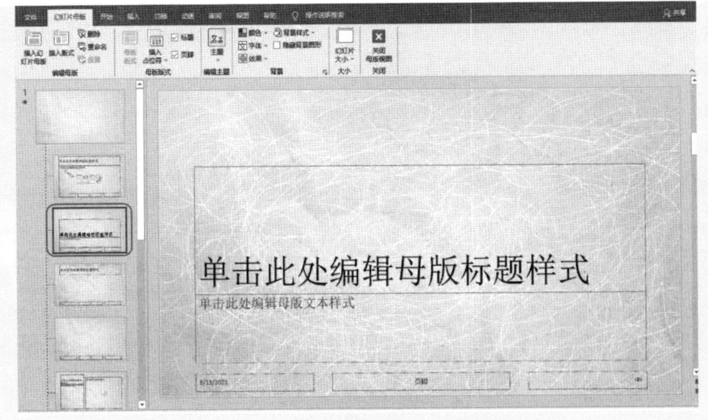

图 3-90

第3章 定义演示文稿的整体风格和布局

② 添加图片作为背景，然后在图片上绘制矩形，并设置半透明效果，如图 3-91 所示。

图 3-91

③ 同时选中图片与图形，单击鼠标右键，在快捷菜单中选择“置于底层”命令，如图 3-92 所示。

图 3-92

④ 调整两个默认占位符的位置，并设置占位符的文字格式，如图 3-93 所示。

图 3-93

❺ 在“插入”→“插图”选项组中单击“形状”下拉按钮，在下拉列表中选择“椭圆”图形样式（如图 3-94 所示），此时光标变成十字形状，按住鼠标绘制图形，并设置图形效果，如图 3-95 所示（关于图形的格式设置在第 5 章中会给出详细的讲解）。

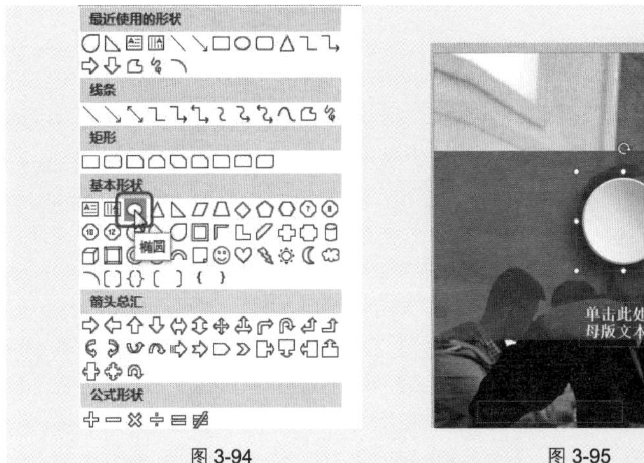

图 3-94　　　　图 3-95

❻ 在“幻灯片母版”→“母版版式”选项组中单击“插入占位符”下拉按钮，在下拉列表中选择“图片”命令（如图 3-96 所示），在图形上绘制“图片”占位符，如图 3-97 所示。

图 3-96　　　　图 3-97

❼ 在“插入”→“插图”选项组中单击“形状”下拉按钮，在下拉列表中选择“直线”形状（如图 3-98 所示），在版式中绘制直线并设置格式，如图 3-99 所示。

图 3-98　　　　图 3-99

⑧ 完成上面的操作后，退出幻灯片母版视图。在“开始”→“幻灯片”选项组中单击“新建幻灯片”下拉按钮，在列表中可以看到所设计的版式（如图 3-100 所示）。当需要创建“节标题”版式幻灯片时，在此处单击该版式即可创建，然后按实际需要重新编辑内容即可。

图 3-100

应用扩展

本例中是直接选中“标题和内容”版式，然后对版式进行修改，如果想保留此版式，也可以新建一个版式，然后自定义进行版式布局设计。在“幻灯片母版”→“编辑母版”选项组中选择“插入版式”命令（如图 3-101 所示）即可插入新版式，然后选中拖入的版式，按上面相同的方法进行编辑即可。

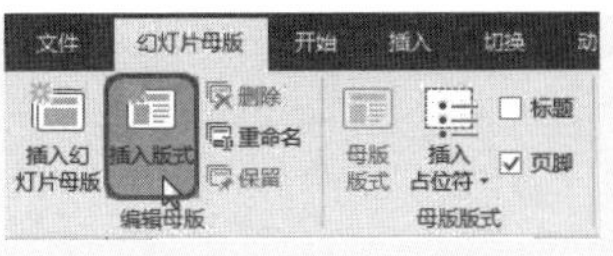

图 3-101

技巧 19 将自定义的版式重命名保存下来

在“开始”→“幻灯片”选项组中单击“版式”下拉按钮，可以看到其中显示的是当前演示文稿中所有包含的版式。其实在母版中自定义了版式后，也可以将其保存下来，并显示于此，从而方便以后新建幻灯片时直接套用。

❶ 如图 3-102 所示为使用“插入版式”命令插入新版式并编辑后的版式母版，可以看到其默认名称为“自定义版式”。

图 3-102

❷ 在此版式母版上单击鼠标右键，在弹出的快捷菜单中选择“重命名版式”命令，如图 3-103 所示。打开“重命名版式”对话框，在“版式名称”文本框中输入“转场页版式”，如图 3-104 所示。

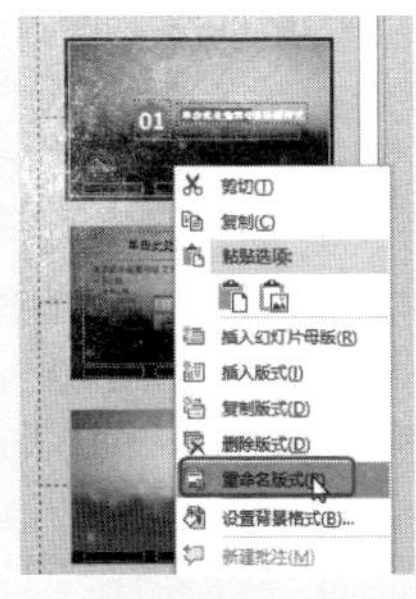

图 3-103

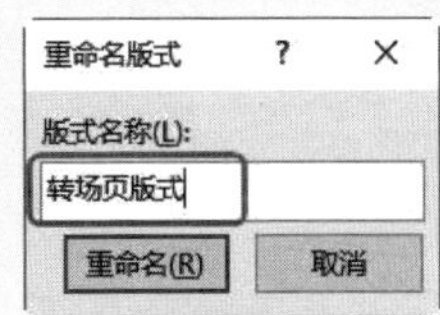

图 3-104

第 3 章 定义演示文稿的整体风格和布局

❸ 单击“重命名”按钮，关闭母版视图回到幻灯片中。在“开始”→“幻灯片”选项组中单击“新建幻灯片”下拉按钮，可以看到被重保存的版式，如图 3-105 所示。

图 3-105

技巧 20 试着自定义一套主题

由上面的多个技巧的内容可见，主题是由背景、版式、文字格式、图形、图片等相关的设计元素组成的一套幻灯片样式。为了保持一篇文稿整体布局的统一协调，可在幻灯片母版中操作完成。通常是根据幻灯片的类型确定主题色调及背景特色等，还可以根据当前演示文稿的特性建立几个常用的版式，以便在创建幻灯片时快速套用。

下面我们通过一个例子来试着自定义一套主题。

一、设置演示文稿背景

❶ 新建空白演示文稿，单击“视图”→“母版视图”选项组中的“幻灯片母版”按钮（如图 3-106 所示），进入母版视图。

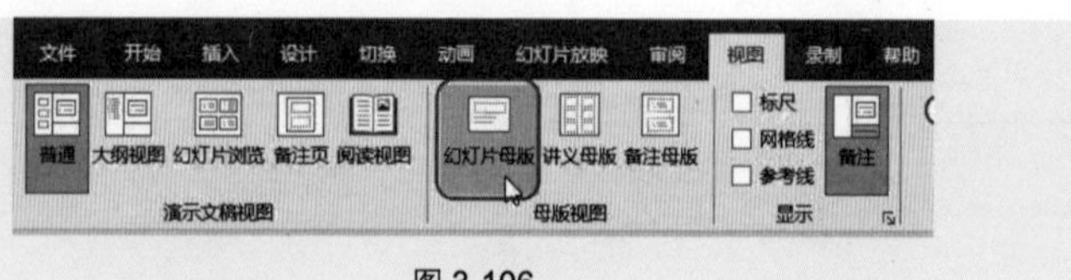

图 3-106

❷ 选中左侧窗格最上方的幻灯片母版（注意是母版，不是下面的版式），在“设计”→“自定义”选项组中单击“设置背景样式”按钮（如图 3-107 所示），打开“设置背景格式”窗格。展开“填充”栏，选中“图片或纹理填充”单选按钮，单击“插入”按钮（如图 3-108 所示），打开“插入图片”对话框。找到图片所在的路径并选中该图片，单击“插入”按钮（如图 3-109 所示），即可将选中的图片应用为演示文稿的背景，如图 3-110 所示。

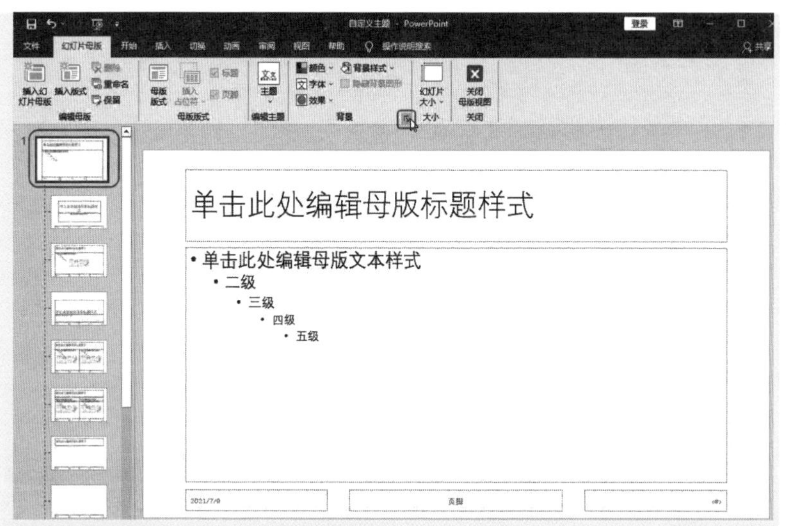

图 3-107

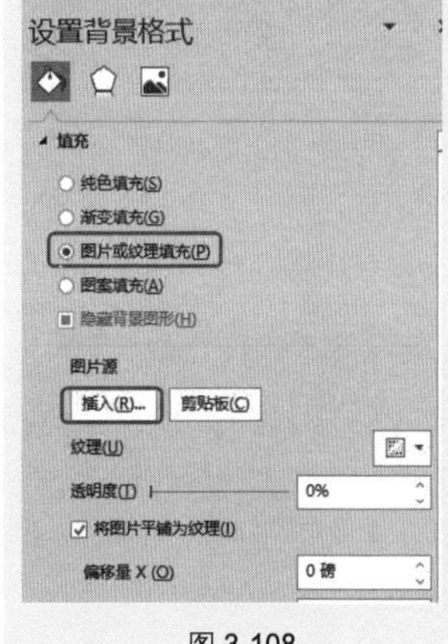

图 3-108

图 3-109

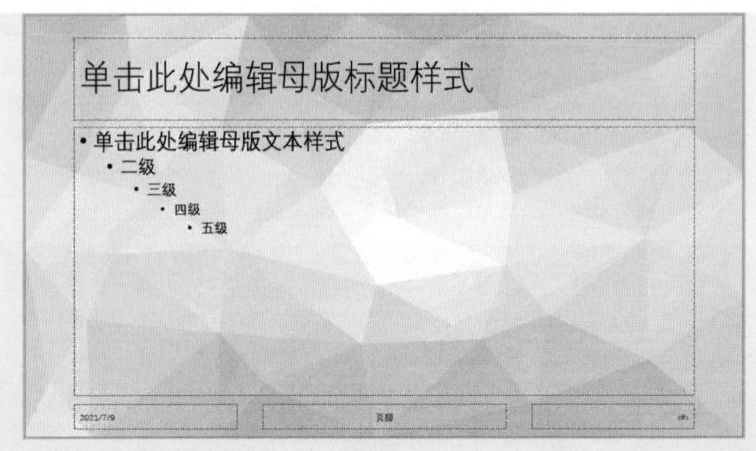

图 3-110

二、自定义节标题版式

❶ 选中“节标题”版式，先删除该版式上的所有占位符，然后在左上角绘制装饰图形并设置格式（图形格式设置在后面的章节中会详细地介绍），达到如图 3-111 所示的效果。

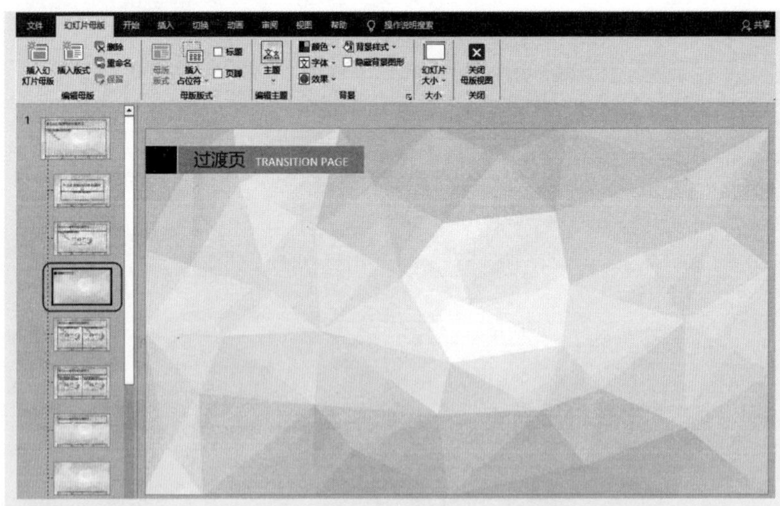

图 3-111

❷ 在“母版版式”选项组中单击“插入占位符”下拉按钮，在下拉列表中选择“图片”命令（如图 3-112 所示），在版式中绘制图片占位符，如图 3-113 所示。

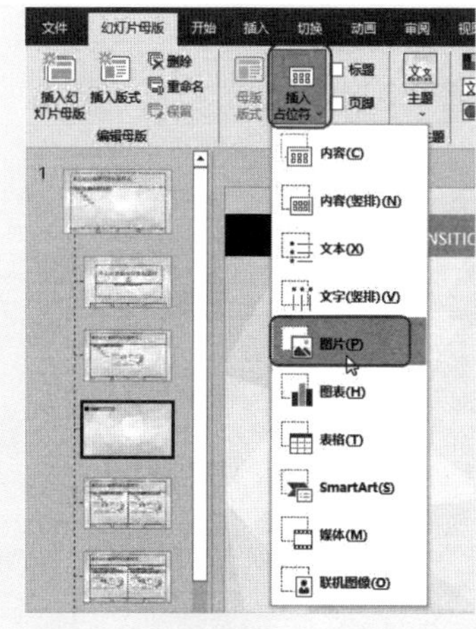

图 3-112

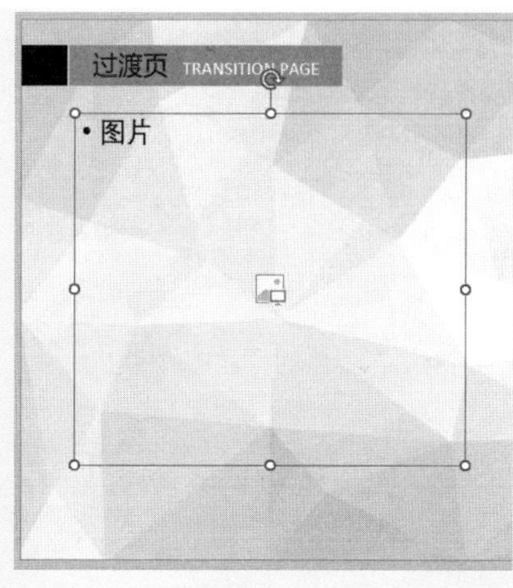

图 3-113

❸ 在图片占位符下绘制装饰图形并设置格式，如图 3-114 所示。

❹ 接着在“母版版式”选项组中单击“插入占位符”下拉按钮，在下拉列表中选择“文本”命令（如图 3-115 所示），在版式中绘制多个文本占位符，并根据设计需求到“开始”→“字体”选项组中去设置占位符的文字格式，本例按设计思路完成添加后的效果如图 3-116 所示。

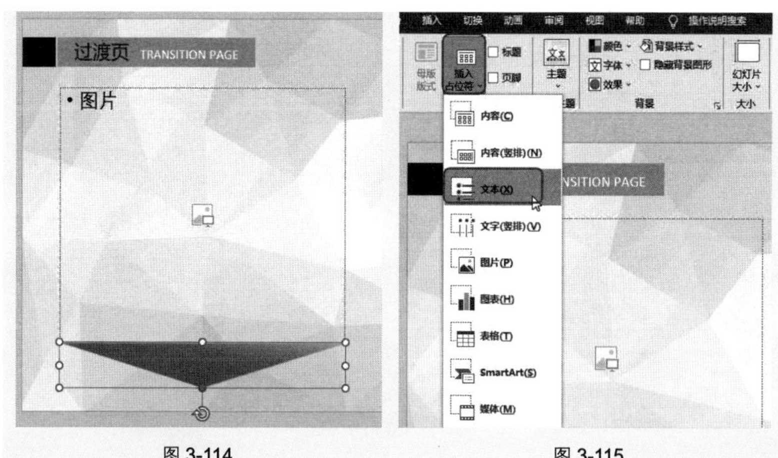

图 3-114

图 3-115

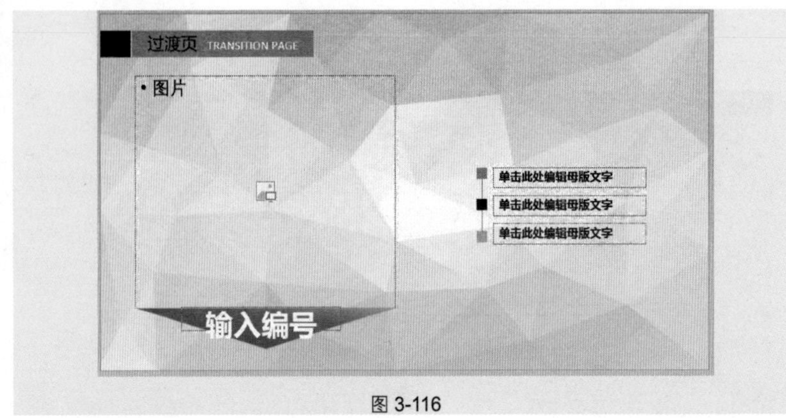

图 3-116

专家点拨

在添加“文本”占位时，可以看到文本包含多个级别，如果不需要这些级别，可以全部删除。同时为了达到提示输入的目的，默认的占位符中的文字是可以修改的，如图 3-116 中的“输入编号”就是修改后的文字。

三、自定义内容幻灯片版式

❶ 在“幻灯片母版”→“编辑母版”选项组中单击“插入版式”按钮（如图 3-117 所示）添加一个新版式。选中新版式并单击鼠标右键，在弹出的快捷菜单中选择“重命名版式”命令（如图 3-118 所示），打开“重命名版式”对话框，将版式重命名为“第一章版式”，如图 3-119 所示。

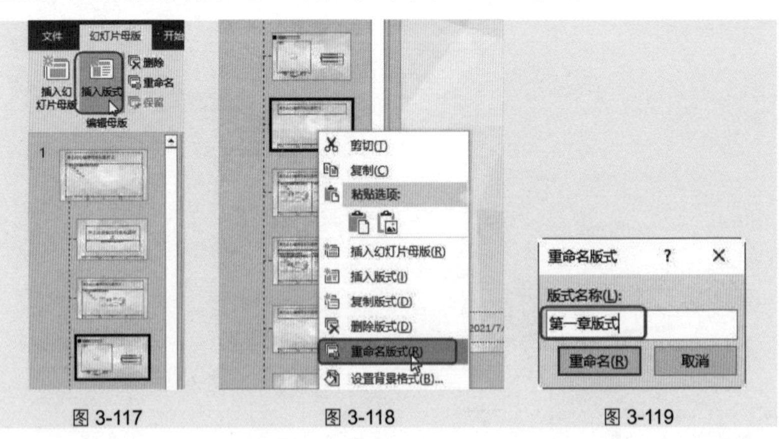

图 3-117　　图 3-118　　图 3-119

❷ 在版式中添加图形装饰，并添加占位符，同时在底部添加第一章的标题，如图 3-120 所示。

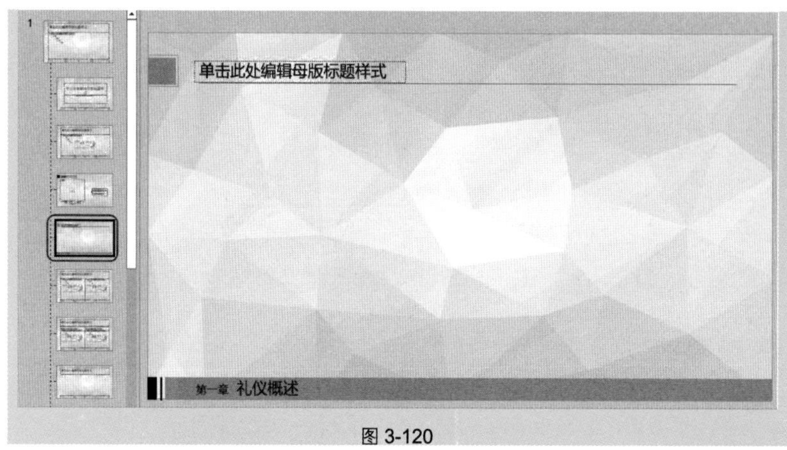

图 3-120

❸ 复制“第一章版式”，并在复制的版式上单击鼠标右键，在弹出的快捷菜单中选择“重命名版式”命令（如图 3-121 所示），打开“重命名版式”对话框，将版式重命名为“第二章版式”，如图 3-122 所示。然后在该版式中修改底部文字为第二章名称，如图 3-123 所示。

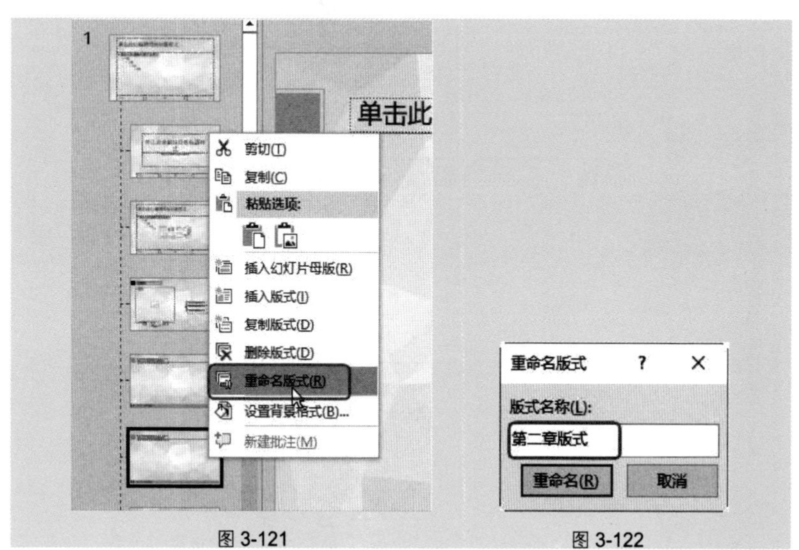

图 3-121 图 3-122

图 3-123

专家点拨

按本例的设计思路，可以依次复制版式，创建“第三章版式”“第四章版式”等。根据设计思路的不同，有时并不需要建立这么多内容幻灯片版式，如果幻灯片的内容没有多个明细分章，则只要建立一个内容幻灯片的版式即可。在建立版式时有一个注意点，即不需要变动的就直接在母版中设计或输入，需要变动的则使用占位符，那么在编辑幻灯片时单击占位符就能填入内容。

四、应用版式创建幻灯片

❶ 单击“关闭母版视图”按钮，回到普通视图中，在“开始”→“幻灯片”选项组中单击“新建幻灯片”下拉按钮，在其下拉列表中可以看到我们创建的版式，如图 3-124 所示。

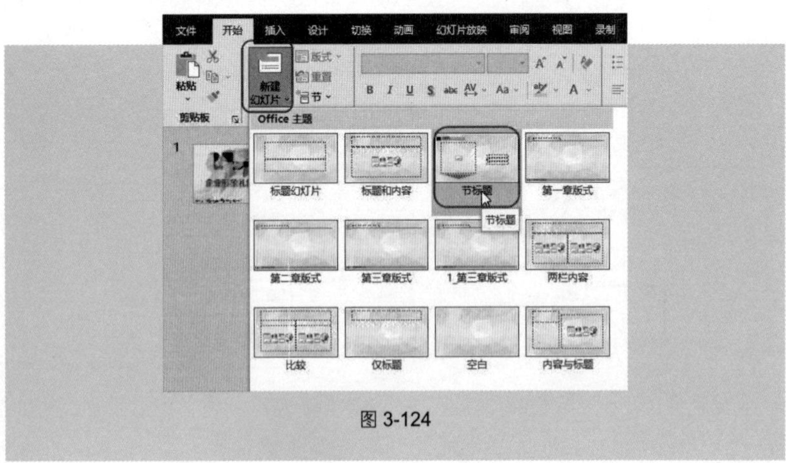

图 3-124

❷ 单击“节标题”版式，创建的新幻灯片如图 3-125 所示。在版式上编辑幻灯片，得到如图 3-126 所示的幻灯片。

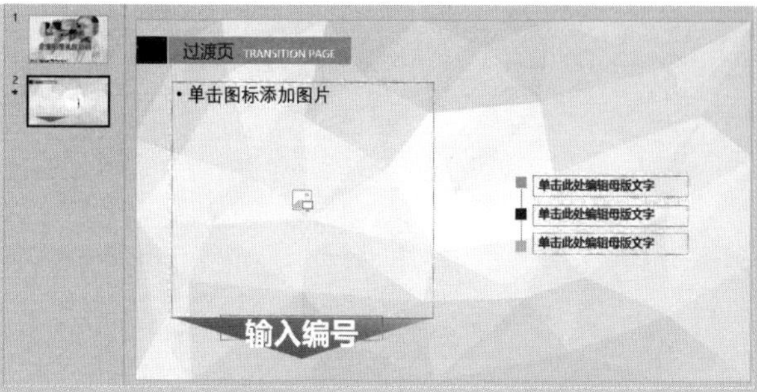

图 3-125

图 3-126

❸ 单击“第一章版式”版式（如图 3-127 所示），创建的新幻灯片如图 3-128 所示。在版式上编辑幻灯片，得到如图 3-129 所示的幻灯片。

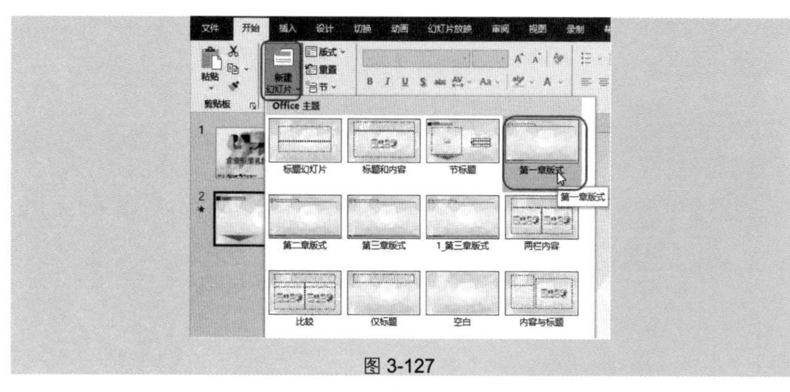

图 3-127

单击此处添加标题
第一章 礼仪概述

图 3-128

1.1 何为礼仪
礼仪就是尊重他人的一种观念，其本质就是：
尊重
与人为善
待人以诚
第一章 礼仪概述

图 3-129

第4章　幻灯片中文本的处理及美化

4.1　文本编辑技巧

技巧1　下载、安装字体

想让幻灯片视觉效果更好，其中字体设置是一个重要的元素。如何获得更丰富的字体呢？有很多字体网站可以下载字体，下载后安装即可使用。下面举例介绍从第 1PPT 网站下载并安装字体。

一、下载字体

❶ 打开浏览器，输入网址 http://www.1ppt.com/ziti/，进入主页面，找到自己需要的字体，如图 4-1 所示。

图 4-1

❷ 例如，单击"碳纤维正粗黑"，在进入的页面中找寻下载地址，如图 4-2 所示。

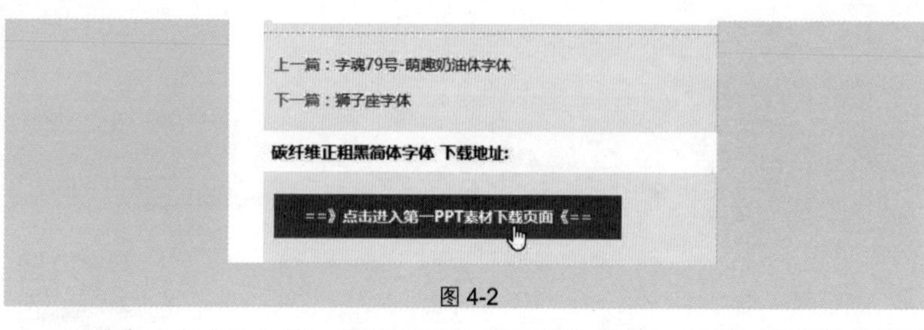

图 4-2

❸ 单击“点击进入第一 PPT 素材下载页面”链接，设置下载字体存放的路径，如图 4-3 所示。

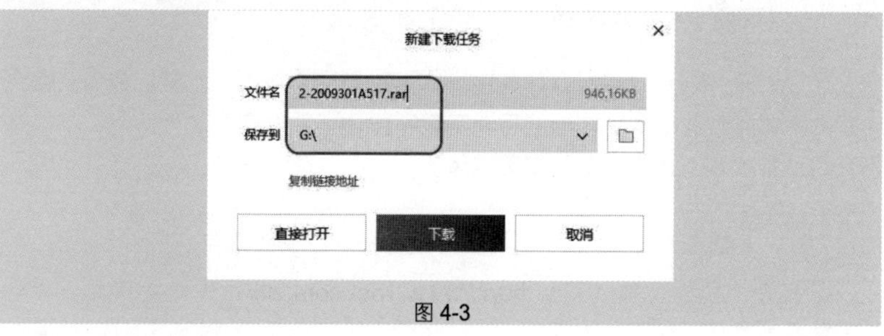

图 4-3

二、安装字体

字体下载后要进行安装，才可以正常使用，安装步骤如下。

❶ 下载完成后，进入保存文件中，解压压缩包，双击字体文件即可弹出安装对话框，单击“安装”按钮（如图 4-4 所示）即可安装该字体。

图 4-4

❷ 字体安装完成后，再次打开程序，在字体列表中就可以显示此字体了，如图 **4-5** 所示。

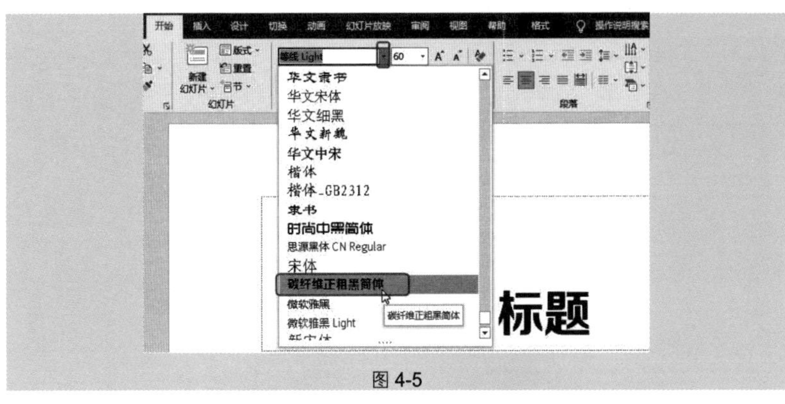

图 4-5

技巧 2　快速调整文本的字符间距

如图 **4-6** 所示的英文文本为默认间距，稍显拥挤。用户可以通过设置加宽间距值的方法调整间距，如图 **4-7** 所示为设置加宽间距值为“15 磅”后的效果。

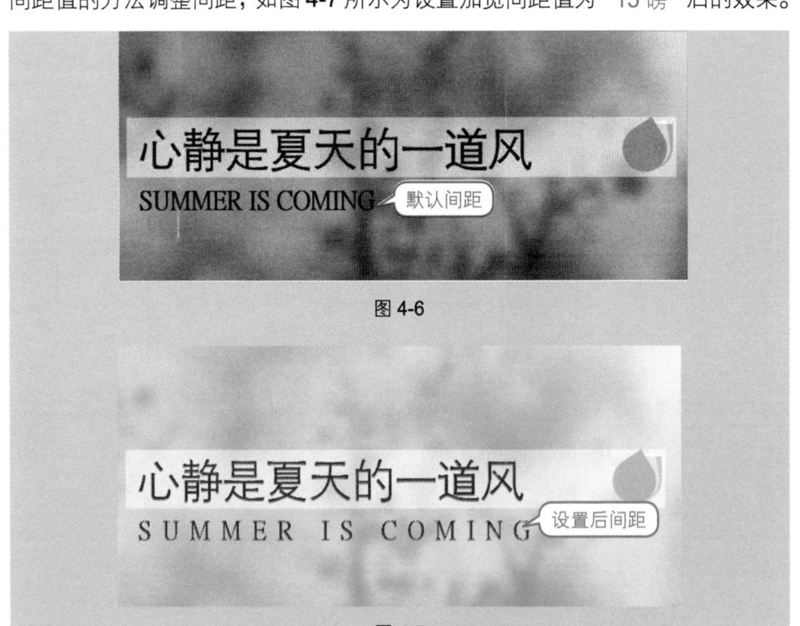

图 4-6

图 4-7

❶ 选中文字，在“开始”→“字体”选项组中单击“字符间距”下拉按钮，在弹出的列表中选择“其他间距”命令，如图 4-8 所示。

❷ 打开“字体”对话框，在“间距”下拉列表中选择“加宽”选项，在“度量值”文本框中输入 15，如图 4-9 所示。

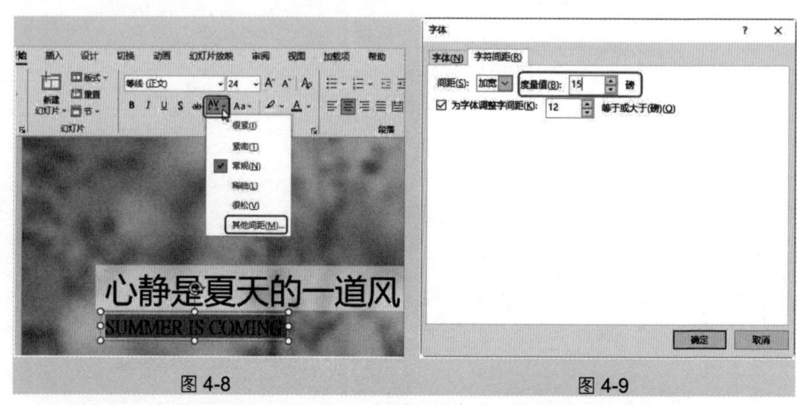

图 4-8　　图 4-9

❸ 单击“确定”按钮，即可将选中文字的间距更改为 15 磅。

技巧 3　为文本添加项目符号

在幻灯片中编辑文本时，为了使文本条理更加清晰，通常需要为其设置项目符号，如图 4-10 所示。

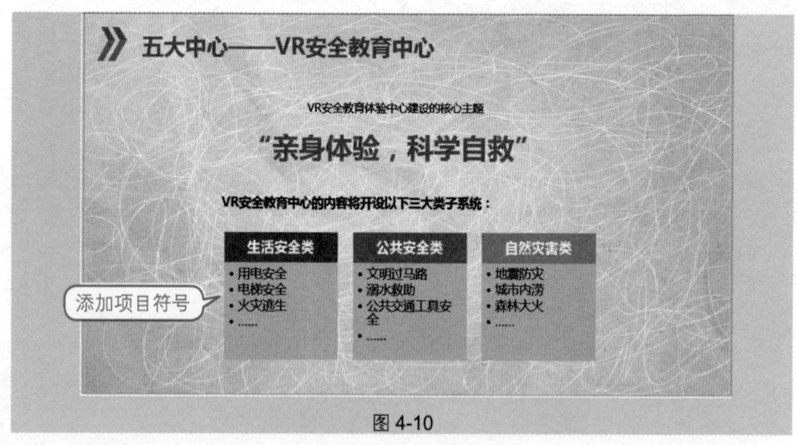

图 4-10

❶ 选取要添加项目符号的文本，在“开始”→“段落”选项组中单击“项目符号”下拉按钮，在打开的下拉列表中提供了几种可以直接套用的项目符号样式，如图 4-11 所示。

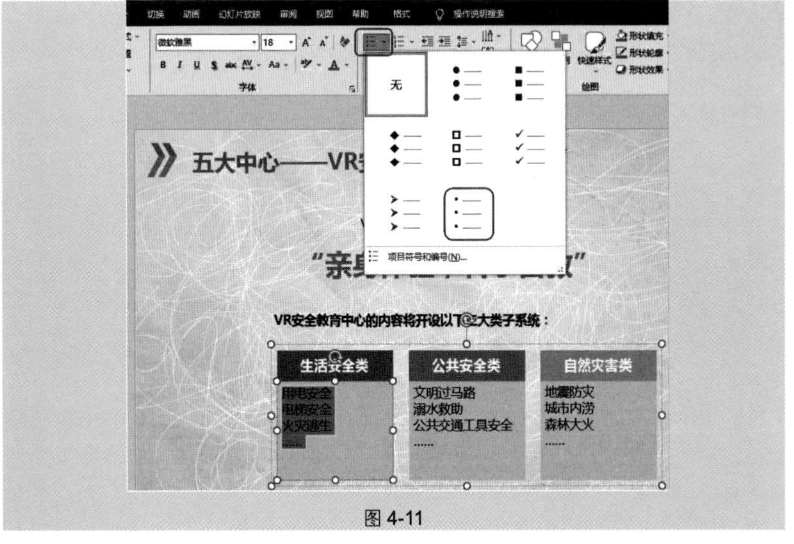

图 4-11

❷ 将鼠标指针指向项目符号样式时可预览效果，单击后即可套用。

应用扩展

如果想使用更加个性的项目符号，如图片项目符号，可以按下面的步骤操作。

❶ 在“项目符号”按钮的下拉列表中选择“项目符号和编号”命令，打开“项目符号和编号”对话框，如图 4-12 所示。

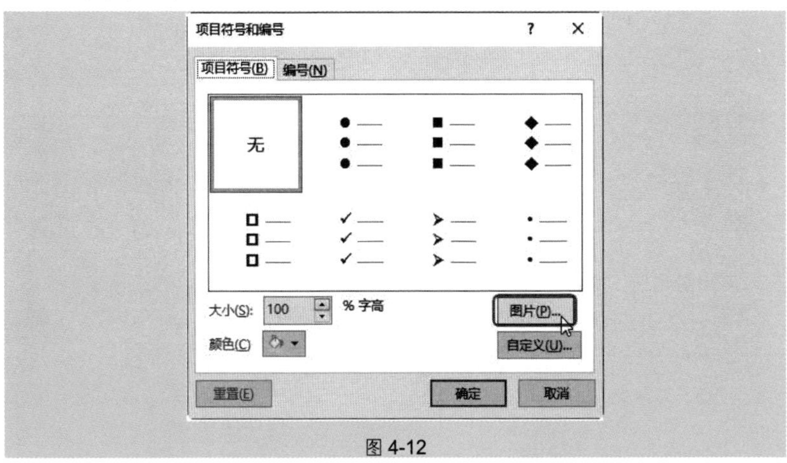

图 4-12

❷ 单击“图片”按钮，打开“插入图片”对话框，可以根据情况选择图片

的来源，这里选择“自图标”（如图 4-13 所示）。打开“插入图标”对话框，选中要使用的图标（如图 4-14 所示），单击“插入”按钮即可使用特殊的图片作为项目符号，如图 4-15 所示。

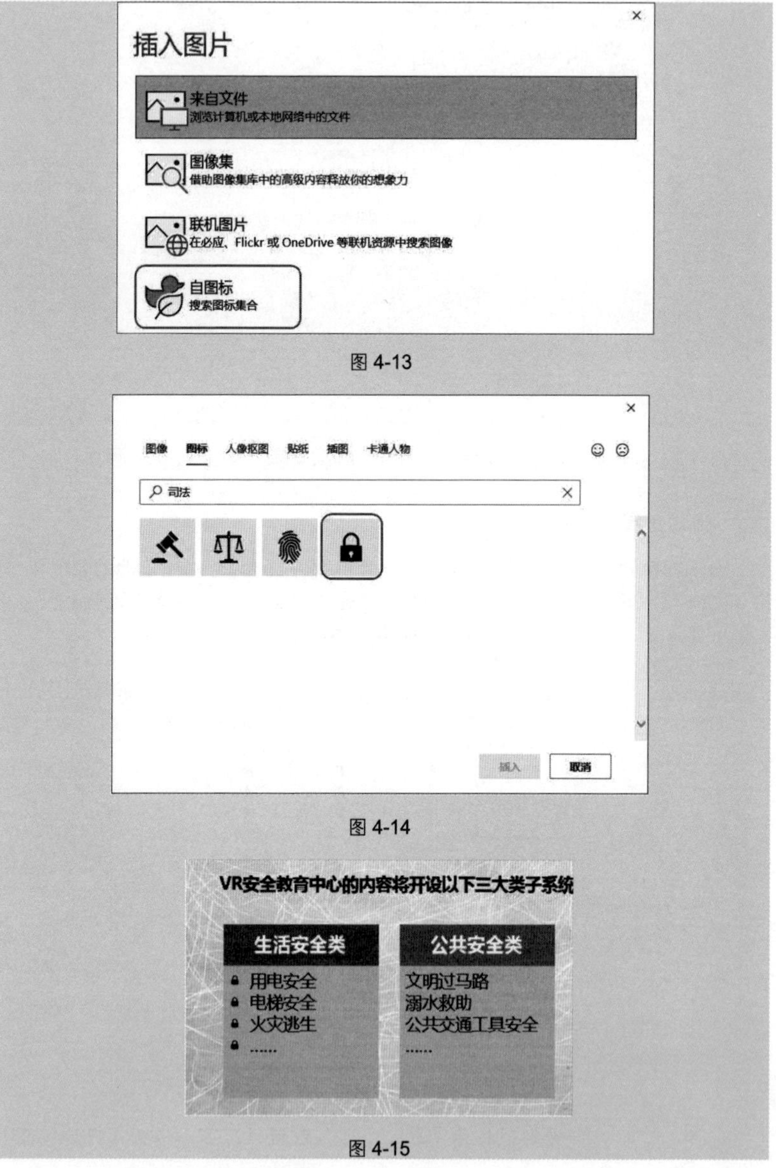

图 4-13

图 4-14

图 4-15

技巧 4　为文本添加编号

当幻灯片文本中包含一些列举条目时，一般可以为其添加编号，除了手动依次输入编号外，还可以按如下方法一次性添加。

❶ 选中需要添加编号的文本内容，如果文本不连续，可以配合 Ctrl 键选中，如图 4-16 所示。

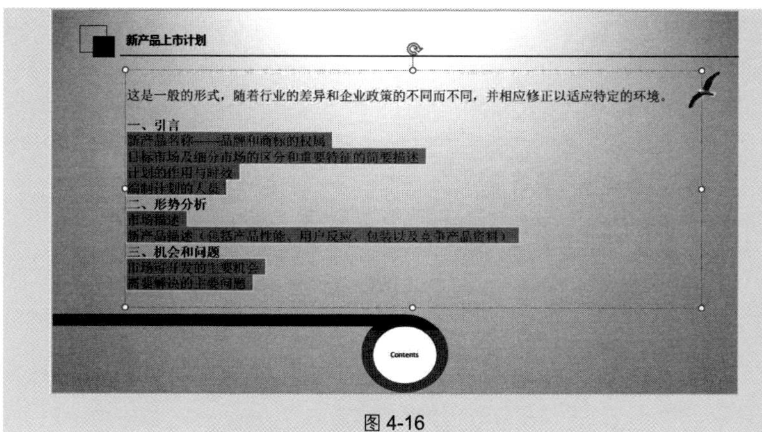

图 4-16

❷ 在“开始”→“段落”选项组中单击“编号”下拉按钮，在下拉列表中选择一种编号样式（如图 4-17 所示），单击即可应用。

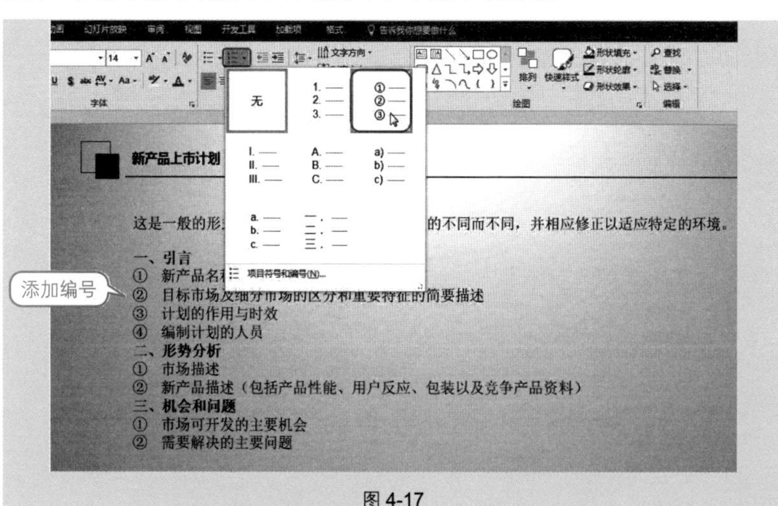

图 4-17

应用扩展

在“编号”按钮的下拉列表中选择“项目符号和编号”命令，打开“项目符号和编号”对话框，选择“编号”选项卡，如图 4-18 所示。此时除了可以选择编号样式外，还可以自主设置起始编号和编号的显示颜色。

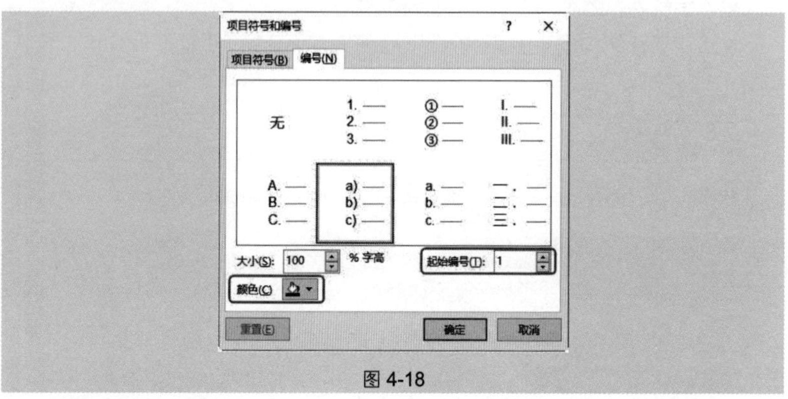

图 4-18

专家点拨

也可以选择一处文本先添加编号，当其他地方的文本需要使用相同格式的编号时，可以利用“格式刷”快速刷取编号。

技巧 5 排版时增加行与行之间的间距

当文本包含多行时，行与行之间的间距是紧凑显示的，根据排版要求，有时需要调整行间距以获取更好的视觉效果。如图 **4-19** 所示为排版前的文本，如图 **4-20** 所示为增加行间距后的效果。增加行间距的方法如下。

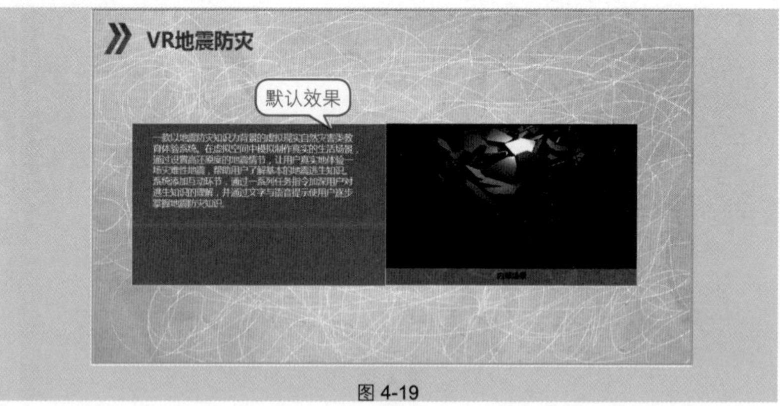

图 4-19

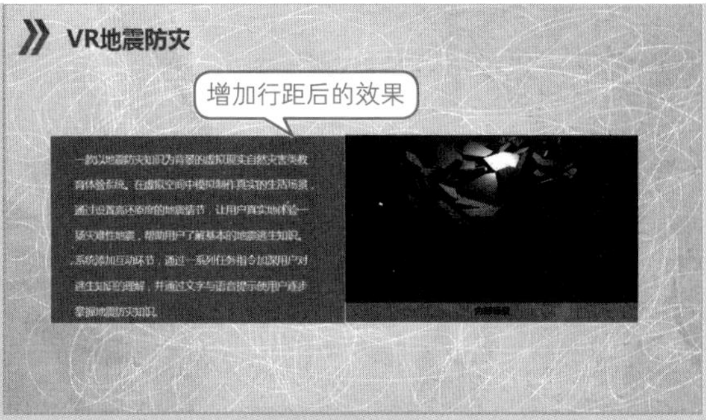

图 4-20

选中文本框，在“开始”→“段落”选项组中单击“行距”下拉按钮，在展开的下拉列表中提供了几种行距，本例中选择 2.0（默认为 1.0），如图 4-21 所示。

图 4-21

应用扩展

在“行距”按钮的下拉列表中可以选择“行距选项”命令，打开“段落”对话框。在“间距”栏中的“行距”下拉列表中选择“固定值”选项，然后可以在后面的文本框中设置任意间距值，如图 4-22 所示。

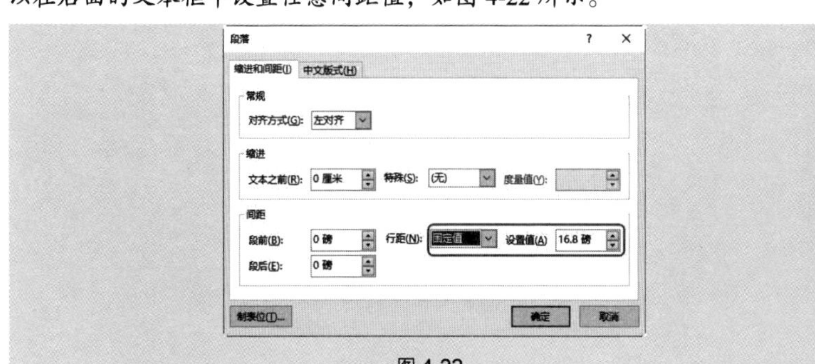

图 4-22

技巧 6　多段落时一次性设置段落格式

当文本包含多个段落时，默认的显示效果如图 **4-23** 所示，这样的文本缺乏层次感，视觉效果差。通过对段落格式的设置，可以让文本达到如图 **4-24** 所示的效果（首行缩进、有段落间距）。

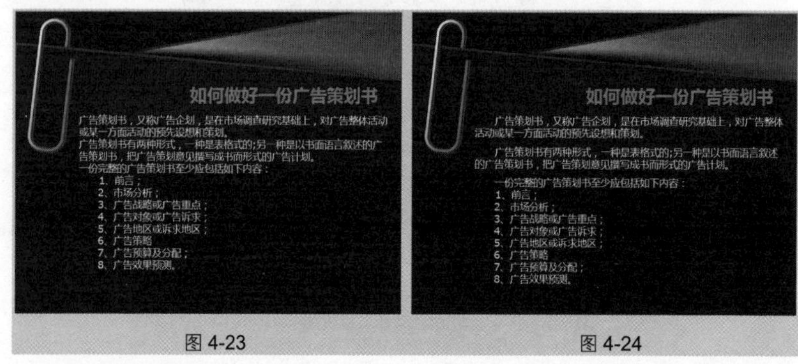

图 4-23　　　　图 4-24

❶ 选中文本框，在“开始”→“段落”选项组中单击◲按钮，打开“段落”对话框。

❷ 在“缩进”栏中单击“特殊”右侧的下拉按钮，选择“首行”选项；在“间距”栏中单击“段前”右侧的上下调节按钮，可以设置段前间距值，本例中设置为“12 磅”，如图 **4-25** 所示。

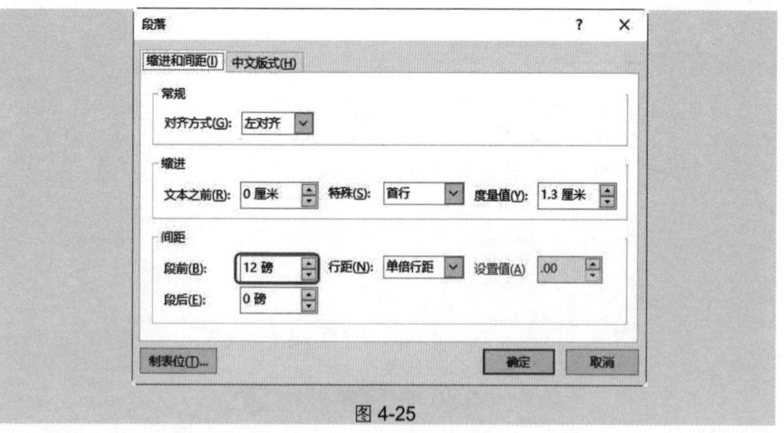

图 4-25

❸ 设置完成后单击“确定”按钮即可。

技巧 7　设置文字竖排效果

根据当前幻灯片的实际要求，可以设置文字竖排效果，如图 4-26 所示。其操作方法如下。

图 4-26

选中文本框，在“开始”→“段落”选项组中单击“文字方向”下拉按钮，从下拉列表中选择“竖排”选项即可，如图 4-27 所示。

图 4-27

技巧 8　在形状上添加文本达到突出显示或美化效果

在幻灯片的设计过程中，可以将文字显示在形状上，这样既能让文字突出显示，同时又能美化版面。如图 **4-28** 所示的幻灯片中多处使用了图形来突出文字，同时也布局了版面。这样的例子随处可见，操作起来没有什么难度，最关键的是要有设计思路。

图 4-28

❶ 在“插入”→“插图”选项组中单击“形状”下拉按钮，在下拉列表中选择“矩形”图形样式，如图 **4-29** 所示。

❷ 按住鼠标左键拖动到适当位置绘制图形，如图 **4-30** 所示。

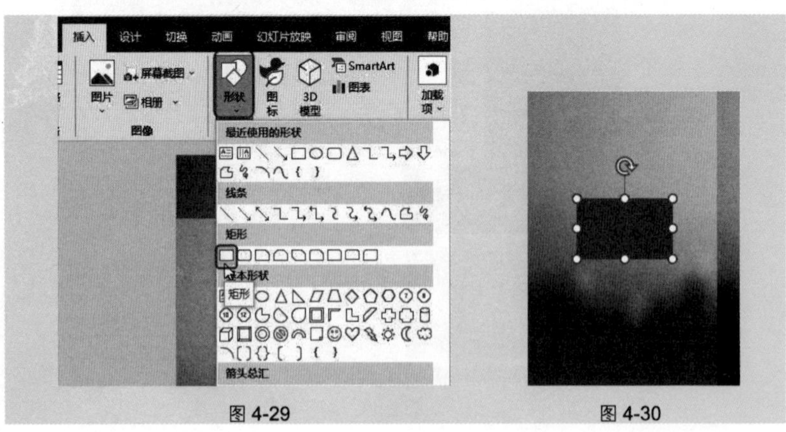

图 4-29　　图 4-30

❸ 选中形状并单击鼠标右键，在弹出的快捷菜单中选择“编辑文字”命令，如图 4-31 所示。此时光标会自动定位到形状内，文本框变为可编辑状态，输入需要的文字，如图 4-32 所示。

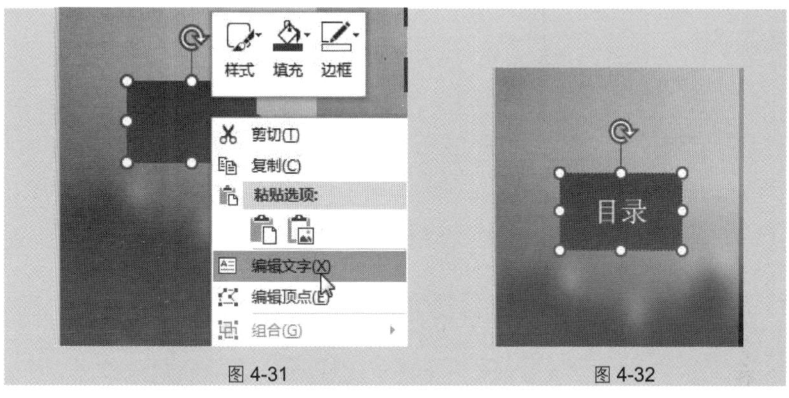

图 4-31　　　　图 4-32

❹ 设置文字的格式，然后再按相同的方法添加其他图形，并添加文字。

技巧 9　一次性替换修改字体格式

设计好一个演示文稿后，发现字体不符合要求或者与演讲环境不符，若在“字体”选项组逐一更改字体格式会增加不必要的工作量，此时可以按如下技巧实现一次性修改文字格式。

如将图 4-33 所示的“汉仪方叠体简”字体更改为如图 4-34 所示的“微软雅黑”字体。

图 4-33

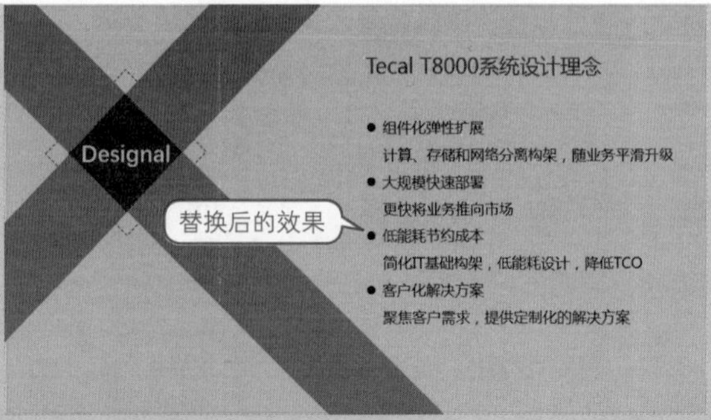

图 4-34

❶在“开始”→“编辑”选项组中单击“替换”下拉按钮，在下拉列表中选择“替换字体”命令，如图 4-35 所示。

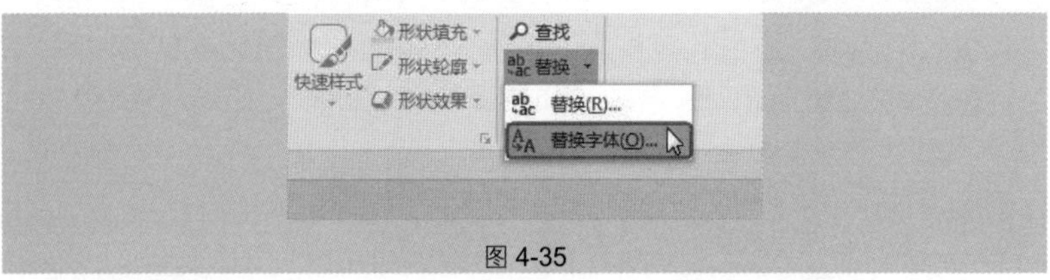

图 4-35

❷打开“替换字体”对话框，在“替换”下拉列表中选择“汉仪方叠体简”，接着在“替换为”下拉列表中选择“微软雅黑”，如图 4-36 所示。

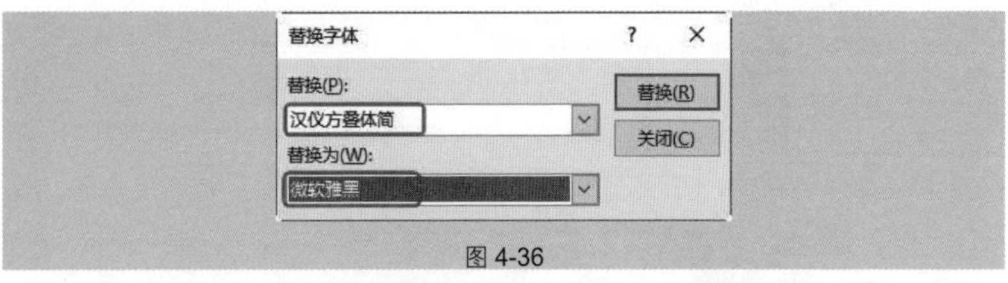

图 4-36

❸单击“替换”按钮，即可完成演示文稿字体的整体替换。

技巧 10　相同文字格式时用“格式刷”刷取

当一篇演示文稿中需要采用相同的文字格式时，为避免重复进行字体、字号的设置，可以采用格式刷来复制文字格式，然后在需要引用此格式的文本上拖动鼠标即可快速引用格式。

❶选中需要引用其格式的文本（如图 4-37 所示），在“开始”→“剪贴板”选项组中双击“格式刷”按钮，此时鼠标后带有小刷子形状的图标。

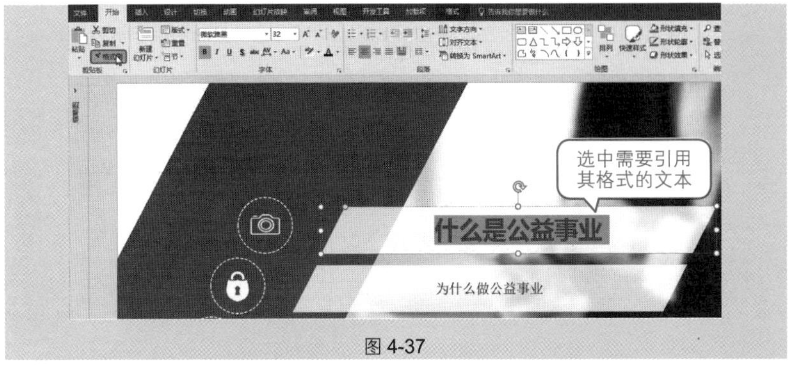

图 4-37

❷ 将该图标对准需要改变格式的文字，拖动鼠标，释放鼠标即可引用格式，如图 4-38 所示。

图 4-38

❸ 按相同的方法在下一处需要引用格式的文本上拖动，如图 4-39 所示。

图 4-39

❹ 全部引用完成后，需要在"开始"→"剪贴板"选项组中再次单击一次"格式刷"按钮取消格式刷的启用状态。

专家点拨

在使用"格式刷"按钮时，如果只有一处需要引用格式，可以单击一次"格式刷"按钮，在格式引用后自动退出。如果多处需要引用格式，则双击"格式刷"按钮，但使用完毕后需要手动退出其启用状态。

技巧 11 将正文文本拆分为两张幻灯片

在制作幻灯片时，如果输入了较多文字到一张幻灯片中，在后期整理时，如果想将这张幻灯片转换为两张，则可以直接拆分该幻灯片。

如图 4-40 所示的幻灯片，可以从“一份完整的广告……如下内容：”处将其拆分到下一张幻灯片中，效果如图 4-41 所示。

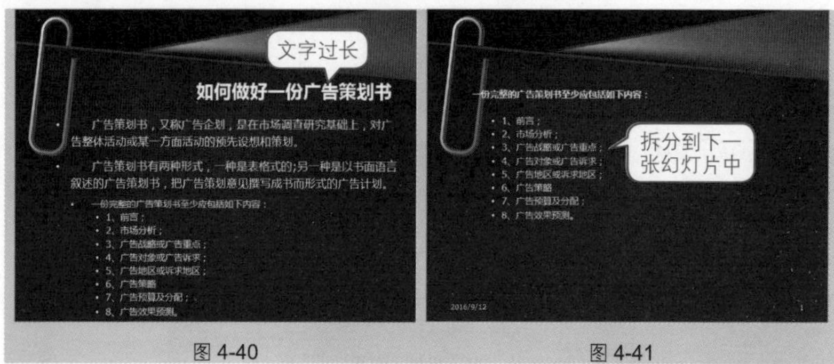

图 4-40　　图 4-41

❶ 在普通视图中选择左侧窗格的“大纲”选项卡，将光标定位到需要拆分文本的位置，如图 4-42 所示。

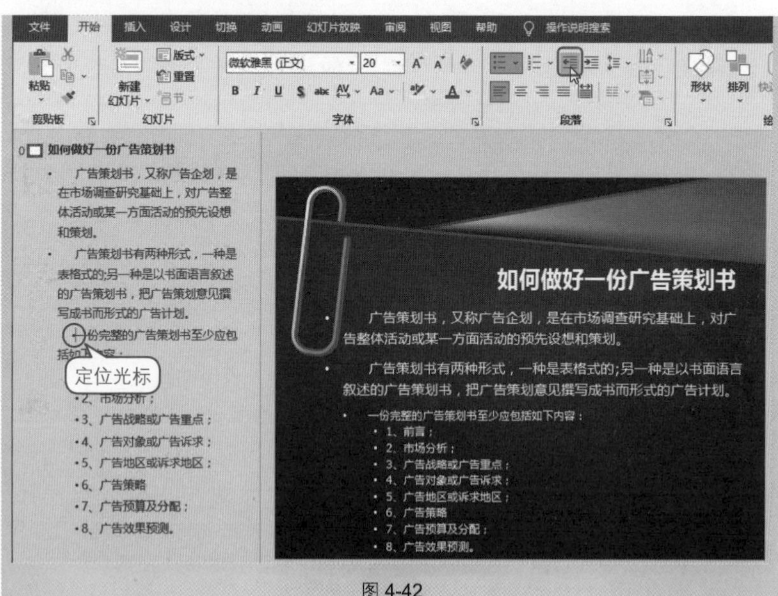

图 4-42

❷ 在“开始”→“段落”选项组中单击“降低列表级别”按钮，即可从光标位置处创建新幻灯片，如图 4-43 所示。

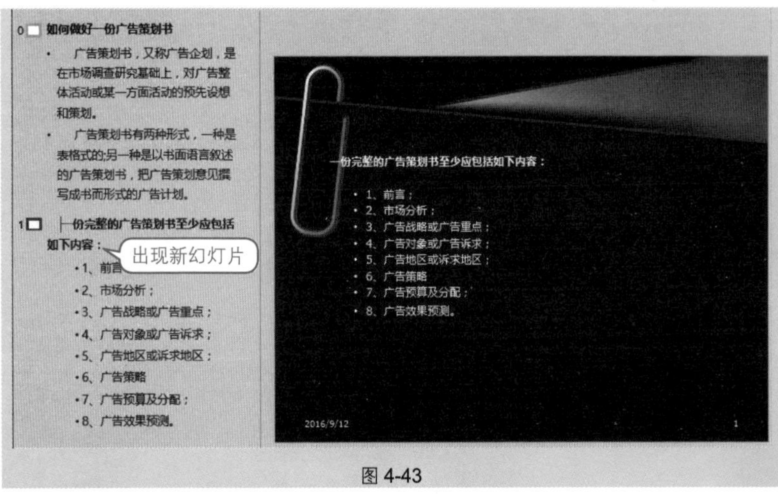

图 4-43

❸ 为幻灯片修改标题，对文字进行美化设置即可。

技巧 12 查找指定文本并替换

在 PPT 制作过程中，如果文本中输入了错误的内容，可以利用查找和替换功能快速修改文本，既高效又不会出现遗漏。

❶ 在“开始”→“编辑”选项组中单击“替换”下拉按钮，在下拉菜单中选择“替换”命令，如图 4-44 所示。

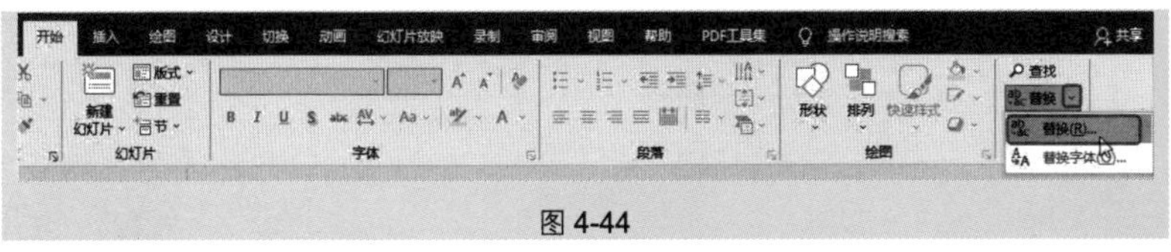

图 4-44

❷ 弹出“替换”对话框，在“查找内容”下的文本框中输入要查找的内容，此例为“制订”，在“替换为”下的文本框中输入想要替换的内容，如“制定”，如图 4-45 所示。

❸ 单击“查找下一个”按钮，查找到的文本被选中，如图 4-46 所示。

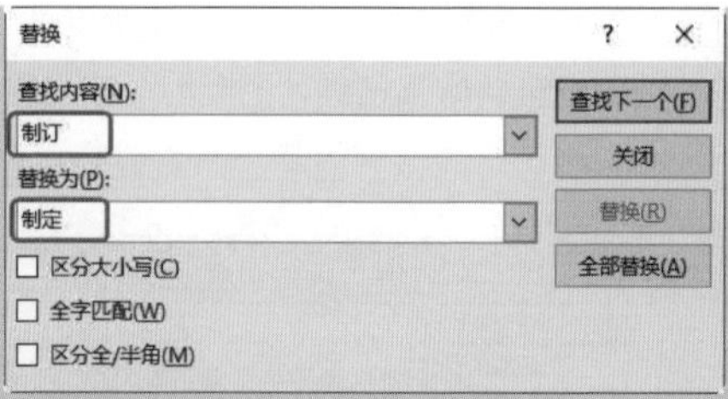

图 4-45

图 4-46

❹ 单击“替换”按钮，即可完成替换，如图 4-47 所示。

图 4-47

❺ 替换完成后，可单击“查找下一个”按钮继续查找下一个，也可以单击“全部替换”按钮一次性全部替换，操作完成后，会弹出如图 4-48 所示的对话框，单击“确定”按钮即可。

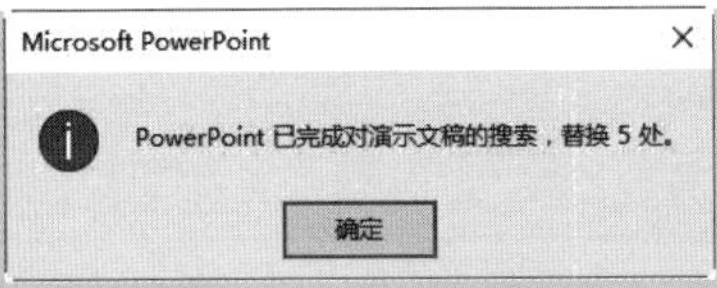

Microsoft PowerPoint

PowerPoint 已完成对演示文稿的搜索，替换 5 处。

确定

图 4-48

技巧 13　快速将文本直接转换为 SmartArt 图形

在幻灯片中输入文本时，如果文本是直接输入在一个文本框或者同一占位符内，为了达到美化的效果，可以快速将文本转换为 SmartArt 图形。如图 4-49 所示为文本效果，如图 4-50 所示为将文本转化为 SmartArt 图形的效果。

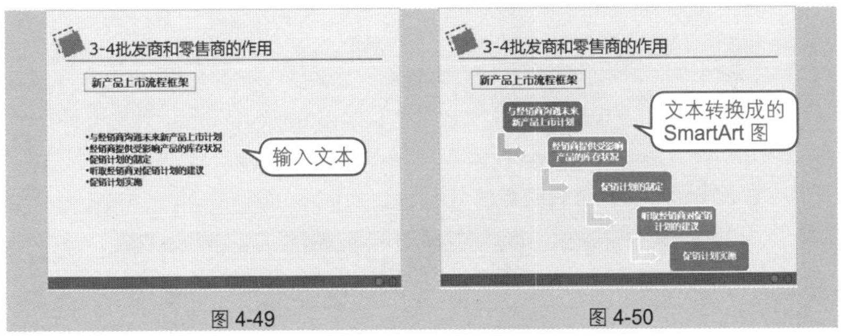

图 4-49　　　　图 4-50

❶ 选中文本所在文本框，在“开始”→“段落”选项组中单击“转换为 SmartArt”下拉按钮，在下拉列表中选择“其他 SmartArt 图形”命令，如图 4-51 所示。

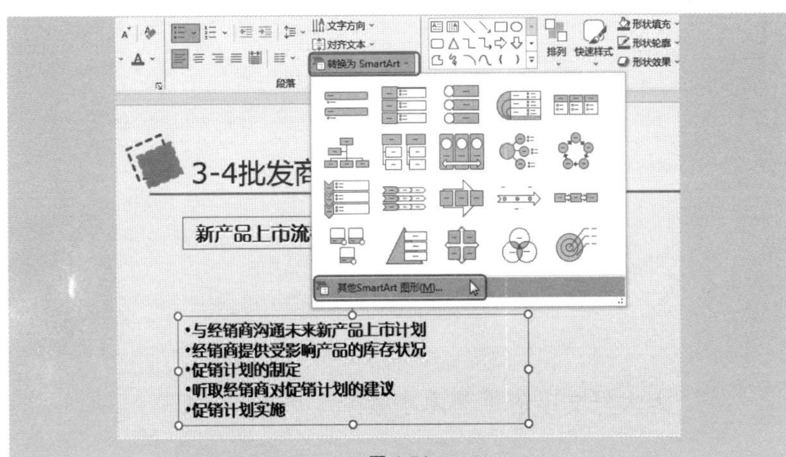

图 4-51

❷ 打开“选择 SmartArt 图形”对话框，选择要使用的 SmartArt 图形的样式，如图 4-52 所示。

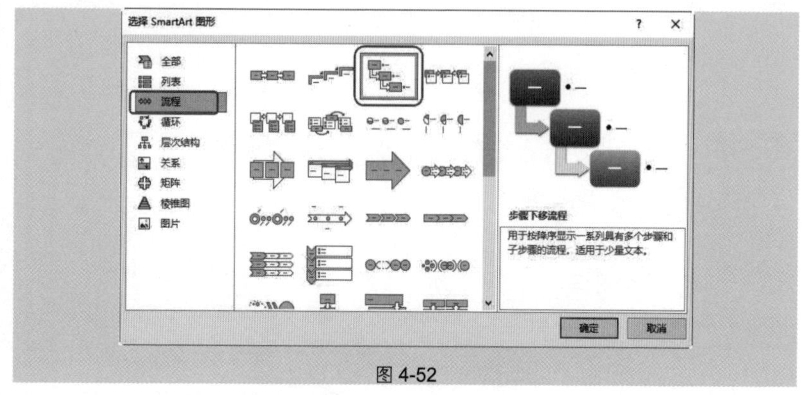

图 4-52

❸ 单击“确定”按钮，即可将文本转换为 SmartArt 图形。选中图形，在“SmartArt 设计”→“SmartArt 样式”选项组中单击“更改颜色”下拉按钮，在下拉列表中选择一种适合的颜色对图形进行美化，如图 4-53 所示。

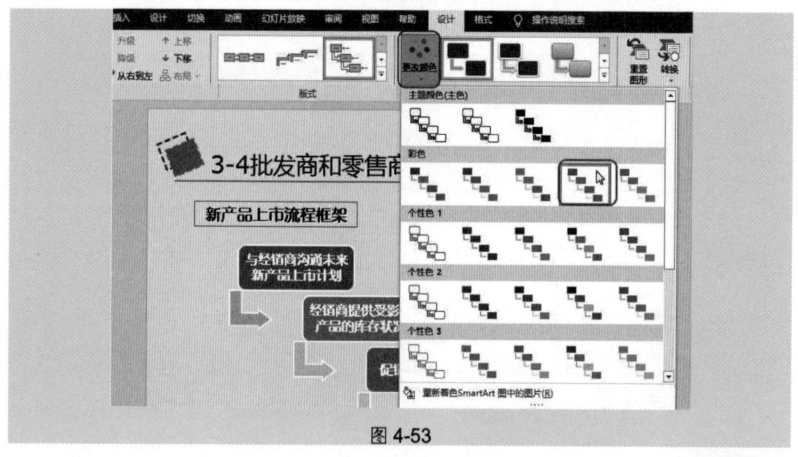

图 4-53

4.2 文本的美化技巧

技巧 14 为大号文字应用艺术字效果

幻灯片中的文本可以通过套用样式快速转换为艺术字效果。

❶ 选中文本，在“形状格式”→“艺术字样式”选项组中单击按钮（如图 4-54 所示），在下拉列表中显示了可以选择的艺术字样式，如图 4-55 所示。

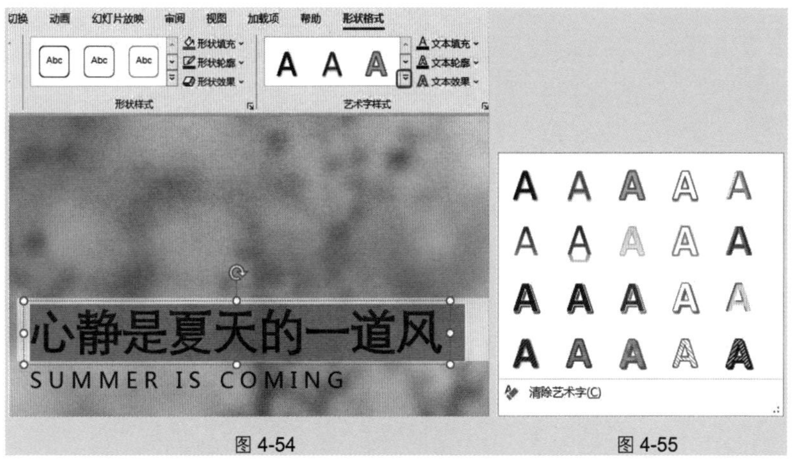

图 4-54　　　图 4-55

❷ 如图 4-56、图 4-57 所示为套用了不同的艺术字样式后的效果。

图 4-56

图 4-57

应用扩展

这里套用的艺术字样式是基于原字体的，也就是在套用艺术字样式时不改变原字体，只能通过预设效果设置文字填充、边框、映像、三维等效果。当更改文字字体时，可以获取不同的视觉效果。如图 4-58 和图 4-59 所示为更改了字体后的艺术字效果。

图 4-58

图 4-59

技巧 15　为大号文字设置渐变填充效果

默认输入的文本都为单色显示，对于一些字号较大的文字，如标题文字，可以设置其渐变填充效果，如图 4-60 所示的标题效果。

图 4-60

❶ 选中文字，在"形状格式"→"艺术字样式"选项组中单击 按钮（如图 4-61 所示），打开"设置形状格式"窗格。

图 4-61

❷ 单击“文本填充与轮廓”图标按钮，在“文本填充”栏中选中“渐变填充”单选按钮，在“预设渐变”下拉列表框中选择“顶部聚光灯 - 个性色 4”（如图 4-62 所示），达到的填充效果如图 4-63 所示。

图 4-62　　图 4-63

❸ 在“类型”下拉列表框中选择“线性”；在“方向”下拉列表框中选择“线性向下”（如图 4-64 所示），达到如图 4-65 所示的填充效果。

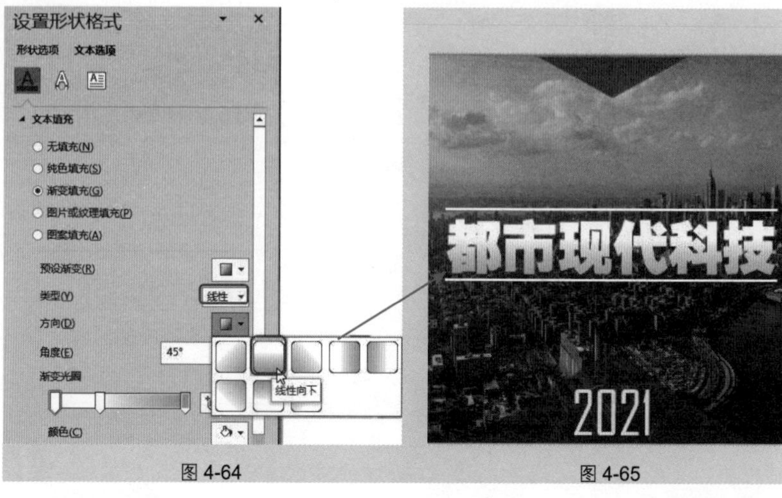

图 4-64　　图 4-65

❹ 通过单击按钮，添加渐变光圈个数，选中第一个光圈，设置该光圈颜色，拖动光圈可调节幻灯片渐变区域（如图 4-66 所示），添加光圈后可达到如图 4-67 所示的填充效果。

图 4-66　　图 4-67

❺ 设置完成后，关闭“设置形状格式”窗口即可。

技巧 16　为大号文字设置图案填充效果

设置文本的图案填充效果，也可以美化文本。

❶ 选中文字并单击鼠标右键，在弹出的快捷菜单中选择“设置形状格式”命令，打开“设置形状格式”窗格。

❷ 单击“文本填充与轮廓”图标按钮，在“文本填充”栏中选中“图案填充”单选按钮。在“图案”列表中选择“苏格兰方格呢”样式，设置“前景”为“橙色”，“背景”为“白色”，如图 4-68 所示。设置后其应用效果如图 4-69 所示。

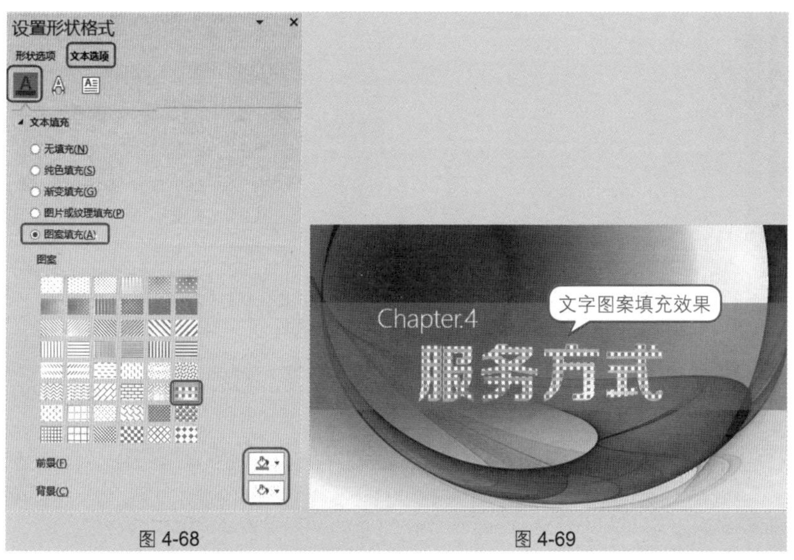

图 4-68　　图 4-69

❸ 设置完成后关闭“设置形状格式”窗格即可。

技巧 17　为大号文字设置图片填充效果

设置文本的图片填充效果可以美化文本，如图 4-70 所示为设置了图片填充后的效果。

图 4-70

❶ 选中文字并单击鼠标右键，在弹出的快捷菜单中选择“设置形状格式”命令，打开“设置形状格式”窗格。

❷ 单击“文本填充与轮廓”图标按钮，在“文本填充”栏中选中“图片或纹理填充”单选按钮，单击“插入”按钮（如图 4-71 所示），打开“插入图片”对话框，找到图片所在路径并选中图片，如图 4-72 所示。

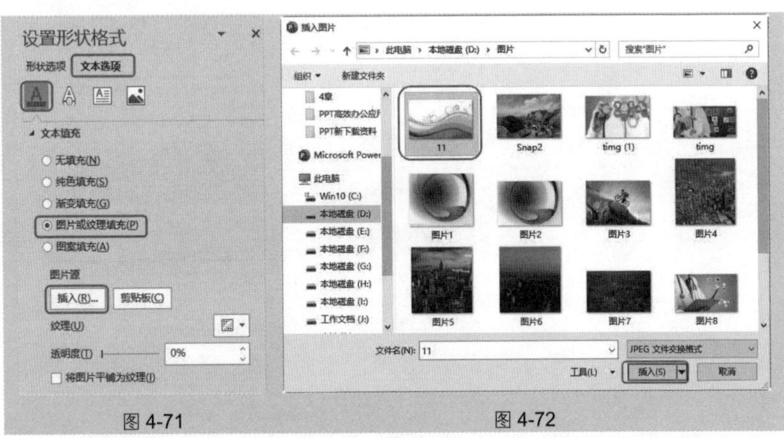

图 4-71　　　　图 4-72

❸ 单击“插入”按钮，即可将选中的文本设置为图片填充效果。

技巧 18　为大号文字设置映像效果

当幻灯片为深色背景时，为文字设置映像效果可以达到犹如镜面倒影的效果。

❶ 选中文字并单击鼠标右键，在弹出的快捷菜单中选择“设置文字效果格式”命令（如图 4-73 所示），打开“设置形状格式”窗格。

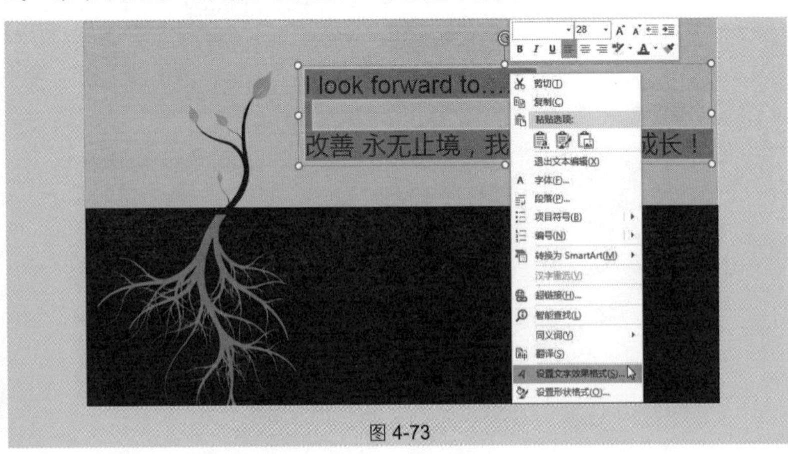

图 4-73

❷ 单击“文字效果”图标按钮，展开“映像”栏，在“预设”下拉列表中选中“全映像，8pt 偏移量”（如图 **4-74** 所示），达到如图 **4-75** 所示的映射效果。

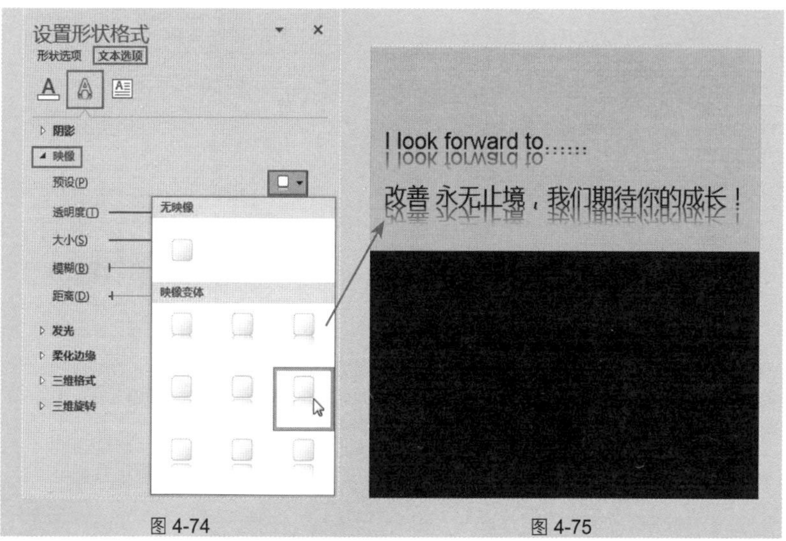

图 4-74　　图 4-75

❸ 在第❷ 步操作过程中，如果对预设效果不满意，可以精确设置“透明度”为 **63%**、“大小”为 **75%**、“模糊”为“**4** 磅”、“距离”为“**11** 磅”等参数（如图 **4-76** 所示），达到如图 **4-77** 所示的效果。

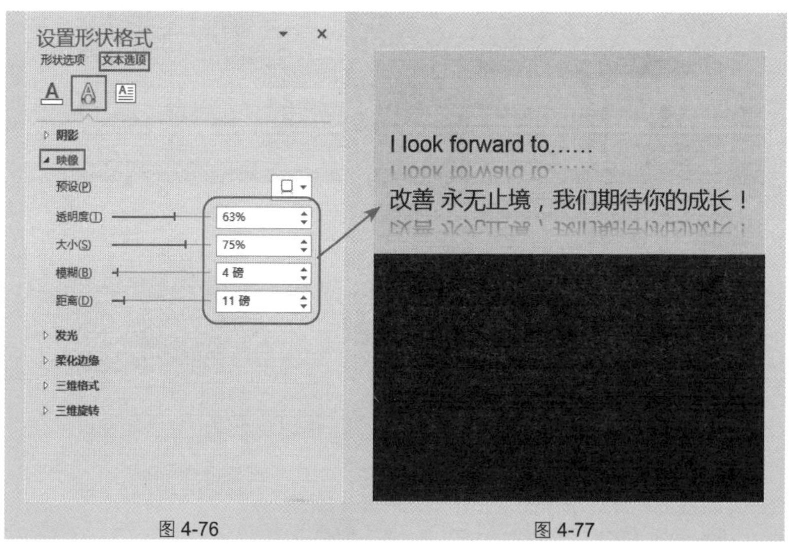

图 4-76　　图 4-77

技巧 19　为大号文字设置发光效果

如果当前幻灯片的深色背景比较灰暗，为文字设置发光效果有时可得到不一样的视觉效果。

❶ 选中文字并单击鼠标右键，在弹出的快捷菜单中选择“设置文字效果格式”命令（如图 4-78 所示），打开“设置形状格式”窗格。

图 4-78

❷ 单击“文字效果”图标按钮，展开“发光”栏，在“预设”下拉列表框中选中“发光：11pt；金色，主题色 2”（如图 4-79 所示），可达到如图 4-80 所示的效果。

图 4-79　　图 4-80

应用扩展

在第②步操作过程中，如果对预设效果不满意，可以更精确地设置“颜色”“大小”和“透明度”等参数，如图 4-81 所示。

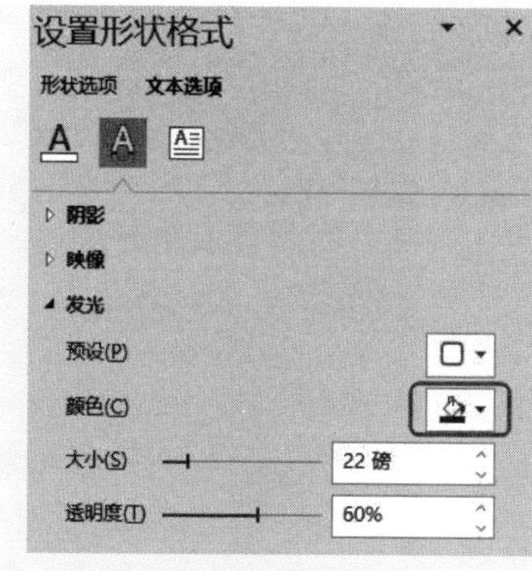

图 4-81

技巧 20 为大号文字设置立体字效果

对于一些特殊显示的文本，可以为其设置立体效果，从而提升幻灯片的整体表达效果。如图 4-82 所示为设置立体字效果前的文本，如图 4-83 所示为设置立体字后的效果。

图 4-82　　图 4-83

① 选中文本，在“形状格式”→“艺术字样式”选项组中单击按钮，如图 4-84 所示，打开“设置形状格式”窗格。

图 4-84

②单击“文本效果”标签，展开“三维格式”栏，在“顶部棱台”下拉列表框中选择“松散嵌入”，“宽度”和“高度”均为“6 磅”（如图 4-85 所示），达到如图 4-86 所示的效果。

图 4-85

图 4-86

③展开“三维旋转”栏，在“预设”下拉列表框中选择“透视宽松”，并设置“Y 旋转”为 320°，“透视”为 105°（如图 4-87 所示），达到如图 4-88 所示的效果。

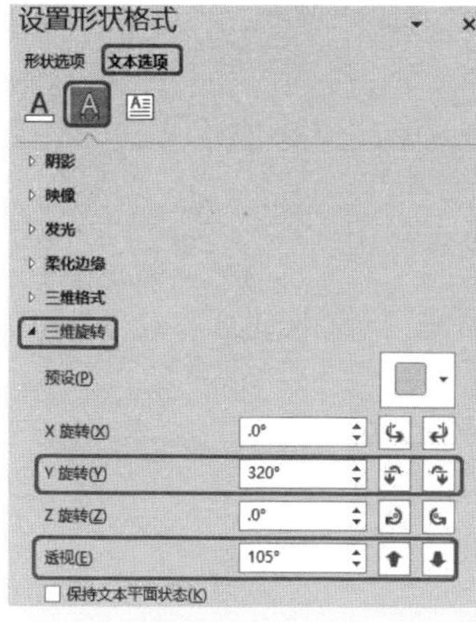

图 4-87

图 4-88

❹ 设置完毕后关闭“设置形状格式”窗格即可。

技巧 21 文字也可以设置轮廓线

对于一些字号较大的文字，如标题文字，还可以为其设置轮廓线条，这也是美化文字的一种方式。如图 4-89 所示为设置了轮廓线为白色虚线后的效果。

图 4-89

❶ 选中文字并单击鼠标右键，在弹出的快捷菜单中选择“设置文字效果格式”命令，打开“设置形状格式”窗格。

❷ 单击“文本填充与轮廓”图标按钮，在“文本边框”栏中选中“实线”单选按钮；在“颜色”下拉列表框中选择“白色”，“宽度”设置为“3.5 磅”，如图 4-90 所示。

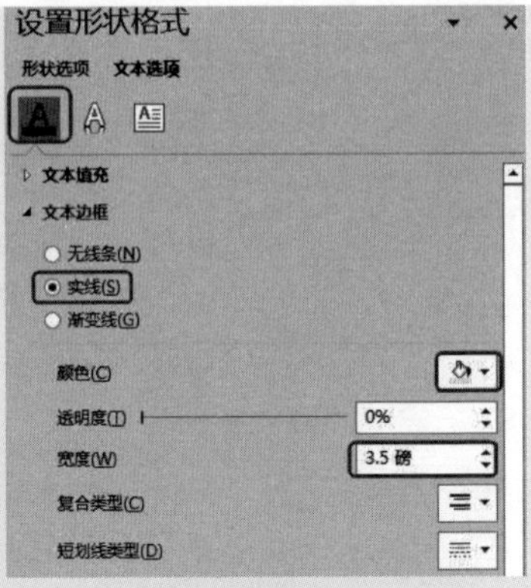

图 4-90

应用扩展

在设置线条时，除了选择线条的颜色与设置其宽度，还可以在“复合类型”的下拉列表中选择复合型线条，也可以在“短画线类型[①]”下拉列表中选择虚线样式，如图 4-91 所示。

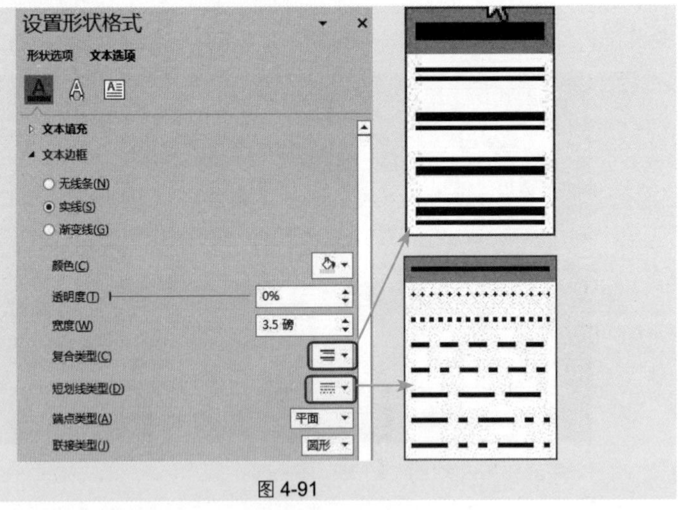

图 4-91

技巧 22 以波浪形显示特殊文字

建立文本后，无论是否是艺术字，都可以设置其转换效果。

① 文中的“短画线类型”与图中的“短划线类型”为同一内容，后文不再赘述。

❶ 选中文本，在“形状格式”→“艺术字样式”选项组中单击“文本效果”下拉按钮，弹出下拉菜单，鼠标指针指向“转换”，在子菜单中可以选择转换效果，如图 4-92 所示。

图 4-92

❷ 单击即可应用到所选的文字。如图 4-93 所示为套用了“上弯弧”转换后的效果。

图 4-93

应用扩展

根据版面及文本特点来设置文本的转换效果是一个很重要的原则，如图 4-94、图 4-95 所示为应用了“槽形 下”和“波浪形 上”转换后的效果。

图 4-94

图 4-95

技巧 23 美化文本框——设置文本框的边框线条

系统默认插入的文本框是没有边框线条的，PowerPoint 提供了丰富的文本框样式，用户可以为其设置边框线条，以达到美化的效果。如图 4-96 所示为设置边框后的效果。

图 4-96

❶ 选中文字（此处是一次性选中多个文字，可以按住 Ctrl 键依次单击选中），在"形状格式"→"艺术字样式"选项组中单击按钮（如图 4-97 所示），打开"设置形状格式"窗格。

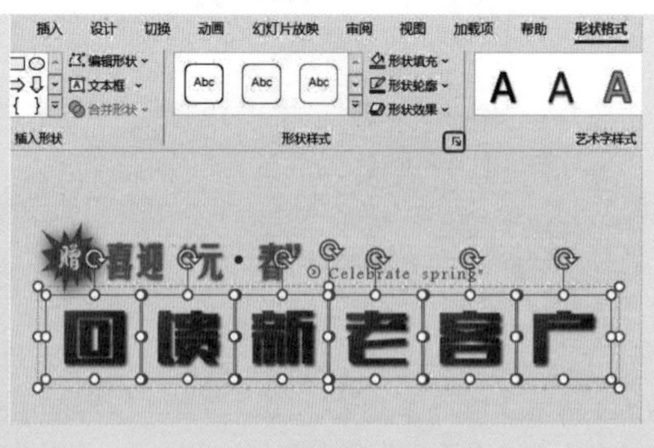

图 4-97

❷ 单击"填充与线条"图标按钮，在"线条"栏中选中"实线"单选按钮。在"颜色"下拉列表框中选择"橙色"，"宽度"设置为"2.25 磅"，在"复合类型"下拉列表框中选择"单线"，在"短划线类型"下拉列表框中选择"方点"，如图 4-98 所示。

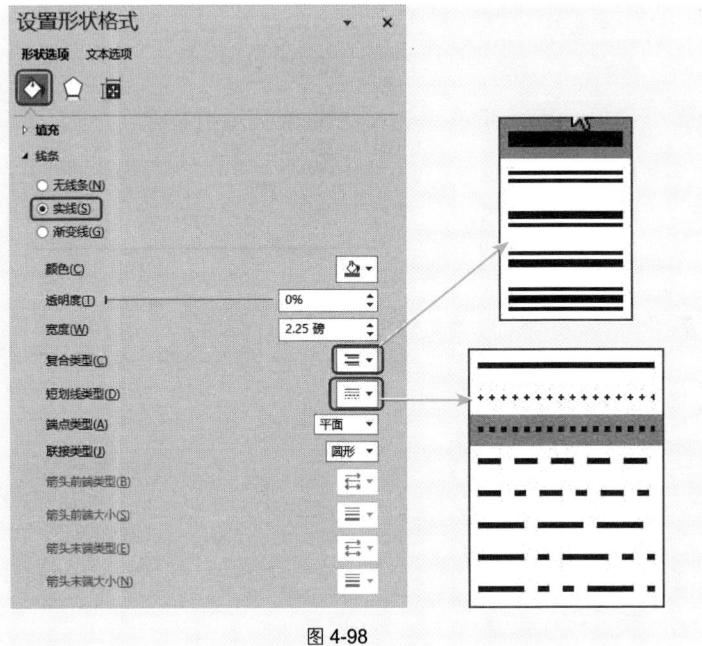

图 4-98

❸ 关闭"设置形状格式"窗格，即可达到如图 4-96 所示的效果。

应用扩展

文本框应用不同的颜色和线条样式可以得到不同的效果，如图 4-99、图 4-100 所示。

图 4-99

图 4-100

技巧 24 美化文本框——设置文本框的填充颜色

系统默认插入的文本框是没有底纹和填充颜色的，用户可以为其设置颜色填充，以达到美化的效果。

❶ 选中文字，在"形状格式"→"艺术字样式"选项组中单击 按钮，打开"设置形状格式"窗格。

❷ 单击"填充与线条"图标按钮，在"填充"栏选中"图案填充"单选按钮。在"图案"列表中选择"横线：浅色"，设置"前景"为"红色"，"背景"为"白色"（如图 4-101 所示），即可达到如图 4-102 所示的效果。

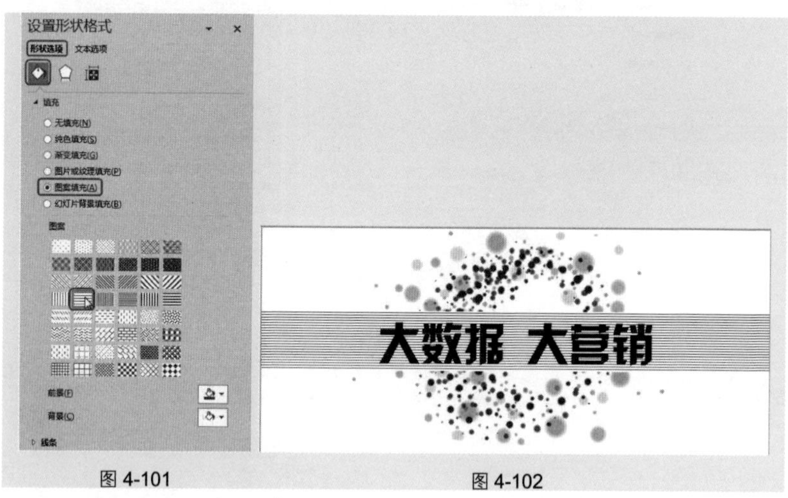

图 4-101　　图 4-102

应用扩展

在建立幻灯片的过程中，文本框的使用非常多，多数情况下会使用无边框、无填充的文本框。但在合适的环境下，也可以为文本框采用合适的美化方案。除了自定义设置文本框的线条样式、填充效果外，最简单的就是直接套用样式快速美化文本框，方法如下。

❶ 选中需要编辑的文本框，单击“形状格式”→“形状样式”选项组中的☐按钮（如图 4-103 所示），在打开的下拉列表中可以选择合适的样式，如图 4-104 所示。

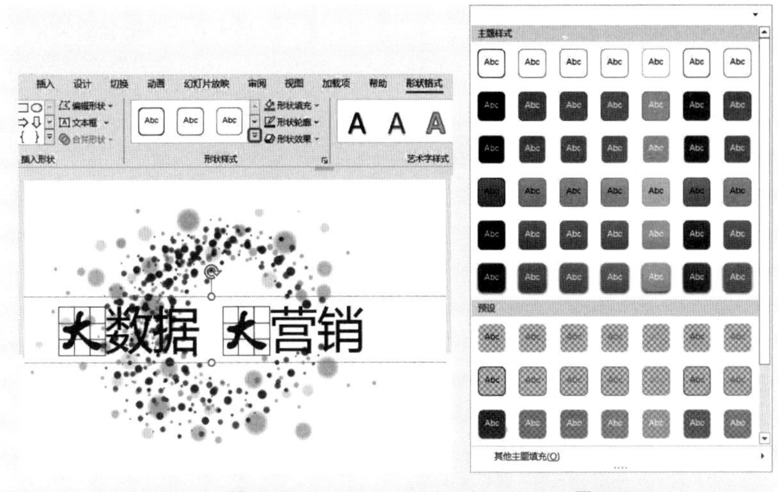

图 4-103　　图 4-104

❷ 鼠标指向样式即可预览，单击样式即可应用。

❸ 如图 4-105、图 4-106 所示为套用了不同的形状样式后的效果。

图 4-105

图 4-106

技巧 25　用“格式刷”快速引用文本框的格式

如果文本框已经设置了格式（包括字体、填充色、边框等），当其他文本框需要使用相同的格式时，可以按如下方法快速引用格式，而不必重新设置。

❶ 选中设置了格式的文本框，在“开始”→“剪贴板”选项组中单击 按钮，如图 4-107 所示。

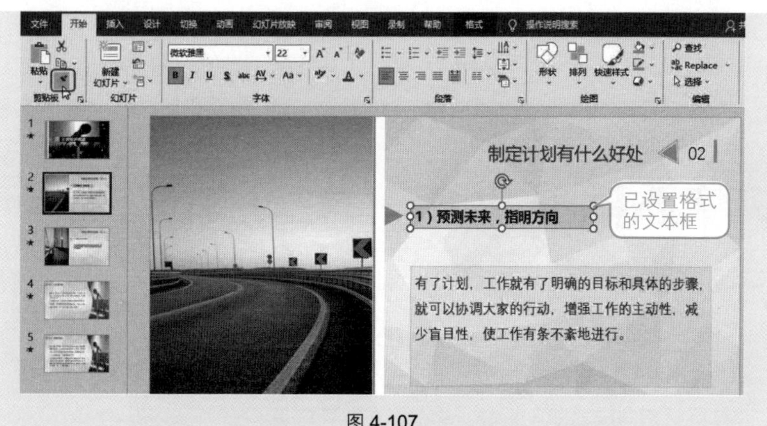

图 4-107

❷ 此时光标变成小刷子形状（如图 4-108 所示），在需要引用格式的文本框上单击即可引用相同的格式，如图 4-109 所示。

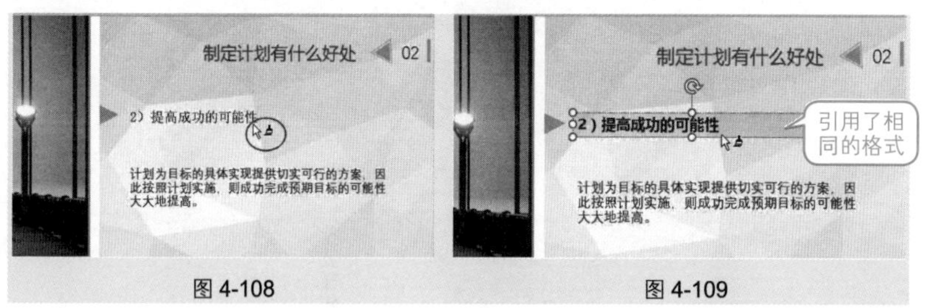

图 4-108　　图 4-109

专家点拨

如果多处需要使用相同的格式，可以双击 按钮，依次在需要引用格式的文本框上单击，全部引用完成后，再单击一次 按钮即可退出，退出后可对文本框的位置和大小做适当的调整。

第 5 章　图片对象的编辑和处理

5.1　了解图片的排版

技巧 1　全图形幻灯片

演示文稿在制作的过程中，为了增强表达效果，一般都要在幻灯片中插入各种图片，并根据内容的特点，将图片排成各种版式。

全图形幻灯片一般是在幻灯片中插入一张图片，可以将图片作为背景插入，也可以直接插入，这样的幻灯片图片是主体，文字具有画龙点睛的作用，这种幻灯片效果是比较常见的设计方法，如图 5-1、图 5-2 所示。

图 5-1

图 5-2

技巧 2　图片主导型幻灯片

图片主导型幻灯片是指图片与文字各占差不多的比重，图片一般使用的是中图，较多的时候会进行贴边的处理，这种排版方式在幻灯片设计中也是很常见的，即如图 5-3、图 5-4 所示的幻灯片效果。

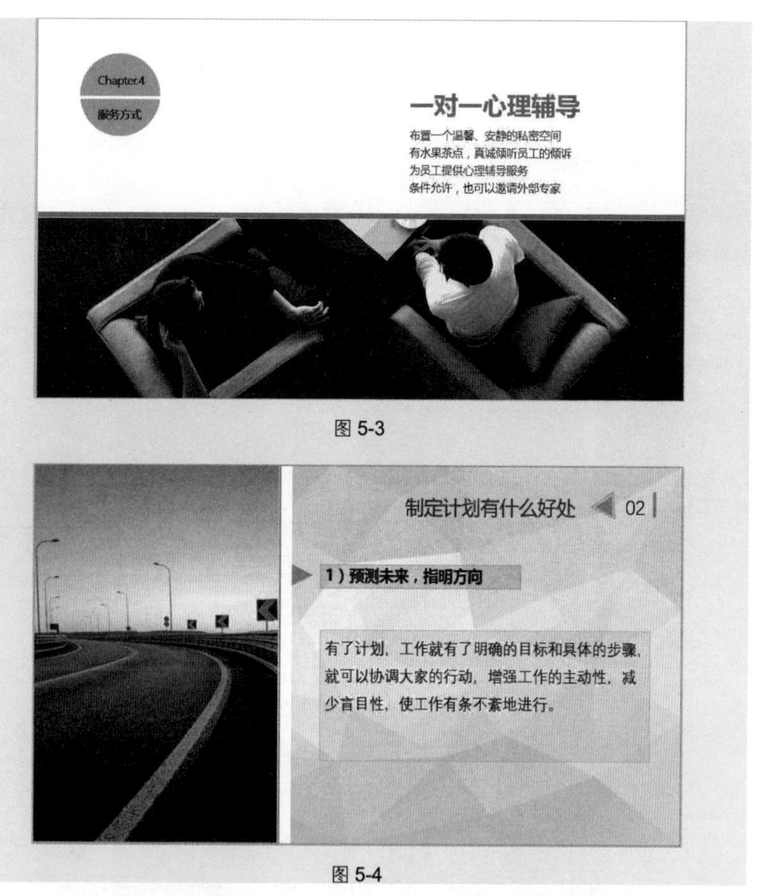

图 5-3

图 5-4

技巧 3　多小图幻灯片

多小图幻灯片一般是在一个版面中应用多个小图，这些小图是一个有联系的整体，具有形象说明同一个对象或者同一个事物的作用。使用多小图时注意不能只是图片的堆砌，而是要注意设计统一的外观，或合理的排列方式，如

图 5-5 所示的幻灯片中利用了图形辅助图片的排列，如图 5-6 所示的幻灯片中图片设置了统一的外观并对齐放置。

图 5-5

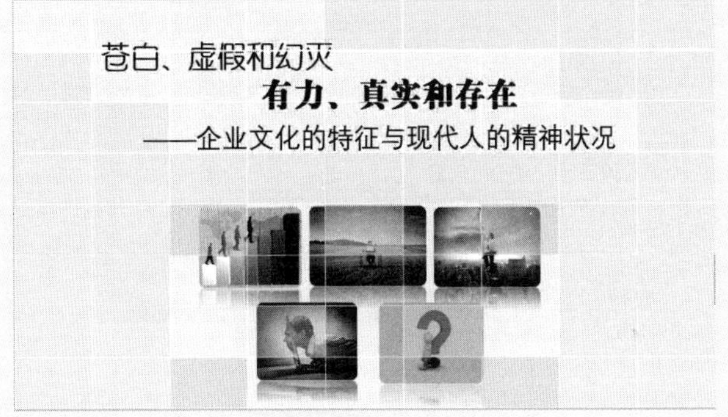

图 5-6

5.2 图片的编辑与调整

技巧 4 插入新图片并调整大小

要使用图片必须先插入图片，并且插入的图片其默认大小和位置也许并不符合版面要求，为了达到预期的设计效果，需要对图片的大小和位置进行调整。

① 选中目标幻灯片，在"插入"→"图像"选项组中选择"图片"→"此设备"选项（如图 5-7 所示），打开"插入图片"对话框，找到图片存放的位置，选中目标图片，单击"插入"按钮（如图 5-8 所示），插入后效果如图 5-9 所示。

图 5-7 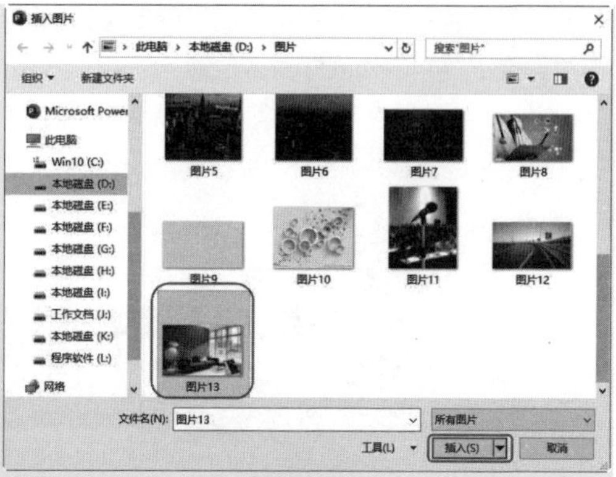　　　　图 5-8

图 5-9

❷ 选中图片，鼠标指针指向拐角，此时鼠标指针呈斜向对拉箭头，按住鼠标不放拖动可成比例放大或缩小图片（如图 5-9 所示）；鼠标指针放在图片上时呈四向箭头，按住鼠标移动可调整图片的放置位置，如图 5-10 所示。

图 5-10

专家点拨

若图片位置及大小不符合文本的排版要求，可按照此方式进行调整。一般建议成比例缩放图片，如果图片的长宽比例不符合当前版面的设计要求，则可能需要重新选择合适的图片，或对图片进行裁剪。

技巧5 随心所欲地裁剪图片

如图5-11所示，在幻灯片中插入了图片，现在只想使用本图片的一部分，可通过裁剪图片的方式保留图片的中心部分，即可得到如图5-12所示的图片。

图5-11

图5-12

❶ 选中图片，在"图片格式"→"大小"选项组中单击"裁剪"下拉按钮（如图5-13所示），此时图片中会出现8个裁切控制点，如图5-14所示。

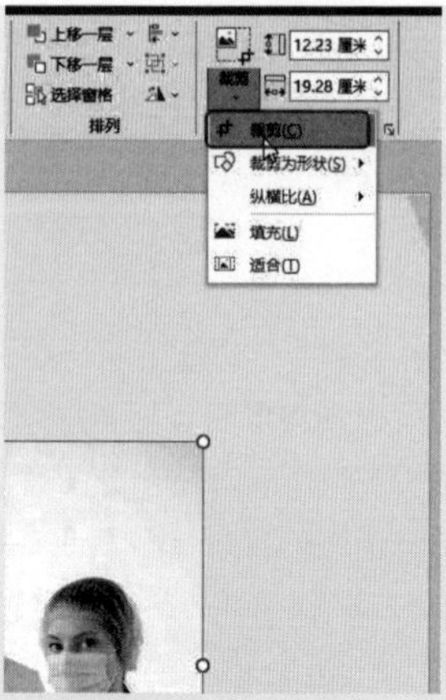

图 5-13

图 5-14

❷ 使用鼠标拖动相应的控制点到合适的位置即可对图片进行裁剪。这里预裁剪图片的上下部位，光标定位到上方控制点，向下方拖动鼠标，如图 **5-15** 所示。

❸ 接着按照同样的操作方法使用鼠标拖动下方的控制点到合适的位置（如图 **5-16** 所示），释放鼠标，此时裁切点内为保留区域。

图 5-15

图 5-16

❹ 在图片以外的任意位置上单击鼠标即可完成图片的裁剪。调整图片的位置并添加相关的修饰元素即可达到如图 **5-12** 所示的效果。

技巧 6　插入使用 SVG 图标

图标一直是 PPT 设计中不可或缺的元素。在 Office 2019 之前的版本中，如果想插入可灵活编辑的矢量图标，就必须借助 Ai 等专业的设计软件制作后，再导入 PPT 中，使用非常不便。在 Office 2019 中，微软为我们提供了图标库，图标库中细分出了很多种常用的类型，非常方便我们查找使用。

如图 5-17 所示的幻灯片中，要求在每个标题前添加小图标，一用图标来装饰版面，二用图标来展示标题内容。

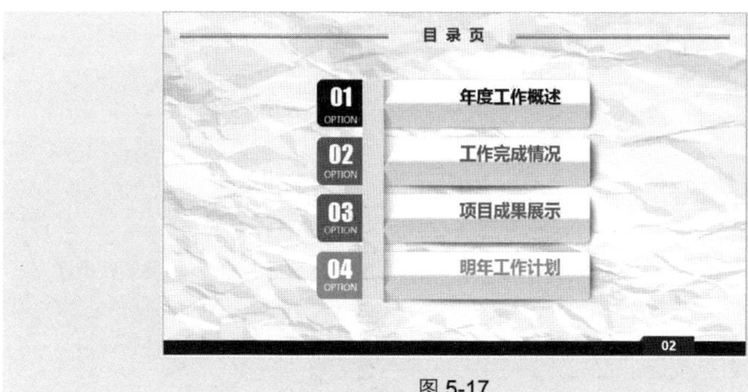

图 5-17

❶ 在“插入”→“插图”选项组中单击“图标”按钮（如图 5-18 所示），打开“插入图标”对话框。

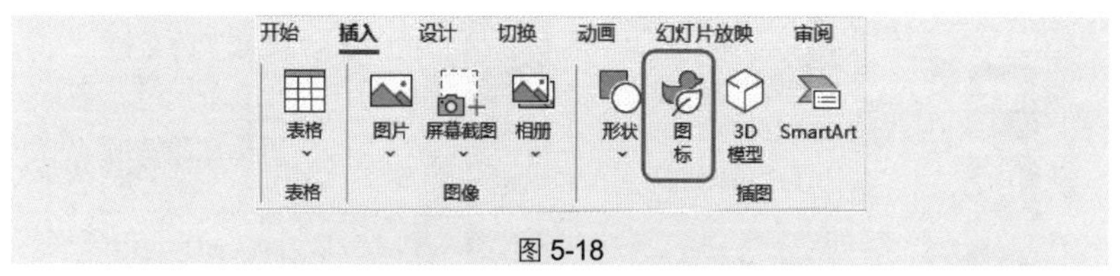

图 5-18

❷ 在列表中可通过分类找到目标图标，选中图标，如图 5-19 所示。

图 5-19

❸ 单击“插入”按钮即可插入图标，如图 5-20 所示。

❹ 所插入的 SVG 图标可以任意填充为需要的颜色。在“图形格式”→“图形样式”选项组中单击“图形填充”下拉按钮，在下拉列表中选择“取色器”

命令（如图 5-21 所示），然后拾取需要的颜色，如图 5-22 所示。

⑤ 将图标移到合适的位置，如图 5-23 所示。

图 5-20

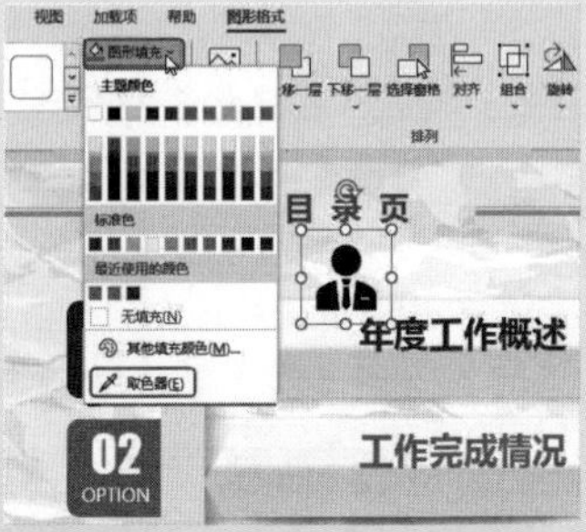

图 5-21

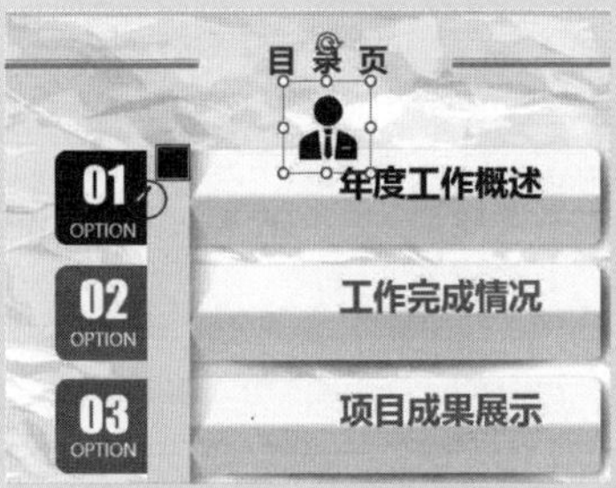

图 5-22

图 5-23

⑥ 按相同的方法在各个标题前插入图标，并填充为与前面序号相同的颜色，幻灯片效果如图 5-24 所示。

图 5-24

技巧 7　把图片裁剪为自选形状样式

插入图片后，为了设计需求，也可以快速将图片的外观更改为自选形状样式，利用裁剪功能可以达到这一目的。如图 5-25 所示幻灯片中图片为默认形状样式，通过裁剪可以得到如图 5-26 所示的效果，裁剪后的图片更有层次感。

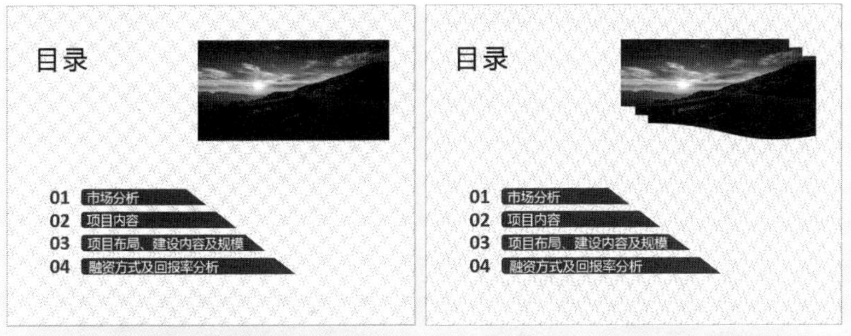

图 5-25　　图 5-26

❶ 选中目标图片，在"图片格式"→"大小"选项组中单击"裁剪"下拉按钮。

❷ 在下拉菜单中指向"裁剪为形状"，在弹出的子菜单中单击"流程图：多文档"图形样式（如图 5-27 所示），此时即可将图片裁剪为指定形状样式。

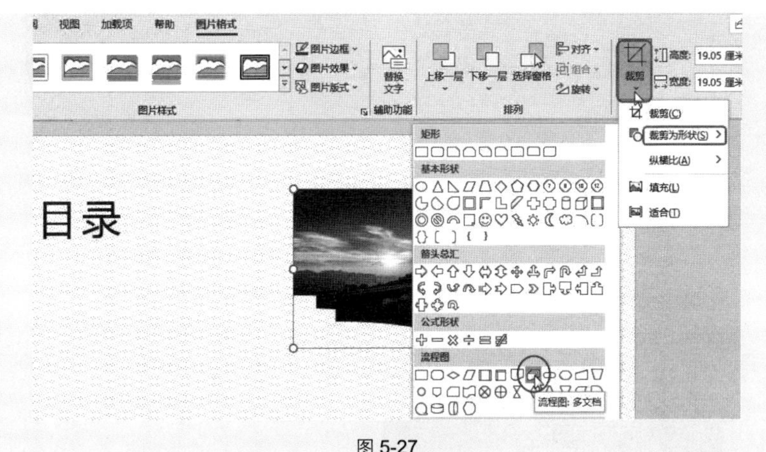

图 5-27

技巧 8　从图片中抠图

插入图片后，还可以将图片的背景删除，就像 Photoshop 中的"抠图"功能一样。如图 5-28 所示是原图片，将其背景删除后的效果如图 5-29 所示。

图 5-28

图 5-29

❶ 选中图片，在“图片格式”→“调整”选项组中单击“删除背景”按钮（如图 5-30 所示）即可进入背景消除状态，变色的表示要删除的区域，保持本色的为要保留的区域，如图 5-31 所示。

图 5-30

图 5-31

❷ 首先调节内部的矩形框，框选要保留的大致区域（如图 5-32 所示）。调整后可以看到人物只有领带部分变色，因此在“背景消除”→“优化”选项中单击“标记要保留的区域”按钮，如图 5-33 所示。

图 5-32

图 5-33

③ 将光标移动到图片上，光标变为笔的样式，在需要保留的区域上单击并拖动（如图 5-34 所示），即可添加⊞样式，图 5-35 表示新增了要保留的区域。如果还有想保留而自动变色了的区域，按此方法继续增加。

图 5-34

图 5-35

④ 如果有想删除而未变色的区域，则在“优化”选项组中单击“标记要删除的区域”按钮，将光标移动到图片上，单击需要删除的区域，即可添加⊖样式。

⑤ 标记完成后，在“关闭”选项组中单击“保留更改”按钮（如图 5-36 所示），即可删除图片背景。

图 5-36

应用扩展

在标记需要保留或删除的部分时，如果不小心标记错误，可以在“优化”选项组中单击“删除标记”按钮来删除已做的标记。

技巧 9　图片的边框修整

图 5-37 是插入图片后将图片更改为圆形的外观样式，通过图片边框自定义设置可以使图片得到修整，从而使美观度和辨识度大大提升，如图 5-38 所示。图片的边框修整方法如下。

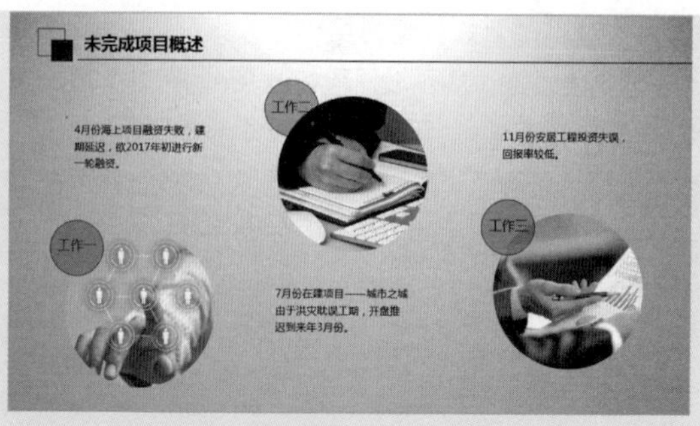

图 5-37

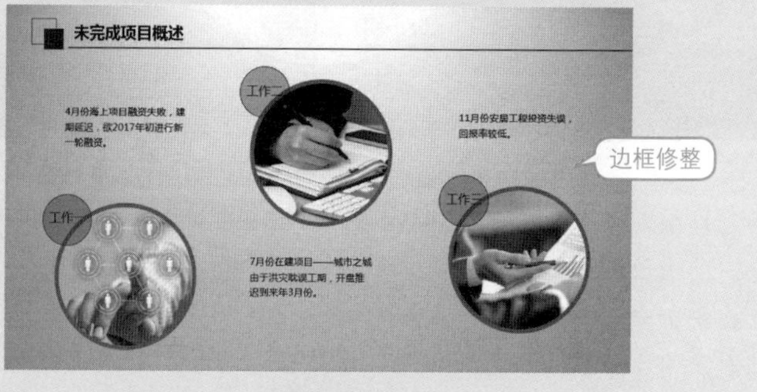

图 5-38

按Ctrl键依次选中所有图片，在“图片格式”→“图片样式”选项组中单击“图片边框”下拉按钮，在“主题颜色”区域选择边框颜色，在下方设置边框的“粗细”为“4.5 磅”，如图 5-39 所示。

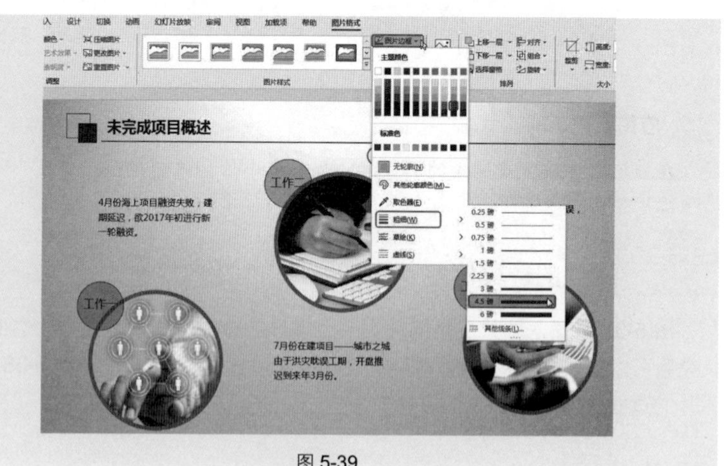

图 5-39

应用扩展

如果要精确设置图形边框各参数值，可以打开“设置图片格式”窗格进行设置。

① 选中图片，在“图片格式”→“图片样式”选项组中单击 ↘ 按钮（如图 5-40 所示），打开“设置图片格式”窗格，单击“填充与线条”图标按钮，展开“线条”栏，选中“实线”单选按钮，即可设置边框线条的相关参数，如图 5-41 所示。

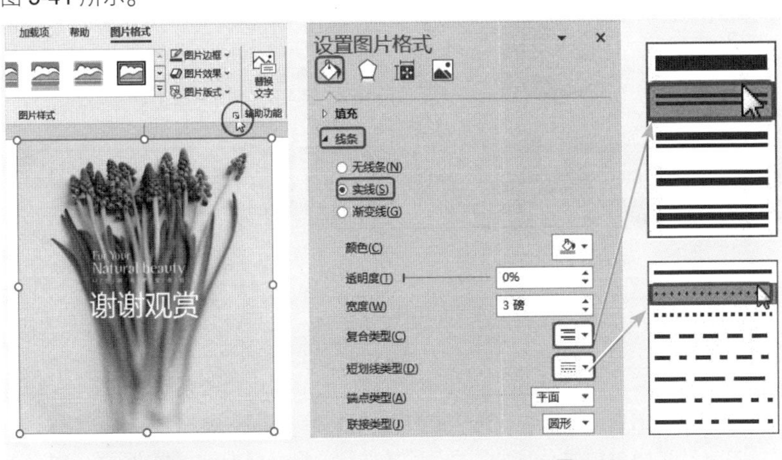

图 5-40　　　　图 5-41

② 如图 5-42、图 5-43 所示为不同的边框设置效果。

图 5-42　　　　图 5-43

技巧 10 增强图片立体感

在幻灯片中，不仅文字能够设置立体的效果，图片也可以增强立体感，主要从阴影和映像两个方面设置。

一、阴影

对于插入的图片，可以设置“阴影”效果使其呈现站立效果，如图 5-44、图 5-45 所示为设置阴影前后的对比图。

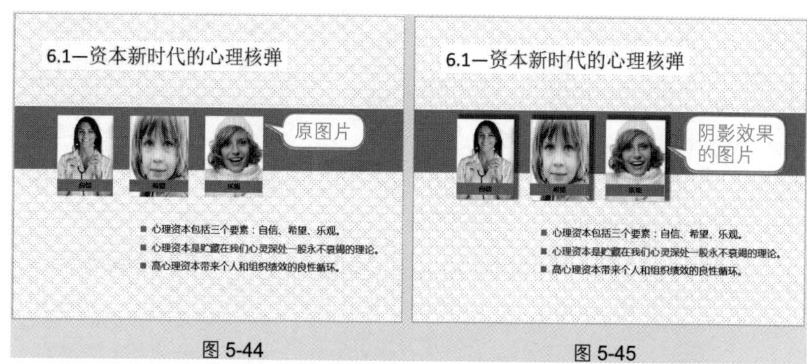

图 5-44　　图 5-45

❶ 按住 Ctrl 键不放，依次选中幻灯片中的多张图片，在“图片格式”→“图片样式”选项组中单击“图片效果”下拉按钮，将光标指针指向“阴影”选项，在弹出的子菜单中选择“偏移：右上”，如图 5-46 所示。

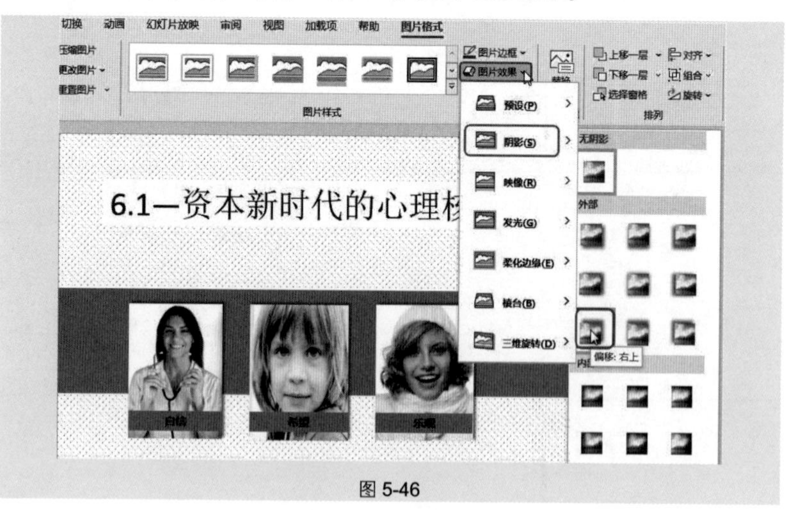

图 5-46

❷ 如果对预设效果不满意，则可以单击“阴影”子菜单底部的“阴影选项”（如图 5-47 所示），打开“设置图片格式”窗格。

❸ 在“阴影”一栏中，对各项参数进行调整（如图 5-48 所示，图中显示的是达到图 5-45 效果的参数）。

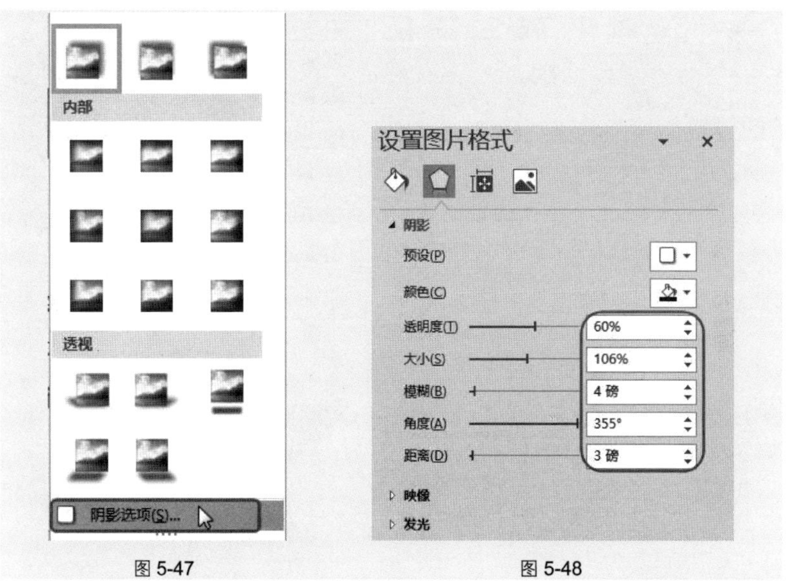

图 5-47　　图 5-48

二、映像

图片的倒影可以使画面呈现镜面倒影的效果。如图 5-49 所示为原图片，如图 5-50 所示为设置了“紧密映像”效果后的图片。

图 5-49　　图 5-50

❶ 选中目标图片，在“图片格式”→“图片样式”选项组中单击“图片效果”下拉按钮，将光标指针指向“映像”选项，在弹出的子菜单中选择“全映像：4 磅 偏移量”，如图 5-51 所示。

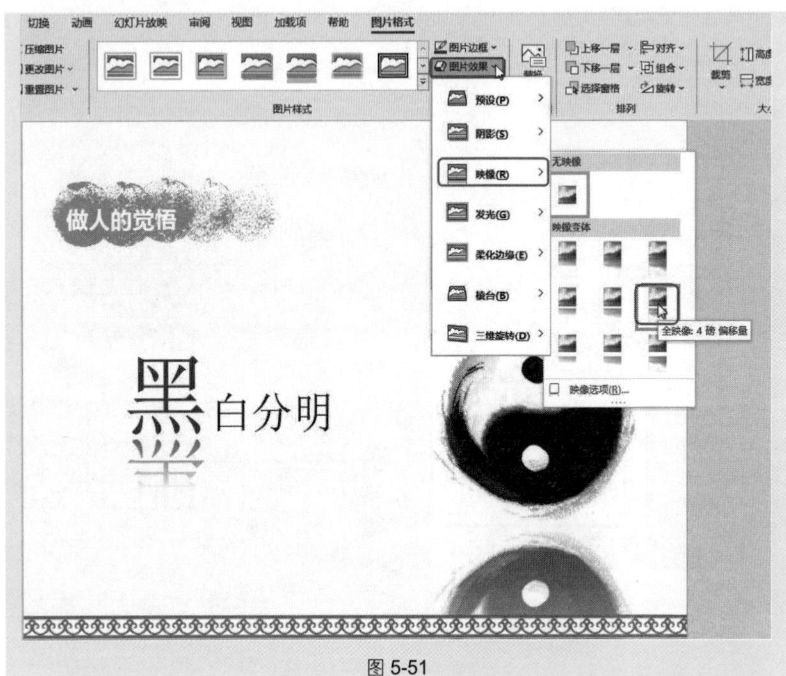

图 5-51

❷ 根据版面布局将图片移动到合适的位置即可达到如图 5-50 所示的效果。

专家点拨

在“图片效果”功能菜单中，还有其他的设置效果，如发光、棱台、三维旋转等，只要设置得当，就会使图片呈现意想不到的可视化效果。

技巧 11 套用图片样式快速美化图片

图片样式是程序内置的用来快速美化图片的模板，一般应用了多种格式设置，包括边框、柔化、阴影、三维效果等，如果没有特别的设置要求，套用样式是快速美化图片的捷径。

❶ 选中目标图片，在“图片格式”→“图片样式”选项组中单击 ◲ 按钮，在下拉列表中显示了可以选择的图片样式，如图 5-52 所示。

❷ 如图 5-53、图 5-54 所示为套用了不同的图片样式后的效果。

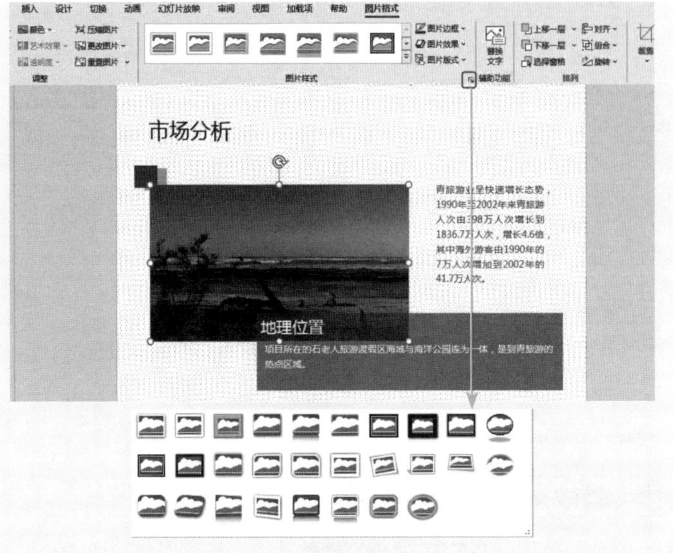

图 5-52

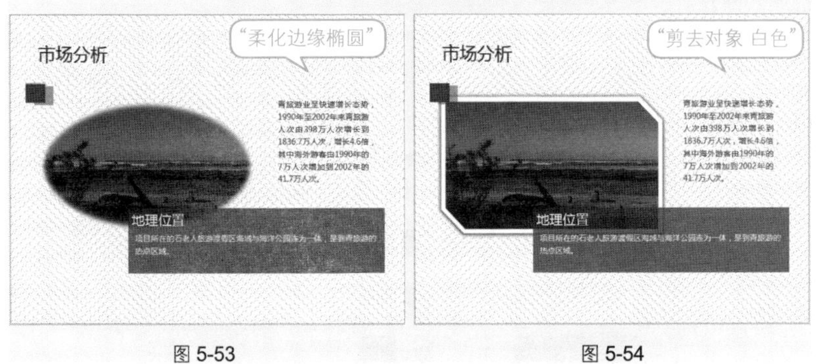

图 5-53　　图 5-54

技巧 12　让图片亮起来

在幻灯片中插入图片后，如果对图片的色彩不满意，可以使用 PPT 程序中自带的对图片色彩进行校正的功能进行调整。下面介绍使用方法，对于应用怎样的色彩更加合适，需要依据情况而定。

选中图片，在“图片格式”→“调整”选项组中单击“校正”下拉按钮，在下拉列表中套用不同的亮度与对比度样式，如“亮度: +20%(正常)，对比度: +20%”，将鼠标指针定位到任意样式，即可以预览其效果，应用后的效果如图 5-55 所示。

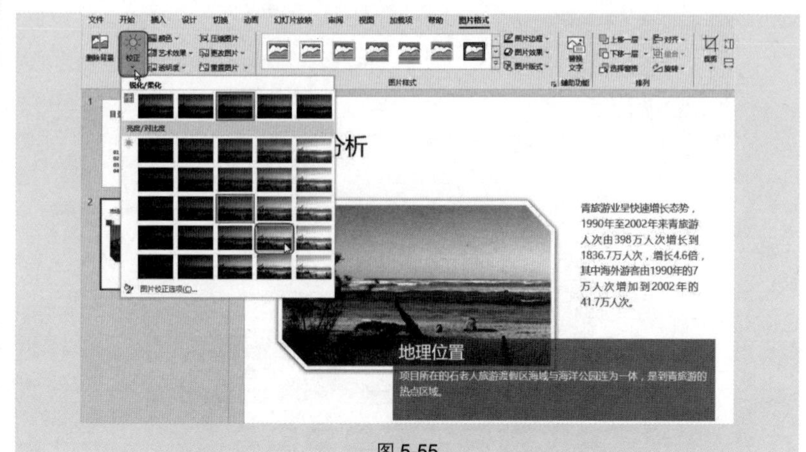

图 5-55

技巧 13 巧妙调整图片色彩

图片的色彩也可以在 PPT 中进行调整，同时还可以将彩色图片更改为单色调的图片。

在本例中选中多个小图，在“图片格式”→“调整”选项组中单击“颜色”下拉按钮，在下拉列表中可以选择不同的色彩，鼠标指向时预览，单击即可应用，如图 5-56 所示。

图 5-56

应用扩展

单击“颜色”下拉按钮展开下拉列表后，还可以单击“图片颜色选项”打开“设置图片格式”窗格进行更加详细的设置。

技巧 14 图片艺术效果

图片的艺术效果是通过套用程序内置的艺术样式让图片瞬间变得具有艺术感。插入图片后，可以根据当前幻灯片的表达效果来选择不同的艺术样式。

❶ 选中图片（如图 5-57 所示），在“图片格式”→“调整”选项组中单击“艺术效果”下拉按钮，在下拉列表中显示了可以选择的艺术效果，如图 5-58 所示。

图 5-57

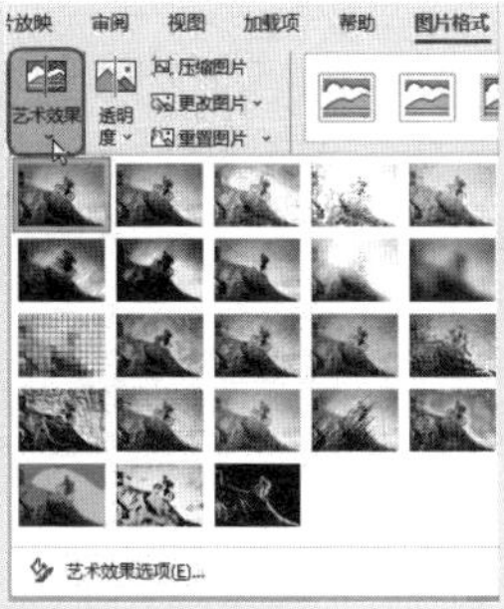

图 5-58

❷ 如图 5-59、图 5-60 所示分别为应用了“塑封”和“画图笔划”的艺术效果。

图 5-59

图 5-60

技巧 15　将多图片更改为统一的外观样式

在使用多小图时，我们通常要为多图片使用相同的外观，以保障幻灯片布局的整体协调统一。这是一种设计理念，读者在排版多图片时要具有这种意识。操作方法我们前面也介绍过，如为多图片应用统一的边框效果，如图 5-61、图 5-62 所示的幻灯片。

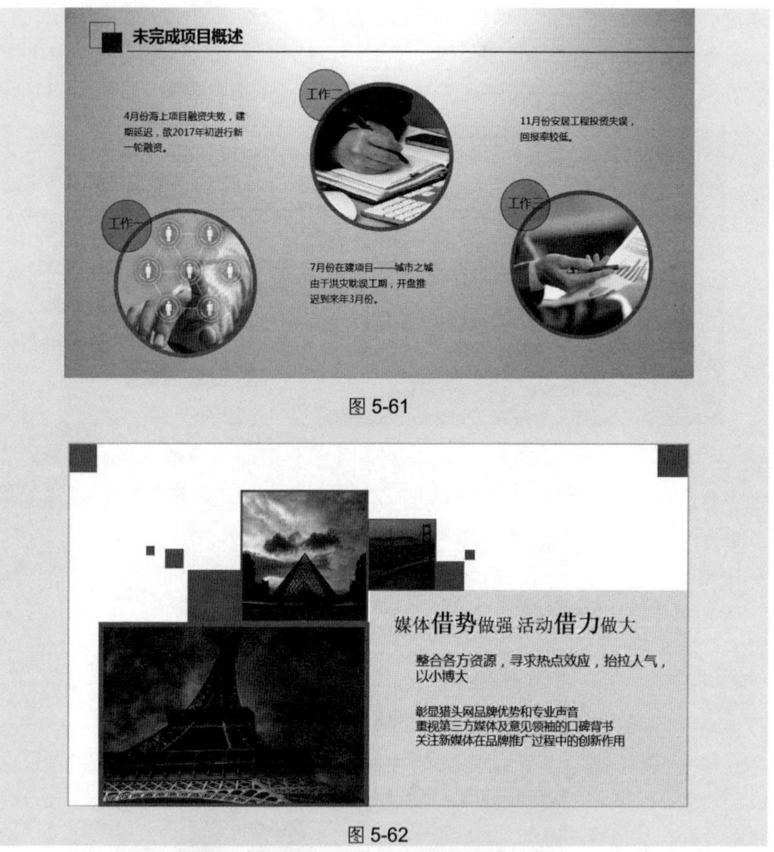

图 5-61

图 5-62

另外还可以套用图片样式，其设置要点就是配合 Ctrl 键一次性选中要设置的所有图片，然后进行设置即可，其设置操作将应用于选中的所有图片上。

① 按住 Ctrl 键不放，依次选中幻灯片中的多张图片，在“图片格式”→“图片样式”选项组中单击 按钮（如图 5-63 所示），在下拉列表中显示了可以选择的图片样式，如图 5-64 所示。

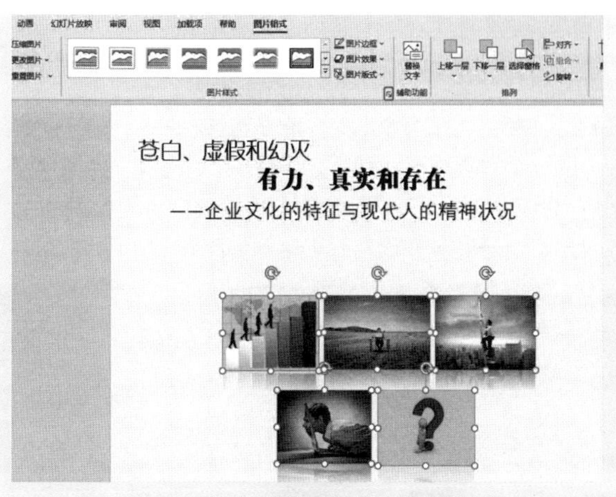

图 5-63

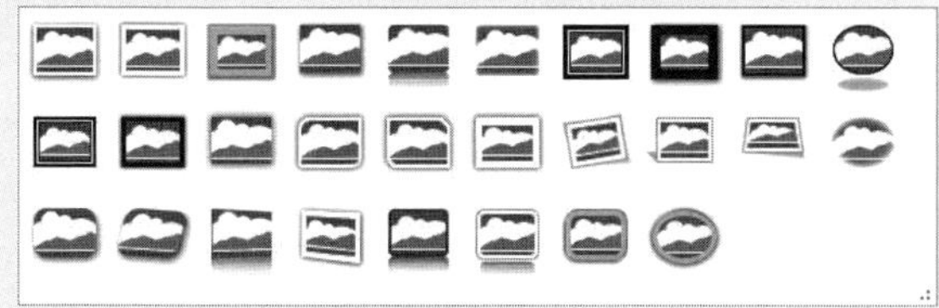

图 5-64

② 将鼠标指针定位到任意图片样式，即可预览其效果，在指定样式上单击就可以应用该样式，效果如图 5-65 所示。

图 5-65

技巧 16　多小图的快速对齐

当一张幻灯片中包含多个小图时，除了应该保持图片具有相同外观外，对齐也是排版中的一个重要环节，即一定要保持多图按某一规则对齐（左对齐、右对齐、居中对齐等），而不能随意杂乱地放置。如图 5-66 所示图片为随意设置无对齐效果，而通过对齐设置后可达到如图 5-67 所示的效果。

图 5-66　　图 5-67

❶ 按住 Ctrl 键不放，依次选中幻灯片下方的几张图片，在“图片格式”→“排列”选项组中单击“对齐”下拉按钮，在下拉列表中选择“底端对齐”命令，如图 5-68 所示。

❷ 保持图片选中状态，再单击“对齐”下拉按钮，在下拉列表中选择“横向分布”命令，如图 5-69 所示。

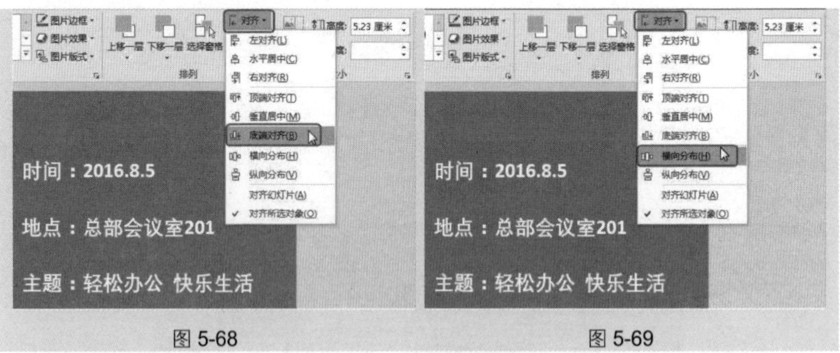

图 5-68　　图 5-69

❸ 选中“培训剪辑”右侧的几个小图形，在“图片格式”→“排列”选项组中单击“对齐”下拉按钮，在下拉列表中选择“水平居中”命令（如图 5-70 所示），操作完成之后即可达到如图 5-67 所示的效果。

图 5-70

技巧 17 将多图片应用 SmartArt 图形样式进行快速排版

对于多小图也可以使用 SmartArt 图形样式进行图片排版，此方法可以让图片快速排列为一些规范的样式。下面举例进行介绍。

❶ 一次性选中多幅图片（如图 5-71 所示），在“图片格式”→“图片样式”选项组中单击“图片版式”下拉按钮，在下拉列表中可以看到多种可应用的版式。

图 5-71

❷ 如单击“图片题注列表”样式（如图 5-72 所示），应用效果如图 5-73 所示。

图 5-72　　图 5-73

③ 或者单击"题注图片"样式（如图 5-74 所示），应用效果如图 5-75 所示。

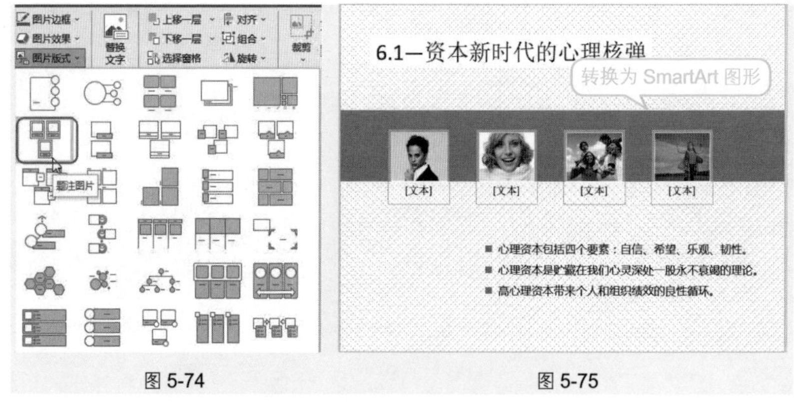

图 5-74　　图 5-75

④ 应用版式后，可以在文本编辑框中重新编辑文本。

第6章 图形对象的编辑和处理

6.1 图形辅助页面排版的思路

技巧1 图形常用于反衬文字

图形是幻灯片设计中最为常用的一个元素，它常用来设计文字，即用图形来反衬文字，既布局了版面又突出了文字，如图 **6-1** 所示的幻灯片中使用了大量图形，实现了对多处文字的反衬。

图 6-1

在使用全图幻灯片时，如果背景复杂或色彩过多，直接输入文字的视觉效果很不好，此时常会使用图形绘制文字编写区，达到突出显示的目的，如图 **6-2** 所示的幻灯片为文字编辑区添加了图形底衬。如图 **6-3** 所示的幻灯片为文字编辑区也添加了图形底衬，同时为序号添加了更加醒目的图形底衬。

图 6-2

图 6-3

技巧 2 图形常用于布局版面

版面布局在幻灯片的设计中是极为重要的，合理的布局能瞬间给人设计感，提升视觉享受。而图形是布局版面最重要的元素，一张空白的幻灯片，经过图形布局可呈现不同的布局效果，如图 **6-4** 所示的幻灯片，在多处使用了图形设计布局整个版面。

图 6-4

如图 **6-5** 所示的幻灯片使用的是平行四边形布局版面，如图 **6-6** 所示的幻灯片使用了一些图形组合布局版面。

图 6-5

图 6-6

技巧 3　图形常用于提升版面设计效果

图形的种类多种多样，并且还可以自定义绘制多种不同的图形，所以其应用非常广泛。合理地应用图形可以提升版面设计效果，只要有设计思路就可以获取极佳的版面效果，如图 6-7 所示的幻灯片，在标题处、页面左侧都使用了图形设计。

图 6-7

如图 6-8 所示的幻灯片中应用了图形反衬几个重要的特征，同时也让版面变得灵活且有设计感。

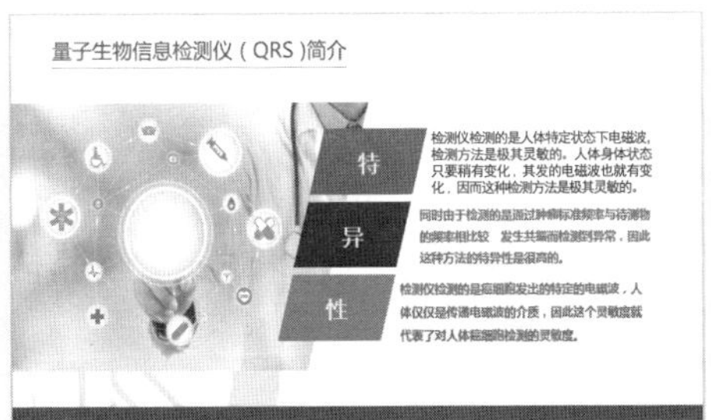

图 6-8

还有一些图形是用来加以强调和点缀的，比文字说明更具有影响力，如图 6-9 所示。

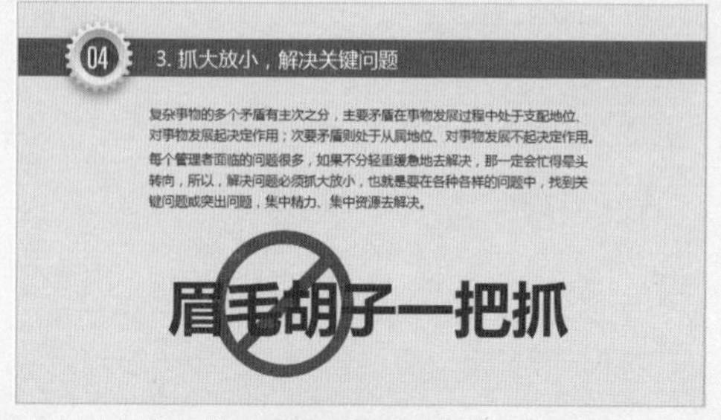

图 6-9

技巧 4　图形常用于表达数据关系

除了程序自带的 SmartArt 图之外，还可以利用图形的组合设计来表达数据关系，这也是图形的重要功能之一。如图 6-10 所示的幻灯片，其表达的是一种流程关系。

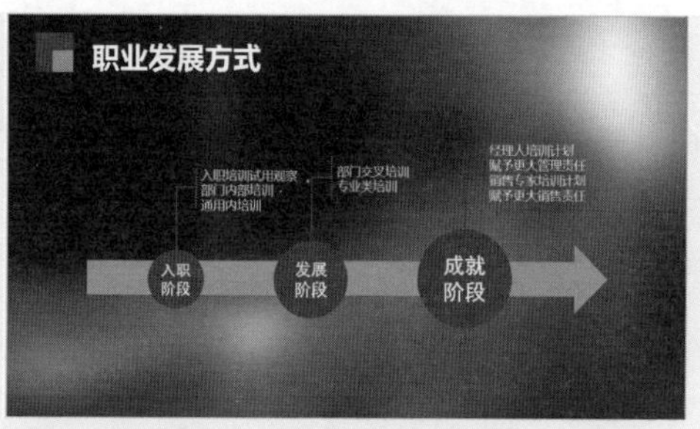

图 6-10

如图 6-11 所示的幻灯片，其表达的是一种列举关系。

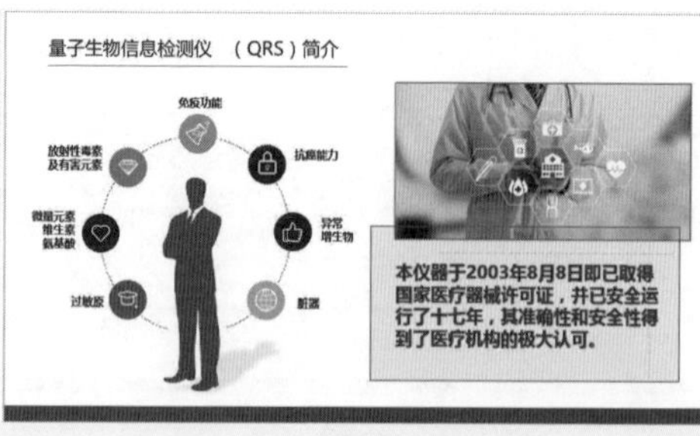

图 6-11

6.2 图形的绘制及编辑

技巧 5 选用并绘制需要的图形

通过以上几个技巧对图形的介绍，我们了解到图形在幻灯片设计中发挥的重要作用。如果要合理应用图形，则需要先在幻灯片中绘制图形，方法如下。

① 首先打开目标幻灯片，在“插入”→“插图”选项组中单击“形状”下拉按钮，在下拉列表中显示了众多图形样式，可根据实际需要选择使用，如此处选择“圆角矩形”图形样式，如图 6-12 所示。

② 此时光标变成十字形状，按住鼠标拖动即可进行绘制（如图 6-13 所示），释放鼠标即可完成绘制，效果如图 6-14 所示。

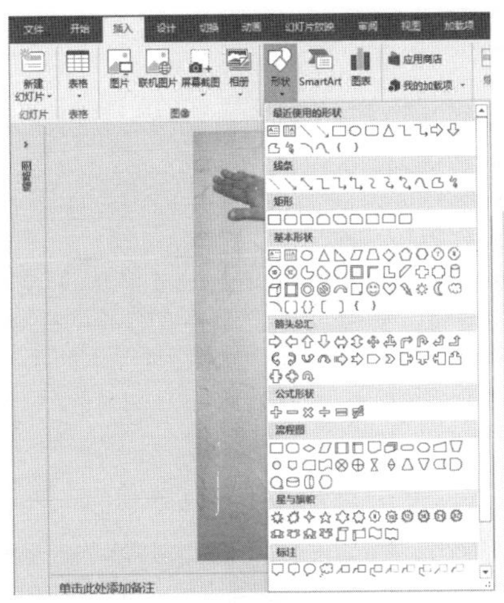

图 6-12

图 6-13

图 6-14

❸ 如果需要向图形中添加文本，则需选中图形，单击鼠标右键，在弹出的快捷菜单中选择“编辑文字”命令（如图 6-15 所示），此时图形中出现闪烁光标，输入文字即可，如图 6-16 所示。

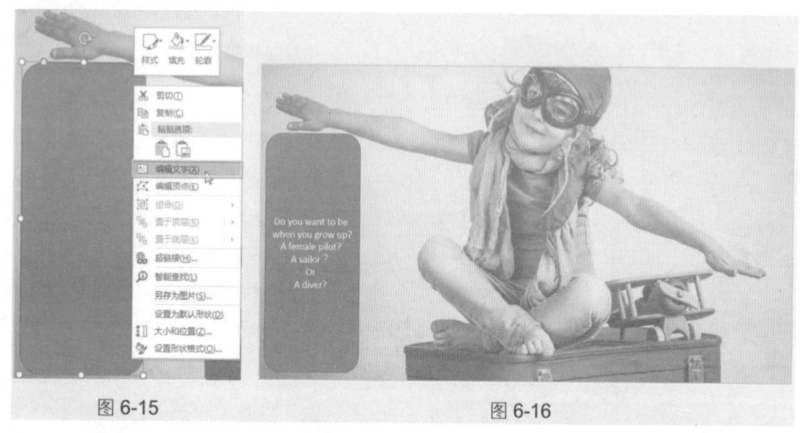

图 6-15　　图 6-16

应用扩展

图形绘制完成后，有时候因版面布局需要调整图形的大小，其调整方法与调整图片一样。

❶ 选中图形，鼠标指针指向图形上方尺寸控制点，此时光标变为双箭头（如图 6-17 所示）；按住鼠标不放，光标变为十字图形，向下拖动控制点调整图形的高度，在合适的位置释放鼠标即可达到如图 6-18 所示的效果。

❷ 当鼠标指针指向图形右方尺寸控制点时（如图 6-19 所示），拖曳控制点可调整图形的宽度，效果如图 6-20 所示。

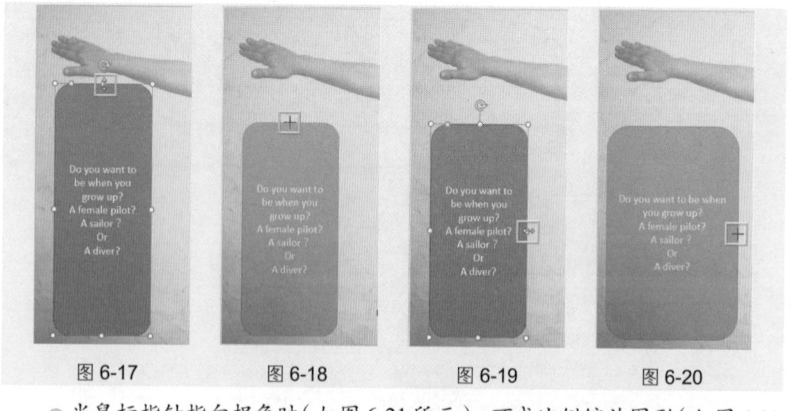

图 6-17　　图 6-18　　图 6-19　　图 6-20

❸ 当鼠标指针指向拐角时（如图 6-21 所示），可成比例缩放图形（如图 6-22 所示）。

图 6-21

图 6-22

专家点拨

应用扩展中调整图形的大小时，拐角控制点移动的角度不一样，图形的尺寸也呈不规则缩放，呈水平（垂直）角度移动等同于左右（上下）控制点移动，想要呈比例缩放，需要完成相关设置（作为技巧 11 专门讲解）。

技巧 6　绘制正图形的技巧

在幻灯片中拖动鼠标绘制形状时，会根据鼠标的拖动呈现不同的图形，有时会绘制出如图 6-23 所示的扁平效果，如果想得到如图 6-24 所示的正图形效果（即长和宽保持一致），该如何快速绘制呢?

图 6-23　　图 6-24

❶ 打开目标幻灯片，在“插入”→“插图”选项组中单击“形状”下拉按钮，在下拉列表中选择要绘制的形状，如此处选择“笑脸”图形样式。

❷ 此时光标变成十字形状，按住 Shift 键的同时拖动鼠标绘制，即可得到一个正笑脸，效果如图 6-25 所示。

图 6-25

技巧 7 图形的位置、大小、旋转调整

在幻灯片中插入图形后，无论是作为幻灯片主体元素出现，还是作为修饰性元素出现，其位置和大小需要根据当前排版做一些调整，使其美观度能够适应幻灯片整体布局的要求。如图 6-26 所示的图形经过调整能够有效地布局版面并修饰图片。

图 6-26

❶ 打开目标幻灯片，在"插入"→"插图"选项组中单击"形状"下拉按钮，在下拉列表中选择"直角三角形"并绘制，如图 6-27 所示。

❷ 按 Ctrl+C 组合键复制，按 Ctrl+V 组合键粘贴，并将光标定位到图片除拐角尺寸控制点外的其他任意位置，光标变为 样式，此时按住鼠标不放，光标变为 样式，可将图形移动到合适的位置释放鼠标，如图 6-28 所示。

图 6-27

图 6-28

③ 再将光标定位于旋转图标上（如图 6-29 所示），按住鼠标不放进行旋转，将图形旋转到合适的位置释放鼠标，如图 6-30 所示。

图 6-29

旋转图形

图 6-30

④ 在“插入”→“插图”选项组中单击“形状”下拉按钮，在下拉列表中选择“矩形”并绘制（如图 6-31 所示），绘制图形效果如图 6-32 所示。

图 6-31

图 6-32

⑤ 绘制完成后，设置图形的格式，在“形状格式”→“形状样式”选项组中设置图形格式（只有粗线边框并设置无填充），达到如图 6-33 所示的效果。

⑥ 此时将光标定位到图形边缘除尺寸控制点外的任意位置，借助对齐引导线得到与图形居中对齐的效果，如图 6-34 所示。

图 6-33

图 6-34

⑦ 此时在适当的位置添加其他图形，添加文本框补充信息即可达到如图 **6-26** 所示的效果。

技巧 8 调节图形顶点变换图形

在“插入”→“插图”选项组中单击“形状”下拉按钮，可以看到众多图形样式，除了这里的规则图形外，我们还可以通过图形顶点的变换来获取多种不规则的图形，这为图形的使用带来了更大的灵活性。如图 **6-35** 所示的幻灯片中使用的直角梯形、倾斜但底部保持水平的三角形，这些都是不规则的图形，在“形状”列表中是找不到的，我们可以使用规则图形变换得到，下面以此幻灯片为例介绍如何通过调节图形顶点变换图形。

图 6-35

① 打开目标幻灯片，在“插入”→“插图”选项组中单击“形状”下拉按钮，在下拉列表中选择“梯形”并绘制图形（如图 **6-36** 所示）。选中图形，单击

鼠标右键，在快捷菜单中选择“编辑顶点”命令，如图 6-37 所示。

图 6-36

图 6-37

② 此时图形添加红色边框，黑实心正方形突出显示图形顶点，鼠标指针指向顶点即变为✥样式（如图 6-38 所示），按住鼠标不放并拖动顶点（如图 6-39 所示）到适当位置释放鼠标即可达到如图 6-40 所示的效果。

③ 选中图形，在“形状格式”→“形状样式”选项组中单击“形状填充”下拉按钮，可重设图形填充颜色，如图 6-41 所示。

图 6-38

图 6-39

图 6-40

图 6-41

④ 按相同操作方法绘制出“等腰三角形”，光标定位到图标上，此时光标也变为旋转图标，按住鼠标旋转（如图 6-42 所示）到适当位置释放，即可达到如图 6-43 所示的效果。

图 6-42 　　图 6-43

⑤ 旋转后将图形移动到适当位置（如图 6-44 所示），同样对图形顶点进行编辑使之达到贴边的效果，如图 6-45 所示。

图 6-44

图 6-45

⑥ 通过两次图形绘制并变换，即可得到如图 6-46 所示的图形版面效果。

图 6-46

技巧 9 自定义绘制图形

在“形状”按钮的下拉列表中的“线条”栏中可以看到如图 6-47 所示的几种线条，利用它们可以实现自由地绘制任意图形。

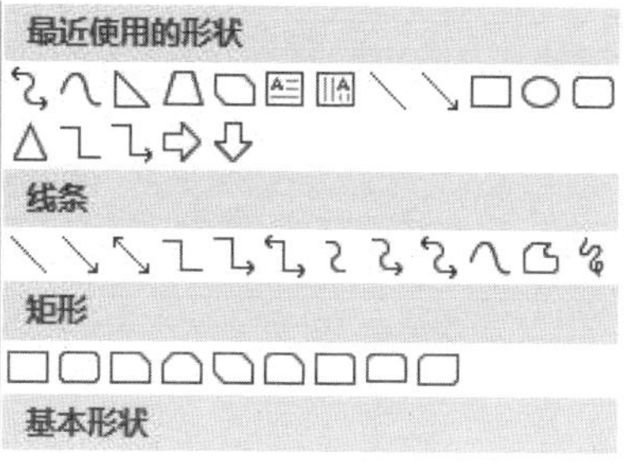

图 6-47

- ⌒曲线：用于绘制自定义弯曲的曲线，自定义曲线可以根据设计思路来装饰画面。
- 自由 - 形状：可自定义绘制不规则的多边形，通常在自定义绘制图表时会用到。
- 自由 - 曲线：绘制任意自由的曲线。

下面以如图 6-48 所示的幻灯片效果举例，使用（“自由 - 形状”）工具绘制图形来设计幻灯片。

图 6-48

❶ 打开目标幻灯片，在“插入”→“插图”选项组中单击“形状”下拉按钮，在下拉列表中选择“自由 - 形状”，此时光标变为十字形状。

❷ 在需要的位置单击鼠标确定第一个顶点后释放鼠标，并拖动鼠标到达需要的位置后单击鼠标确定第二个顶点，如图 6-49 所示。

❸ 再拖动鼠标继续绘制（如图 6-50 所示），依次绘制直至回到图形起点（如图 6-51 所示），单击鼠标即可封闭图形完成此次绘制，如图 6-52 所示。

❹ 得到封闭的图形后，在“形状格式”→“形状样式”选项组中设置图形格式，即可达到如图 6-53 所示的效果。

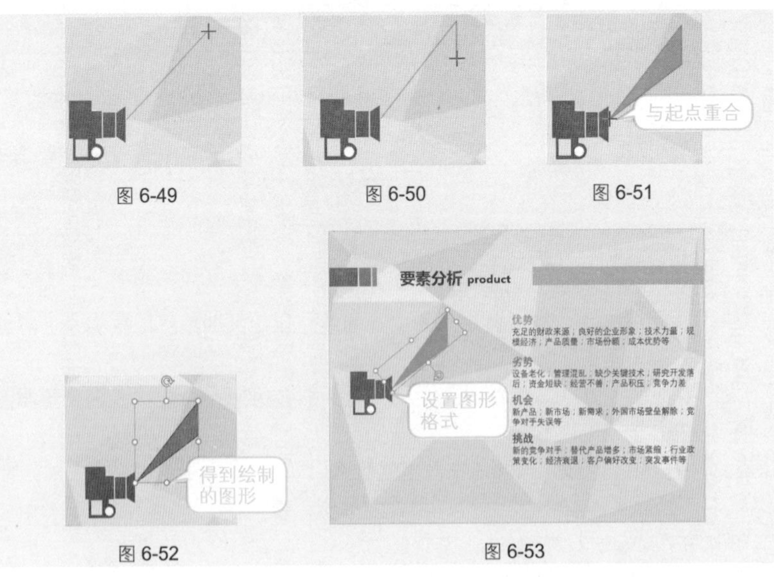

图 6-49　图 6-50　图 6-51

图 6-52　图 6-53

⑤ 按相同的方法可以绘制其他图形并设置不同的图形填充效果。

技巧10 合并多形状获取新图形

从 PPT 2016 版本开始，程序中提供了一个“合并形状”的功能按钮，利用它可以对多个图形进行结合、组合、拆分、相交、剪除操作，从而得出新的图形样式，利用此功能可以创意出多种不同的图形。下面用一个实例介绍此功能的使用方法，读者可举一反三获取更多的创意图形。图 6-54 所示图形是将两个图形应用了“剪除”操作后的效果。

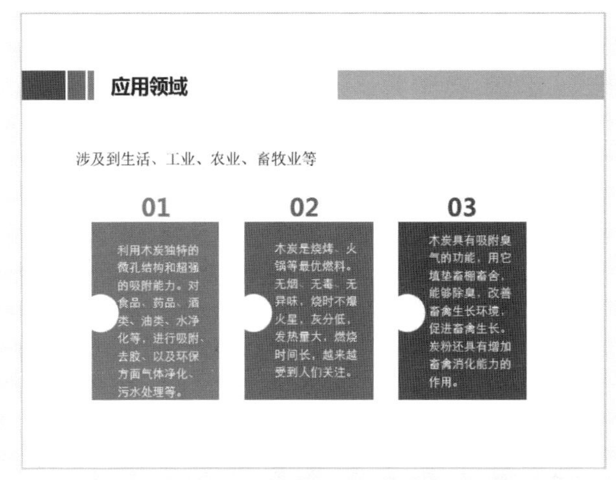

图 6-54

① 打开目标幻灯片，在“插入”→“插图”选项组中单击“形状”下拉按钮，在下拉列表中选择“矩形”并绘制（如图 6-55 所示），然后选择“圆形”，绘制完成后，同时选中两个图形，如图 6-56 所示。

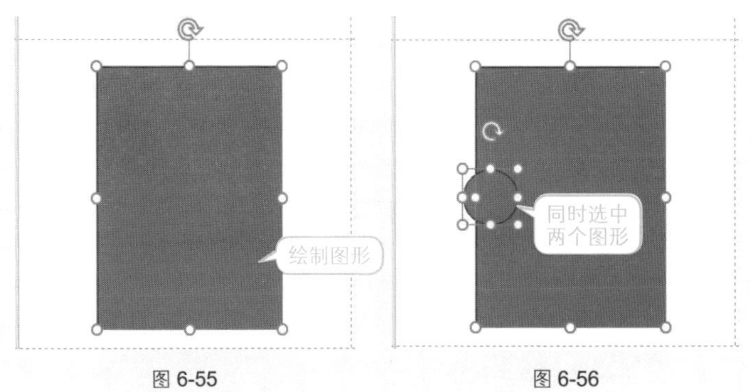

图 6-55　　图 6-56

第6章 图形对象的编辑和处理

②在"形状格式"→"插入形状"选项组中单击"合并形状"下拉按钮，在弹出的下拉菜单中选择"剪除"命令（如图6-57所示），达到如图6-58所示的效果。

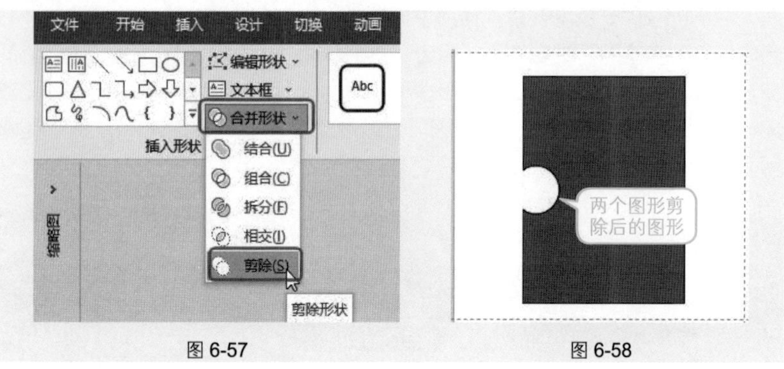

图6-57

图6-58

③得到剪除后的合并图形后，在"形状格式"→"形状样式"选项组中设置图形格式，达到如图6-59所示的效果。

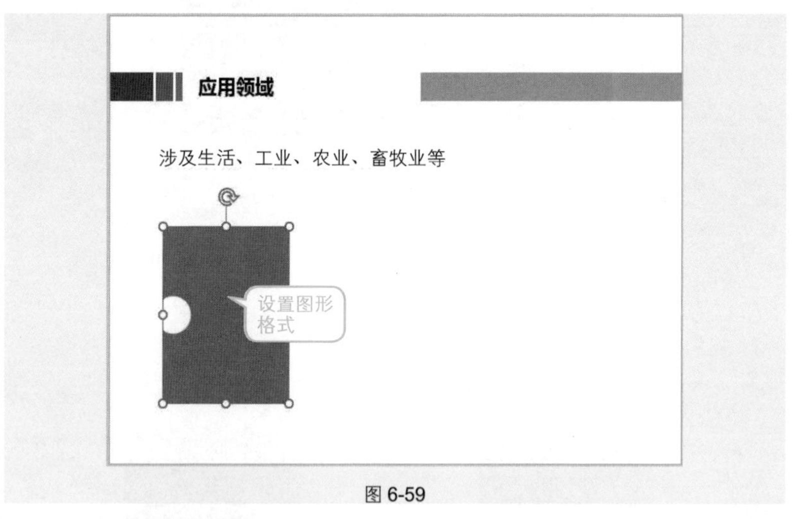

图6-59

④选中图形按Ctrl+C组合键进行复制，按Ctrl+V组合键进行粘贴即可得到相同的图形，再设置不同的图形填充颜色即可。

应用扩展

在"合并形状"功能组中除了"剪除"命令，还有其他几个命令，选择其他命令操作后能够得到不一样的效果，不同命令的对比效果如图6-60所示。

第一幅图为两个原始形状，这两个形状执行不同的组合命令可得到不同的形状。

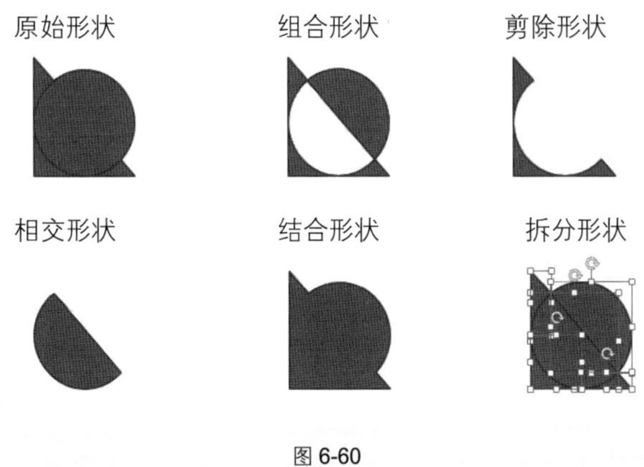

图 6-60

技巧 11 等比例缩放图形

在幻灯片中插入图形后，在调整大小时如果直接采用手工拖动的方式很难精确掌握纵横比例，很容易造成比例失调状态，如想放大图 6-61 所示的图形，结果手动调整变成了如图 6-62 所示的样式。此时可以先锁定图形的纵横比，然后再进行拖动调整。

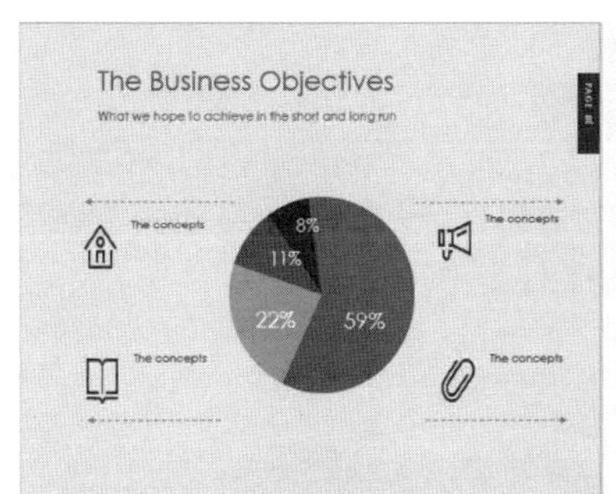

图 6-61

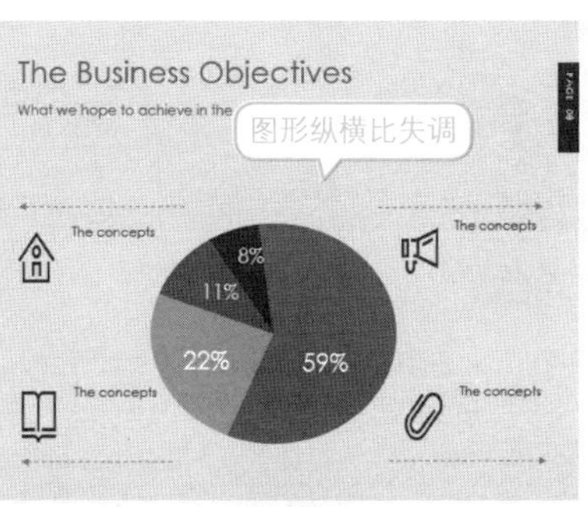

图 6-62

❶ 在"形状格式"→"大小"选项组中单击按钮，打开"设置形状格式"窗格。在"大小"栏中选中"锁定纵横比"复选框，如图 6-63 所示。

❷ 单击"关闭"按钮。调整图片时，将鼠标定位于拐角处的控点上，按住鼠标进行拖动即可实现图片等比例缩放，如图 6-64 所示。

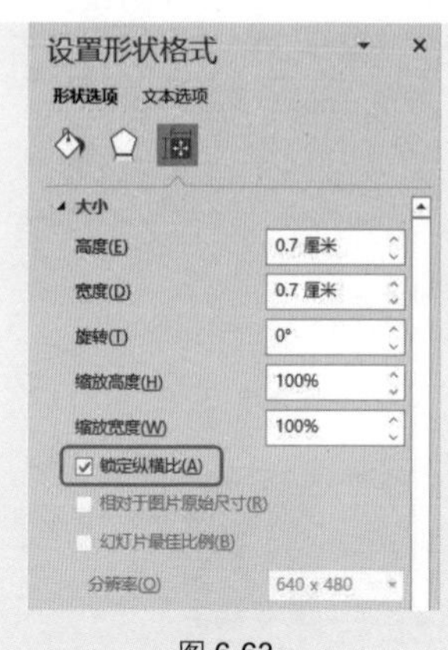

图 6-63

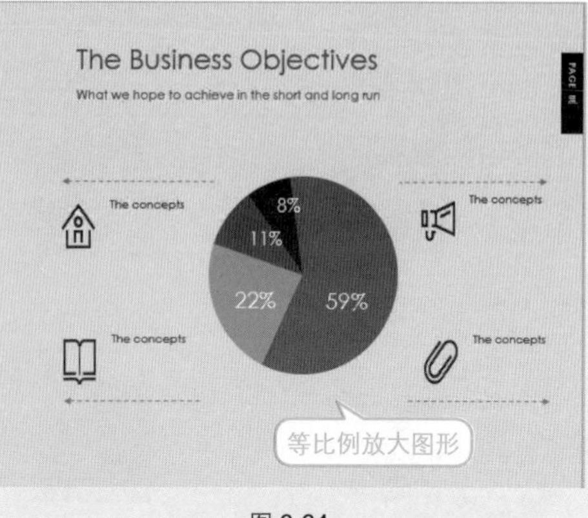

图 6-64

技巧 12 精确定义图形的填充颜色

图形在幻灯片中的使用是非常频繁的，通过绘制图形、图形组合等操作可以获取多种不同的版面效果。绘制图形后填充颜色的设置也是图形美化中的一个重要的步骤。

❶ 选中目标图形，在“形状格式”→“形状样式”选项组中单击“形状填充”下拉按钮，可以在“主题颜色”列表中单击颜色，即可应用于选中的图形，也可以选择“其他填充颜色”命令，如图 6-65 所示。

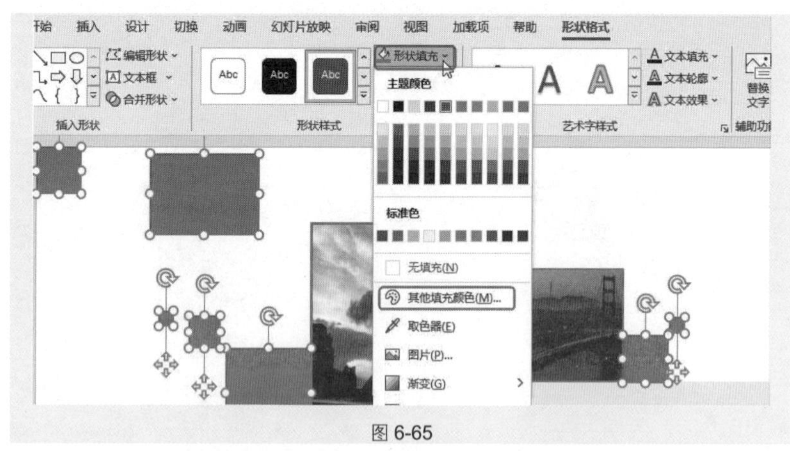

图 6-65

❷ 打开“颜色”对话框，在“标准”图标中可以选择标准色，然后选择“自定义”图标，分别在“红色（R）”“绿色（G）”和“蓝色（B）”文本框中输入值（如图 6-66 所示），从而设置精确的颜色值。

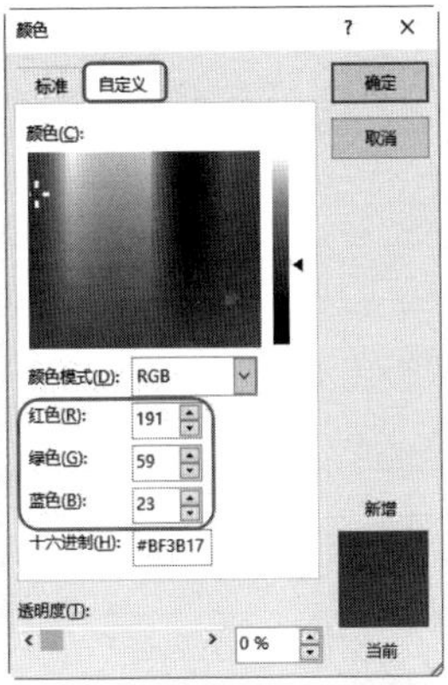

图 6-66

专家点拨

RGB 色彩模式是工业界的一种颜色标准，是通过对红（R）、绿（G）、蓝(B)3 个颜色通道的变化以及它们相互之间的叠加来得到各式各样的颜色的。这个标准几乎包括了人类视力所能感知的所有颜色，是目前运用最广泛的颜色系统之一。

应用扩展

在第 1 章技巧 14 中我们讲了“取色器”的使用，这项功能在设置图形填充颜色时也是非常实用的，如果只是看中了某个颜色但却并不知道它的 RGB 值，则可以先将想使用的颜色以图片的形式复制到当前幻灯片，然后选中目标图形，在“形状填充”按钮的下拉列表中单击“取色器”（如图 6-67 所示），然后将滴管样式的鼠标指针指向想使用的颜色，单击即可应用（如图 6-68 所示），我们看到指向的位置上也显示了该颜色的 RGB 值。

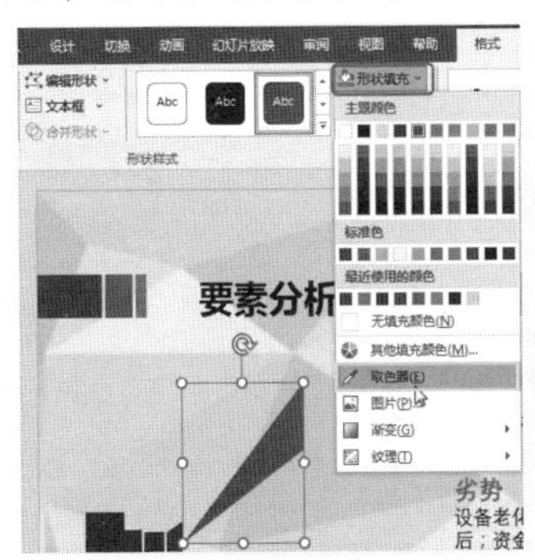

图 6-67

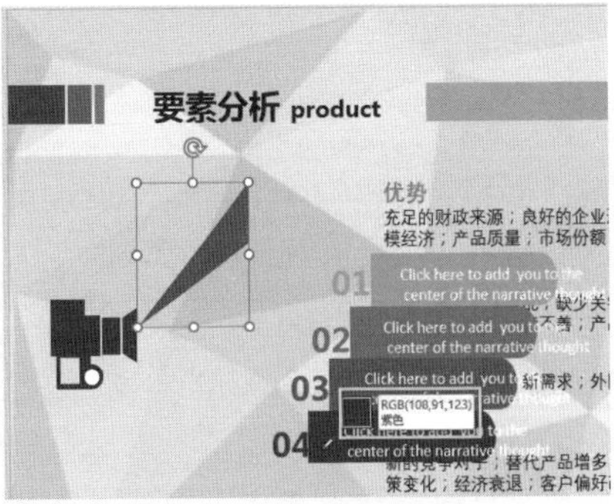

图 6-68

技巧 13　设置渐变填充效果

绘制图形后默认都是单色填充的，渐变填充效果可以让图形效果更具层次感，可根据当前的设计需求合理地为图形设置渐变填充效果。如图 6-69 所示为设置了底图渐变填充后的图形效果。

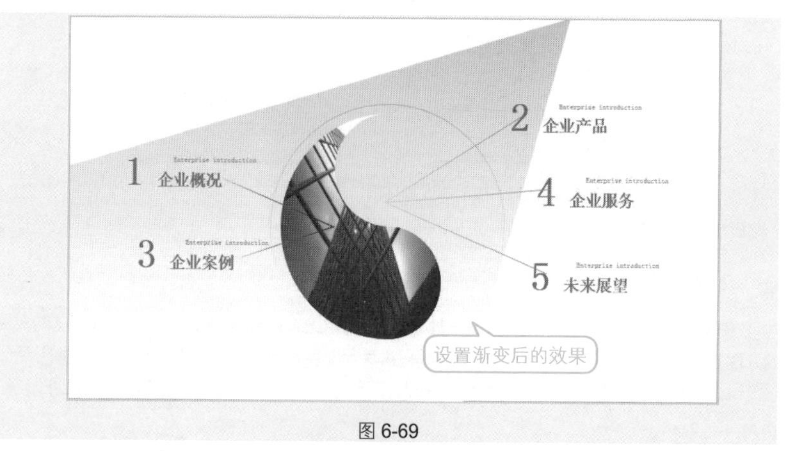

图 6-69

① 选中图形，在“形状格式”→“形状样式”选项组中单击按钮（如图 6-70 所示）打开“设置形状格式”窗格。

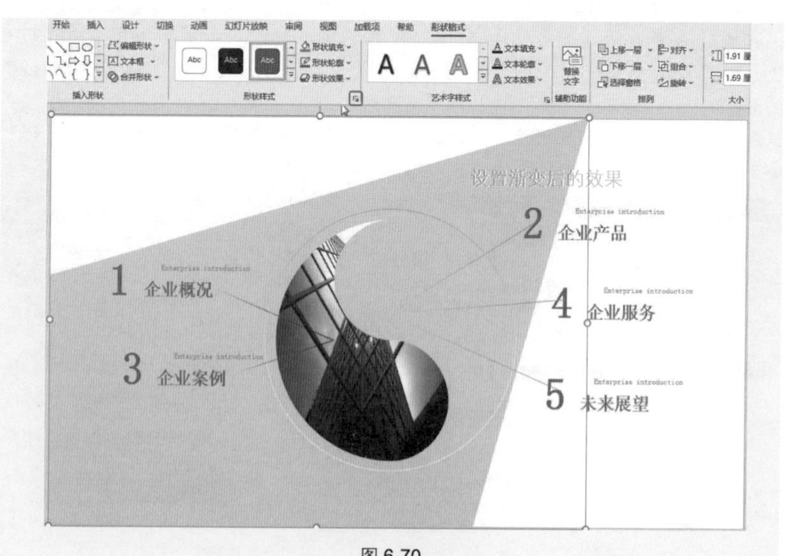

图 6-70

② 单击“填充与线条”图标按钮，在“填充”栏选中“渐变填充”单选按钮。在“预设渐变”下拉列表框中选择“浅色渐变 - 个性色 1”（如图 6-71 所示），即可达到如图 6-72 所示的效果。

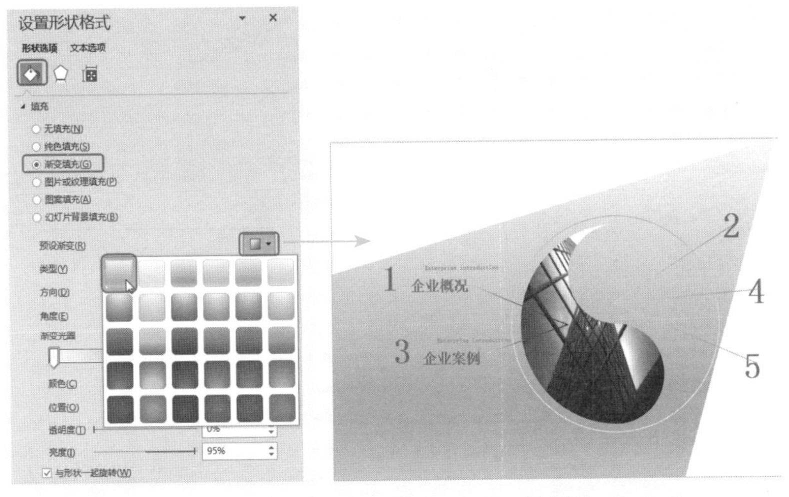

图 6-71　　　　图 6-72

③ 在“类型”下拉列表框中选择“线性”；在“方向”下拉列表框中选择“线性向上”（如图 6-73 所示），即可达到如图 6-74 所示的效果。

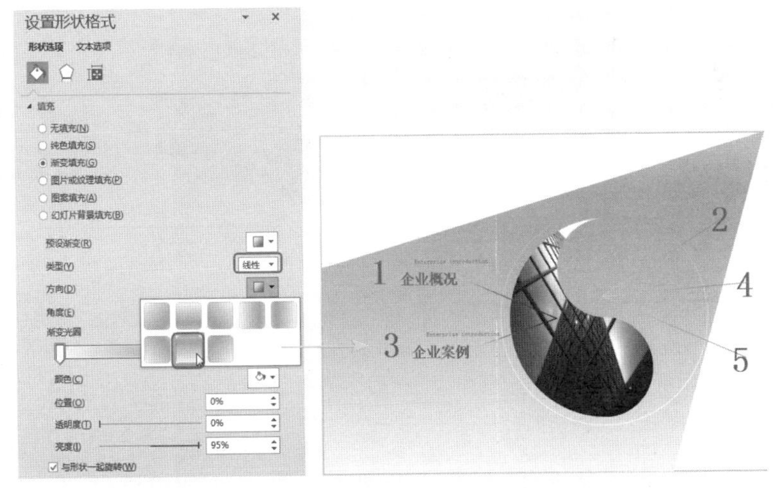

图 6-73　　　　图 6-74

④ 通过单击按钮，减少渐变光圈个数；选中任意一个光圈，可设置光圈

颜色（如图 6-75 所示），设置后即可达到如图 6-76 所示的渐变效果。

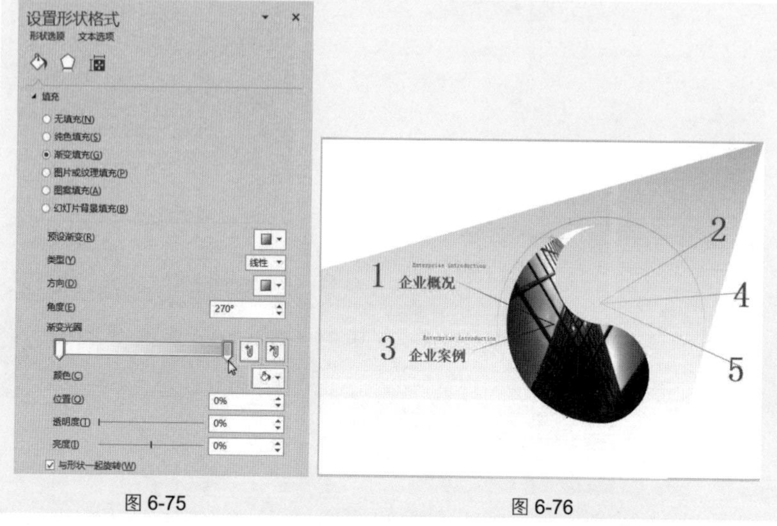

图 6-75　　图 6-76

❺ 关闭“设置形状格式”窗口，即可达到效果图中显示的效果。

技巧 14　设置图形的边框线条

图形的边框线条设置也是图形美化的一项操作，如图 6-77 所示的图形设置了图形的边框为较粗的线条效果。

图 6-77

❶ 选中图形，在“形状格式”→“形状样式”选项组中单击 按钮，打开“设置形状格式”窗格。

❷ 单击“填充与线条”图标按钮，在“线条”栏选中“实线”单选按钮。在“颜色”下拉列表框中选择“黑色，文字 1，淡色 5%”，“宽度”设置为“3 磅”，在“复合类型”下拉列表框中选择“双线”，在“短划线类型”下拉列

表框中选择"实线"，如图 6-78 所示。

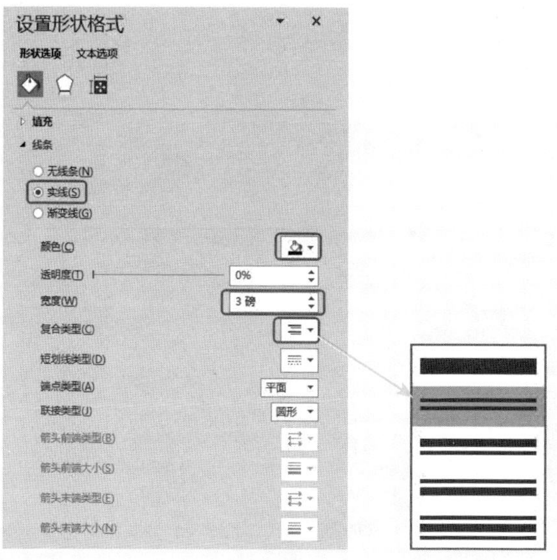

图 6-78

③ 完成设置后关闭"设置形状格式"窗口，即可让选中的图形达到如图 6-77 所示的效果。

技巧 15 设置图形半透明的效果

添加图形后可以为其设置半透明的显示效果，半透明的图形在幻灯片的设计中应用也是非常广泛的。如图 6-79 所示的幻灯片中，全图背景使用了一个绿色的半透明图形，同时在绿色半透明图形上又使用了一个半透明的图形用来输入文字。其设置方法如下。

图 6-79

❶ 选中图形，在"形状格式"→"形状样式"选项组中单击 按钮，打开"设置形状格式"窗格。

❷ 单击"填充与线条"图标按钮，在"填充"栏先设置图形的颜色，然后拖动"透明度"滑块调整透明度，如图 6-80 所示。

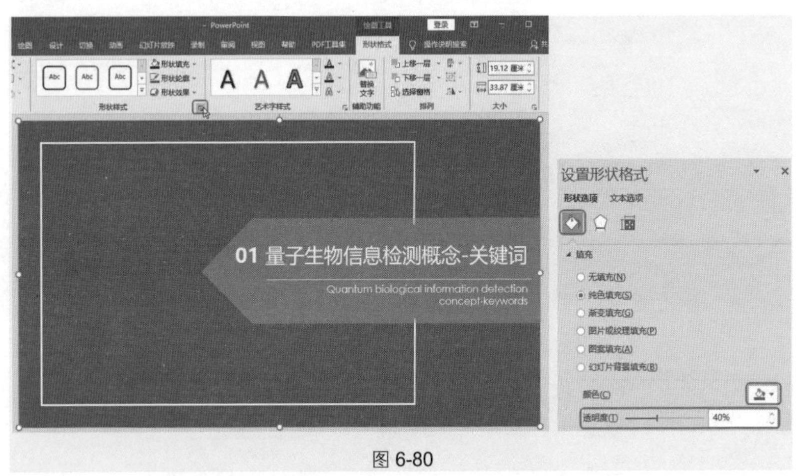

图 6-80

技巧 16 设置图形的三维特效

三维特效是美化图形的一种常用方式，在幻灯片中为图表合理配置三维特效，有时可以达到意想不到的视觉效果，如将图 6-81 所示的图形更改为如图 6-82 所示的三维效果。

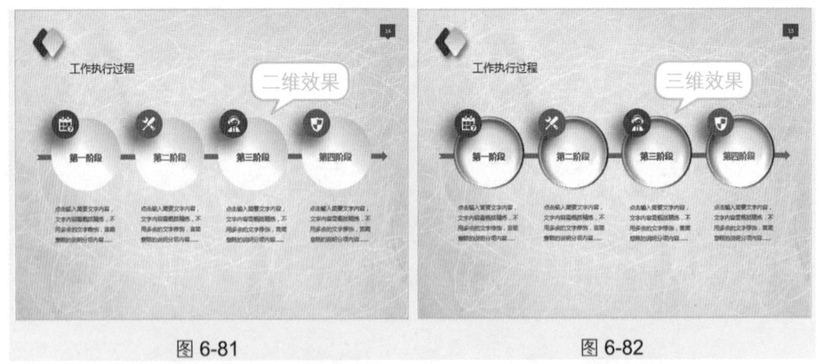

图 6-81　　图 6-82

❶ 选中要设置的形状，在"形状格式"→"形状样式"选项组中单击"形状效果"下拉按钮，在下拉菜单的"棱台"子菜单中提供了多种预设效果，如"柔圆"，如图 6-83 所示。

② 选择"三维选项"命令，打开"设置形状格式"窗格，单击"效果"图标按钮，展开"三维格式"栏，可对三维参数进行再次调整（图中显示的是达到图 6-82 所示效果图中样式的参数），如图 6-84 所示。

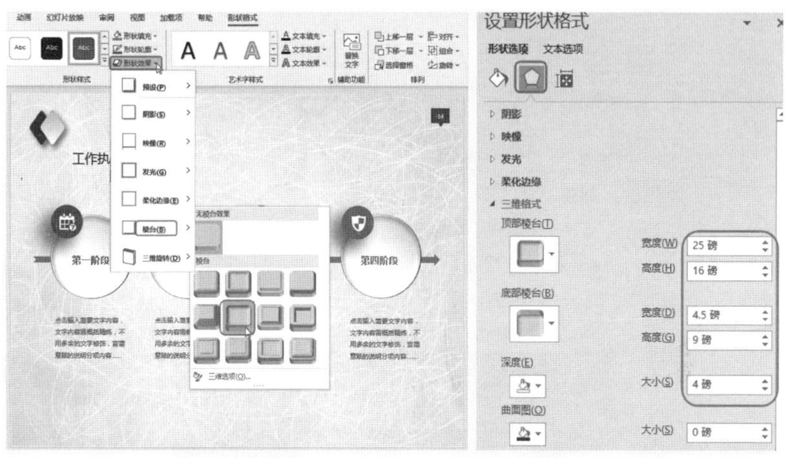

图 6-83　　图 6-84

专家点拨

当设置了图形的三维特效后，如果想快速还原图形，可以在"设置形状格式"窗格中切换到"三维格式"或"三维旋转"选项，单击"重置"按钮即可。

技巧 17　设置图形的阴影特效

阴影特效也是修饰图形的一种方式，如图 6-85 所示为原始效果，如图 6-86 所示为设置了几个图形阴影特效后的效果。

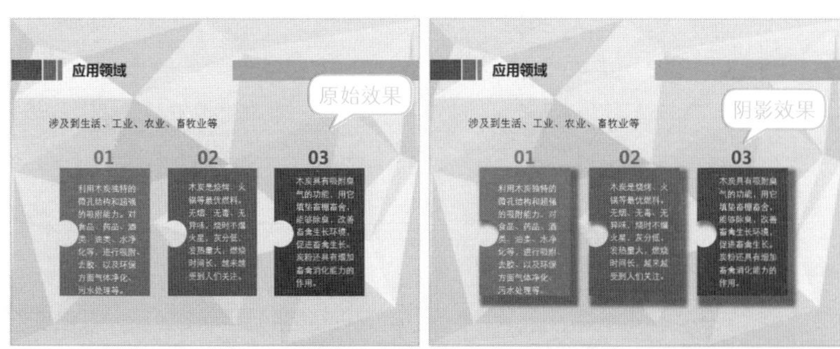

图 6-85　　图 6-86

❶ 选中要设置的形状，在“形状格式”→“形状样式”选项组中单击“形状效果”下拉按钮，在下拉菜单的“阴影”子菜单中提供了多种预设效果，如“偏移：右下”，如图 6-87 所示。

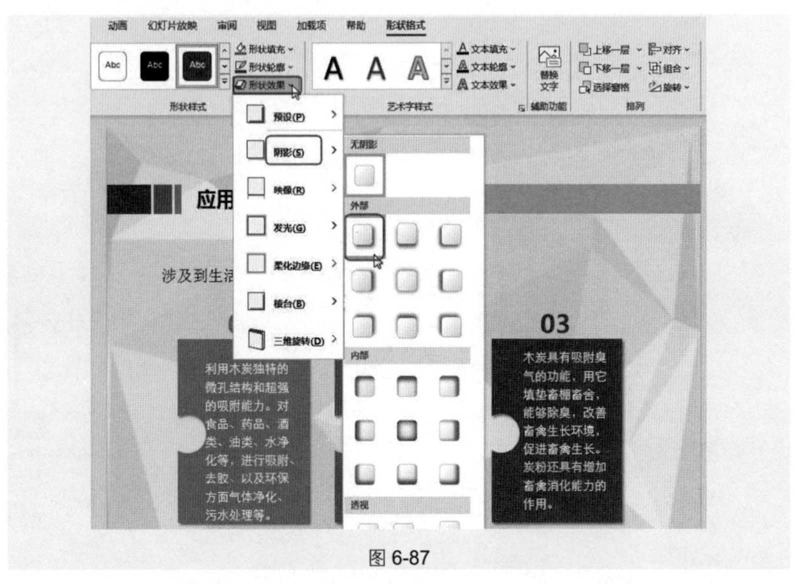

图 6-87

❷ 选择“阴影选项”命令，打开“设置形状格式”窗格，单击“效果”图标按钮，展开“阴影”栏，可对阴影参数进行再次调整（图中显示的是达到图 6-86 所示效果图中样式的参数），如图 6-88 所示。

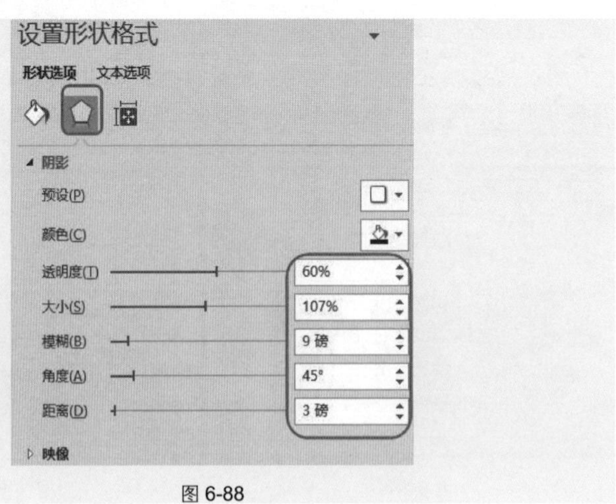

图 6-88

技巧18 为图形设置映像效果

对于插入的图形，还可以使用“映像”效果来增强其立体感，如将图6-89所示的图形更改为如图6-90所示的样式就使用到了“映像”功能。

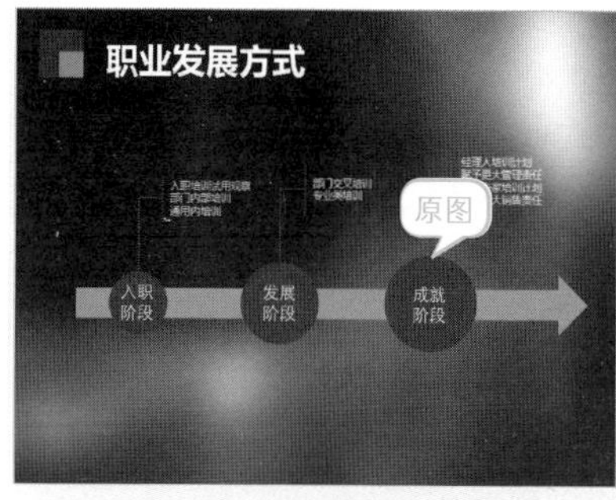

图 6-89

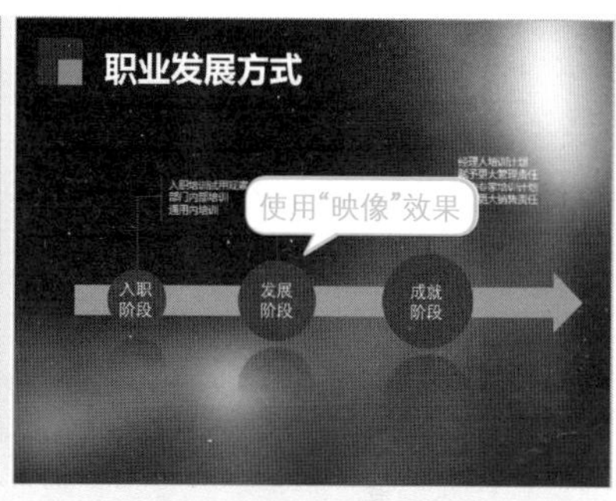

图 6-90

❶ 选中要设置的形状，在“形状格式”→“形状样式”选项组中单击“形状效果”下拉按钮，在下拉菜单的“映像”子菜单中提供了多种预设效果，如“半映像：4 磅 偏移量”，如图6-91所示。

❷ 选择“映像选项”命令，打开“设置形状格式”窗格，单击“效果”图标按钮，展开“映像”栏，可继续对映像参数进行调整（图中显示的是达到图6-90所示效果图中样式的参数），如图6-92所示。

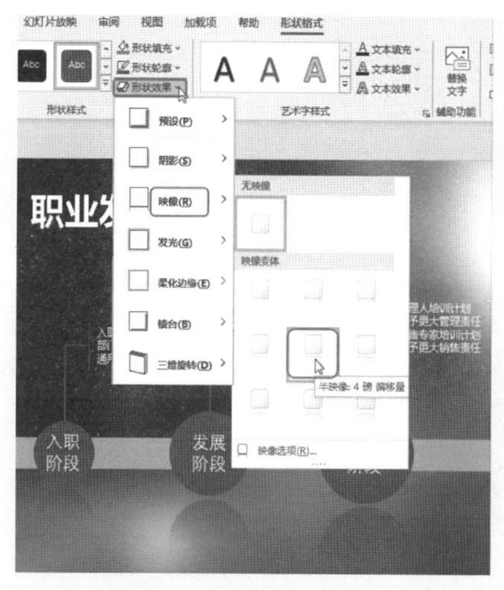

图 6-91

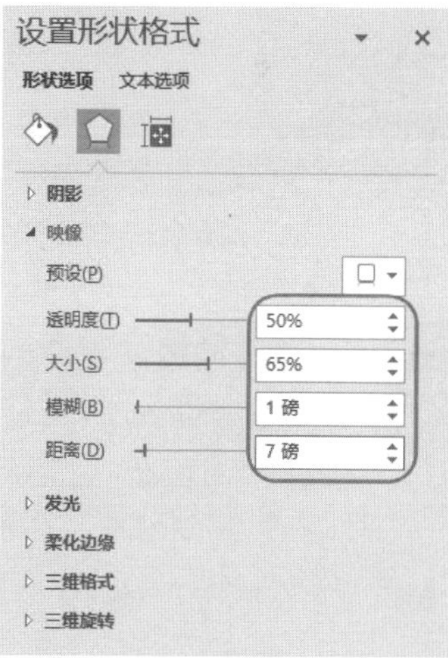

图 6-92

应用扩展

在“形状效果”下拉菜单中还有“发光”“柔化边缘”等效果选项，用户可以按照类似的方法选择设置。

技巧 19 为多个对象应用统一操作

在编辑幻灯片时，经常要操作多个对象，如图形、图片、文本框等。如果要为多个对象应用同一操作，在操作前需要准确地选中对象。很多人会使用 Ctrl 键配合鼠标的选取方式，如果选择的对象数量不多且不重叠，使用此法当然可行，但如果对象数量众多且叠加显示，建议采用如下方法一次性选中。

① 在“开始”→“编辑”选项组中单击“选择”按钮，在下拉列表中选择“选择对象”命令以开启选择对象的功能。

② 按住鼠标拖动选中所有需要选择的对象（如图 6-93 所示），释放鼠标即可将框选位置上的所有对象都选中，如图 6-94 所示。

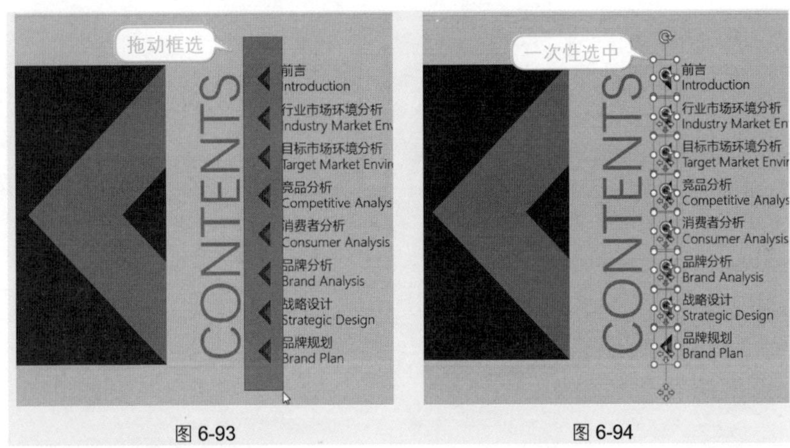

图 6-93　　图 6-94

技巧 20 多图形快速对齐

在制作幻灯片时经常是多图形同时使用的，在多图形使用中有一个重要的原则，就是该对齐的对象一定要保持对齐，否则不但页面元素零乱，而且还会影响幻灯片的整体布局效果。如图 6-95 所示的图形随意放置，而如图 6-96 所示的图形排列整齐、工整大方。

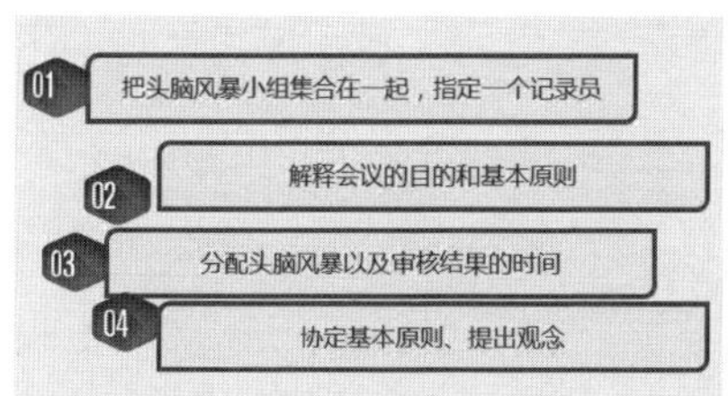

图 6-95

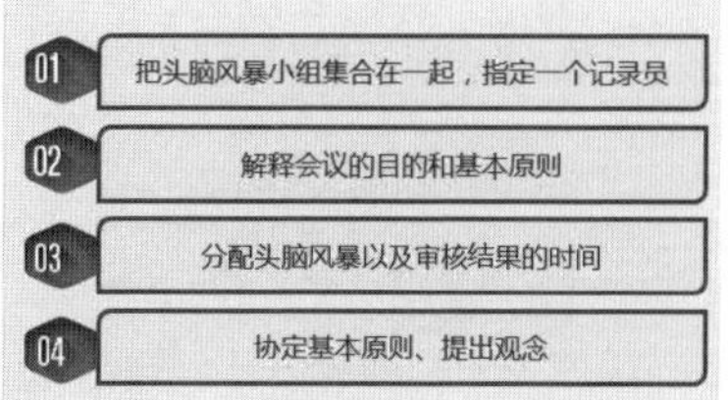

图 6-96

要想实现对多图形的快速排列可以按如下操作方法实现。

① 选中左边小图形，在"形状格式"→"排列"选项组中单击"对齐"下拉按钮，在下拉列表中选择"左对齐"命令（如图 6-97 所示），即可达到如图 6-98 所示的效果。

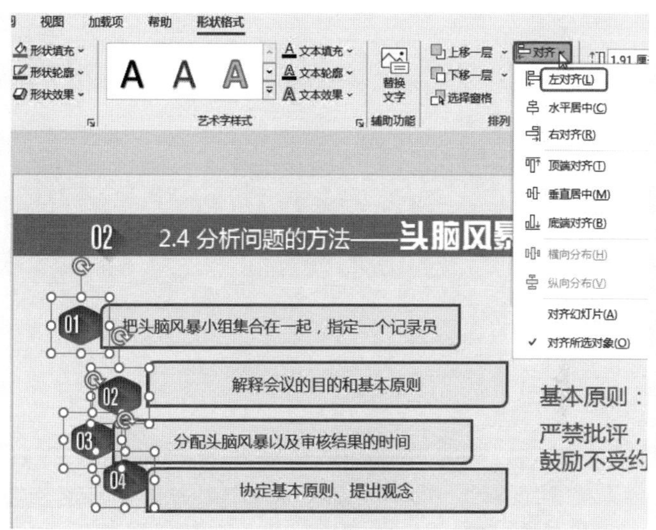

图 6-97

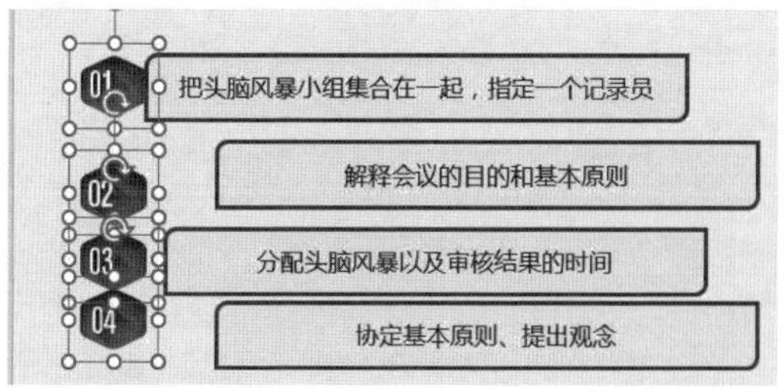

图 6-98

② 执行“左对齐”命令之后，需要再调整纵向距离，保持图形的选中状态，在“对齐”下拉列表中选择“纵向分布”命令（如图 6-99 所示），即可达到如图 6-100 所示的效果。

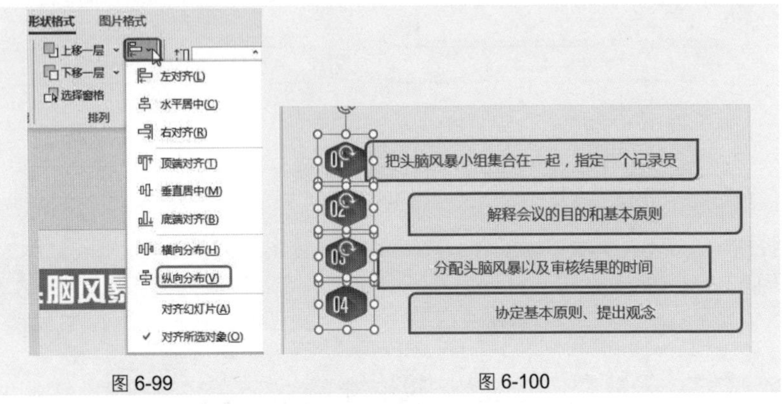

图 6-99　　　　图 6-100

③ 按相同的方法调整右边图形的对齐。

应用扩展

PPT 在 2013 版本之后就具备了自动对齐及参考线的功能，即对于幻灯片上的图形、图片等对象可以在拖动移时就显示参考线（左对齐、顶端对齐、居中对齐、相等间距等），这样便于移动对象，释放鼠标后即可对齐。图 6-101 显示的是左对齐与相等间隔的参考线，图 6-102 显示的是顶端对齐的参考线，出现参考线后释放鼠标即可实现顶端对齐的效果。

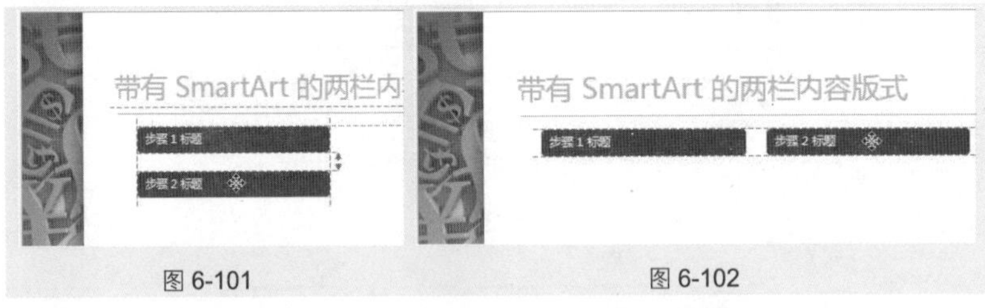

图 6-101　　　　图 6-102

技巧 21　完成设计后组合多图形为一个对象

当使用多个图形完成一个设计后，可以将多个图形组合成一个对象，方便整体移动或调整。

① 按住鼠标拖动框住所有需要选择的对象（如图 6-103 所示），释放鼠标即可将框选位置上的所有图形都选中，如图 6-104 所示。

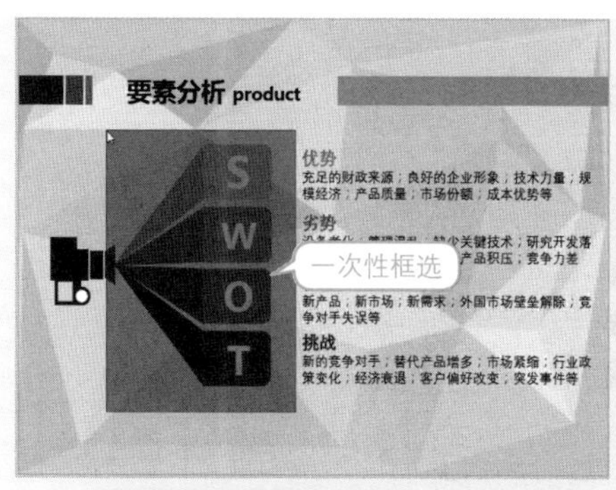

图 6-103

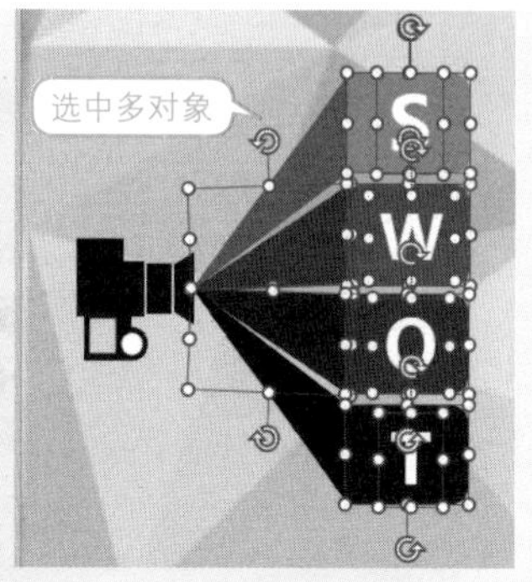

图 6-104

❷ 在“形状格式”→“排列”选项组中单击“组合”下拉按钮，在下拉列表中选择“组合”命令（如图 6-105 所示），操作完成之后，所有的图形将组合成一个对象，如图 6-106 所示。

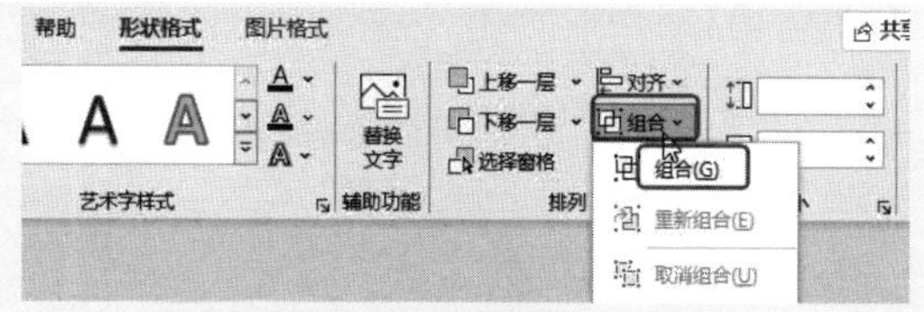

图 6-105

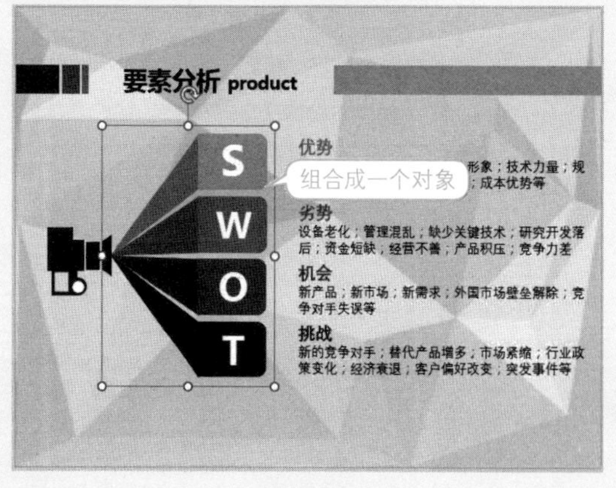

图 6-106

应用扩展

设置为一个对象的图形如果要取消组合，选中图形，在“形状格式”→“排列”选项组中单击“组合”下拉按钮，在下拉列表中选择“取消组合”命令即可。

技巧 22　用格式刷快速刷取图形的格式

同在 Word 文档中引用文本的格式一样，当设置好图形的效果后，如果其他图形也要使用相同的效果，则可以使用格式刷来快速引用格式。

❶ 选中设置了格式后的图形（如图 6-107 所示），在“开始”→“剪贴板”选项组中单击🖌按钮，此时光标变成小刷子形状，然后移动到需要引用其格式的图形上单击鼠标，如图 6-108 所示。

❷ 按相同的方法给其他图形刷取格式，如图 6-109 所示。

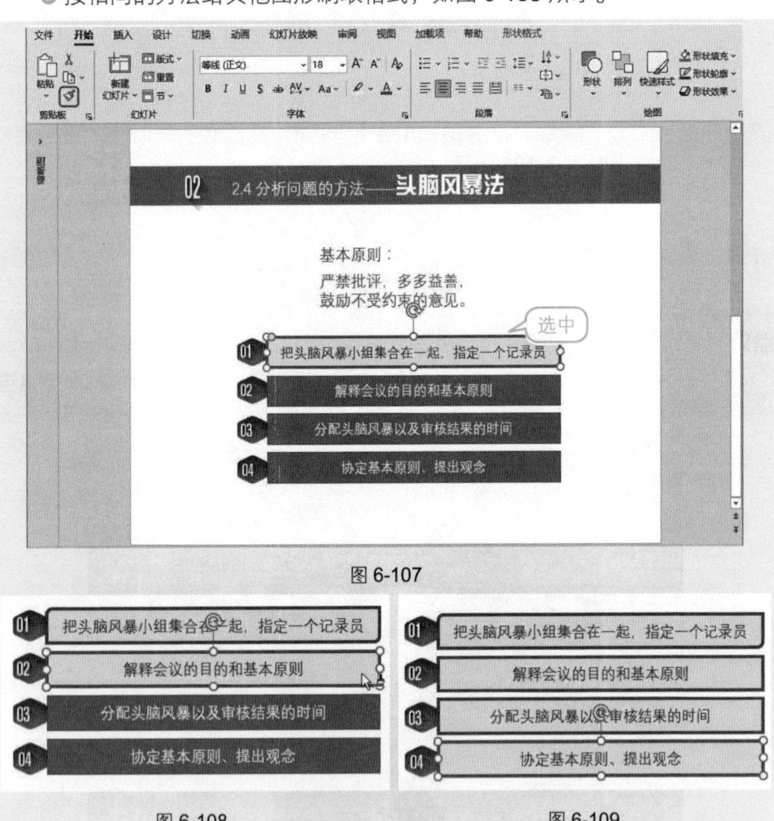

图 6-107

图 6-108　　图 6-109

专家点拨

如果多处需要使用相同的格式，则可以双击🖌按钮，依次在目标对象上单击，全部引用完成后再次单击🖌按钮退出即可。

6.3 图形设计范例

技巧 23 制作立体便签效果

图形在幻灯片的设计中发挥着重大的作用，可以说是必不可少的元素。根据不同的设计思路配合软件的功能，可以设计出各种图形效果。如图 6-110 所示的幻灯片通过多图形叠加形成了立体便签的效果。下面将详细介绍该效果的设计步骤。

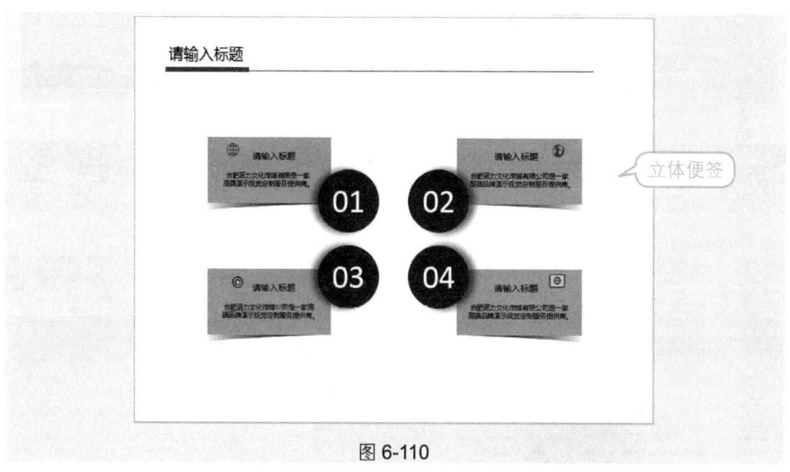

图 6-110

❶ 插入矩形（如图 6-111 所示），设置其无边框纯色填充，填充颜色为“蓝色，个性色 5，淡色 60%”，达到如图 6-112 所示的效果。

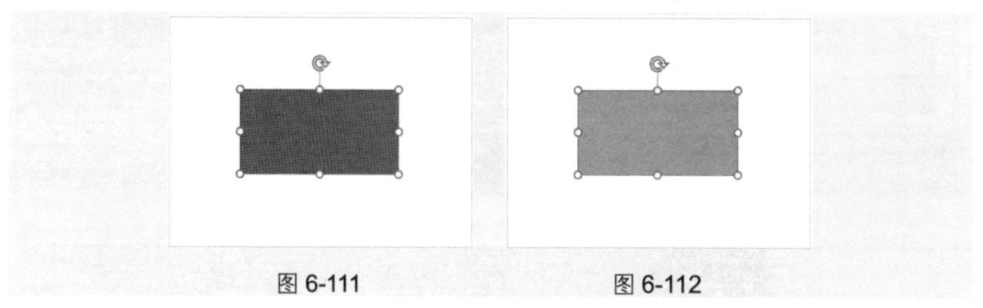
图 6-111　　图 6-112

❷ 插入矩形（如图 6-113 所示），在图形上单击鼠标右键，在弹出的快捷菜单中选择“编辑顶点”命令，然后拖动顶点，使之成为三角形（如图 6-114 所示），然后拖动非顶点（如图 6-115 所示），调整后的图形类似一个

细长三角形（如图 6-116 所示），此时向上拖动图形尺寸控制点，使之成为如图 6-117 所示宽度的图形。

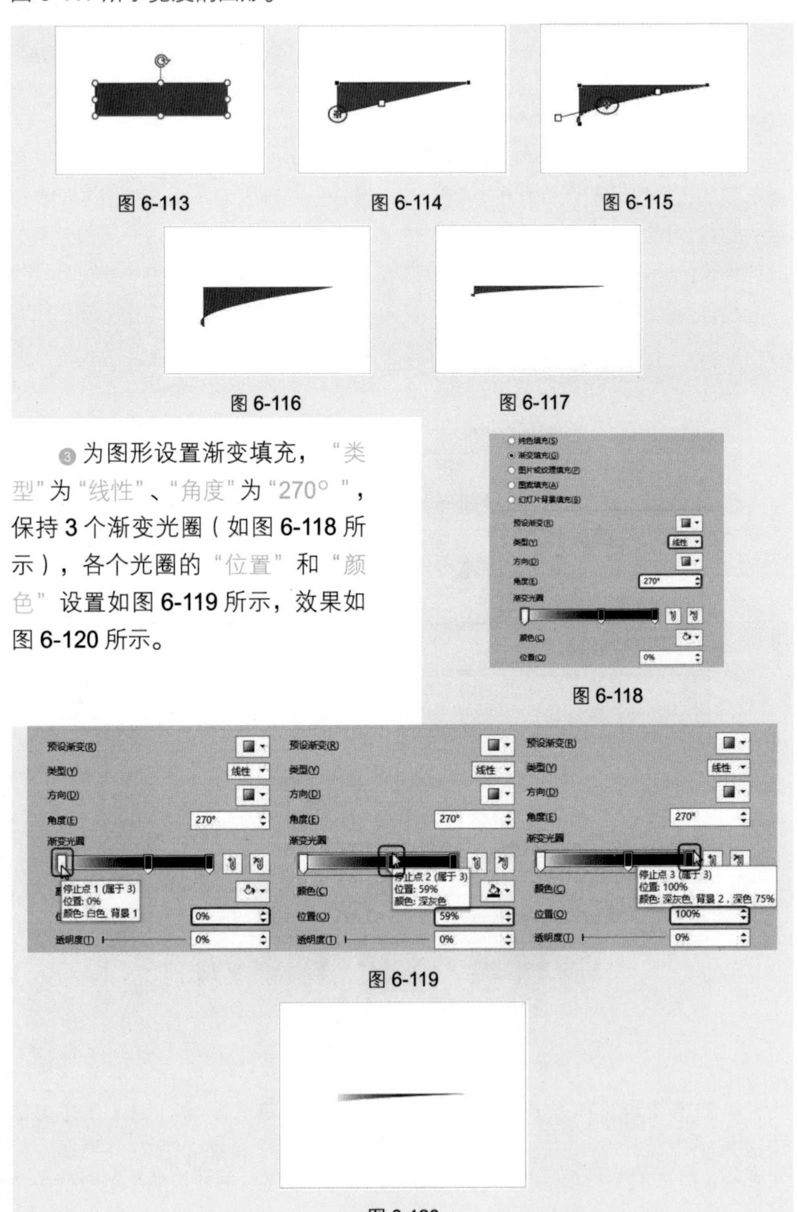

图 6-113

图 6-114

图 6-115

图 6-116

图 6-117

❸ 为图形设置渐变填充，“类型”为“线性”、“角度”为“270°”，保持 3 个渐变光圈（如图 6-118 所示），各个光圈的“位置”和“颜色”设置如图 6-119 所示，效果如图 6-120 所示。

图 6-118

图 6-119

图 6-120

④ 将长三角形放置于前面图形的底部位置，形成影子的效果，两图结合后可以看到图形呈现出立体效果，如图 6-121 所示。

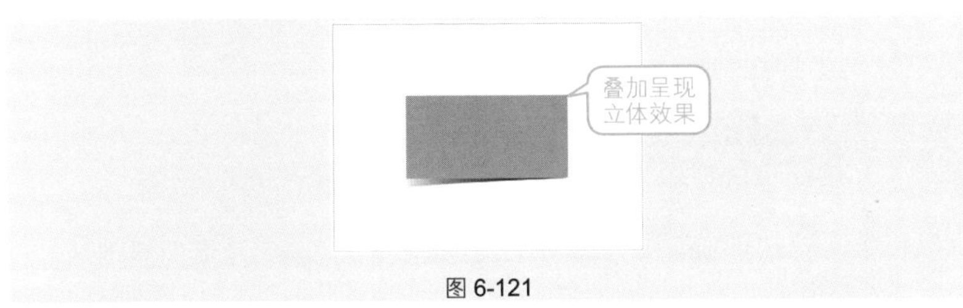

图 6-121

⑤ 插入一个正圆形，在“设置形状格式”窗格中设置图形的阴影效果，设置透明度为“60%”，大小为“98%”，“模糊”为“12 磅”，“角度”为“180°”，“距离”为“8 磅”（如图 6-122 所示），圆形阴影效果如图 6-123 所示。

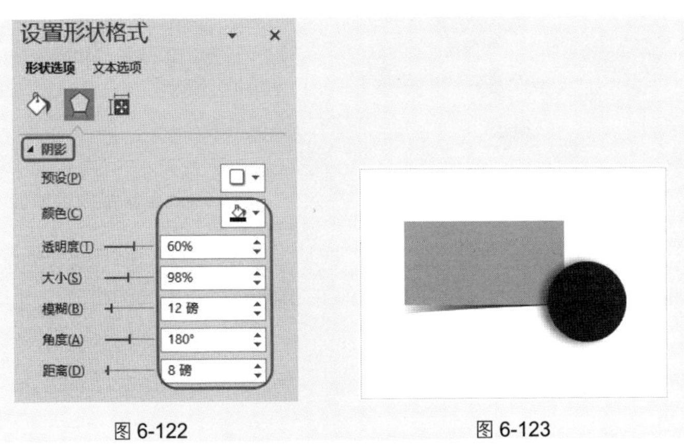

图 6-122　　图 6-123

⑥ 将图形组合起来的最终效果如图 6-124 所示。

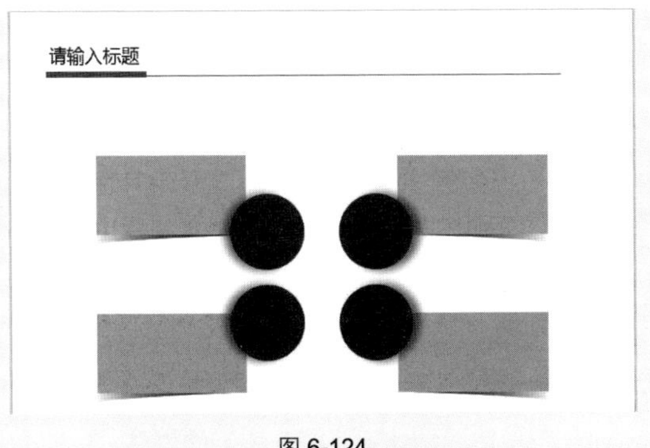

图 6-124

应用扩展

得到第一个左侧图形后，通过复制得到第二个。左侧两个图形是完全一样的，可以先将左侧的三个图形组合，然后执行一次“水平翻转”操作（如图6-125所示），即可得到如图6-126所示的效果。

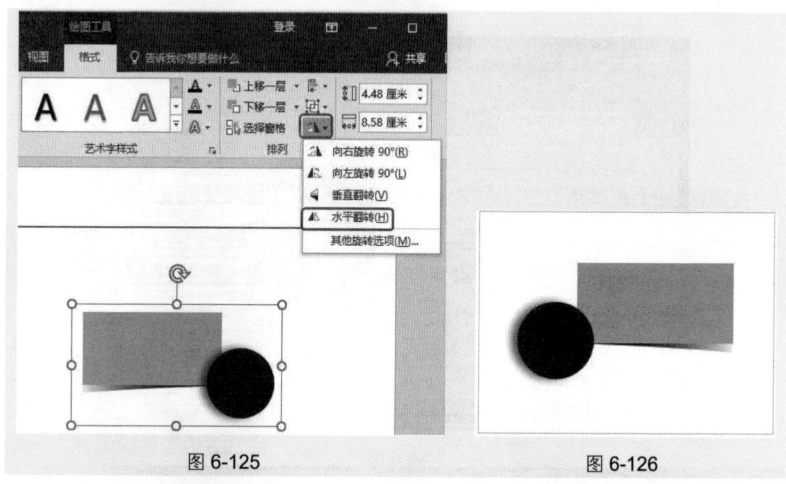

图 6-125　　图 6-126

注意翻转后得到的图形需要重新更改圆形的阴影角度。

技巧 24　制作逼真球体

如图6-127所示的球体需要通过图形的叠加使用并进行多种格式设置来达到立体效果，这里最重要的操作是渐变设置与圆形的变换。下面介绍具体的制作步骤。

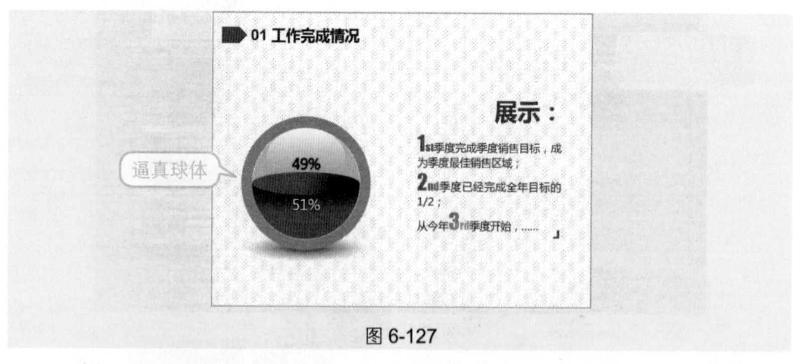

图 6-127

❶ 插入圆形（如图6-128所示），设置其无边框纯色填充，填充颜色如图6-129所示，填充颜色后达到如图6-130所示的效果。

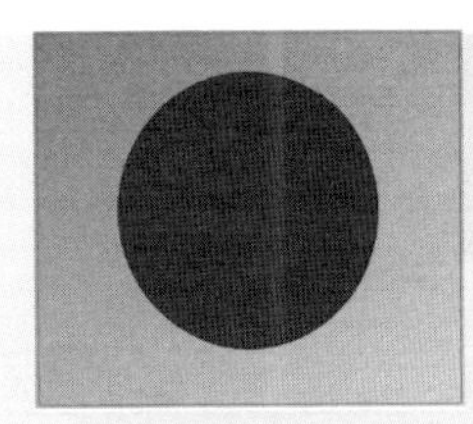
图 6-128

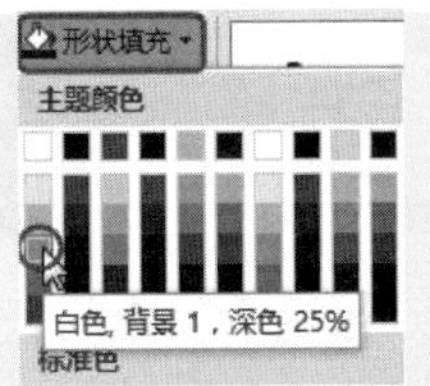

图 6-129

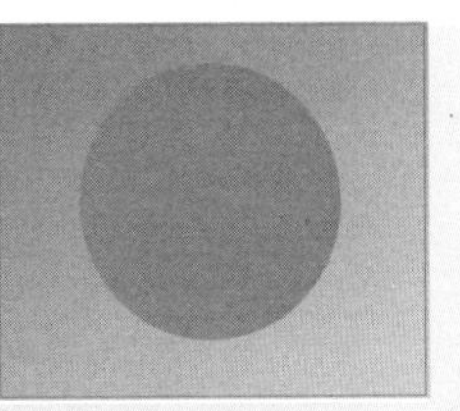
图 6-130

❷ 复制圆形，等比例调整图形，稍调小，放于原图的内部，选中内部图形（如图 6-131 所示），在“设置形状格式”窗格中设置渐变，具体参数如图 6-132 所示，“类型”为“线性”、“角度”为“90°”，保持两个渐变光圈，“位置”和“颜色”设置如图 6-133 所示，设置后效果如图 6-134 所示。

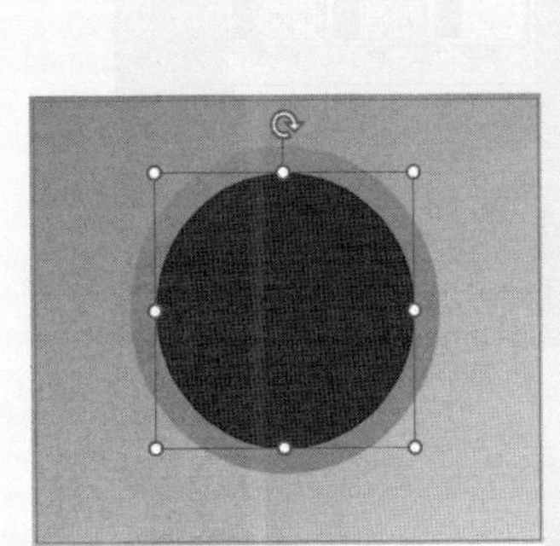
图 6-131

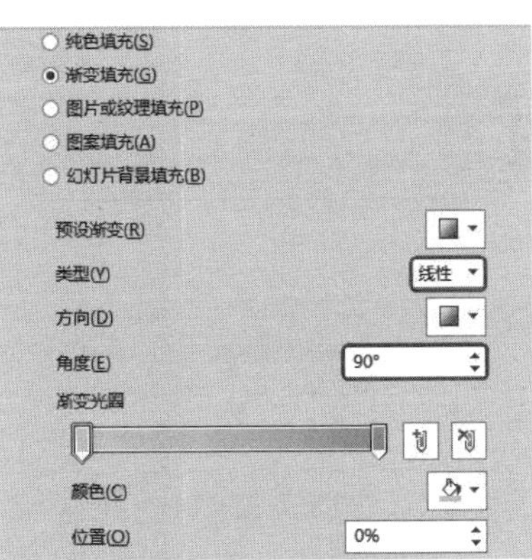

图 6-132

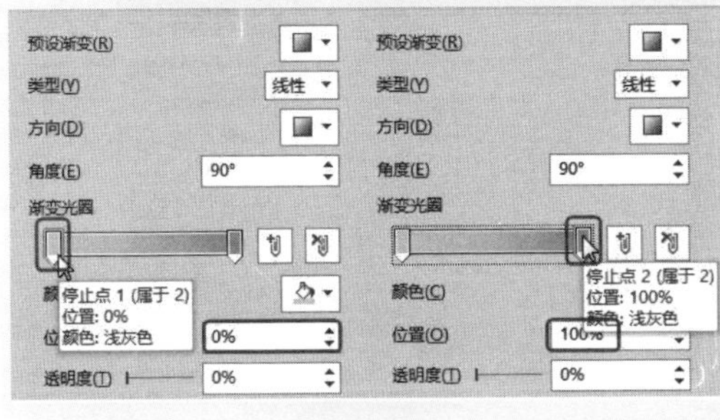

图 6-133

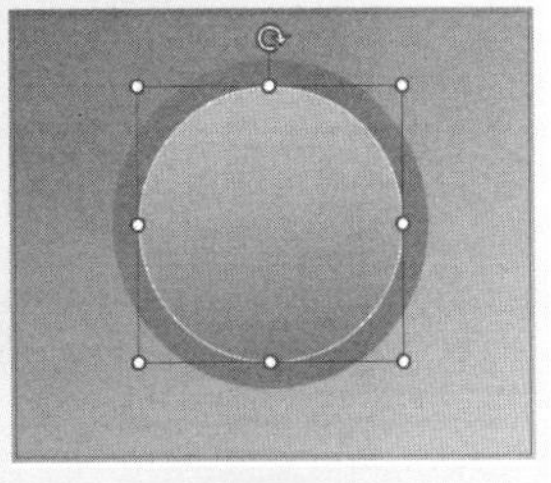
图 6-134

❸ 插入月牙形图形（如图 6-135 所示），在图形上单击鼠标右键，在弹出的快捷菜单中选择“编辑顶点”命令，然后拖动顶点使月牙形弧度减小（如图 6-136 所示），设置其无边框渐变填充，具体参数如图 6-137 所示，“类型”

为“线性”、“角度”为“180°”，保持两个渐变光圈，“位置”和“颜色”设置如图 6-138 所示，效果如图 6-139 所示。

图 6-135 　　图 6-136 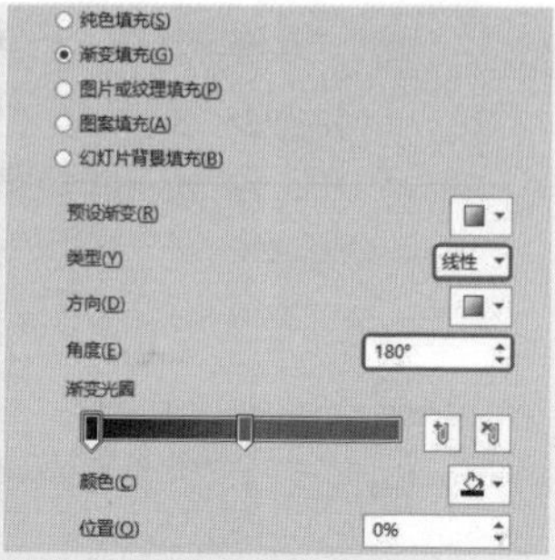　　图 6-137

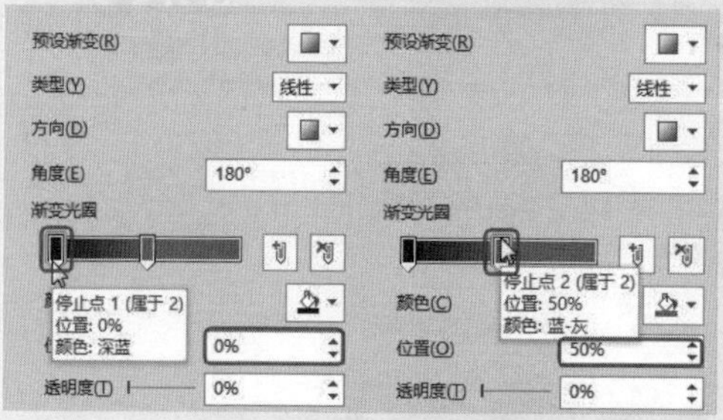

图 6-138 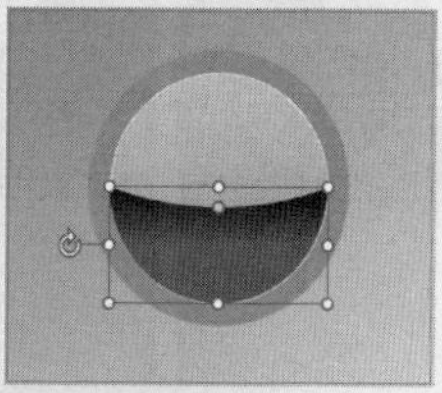　　图 6-139

❹ 插入椭圆形，并调节椭圆形上下尺寸调节控制点，使之压缩为如图 6-140 所示的形状。设置其无边框渐变填充，具体参数如图 6-141 所示，“类型”为“射线”，保持两个渐变光圈，“位置”和“颜色”设置如图 6-142 所示，效果如图 6-143 所示。

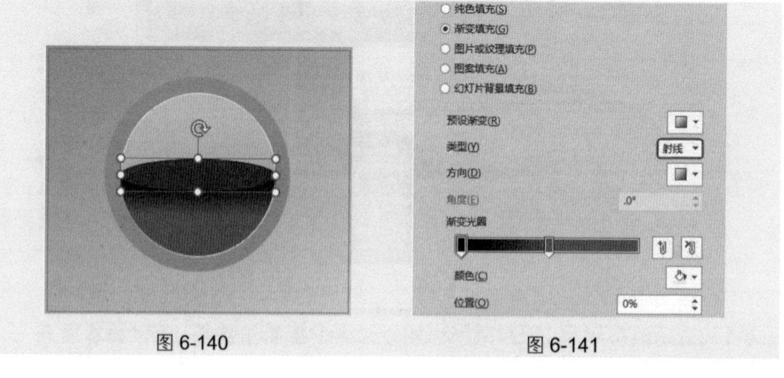

图 6-140　　图 6-141

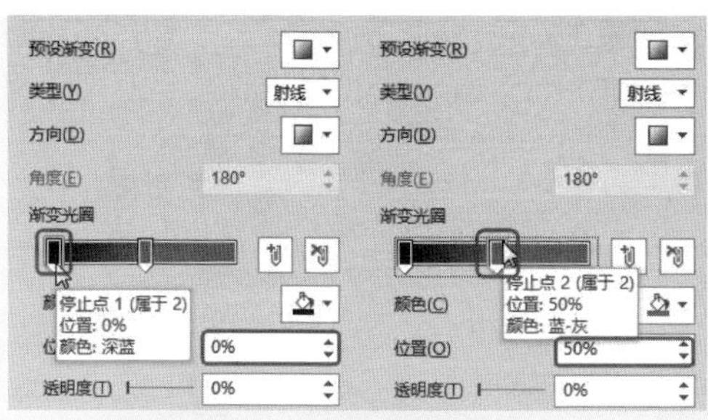

图 6-142

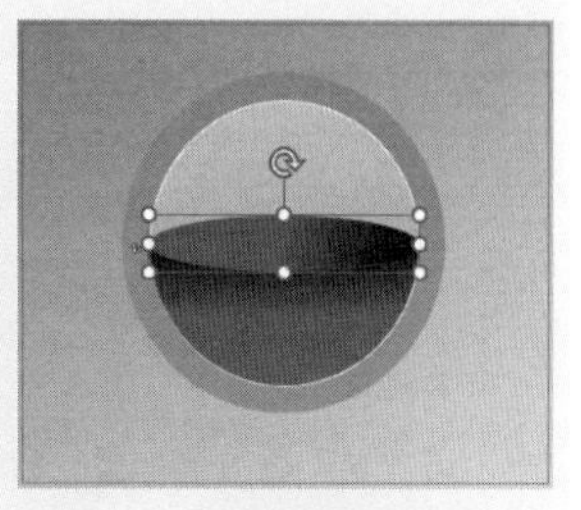

图 6-143

⑤ 复制椭圆形（如图 6-144 所示），并调节椭圆形尺寸调节控制点。设置其无边框渐变填充，具体参数如图 6-145 所示，“类型”为“线性”，保持两个渐变光圈，“位置”和“颜色”设置如图 6-146 所示，设置后效果如图 6-147 所示。

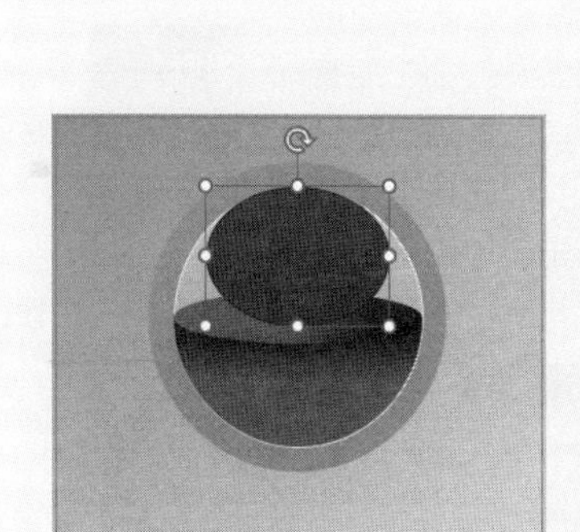

图 6-144

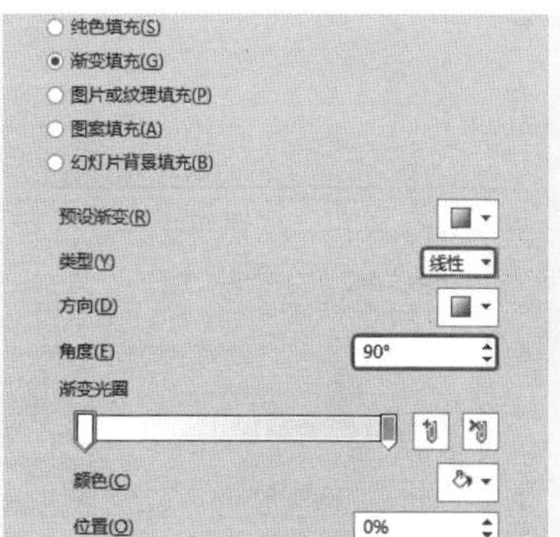

图 6-145

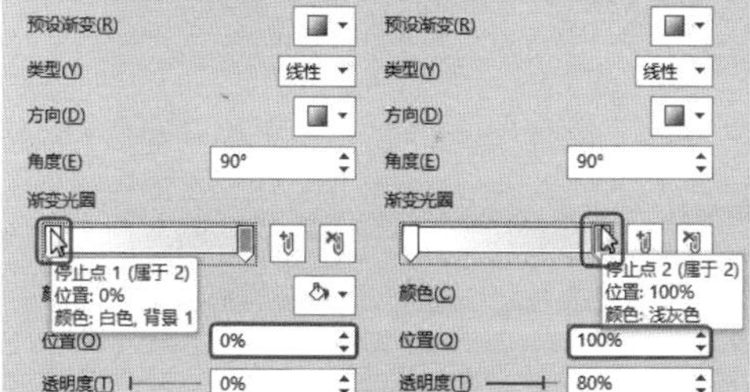

图 6-146

图 6-147

⑥ 复制椭圆形，将其移动到球形底部，并调节椭圆形尺寸调节控制点，使之成为如图 6-148 所示的形状。设置其无边框渐变填充，具体参数如图 6-149

所示，“类型”为“路径”，保持两个渐变光圈，“位置”和“颜色”设置如图 6-150 所示，设置后效果如图 6-151 所示。

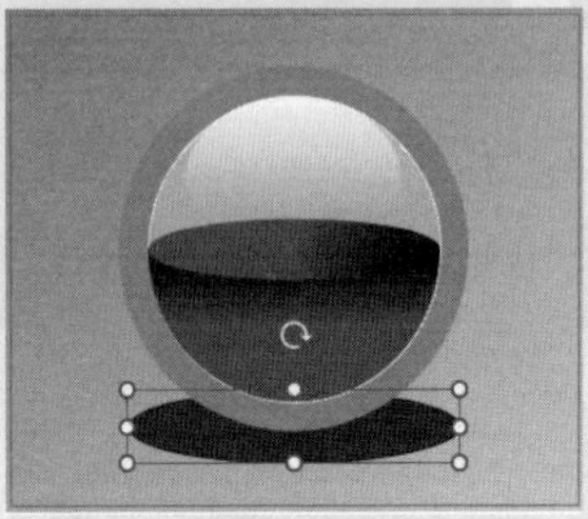

图 6-148

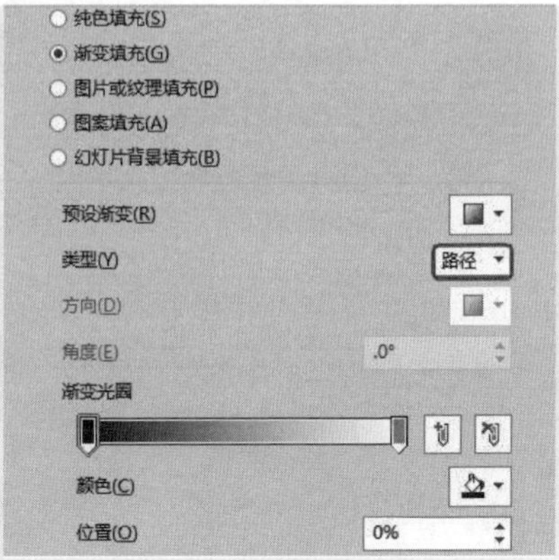

图 6-149

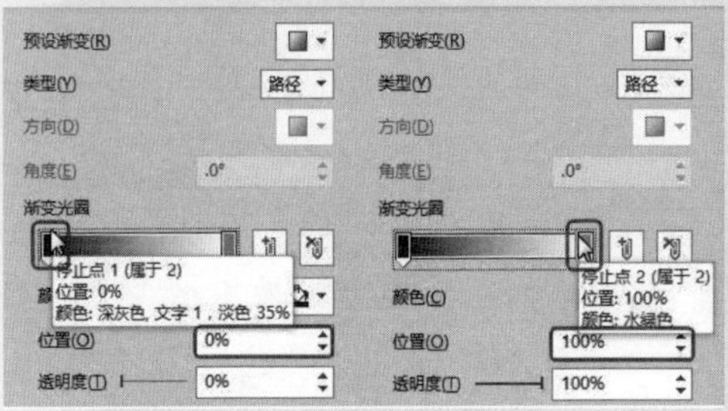

图 6-150

图 6-151

⑦ 此时球体绘制完成，放在幻灯片版面中，效果如图 6-152 所示。

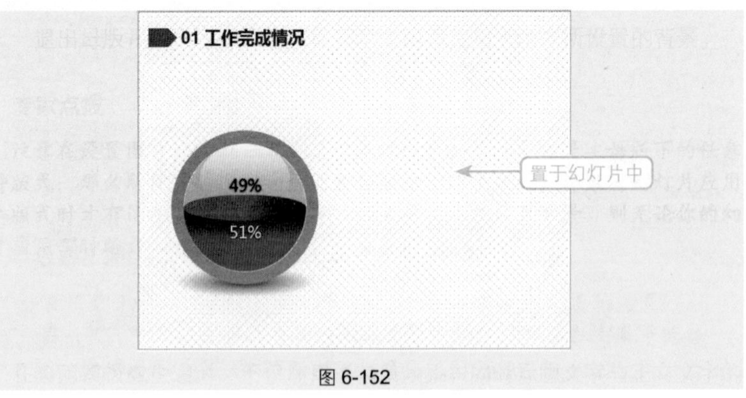

图 6-152

应用扩展

表达球体内部物体所占比例大小的关键是调节月牙形，首先通过编辑月牙形的顶点来得到不同大小的底部，然后通过形状的合并就可以得到不同的比例关系。

技巧 25 制作创意目录

目录页经常会用图形来布局版面，使版面更整洁，内容条理更清晰，如图 6-153 所示即为应用了图形的组合来设计目录页的范例。

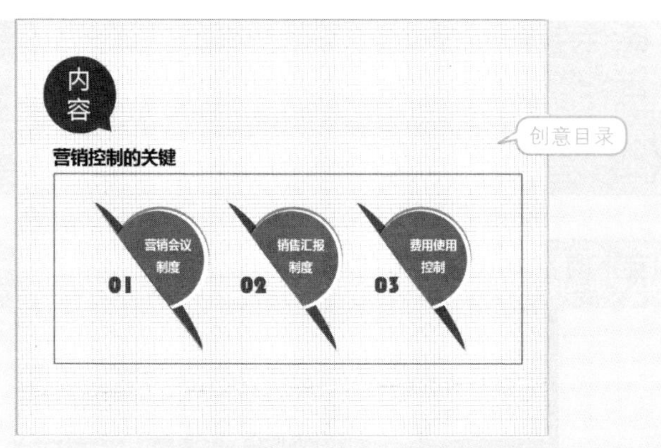

图 6-153

① 插入"矩形"图形（如图 6-154 所示），在"设置形状格式"窗格中设置其无边框渐变填充。渐变参数如图 6-155 所示，"类型"为"线性"，保持三个渐变光圈，"位置"和"颜色"设置如图 6-156 所示。

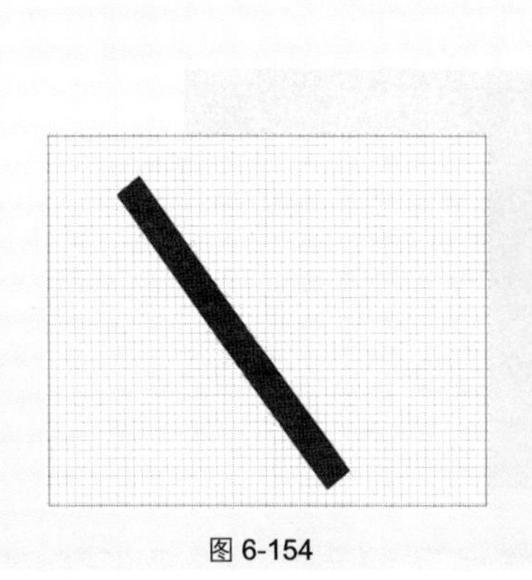

图 6-154

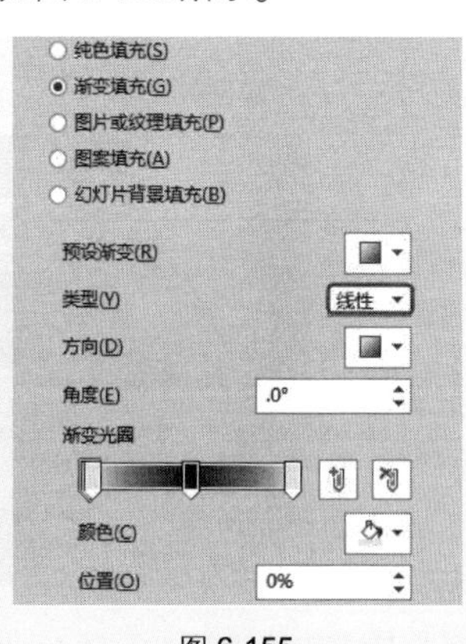

图 6-155

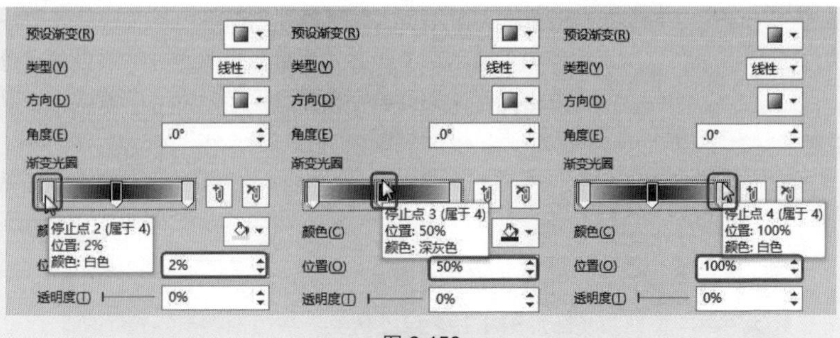

图 6-156

❷ 在“形状格式”→“大小”选项组中重新设置图形的“高度”和“宽度”值（如图 6-157 所示），效果如图 6-158 所示。

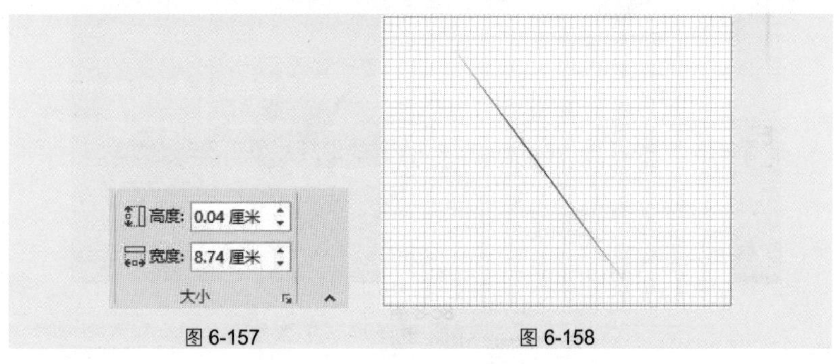

图 6-157　　图 6-158

❸ 插入“直角三角形”图形（如图 6-159 所示），在图形上右击，在弹出的快捷菜单中选择“编辑顶点”命令，此时图形出现红色边框，将鼠标定位于直角顶点处（如图 6-160 所示），向左下方拖动保持图形为等腰三角形，如图 6-161 所示。

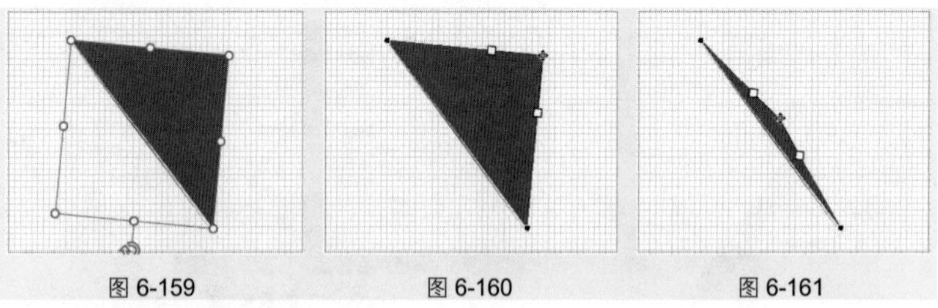
图 6-159　　图 6-160　　图 6-161

❹ 接着将光标定位于白色方框，向右上方拖动使该线条呈一定弧度（如图 6-162 所示），同样地，使下方线条也呈相等弧度（如图 6-163 所示），效果如图 6-164 所示。

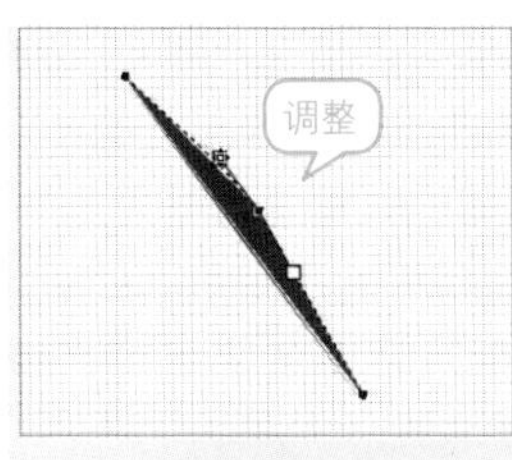

图 6-162

图 6-163

图 6-164

5 接着添加“弦形”图形（如图 6-165 所示），设置图形的阴影效果，具体参数如图 6-166 所示，“透明度”为“75%”，“大小”为“101%”，“模糊”为“0 磅”，“角度”为“270°”，“距离”为“3 磅”，圆形阴影效果如图 6-167 所示。

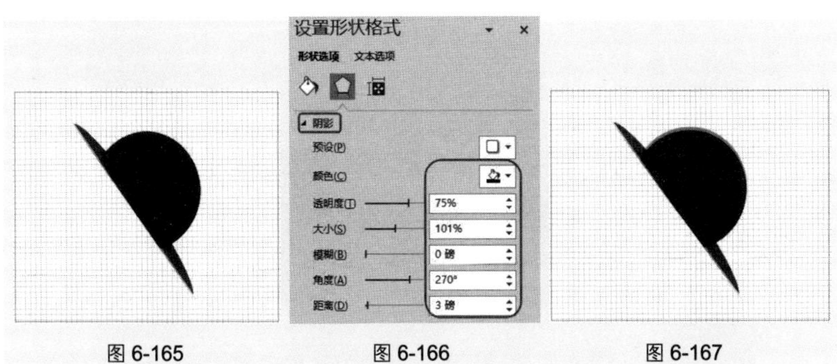

图 6-165　　图 6-166　　图 6-167

6 设置弦形为白色无轮廓填充（如图 6-168 所示），接着绘制同样的弦形，调整大小为能够放进第一个弦形中（如图 6-169 所示），然后将图形组合为一个对象。

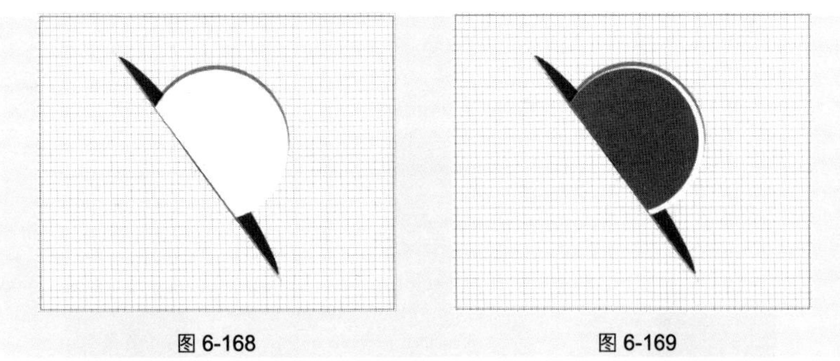

图 6-168　　图 6-169

7 批量复制组合后的图形，即可完成幻灯片中图形的制作，如图 6-170 所示。

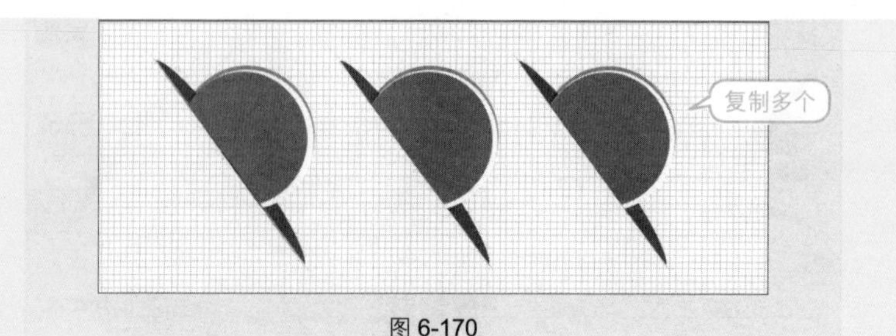

图 6-170

技巧 26 制作立体折角图标效果

如图 6-171 所示，通过图形的叠加和阴影设计，可以实现立体折角图标效果。这样的图形可以有效地展现分列式文本或流程式文本。

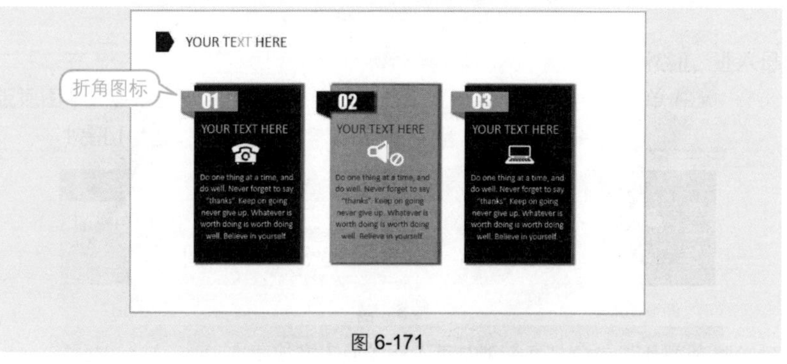

图 6-171

❶ 插入矩形，设置其无边框纯色填充，填充颜色为“深灰色”（如图 6-172 所示），设置其形状阴影效果，“透明度”为“60%”，“大小”为“102%”，“模糊”为“4 磅”，“角度”为“0°”，“距离”为“3 磅”（如图 6-173 所示），图形阴影效果如图 6-174 所示。

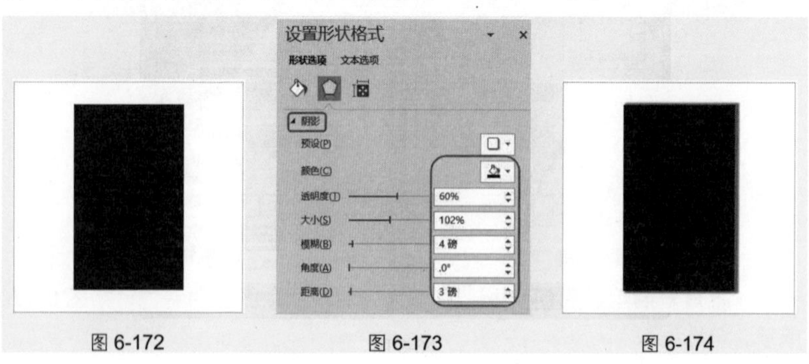

图 6-172　　图 6-173　　图 6-174

❷ 插入矩形，设置其无边框纯色填充，填充颜色为“橙色”（如图 6-175 所示），接着插入直角三角形，设置其无边框纯色填充，填充颜色为“橙色”，光标定位到旋转按钮（如图 6-176 所示），将图形旋转 180° 到如图 6-177 所示的位置。

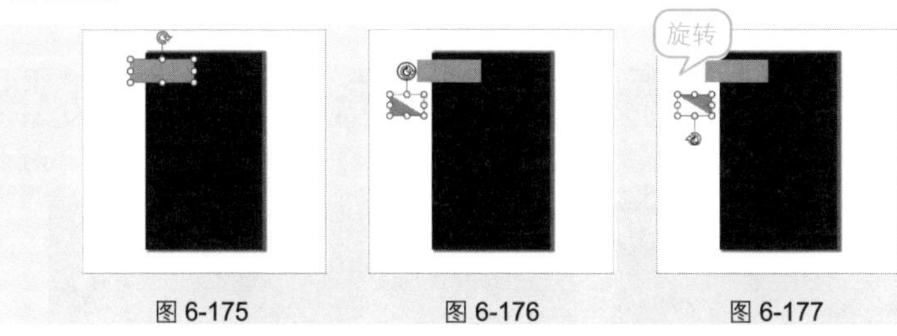

图 6-175　　图 6-176　　图 6-177

❸ 拖动图形到小矩形拐角处（如图 6-178 所示），同时选中两个图形（如图 6-179 所示），在“形状格式”→“排列”选项组中单击“组合”下拉按钮，在下拉列表中选择“组合”命令，即可将图形组合为一个对象，效果如图 6-180 所示。

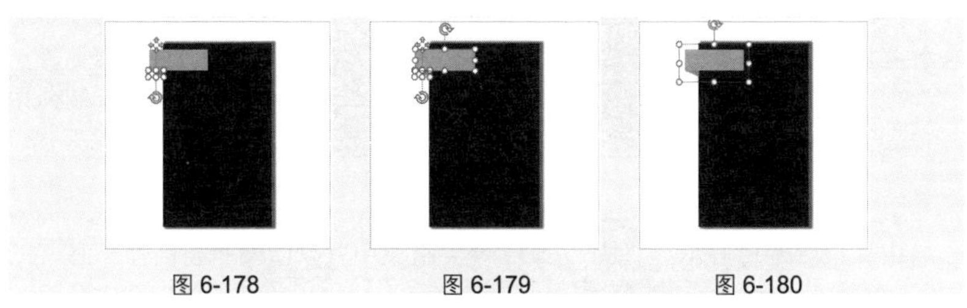

图 6-178　　图 6-179　　图 6-180

❹ 保持图形选中状态，设置其形状阴影效果，参数设置如图 6-181 所示，“透明度”为“60%”，“大小”为“103%”，“模糊”为“4 磅”，“角度”为“55°”，“距离”为“3 磅”，图形阴影效果如图 6-182 所示。

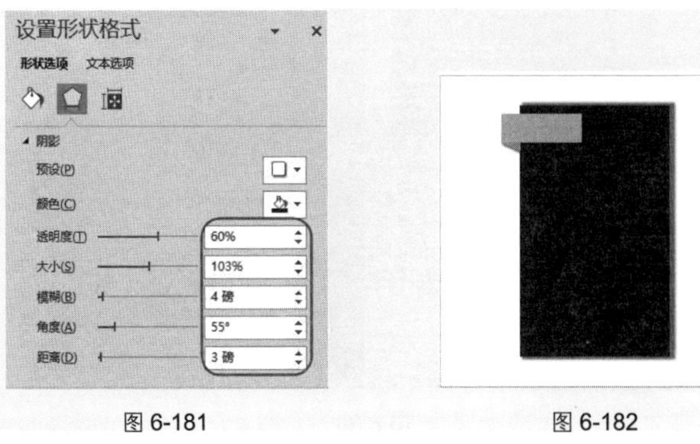

图 6-181　　图 6-182

⑤ 复制图形并更改部分图形的格式添加文本框，即可达到如图 6-183 所示的效果。

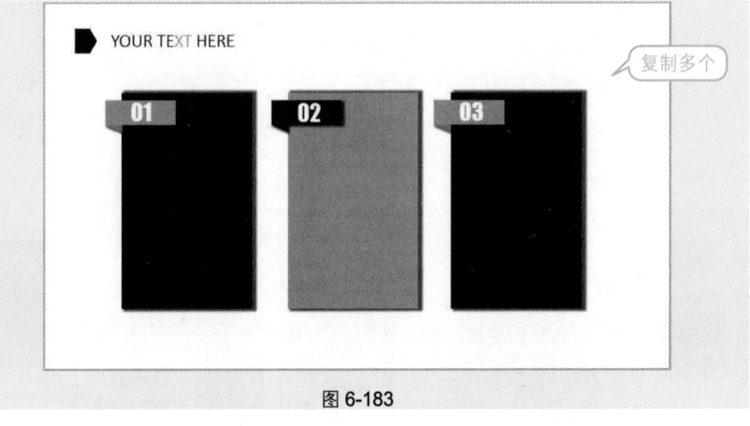

图 6-183

第 7 章 工作型 PPT 中 SmartArt 图形的妙用

7.1 学会选用合适的 SmartArt 图形

技巧 1 并列关系的 SmartArt 图形

SmartArt 图形在幻灯片中的使用非常广泛，它可以让文字图形化，并且通过选用合适的 SmartArt 图类型，可以很清晰地表达出各种逻辑关系，如并列关系、流程关系、循环关系、递进关系等。

SmartArt 图形表示句子或词语之间具有的一种相互关联，或是同时并举，或是同时进行的关系。要表达并列关系的数据可以选择“列表”类图形，如图 7-1、图 7-2 所示的幻灯片中都使用了列表型 SmartArt 图形。

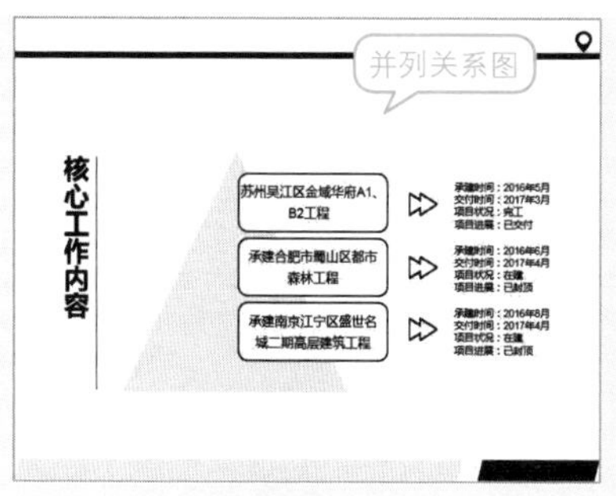

图 7-1

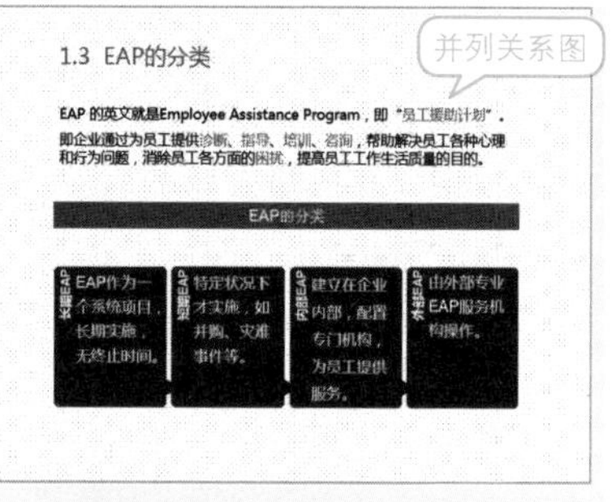

图 7-2

在使用 SmartArt 图形时，也可先插入原始图形，然后再补充编辑与设计。如图 7-3 所示，插入原始图形后，可以通过补充图形、添加文本框等操作重新规划幻灯片的版面。

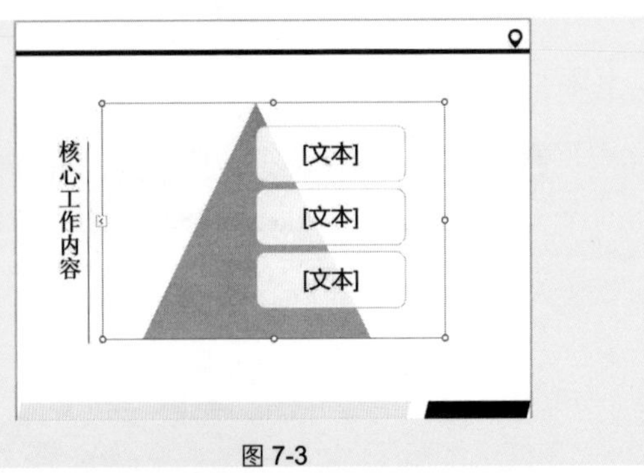

图 7-3

技巧 2　流程关系的 SmartArt 图形

流程关系用来表示事物进行中的次序或顺序的布置和安排。要表达流程关系的数据可以选择“流程”类图形，如图 7-4、图 7-5、图 7-6 所示的幻灯片都是流程关系图。

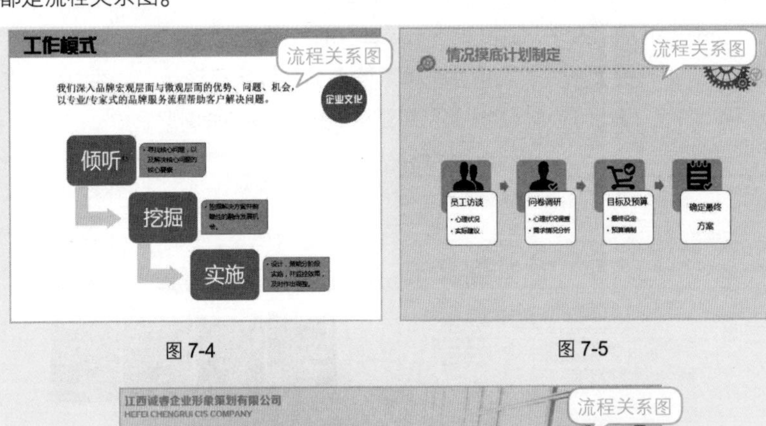

图 7-4　　图 7-5

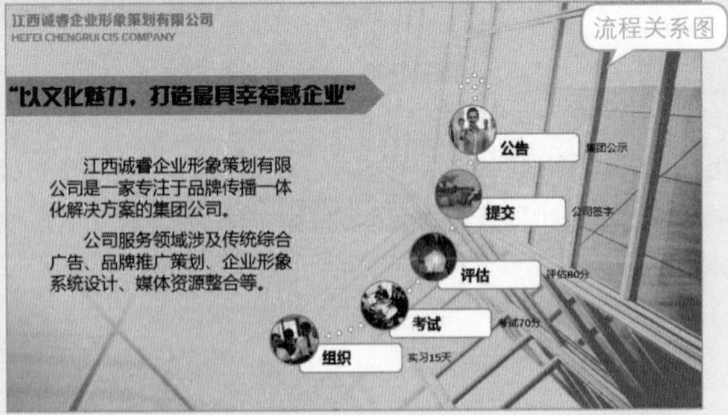

图 7-6

技巧 3　循环关系的 SmartArt 图形

循环关系用来表示事物周而复始地运动或变化的关系，如图 7-7、图 7-8 所示的幻灯片即为循环关系图。

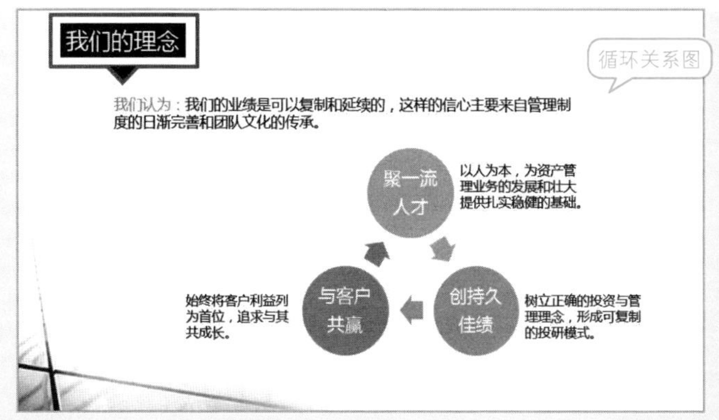

图 7-7

图 7-8

7.2　学会 SmartArt 图形的编辑技巧

技巧 4　快速创建 SmartArt 图形

在 7.1 节中讲到要学会根据事物的特征来选用合适的 SmartArt 图形类

型。那么该如何向幻灯片中插入一个 SmartArt 图形呢？图 7-9 即为插入了 SmartArt 图形的幻灯片。下面介绍操作步骤。

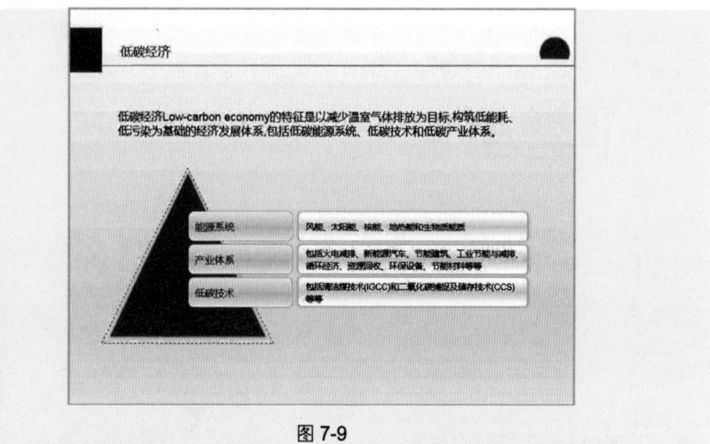

图 7-9

❶ 打开目标幻灯片，在“插入”→“插图”选项组中单击 SmartArt 按钮（如图 7-10 所示），打开“选择 SmartArt 图形”对话框。

图 7-10

❷ 在左侧选择“棱锥图”选项，接着选中“棱锥图列表”图形，如图 7-11 所示。

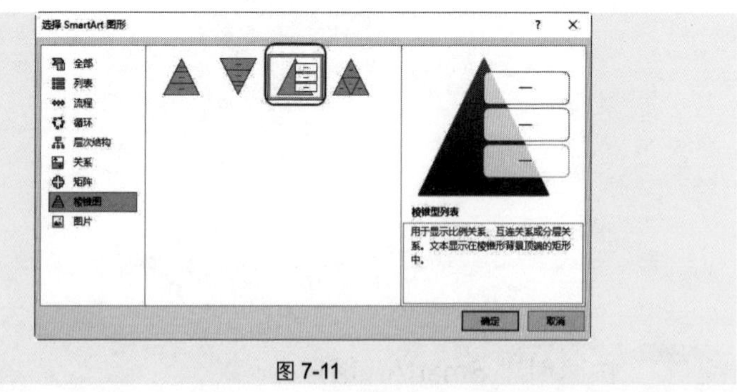

图 7-11

❸ 单击“确定”按钮，此时插入的 SmartArt 图形默认的效果如图 7-12 所示。

❹ 在“插入”→“插图”选项组中单击“形状”下拉按钮，向幻灯片中添加新图形，如图 7-13 所示。

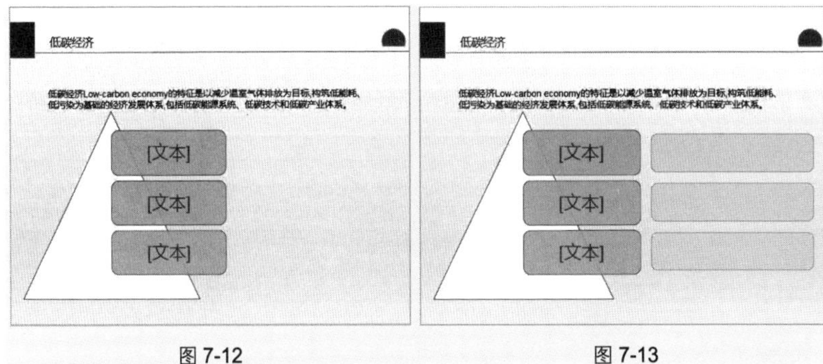

图 7-12　　　　图 7-13

❺ 在图形中输入文本并对图形进行美化设置，即可达到如图 7-9 所示的效果。

技巧 5　形状不够要添加

根据所选择的 SmarArt 图形的种类，其默认的形状也各不相同，但一般都只包含两个或三个形状。当默认的形状数量不够时，用户可以自行添加更多的形状来进行编辑。

如图 7-14 所示的图表中，EAP 总共有四个分类，很明显，形状不够用，因此需要添加形状，操作步骤如下。

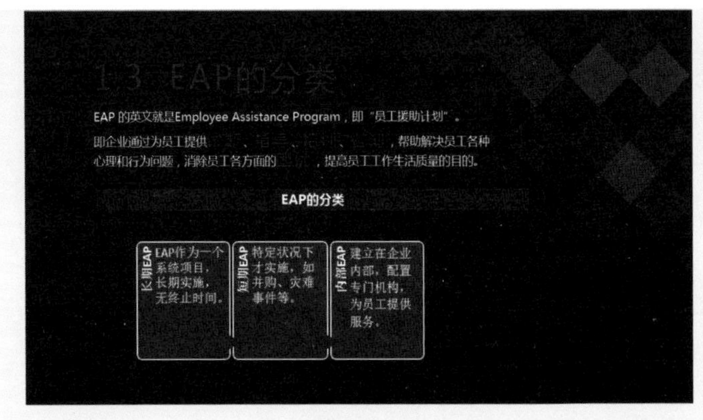

图 7-14

❶ 选中空心图形，在“SmarArt 设计”→“创建图形”选项组中单击“添加形状”下拉按钮，在下拉列表中选择“在后面添加形状”命令（如图 7-15 所示），即可在所选形状后面添加新的形状，如图 7-16 所示。

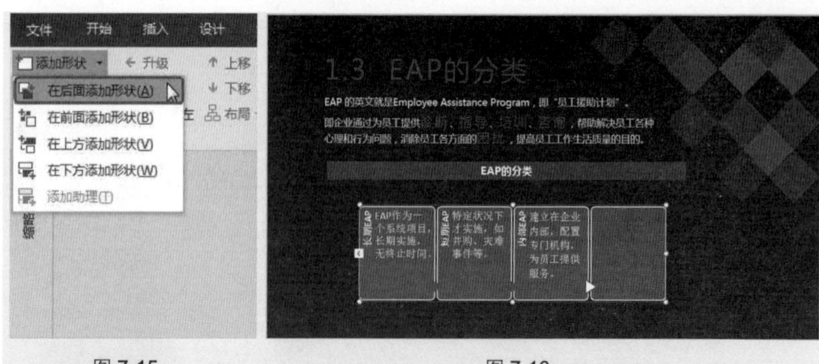

图 7-15　　图 7-16

❷ 添加形状后，输入文本（如图 7-17 所示）并对图形进行格式设置，即可达到期望的效果。

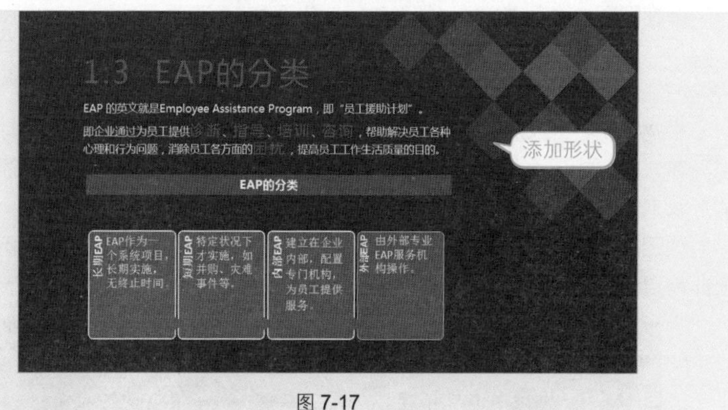

图 7-17

专家点拨

在添加形状时需要注意的是，有的是添加同一级别的形状，有的是添加下一级别的形状。用户要确保准确选中图形，然后按实际需要进行添加。

应用扩展

在 SmarArt 图形中，执行"在后面添加图形"命令，无法跳跃级别完成添加形状操作。因此想添加哪个级别的图形，则需要选中同一级别的图形再执行"在后面添加图形"命令；或者当发现添加的图形不是需要的级别时，也可以进行升级或降级的处理（在下一技巧中会讲到）。

技巧 6　重新调整文本级别

在 SmartArt 图形中编辑文本时，会涉及目录级别的问题，如某些文本是上一级别文本的细分说明，这时就需要通过调整文本的级别来清晰地表达文本之间的层次关系。

如图 7-18 所示，“认同创意”文本下的两行是对该标题的细分说明，所以应该调整其级别到下一级别中，以达到如图 7-19 所示的效果。

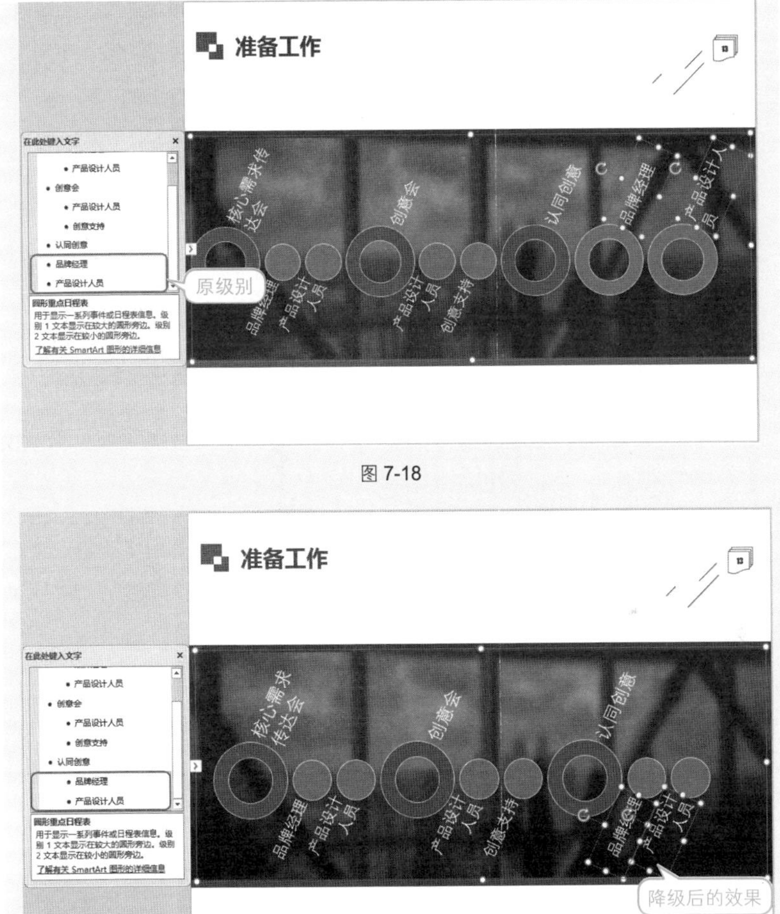

图 7-18

图 7-19

❶ 在文本窗格中将“品牌经理”和“产品设计人员”两行一次性选中，然后在“SmarArt 设计”→“创建图形”选项组中单击“降级”按钮，即可达到如图 7-20 所示的效果。

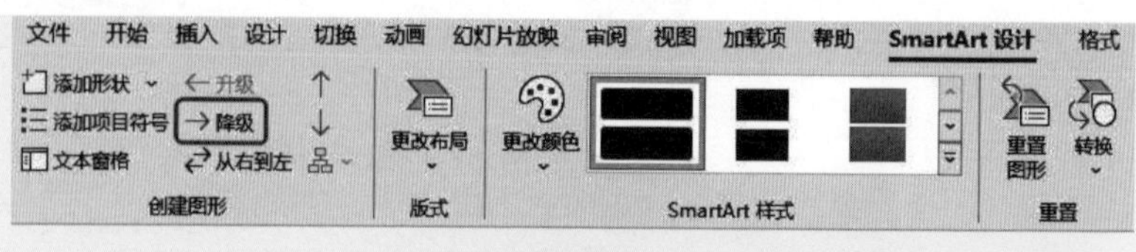

图 7-20

② 执行上述操作后可以看到文本被降级，图形显示效果如图 7-21 所示。

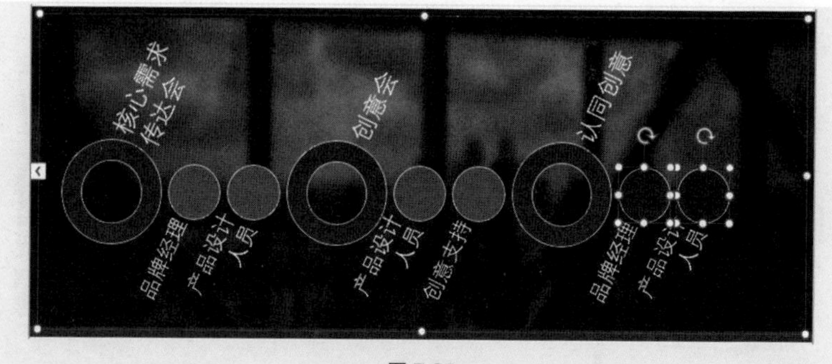

图 7-21

技巧 7　调整 SmartArt 图形顺序

建立好 SmartArt 图形后如果发现某一种文本的顺序显示错误，可以直接在图形上快速调整。如在建立流程性的 SmartArt 图形时，文本顺序是不能出现错误的。如图 7-22、图 7-23 所示即为调整前后的效果。

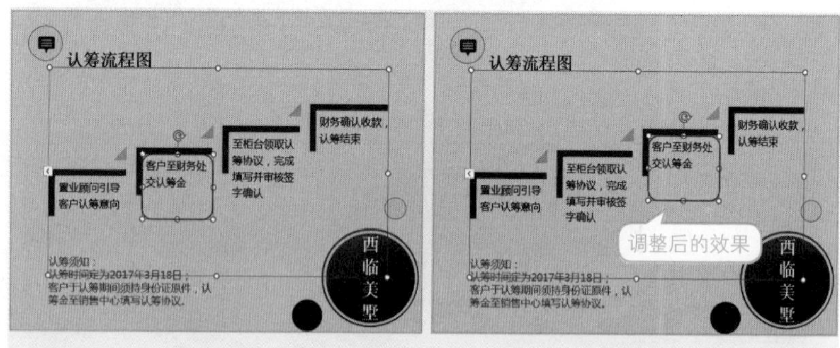

图 7-22　　图 7-23

① 选中需要调整的图形，在“SmartArt 设计”→“创建图形”选项组中根据实际调整的需要，直接单击“上移”或者“下移”按钮进行调节，如图 7-24 所示。

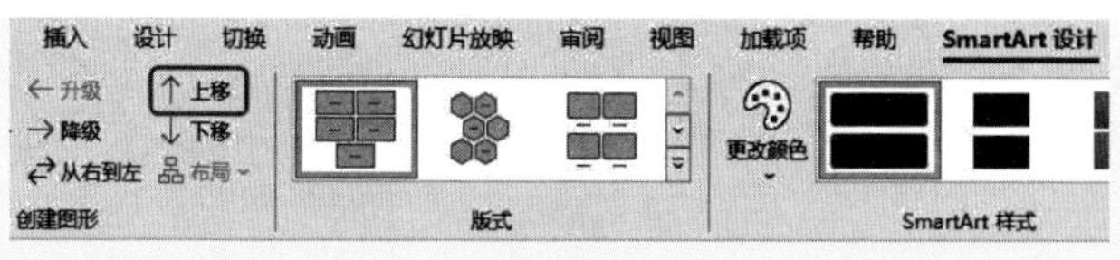

图 7-24

② 此时即可看到文本顺序调整后的效果，如图 7-23 所示。

应用扩展

如果选中的图形包含下级分支，那么所有的下级分支将一起被调整。如图 7-25 所示，选中“第四步”图形，执行一次下移，调整后的结果如图 7-26 所示。

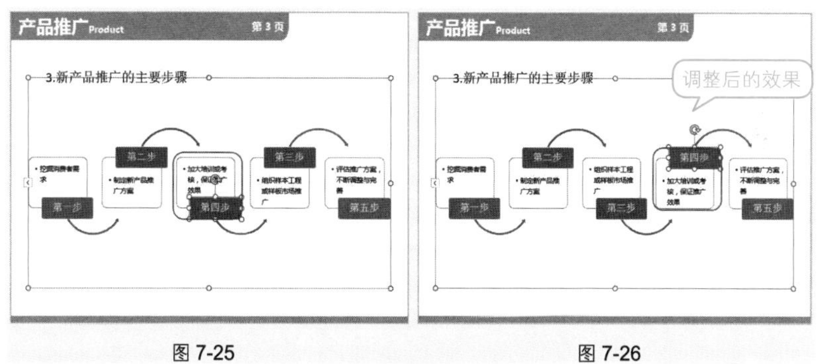

图 7-25　　图 7-26

技巧 8　将 SmartArt 图形更改为另一种类型

如果用户认为所设置的 SmartArt 图形布局不合理，或者不美观，可以在原图的基础上快速对布局进行更改。图 7-27、图 7-28 所示分别为调整类型前后的效果。

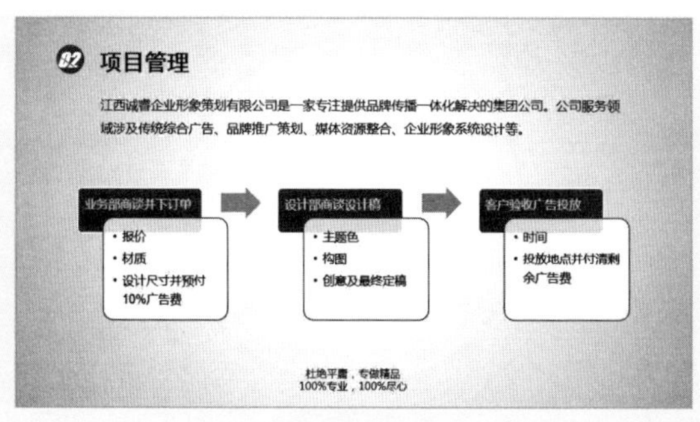

图 7-27

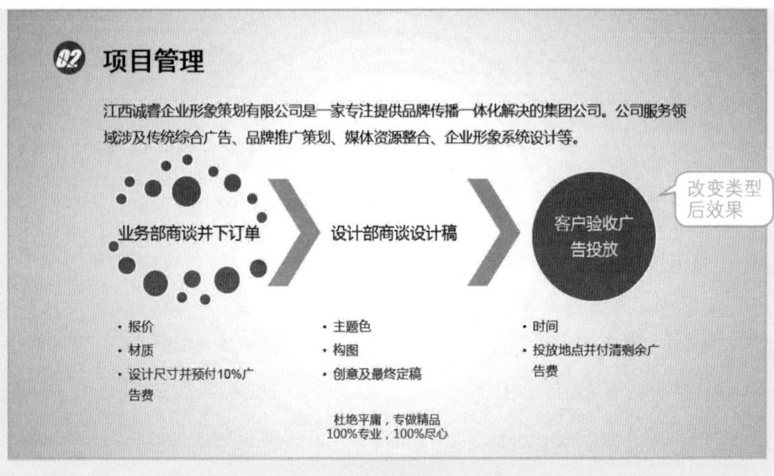

图 7-28

❶ 在"SmartArt 设计"→"版式"选项组中单击按钮，在打开的下拉列表中可以选择需要的图形类型，当光标指向任意图形时即可看到预览效果，如图 7-29 所示，单击即可应用。

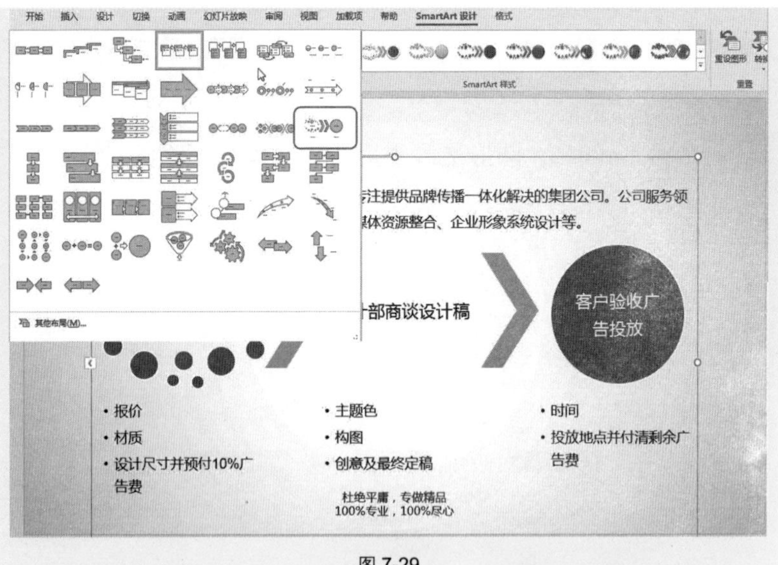

图 7-29

❷ 如果下拉列表中找不到需要使用的图形，可以选择"其他布局"命令，然后在打开的"选择 SmartArt 图形"对话框中进行选择。

技巧 9　更改 SmartArt 图形中默认的图形样式

在创建 SmartArt 图形时，系统默认创建的图形形状都是固定的，可以通过执行“更改形状”命令更改 SmartArt 图形中默认的图形样式。如图 7-30、图 7-31 所示即为更改样式前后的效果。

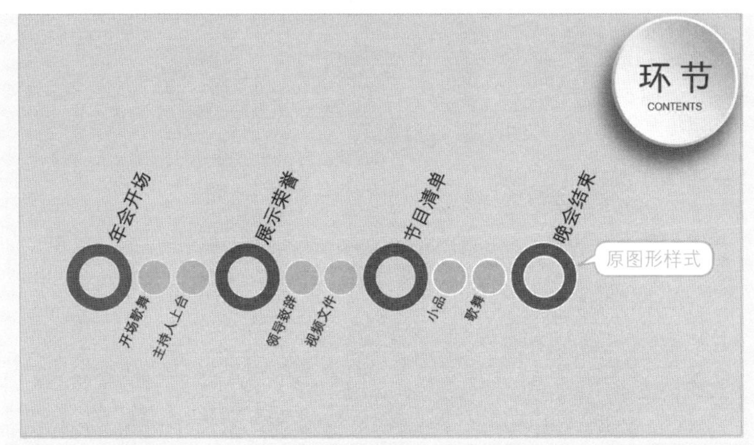

图 7-30

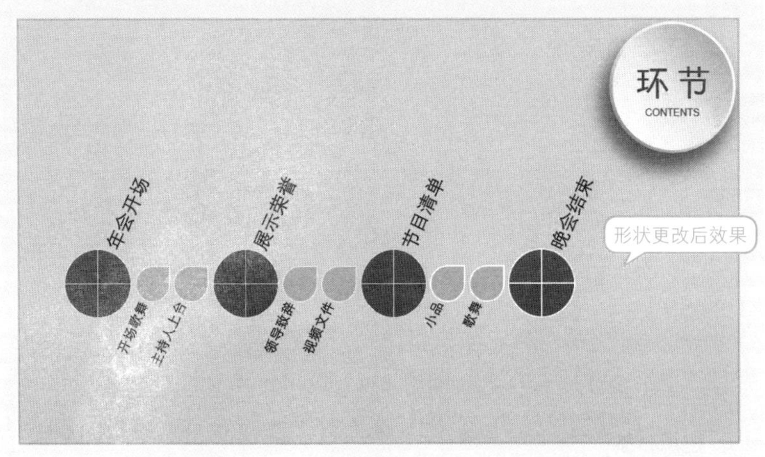

图 7-31

❶ 选中一级标题形状，在“格式”→“形状”选项组中单击“更改形状”下拉按钮，在弹出的下拉列表中可选择需要更改为的图形样式，如图 7-32 所示。单击后即可应用，更改后的效果如图 7-33 所示。

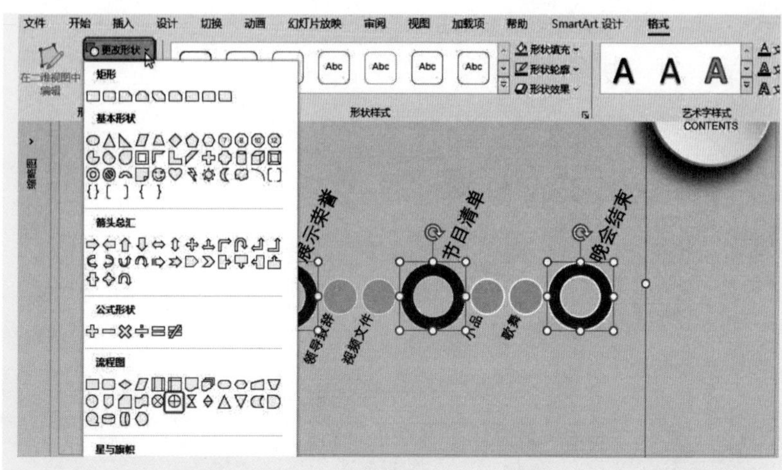

图 7-32

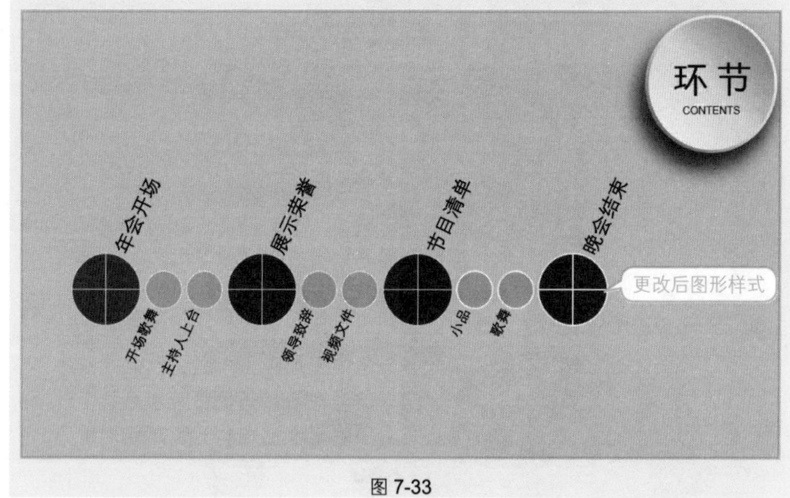

图 7-33

② 一次性选中二级形状，按相同方法进行图形样式的更改，操作完成后，可达到如图 7-31 所示的效果。

应用扩展

更改形状后，如果发现形状大小不符合要求，可以选中图形，在“格式”→“形状”选项组中单击“增大”按钮（如图 7-34 所示），使形状被放大。

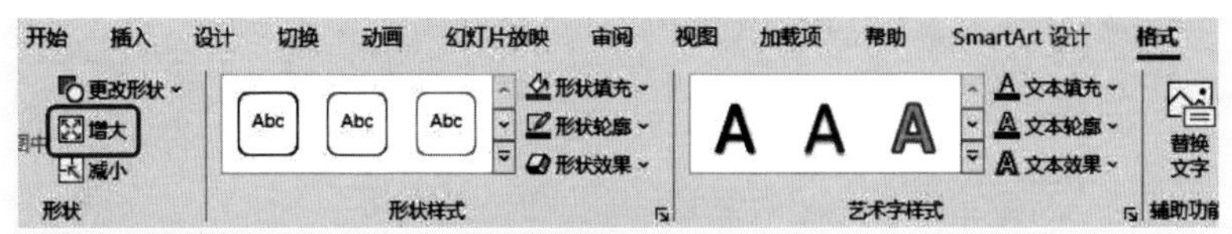

图 7-34

技巧 10　通过套用样式模板一键美化 SmartArt 图形

创建 SmartArt 图形后，可以通过 SmartArt 样式进行快速美化，SmartArt 样式包括颜色样式和特效样式。如图 7-35、图 7-36 所示为快速应用美化模板前后的效果。

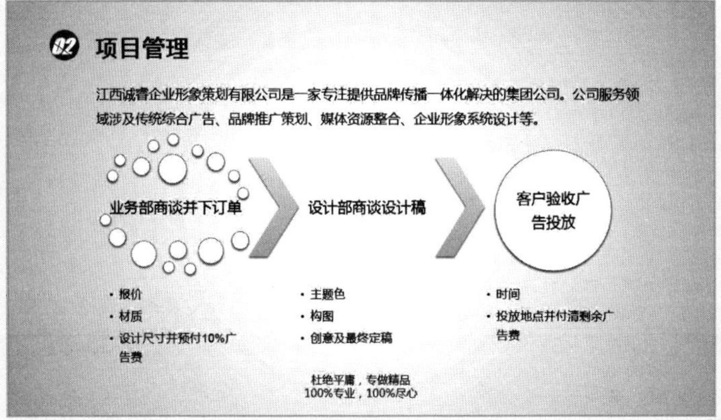

图 7-35

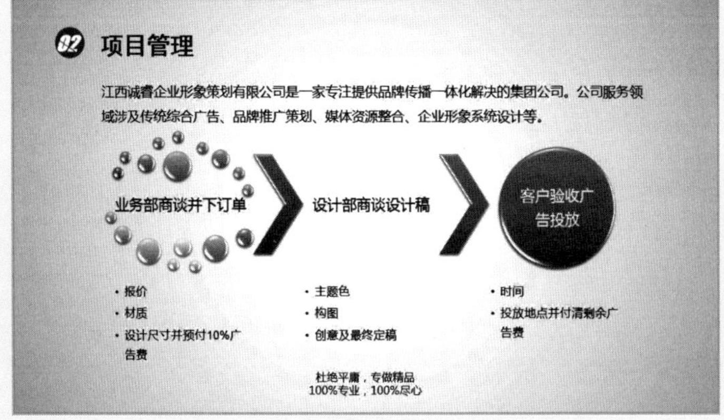

图 7-36

❶ 选中 SmartArt 图形，在“SmartArt 设计”→“SmartArt 样式”选项组中单击“更改颜色”下拉按钮，在下拉列表中选择“深色 1 轮廓”，如图 7-37 所示。

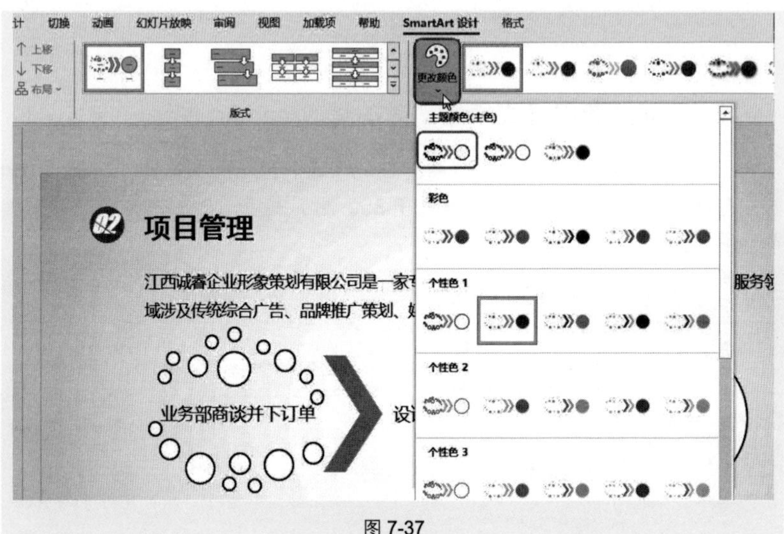

图 7-37

❷ 在“SmartArt 样式”选项组中单击☐按钮展开下拉列表，选择“细微效果”匹配对象（如图 7-38 所示）。执行此操作后，即可达到如图 7-36 所示的效果。

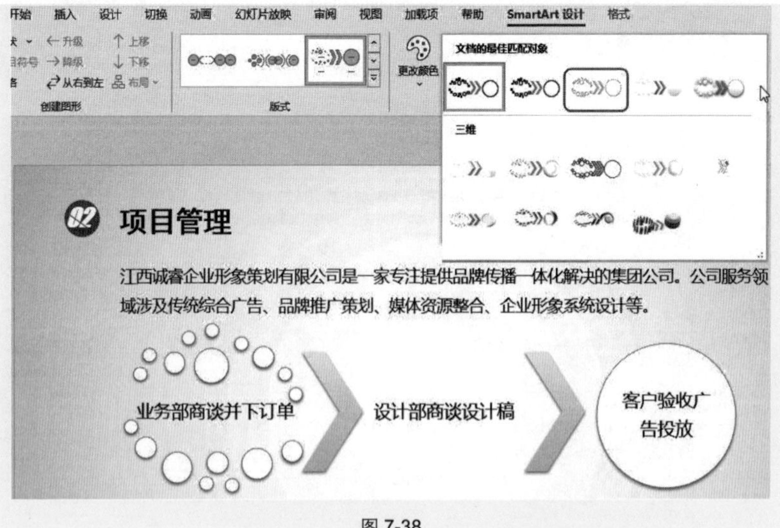

图 7-38

技巧 11　将 SmartArt 图形转换为形状后打散重排

SmartArt 图形是由多个图形组合而成的，在创建 SmartArt 图形后，可以直接将其转换为形状，而且形状可以通过取消组合后，再对各个对象进行自由编辑。如果用户想要创建的图形与某个 SmartArt 图形样式相近，那么可以先创建 SmartArt 图形（如图 7-39 所示），然后将其转换为形状后再进行修改，如图 7-40 所示为打散形状重排后得到的创意图形。

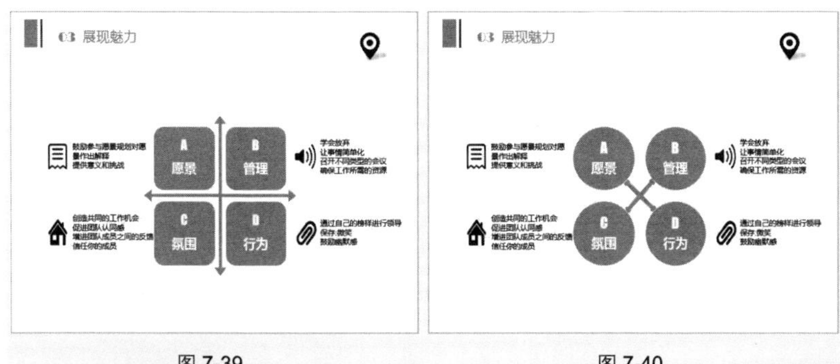

图 7-39　　　　图 7-40

❶ 本例中首先插入了 SmartArt 图形，然后选中 SmartArt 图形并单击鼠标右键，在弹出的快捷菜单中选择"转换为形状"命令（如图 7-41 所示），即将 SmartArt 图形转换为形状，如图 7-42 所示。

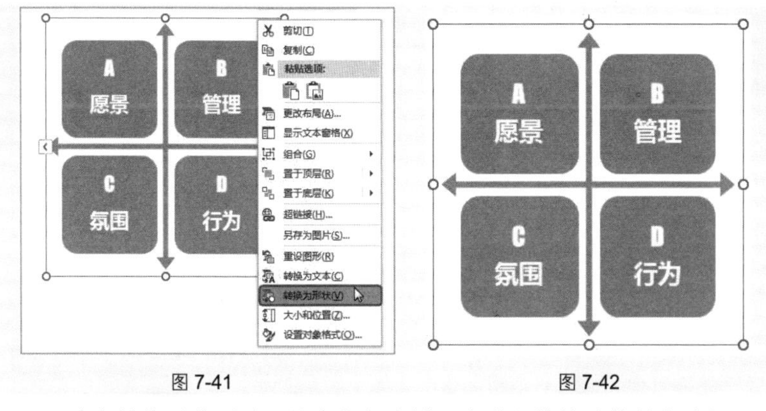

图 7-41　　　　图 7-42

❷ 选中转换后的形状，单击鼠标右键，在弹出的快捷菜单中选择"组合"→"取消组合"命令（如图 7-43 所示），可以看到如图 7-44 所示的图形由多个图形组合而成。

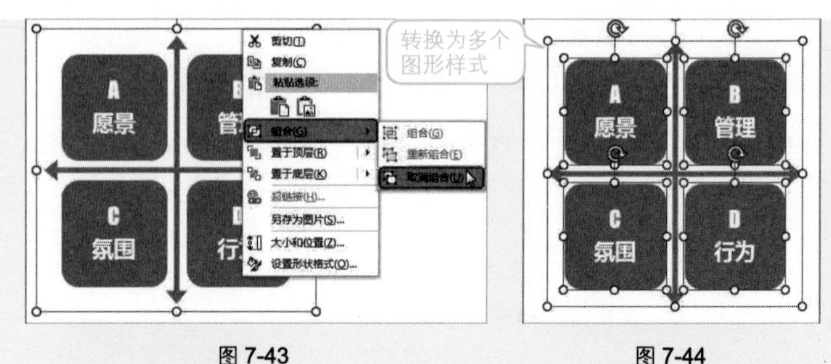

图 7-43　　　　图 7-44

③ 选中所有圆角矩形，在“形状格式”→“插入形状”选项组中单击“编辑形状”下拉按钮，在下拉菜单中的“更改形状”子菜单中选择“椭圆”（如图 7-45 所示），此时即可将选中的图形更改为圆形，如图 7-46 所示。

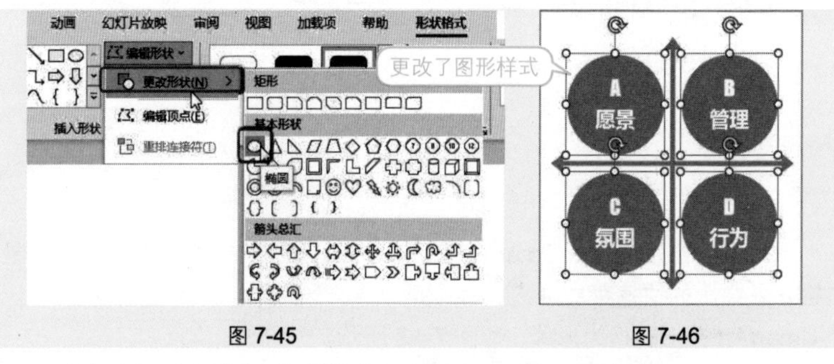

图 7-45　　　　图 7-46

④ 选中中间对角线条，将其缩小至如图 7-47 所示图形，在“形状格式”→“形状样式”选项组中单击“形状轮廓”下拉按钮，在下拉列表中为线条应用绿色填充，设置线条“粗细”为“6 磅”（如图 7-48 所示），效果如图 7-49 所示。

⑤ 旋转图形 45°，即可达到如图 7-50 所示的效果。

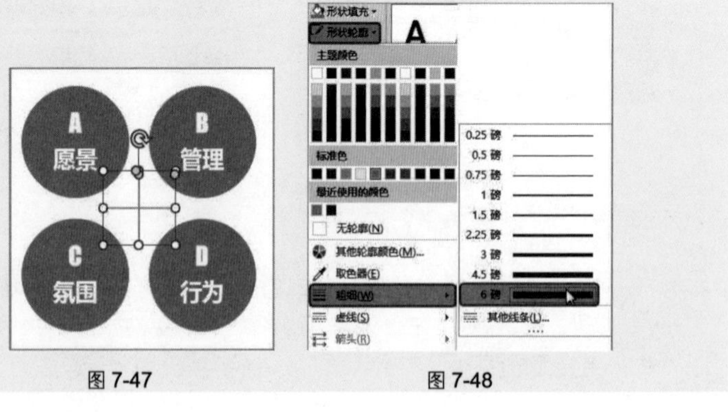

图 7-47　　　　图 7-48

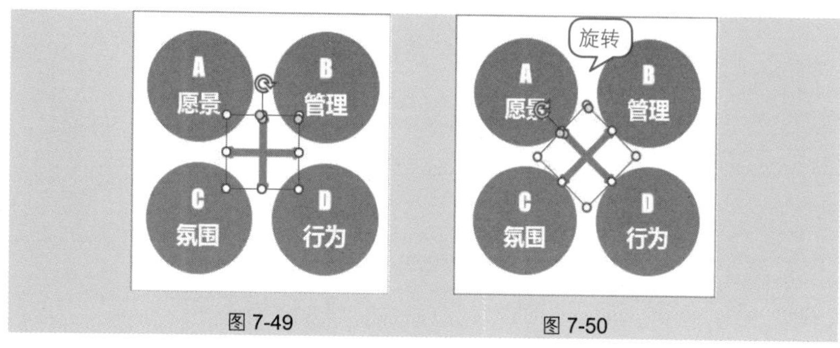

图 7-49　　　　图 7-50

专家点拨

本例中给出的是一种设计思路，是告知读者也可以采用这种应用方法，读者在实际创作过程中可以举一反三，设计更多创意作品。

技巧 12　将 SmartArt 图形转换为纯文本

创建 SmartArt 图形后，如果不需要再使用，可以将其快速转换为文本显示。

❶ 选中 SmartArt 图形，在“SmartArt 设计”→“重置”选项组中单击“转换”下拉按钮，在下拉列表中选择“转换为文本”选项（如图 7-51 所示），即可将 SmartArt 图形转换为文本，如图 7-52 所示。

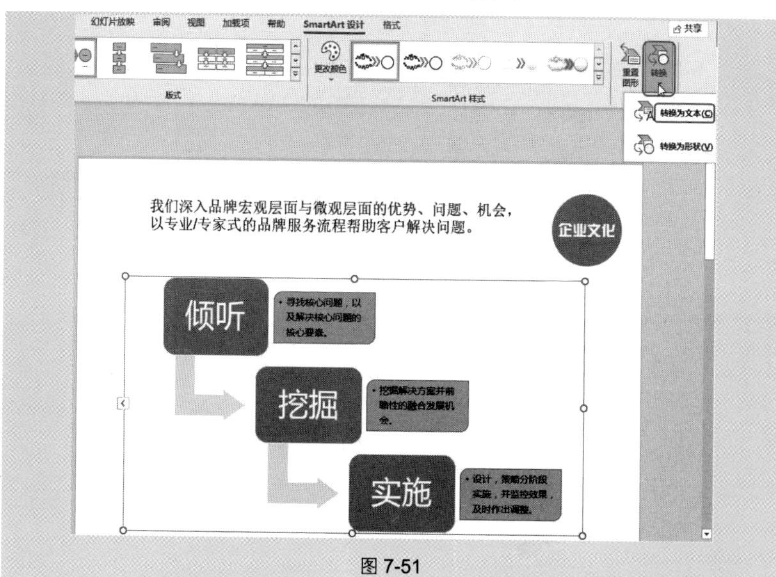

图 7-51

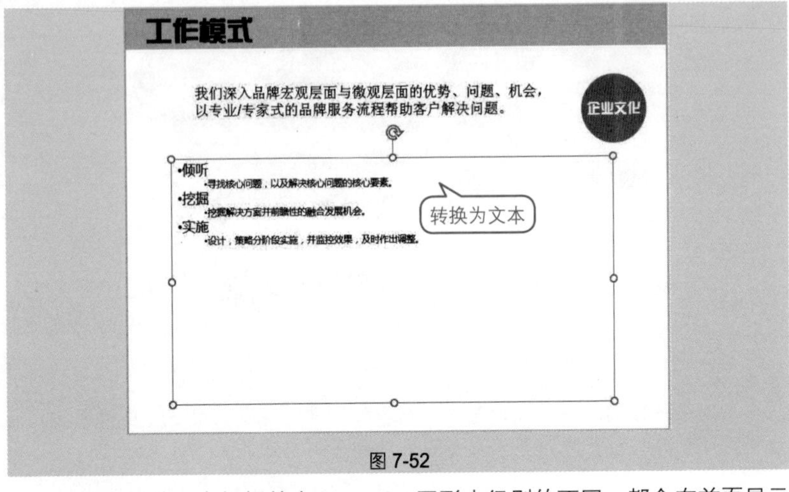

图 7-52

❷ 转换后的文本根据其在 SmartArt 图形中级别的不同，都会在前面显示项目符号，稍做调整即可使用，如图 7-53 所示。

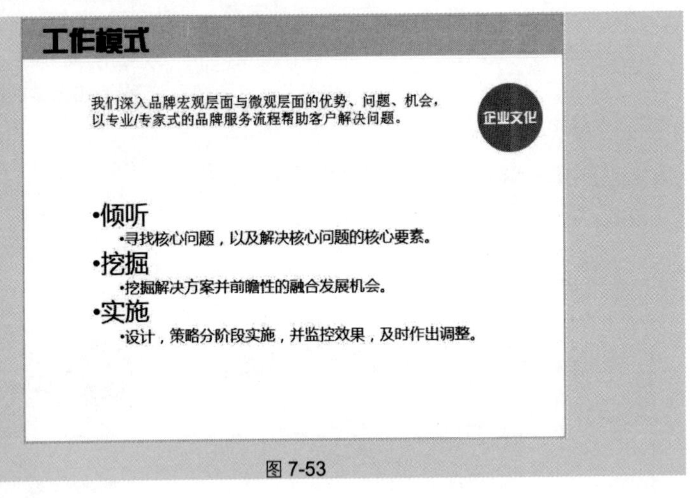

图 7-53

第 8 章 工作型 PPT 中表格的使用技巧

8.1 幻灯片中表格的插入及编辑

技巧 1 幻灯片中的表格美化

表格是商务 PPT 中很常见的内容形式，通过横竖有线的格式可以清晰地表达观点，所以会使用表格也是演示文稿制作中重要的一步。在幻灯片中有如下一些场合需要使用到表格。

- 给出统计数据。
- 清晰展示某些条目文本。
- 利用表格创意布局。

无论表格最终呈现怎样的效果，其最初插入的初始表格都是一样的，关键是插入后进行怎样的排版与格式设置。

直接插入的表格显然有些简易和单调，而且效果粗劣，因此要想用好表格，表格的格式优化设置是必不可少的。我们可以从多个方面着手对表格的样式进行编辑与优化，如对表格默认的文字格式进行调整，根据需要对默认的边框线条设置填充，或是对有的位置使用边框等。在美化表格的同时，也优化了幻灯片的整体页面效果。如图 8-1、图 8-2 与图 8-3、图 8-4 所示即为表格美化前后的对比效果。

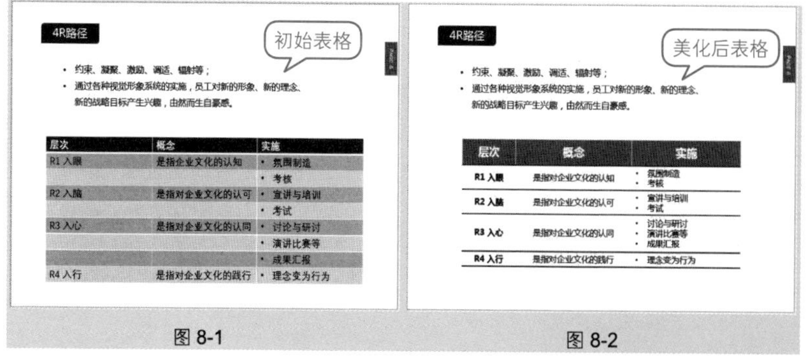

图 8-1　　图 8-2

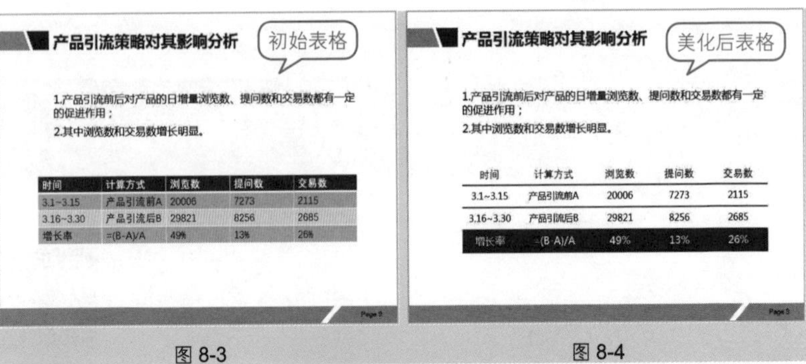

图 8-3　　图 8-4

图 8-5 使用了表格来创意设计幻灯片的版面，布局后的幻灯片更具良好的视觉效果。

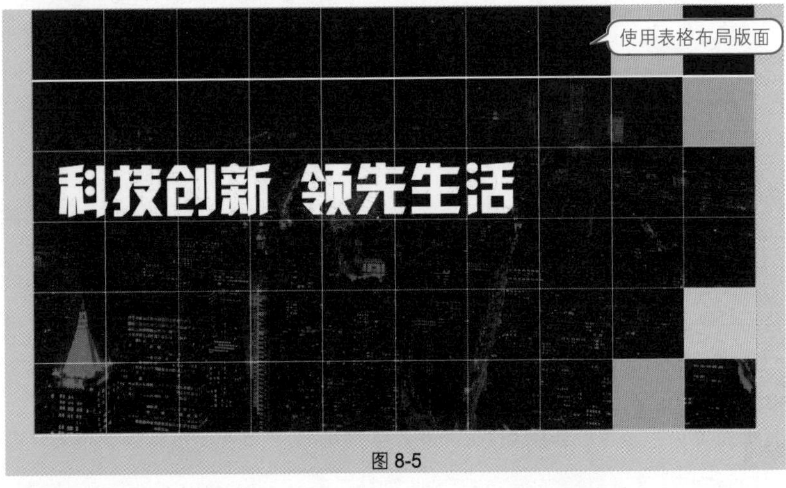

图 8-5

技巧 2　插入新表格

当幻灯片中要使用表格时，首先需要插入表格，具体操作步骤如下。

❶ 选中目标幻灯片，在“插入”→“表格”选项组中，单击“表格”下拉按钮，在展开的设置菜单的表格框内使用鼠标拖动确定合适的表格行列数，如图 8-6 所示。

❷ 确定行数与列数后，单击鼠标即可插入表格，如图 8-7 所示。

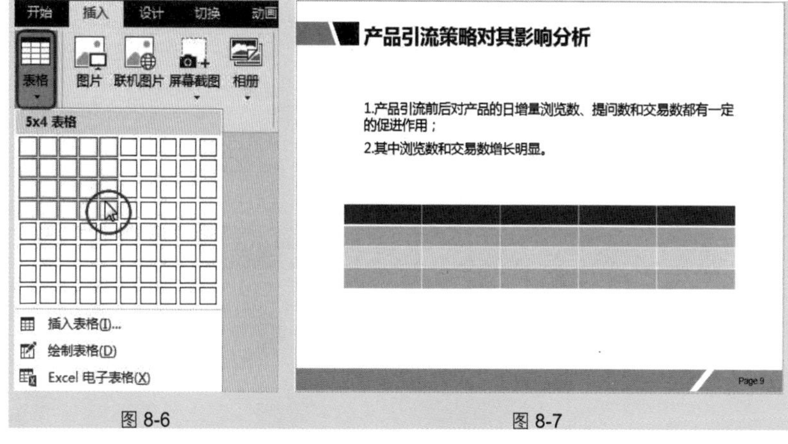

图 8-6　　图 8-7

应用扩展

通过表格框最多可插入 10 列 8 行的表格，若需要超过这个规格的表格，在展开设置菜单中选择“插入表格”命令（如图 8-8 所示），在打开的“插入表格”对话框中设置“列数”和“行数”（如图 8-9 所示），单击“确定”按钮即可。

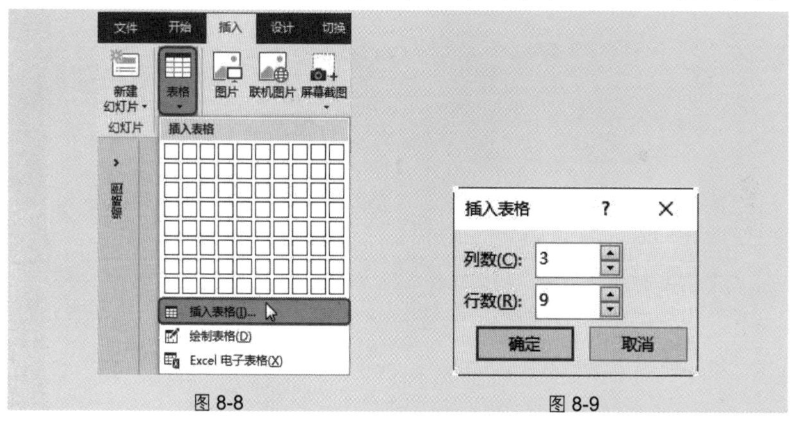

图 8-8　　图 8-9

技巧 3　自定义符合要求的表格框架

在创建表格时并不完全是一一对应的关系，很多时候会是一对多的关系，这时在默认表格中就需要执行合并单元格或是拆分单元格的操作来重新布局表格的结构。

❶ 选中需要合并的单元格区域，可以是多行、多列，或是多行多列的一个区域（如图 8-10 所示），在“布局”→“合并”选项组中选择“合并单元格”

命令（如图 8-11 所示），可以看到该列两行单元格合并成一行，如图 8-12 所示。

❷ 按照同样的方法合并其他单元格，即可达到如图 8-13 所示的效果。

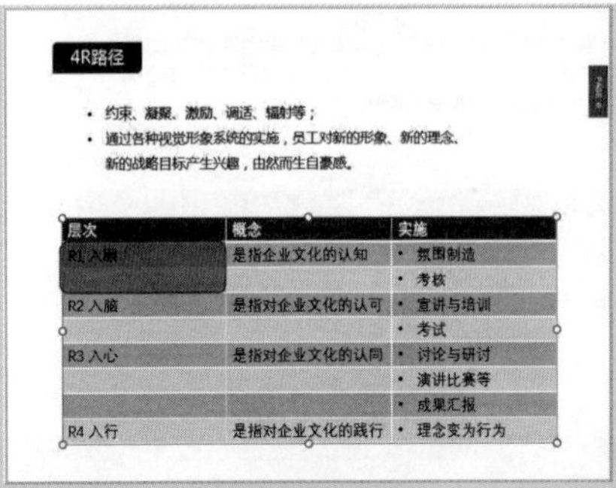

图 8-10 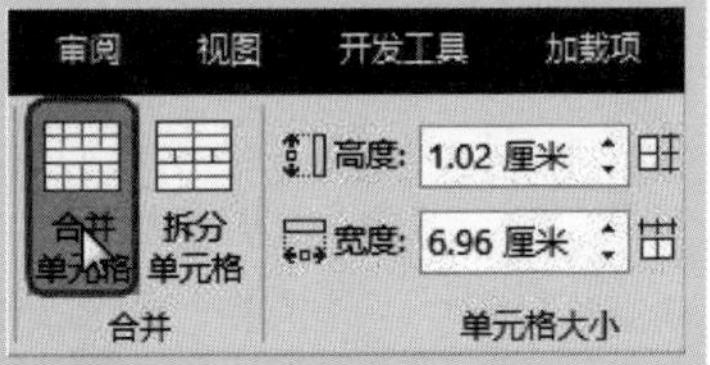　　图 8-11

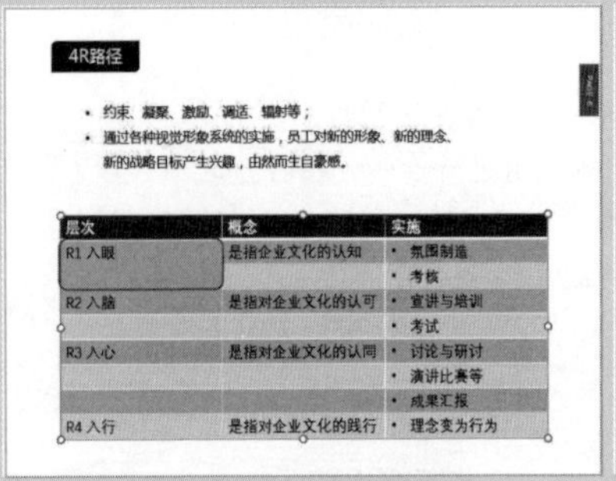

图 8-12 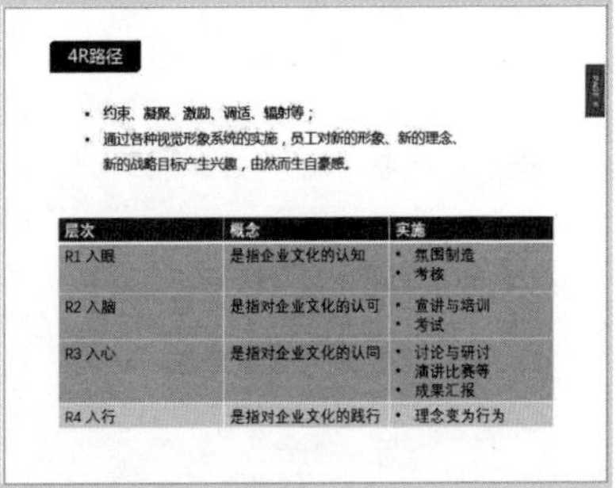　　图 8-13

应用扩展

如果需要拆分单元格，那么就按以下方法操作。

❶ 同时选中需要拆分的几个单元格（如图 8-14 所示），在“布局”→“合并”选项组中单击“拆分单元格”按钮，打开“拆分单元格”对话框，设置要拆分的列数与行数，如图 8-15 所示。

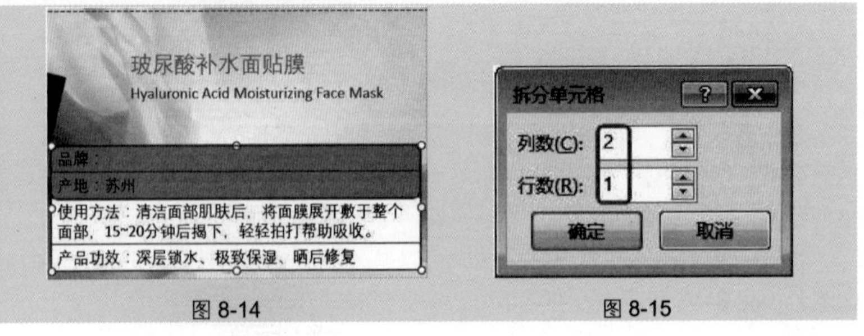

图 8-14　　图 8-15

❷ 单击“确定”按钮即可对单元格进行拆分，达到如图 8-16 所示的效果。

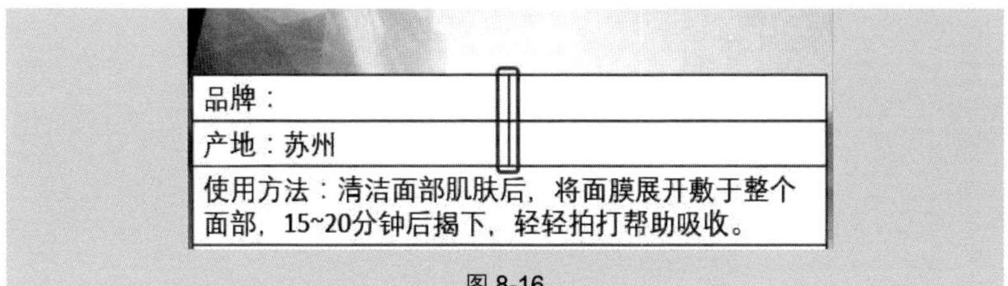

图 8-16

应用扩展

在表格中输入内容时，会发现数据默认显示在左上角位置，即默认对齐方式为“左对齐 - 顶端对齐”，此时可以将对齐方式调整为“水平居中”。

选中整张表格，在“布局”→“对齐方式”选项组中同时单击“居中”和“垂直居中”两个按钮，即可一次性实现表格中所有内容居中显示的效果。

技巧 4　表格行高、列宽的调整

创建好表格后，其单元格的行高和列宽是默认值，如果输入内容过多，将会无法显示全部的文本，这时候就需要对单元格大小（高度、宽度）进行调整。

❶ 选中需要调整的行或列（如图 8-17 所示），或者将光标定位在单元格中，在“布局”→“单元格大小”选项组中，在“高度”和“宽度”文本框中填入行高和列宽数据，也可以利用上下调节按钮进行调节，如图 8-18 所示。

❷ 此时可以看到选中的单元格以设置的高度和宽度显示，如图 8-19 所示。

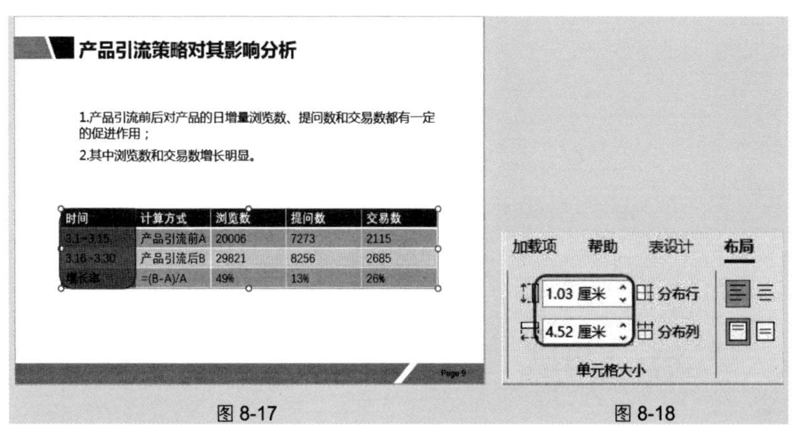

图 8-17　　图 8-18

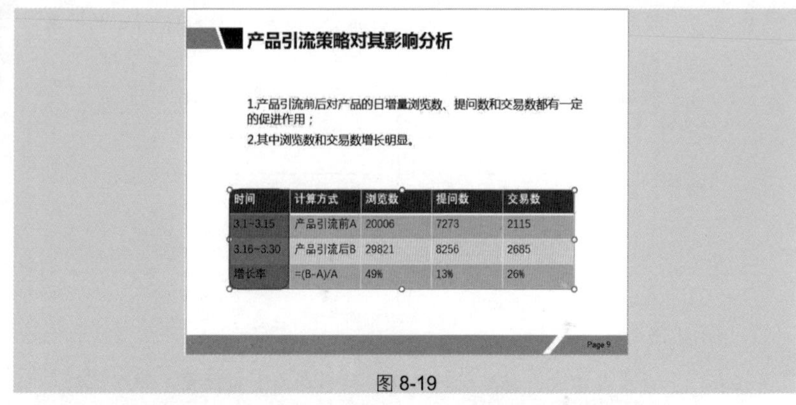

图 8-19

❸ 或者将鼠标指针定位在分割线上，按住 Alt 键并同时拖动鼠标也可以调整列宽或行高。如图 8-20 所示为对列宽的调整，如图 8-21 所示为对行高的调整。

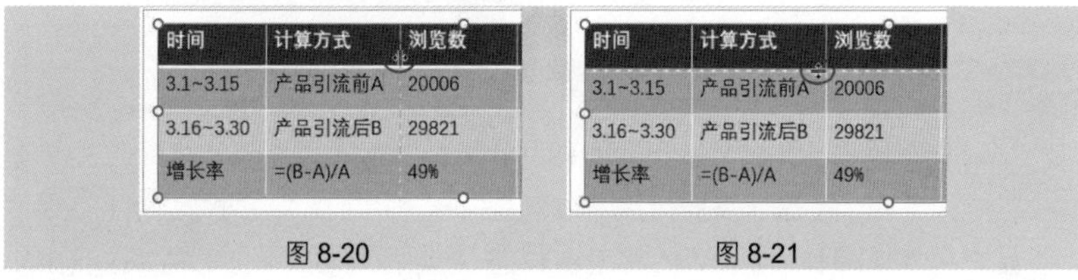

图 8-20　　图 8-21

应用扩展

如果想调整行高，那么该如何调整呢？例如，下面增加第一行的行高。

❶ 将鼠标定位于第一行表格内部的横框线边缘，当出现横框线上下移动控制点时，按住鼠标向下拖曳（如图 8-22 所示），拖至合适的位置释放鼠标。

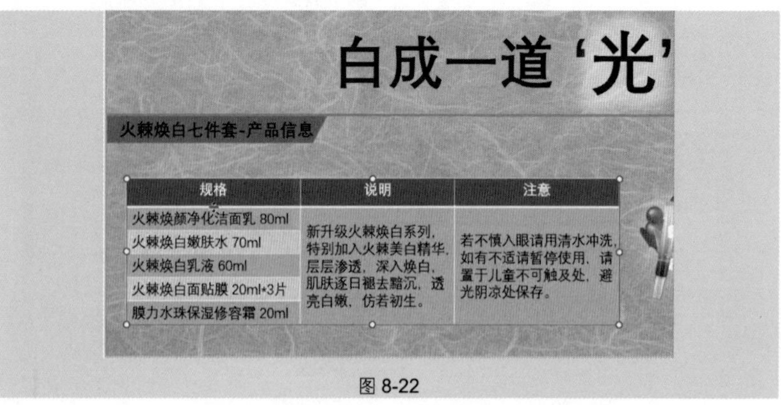

图 8-22

❷ 增大行高后，行内文字默认是顶端对齐的，在“布局”→“对齐方式”选项组中单击“垂直居中”按钮（如图 8-23 所示），即可将文字位置调整到框内正中位置。

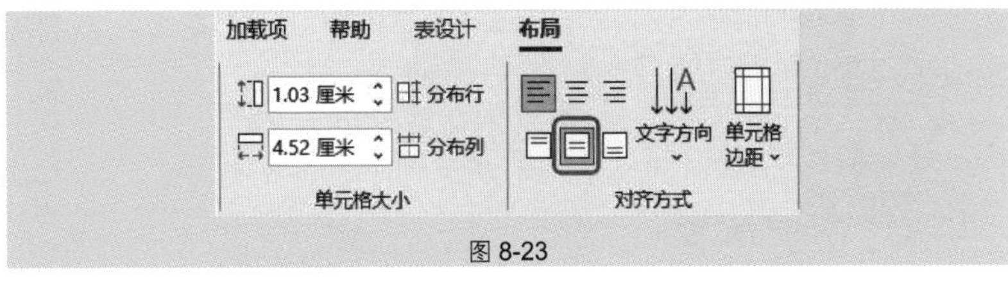

图 8-23

技巧 5　一次性让表格具有相等行高和列宽

在手动调整行高、列宽时，难免会出现行高、列宽不统一的情况，如果表格内容分布均衡，则可以快速设置其等行高、等列宽效果。通过“分布行”功能可以实现让选中行的行高平均分布，“分布列”功能则可以实现让选中列的列宽平均分布。

❶ 选中需要调整的列后（如图 8-24 所示），在“布局”→“单元格大小”选项组中单击“分布列”按钮（如图 8-25 所示），即可实现平均分布这几列的列宽，如图 8-26 所示。

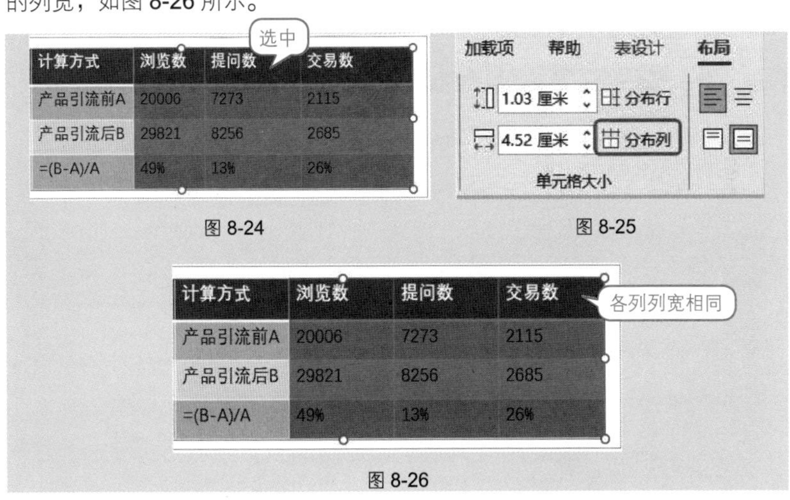

图 8-24　图 8-25

图 8-26

❷ 同理，再单击“分布行”按钮，就可以实现平均分布表格的行高。在执行“分布行”“分布列”操作时，如果选中的是整张表，其操作将应用于整张表的行列。如果只想部分区域应用分布效果，则可以在执行操作前准确选中该区域。

技巧6 成比例缩放表格

表格就像图片和图形一样，如果不想单独地调整行高与列宽，可以锁定纵横比后再进行调整，这样就可以实现等比例缩放。

❶ 选中表格，在“布局”→“表格尺寸”选项组中，选中“锁定纵横比”复选框，如图8-27所示。

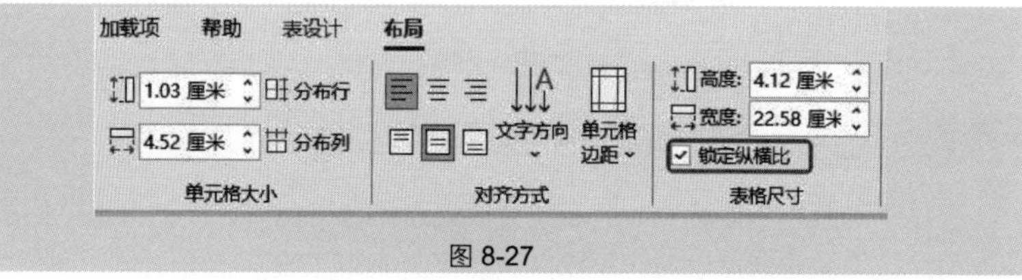

图8-27

❷ 调整表格时，将鼠标定位于拐角处的控点上，按住鼠标进行拖动即可实现表格的等比例缩放，如图8-28所示。

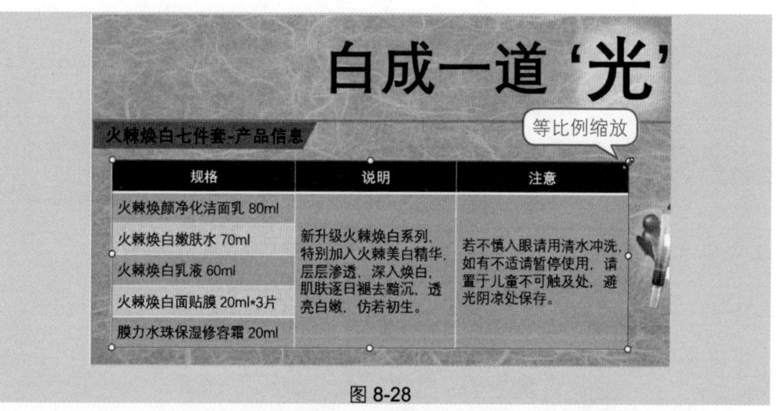

图8-28

技巧7 隐藏/显示任意框线

在美化与设计表格的过程中，总是不断地要在边框或填充颜色的搭配上下功夫。当表格具有默认线条时，我们可以先取消其默认的线条，需要应用时再为其添加自定义线条，操作方法如下。

选中表格、单元格或行列后（如图8-29所示为初始表格），在“表设计”→“表格样式”选项组中单击“边框”下拉按钮。在展开的下拉列表中选择要设置的选项，如选择“无框线”选项（如图8-30所示），即可取消表格的所有框线，如图8-31所示。

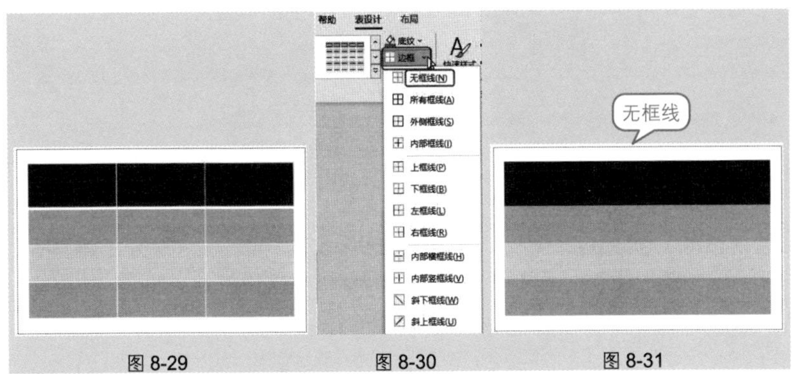

图 8-29　　图 8-30　　图 8-31

并非所有的区域都需要使用默认的线条样式或相同的线条样式，因此在这种情况下也要不断地取消特殊区域的框线，再按实际情况为特殊区域应用需要的框线。

如图 8-32 所示的表格是在“边框”下拉列表中选择了“所有框线”选项（其框线的格式是经过设置的，后面例子中会讲到）。如图 8-33 所示的表格是选中了第一行，然后选择了“上框线”和“下框线”选项。

图 8-32　　图 8-33

要想实现下框线效果，首先要选中全表，选择“无框线”选项取消所有框线，再选中第一行单元格区域，选择“下框线”选项（如图 8-34 所示），才能达到如图 8-35 所示的下框线效果。

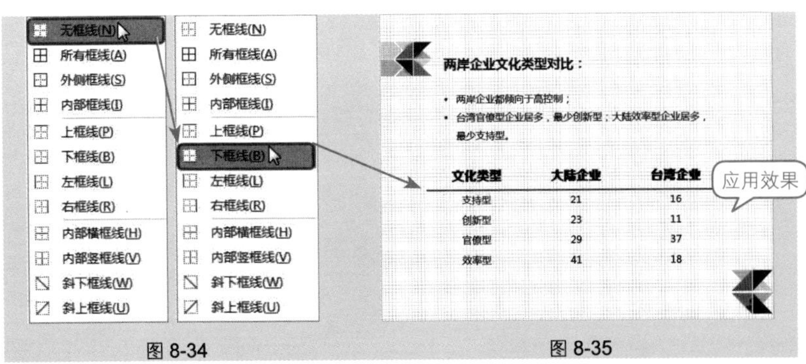

图 8-34　　图 8-35

技巧 8　套用表格样式一键美化

创建表格后，程序也提供了一些可供套用的表格样式。

❶ 选中表格，在“表设计”→“表格样式”选项组中单击按钮（如图 8-36 所示），在打开的下拉列表中显示出了各种表格样式（如图 8-37 所示），当光标指向相应样式时即可预览效果，以方便用户查看是否是所需要的样式。

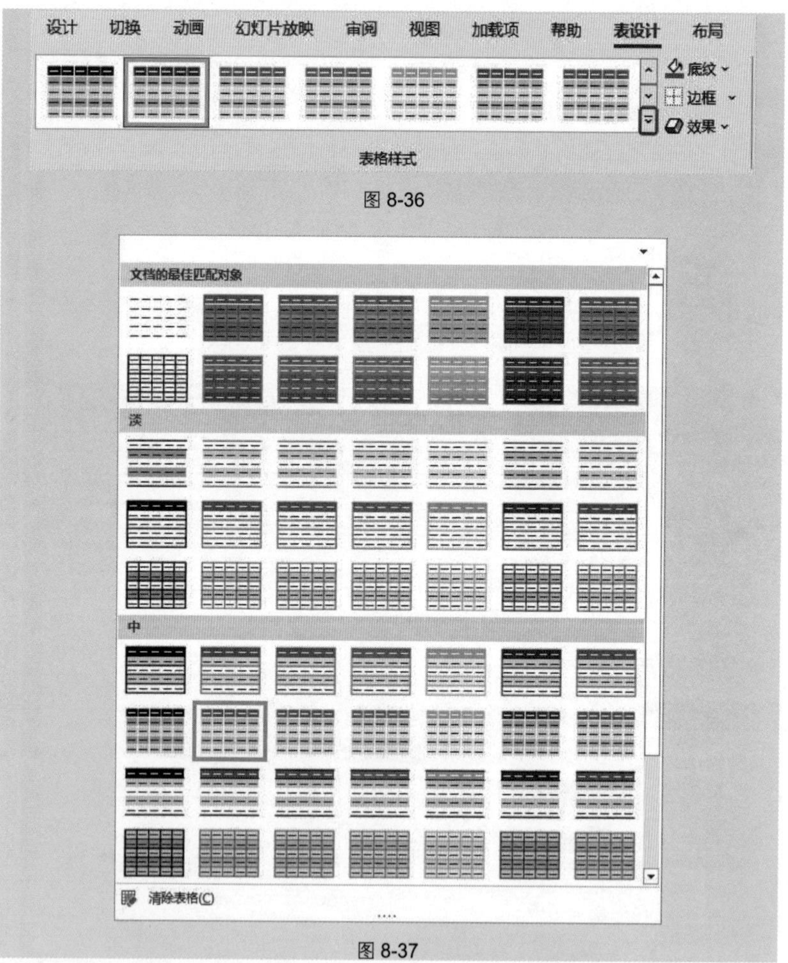

图 8-36

图 8-37

❷ 如图 8-38、图 8-39 所示即为分别套用了“主题样式 1，强调 3”和“深色样式 1，强调 2”的表格样式。

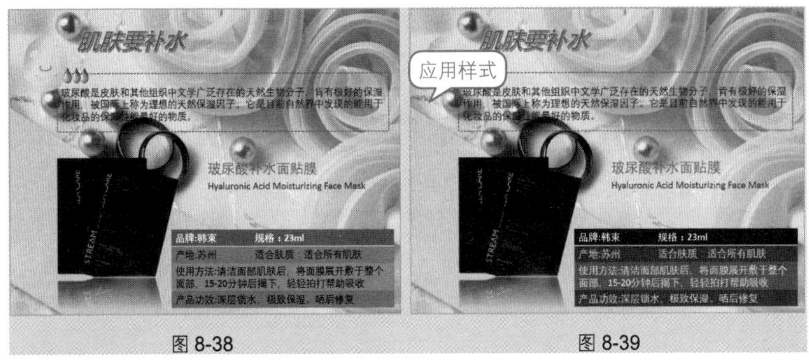

图 8-38　　图 8-39

技巧 9　为表格数据设置合理的对齐方式

在表格中输入内容时，数据默认显示在左上角位置，即默认对齐方式为“左对齐 - 顶端对齐”，如图 8-40 所示。当表格的单元格较宽，或者行高较大时，显示效果会很不美观，此时可以将对齐方式调整为“水平居中”，以达到如图 8-41 所示的效果，调整方法如下。

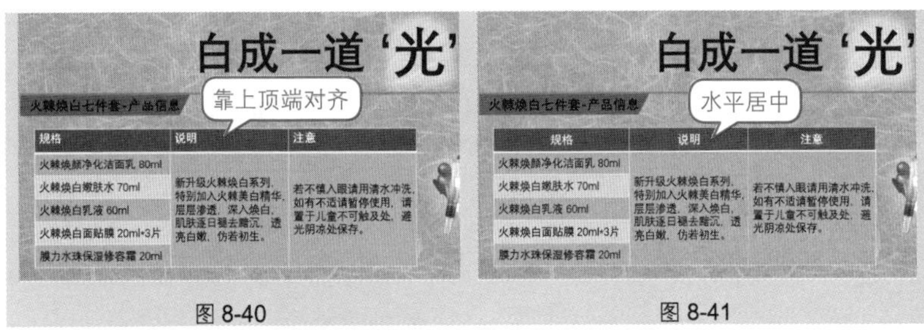

图 8-40　　图 8-41

选中整张表格，在“布局”→“对齐方式”选项组中依次选择“居中”和“垂直居中”两个命令，如图 8-42 所示，即可一次性实现表格中所有内容居中显示的效果。

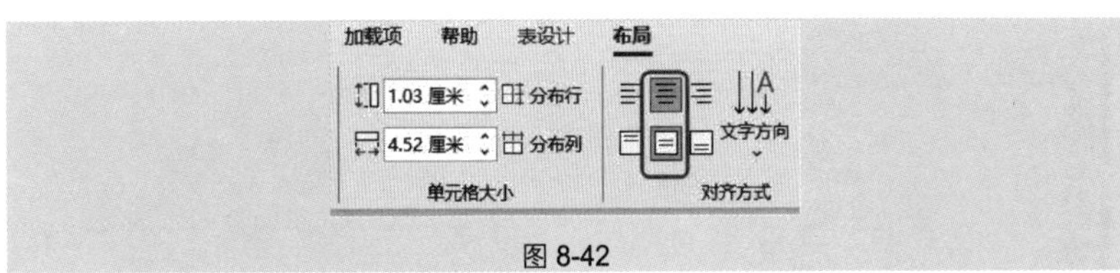

图 8-42

专家点拨

在“对齐方式”选项组中还有其他几个对齐设置按钮，我们可以按照当前的设计需要去合理地设置对齐方式，方法都是先选中目标单元格，然后选择相应的命令即可立即应用。

技巧 10　自定义设置不同的框线

在前面的技巧 7 中我们学会了如何取消与应用框线，其实在应用框线前可以先设置框线的格式，如使用什么线型、什么颜色、什么粗细程度的线条。设置线条格式后，再按技巧 7 的方法可以将边框线条应用到任意需要的位置上，操作方法如下。

选中表格，在“表设计”→“绘图边框”选项组中，可以设置边框线条的线型（如图 8-43 所示）、粗细（如图 8-44 所示）以及颜色（如图 8-45 所示）。设置完成后，配合边框设置以及底纹颜色设置，或直接通过“绘制表格”设置自定义表格边框，可将如图 8-46 所示的初始表格绘制成如图 8-47 所示的应用了边框线条的表格。

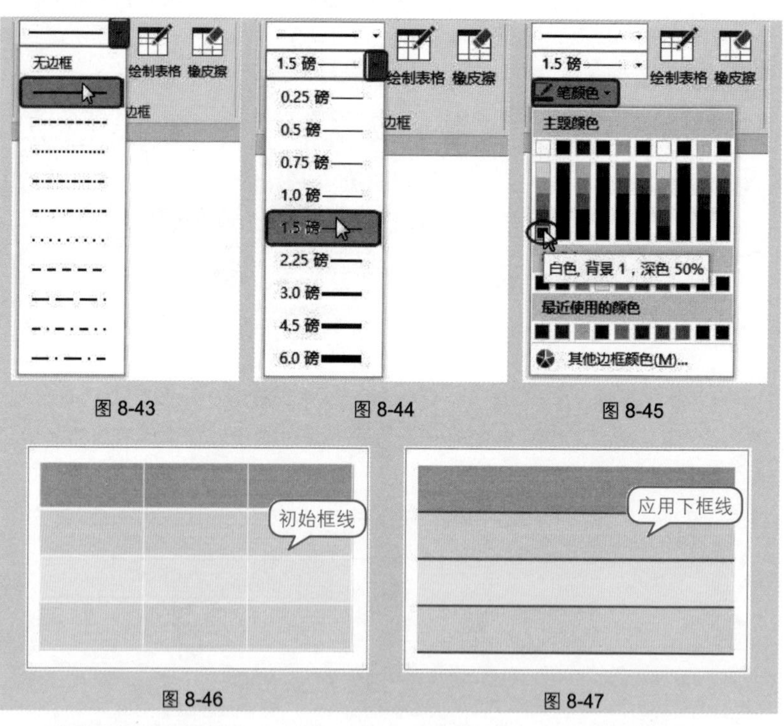

图 8-43　图 8-44　图 8-45

图 8-46　图 8-47

当需要其他边框样式时，我们可以再次设置线条，并按实际需要进行应用，如图 8-48 所示表格为应用了加粗的虚线上框线与下框线。

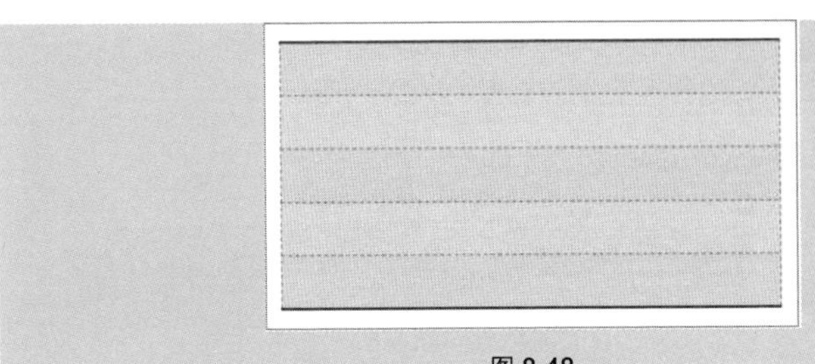

图 8-48

例如，图 8-49 幻灯片中表格的框线效果在设置时经历了如下几个步骤。

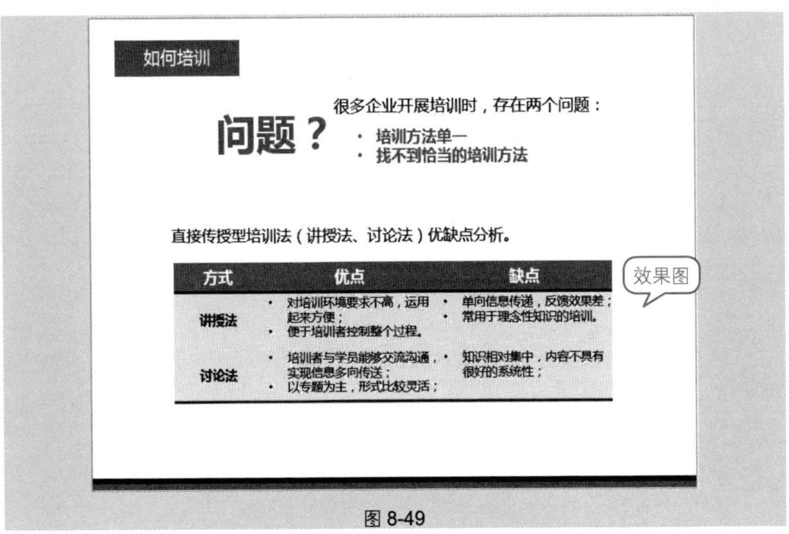

方式	优点	缺点
讲授法	• 对培训环境要求不高，运用起来方便； • 便于培训者控制整个过程。	• 单向信息传递，反馈效果差； • 常用于理念性知识的培训。
讨论法	• 培训者与学员能够交流沟通，实现信息多向传送； • 以专题为主，形式比较灵活；	• 知识相对集中，内容不具有很好的系统性；

图 8-49

❶ 选中表格，通过选择“无边框”选项取消所有框线。

❷ 选中第一行单元格区域（如图 8-50 所示），在“绘制边框”选项组中设置线条样式、粗细值与笔的颜色，如图 8-51 所示。

❸ 在“边框”按钮下拉列表中选择“下框线”选项（如图 8-52 所示），应用效果如图 8-53 所示。

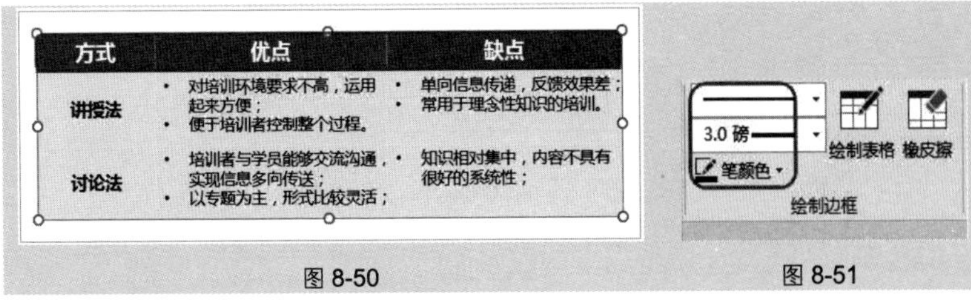

方式	优点	缺点
讲授法	• 对培训环境要求不高，运用起来方便； • 便于培训者控制整个过程。	• 单向信息传递，反馈效果差； • 常用于理念性知识的培训。
讨论法	• 培训者与学员能够交流沟通，实现信息多向传送； • 以专题为主，形式比较灵活；	• 知识相对集中，内容不具有很好的系统性；

图 8-50　　图 8-51

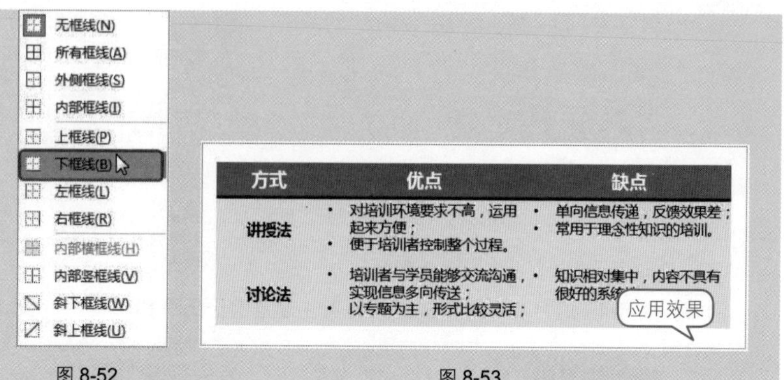

图 8-52　　图 8-53

❹ 接着选中最后一行，应用相同格式的“下框线”。

应用扩展

在添加框线时，一般是采用在“边框”按钮的下拉列表中选择相应的选项去应用。除此之外还有一种更为便捷的方法，就是手绘框线，只要先设置好框线的格式，然后在需要添加的位置上拖动鼠标指针即可添加框线。

❶ 先在“表设计”→“绘制边框”选项组中设置线条样式、粗细值与笔的颜色；然后单击“绘制表格”按钮（如图 8-54 所示），此时鼠标指针变为笔形状。

❷ 依次在需要添加框线的位置上拖动鼠标指针即可形成线条（如图 8-55 所示），完成效果如图 8-56 所示。

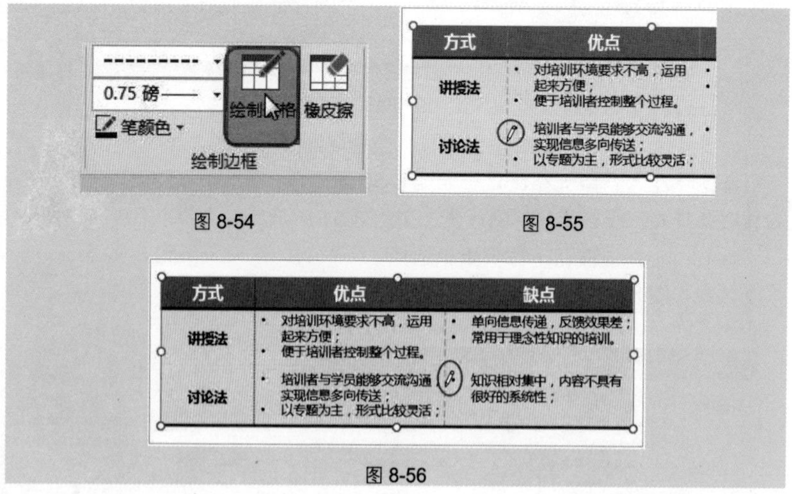

图 8-54　　图 8-55

图 8-56

框线绘制完成后，需要再单击一次“绘制表格”按钮退出启用状态。

专家点拨

框线的设置是一个不断调整的过程，一直遵循三个步骤：一是设置线条格式，二是选中要应用的单元格，三是将设置的线条应用于选中区域的那个部位。

当然为一张表格设置满意的线条格式一般不能一次性实现，可能需要多次的调整。只要一直遵循上面讲的三个步骤不断调整即可。

技巧 11　自定义单元格的底纹色

在美化表格时，设置底纹色也是必备操作。一般会用底纹色突出显示列标识，或突出强调数据，最常用的是纯色底纹。

❶ 准确选中要设置的单元格区域，在“表设计”→“表格样式”选项组中选择“底纹”命令，选择需要的颜色，如图 8-57 所示。

❷ 单击即可应用到选中的区域，如图 8-58 所示。

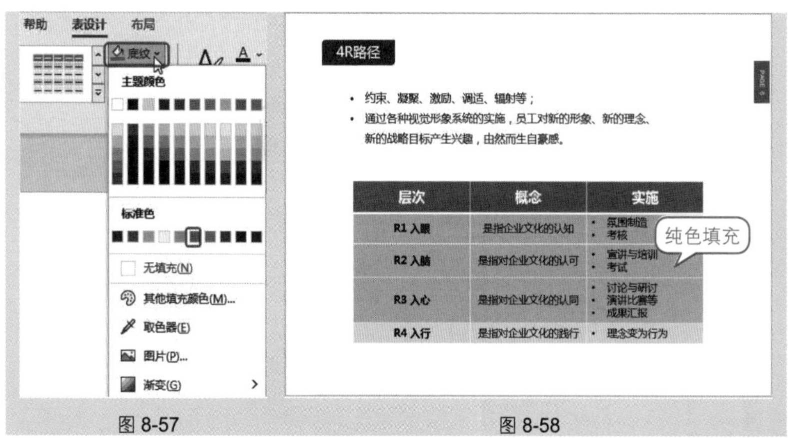

图 8-57　　图 8-58

技巧 12　突出表格中的重要数据

当表格中的数据和文本量比较大时，对重点数据的强调就显得很有必要。一方面可以美化表格，另一方面也能保障更直观地传达重要信息。对于重要数据的强调，可以采取如下几种方式。

一、底纹色强调

底纹色强调是一种很常用的突出显示方式。通常情况下都会设置表格的行列标识为特殊底纹效果，让人能瞬间得知数据的分类情况，如图 8-59、图 8-60 所示。

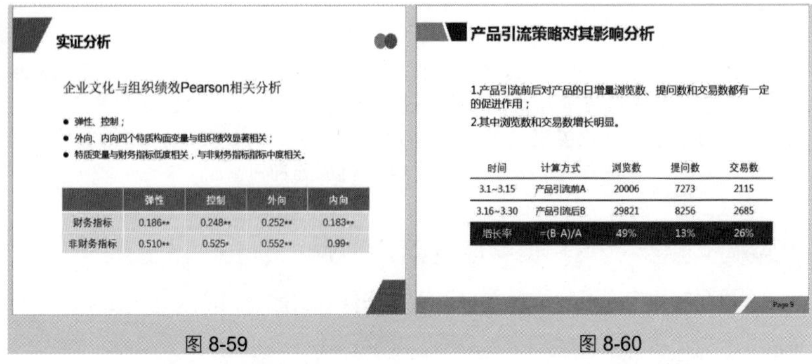

图 8-59　　图 8-60

二、特殊单元格强调

对于一些特殊的单元格，还可以只对单元格进行强调设置，如加大字号、设置单元格底纹、设置图形修饰等，如图 8-61、图 8-62 所示。

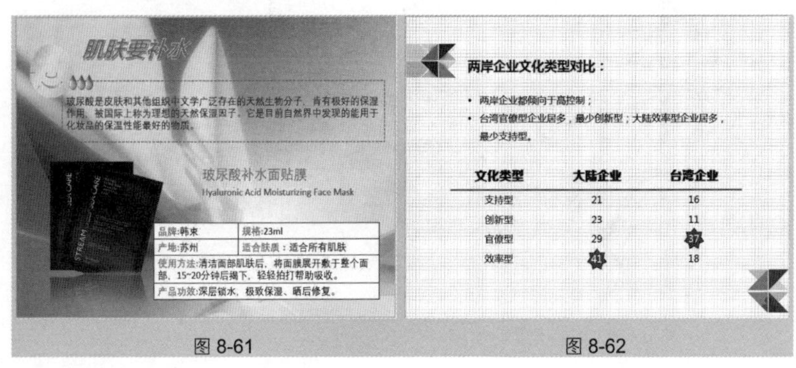

图 8-61　　图 8-62

专家点拨

想达到强调的效果，就不能普遍设置强调。当表格中强调的方法太多，或者强调的位置太多时，反而会失去强调的作用。

技巧 13　巧用表格布局幻灯片版面

表格不但可以用来给出统计数据、更清晰地展示条目文本，同时它还可以用来布局幻灯片的版面，通过活用表格填充的功能来实现不同的设计。下面给出几个例图。

在“表设计”→“表格样式”选项组中单击“底纹”下拉按钮，在展开的菜单中可以看到“图片”“渐变”“纹理”几个选项，如图 8-63 所示。

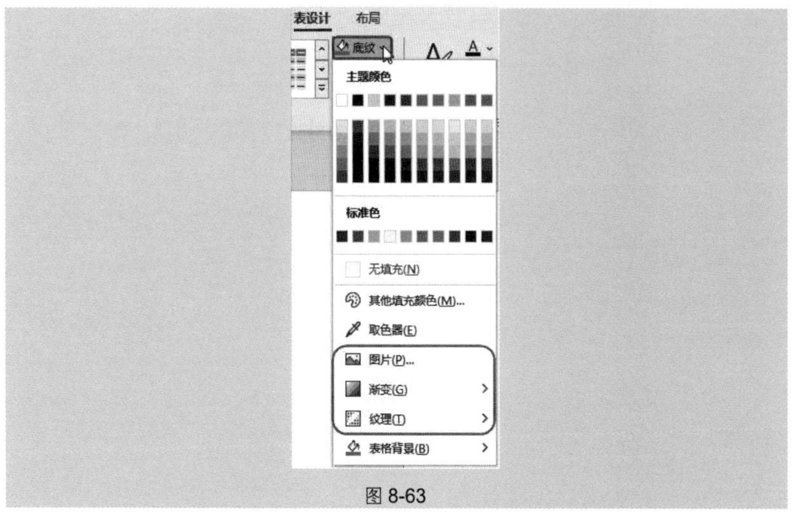

图 8-63

一、图片填充布局版面

图 8-64 使用了表格来布局版面，整体使用纯色填充，部分单元格区域使用了图片填充，其设置方法如下。

图 8-64

选择“图片”命令，找到图片存放路径并选中图片，单击“插入”按钮，即可将图片作为底纹填充。

二、渐变填充布局版面

图 8-65 也使用了表格来布局版面，整体使用纯色填充，对主要的文字部

分设置为渐变填充，具有突出主题的作用，其设置方法如下。

鼠标指向“渐变”，在展开的子菜单中单击“其他渐变”选项，打开“设置形状格式”窗格，“类型”选择“射线”，保持两个渐变光圈，一个在 0% 位置处，设置“颜色”为“白色”，另一个在 100% 位置处，设置“颜色”为“黄色”，如图 8-66 所示。

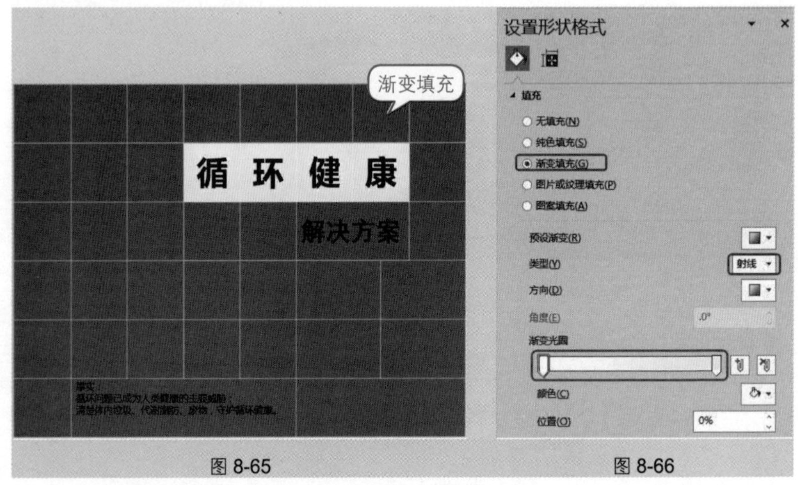

图 8-65　　　　图 8-66

三、纹理填充布局版面

鼠标指向“纹理”，在展开的子菜单中可选择填充色（如图 8-67 所示）。如图 8-68 所示的幻灯片中，首先使用了全表覆盖幻灯片，然后使用了“胡桃”和“栎木”的纹理交替填充布局版面。

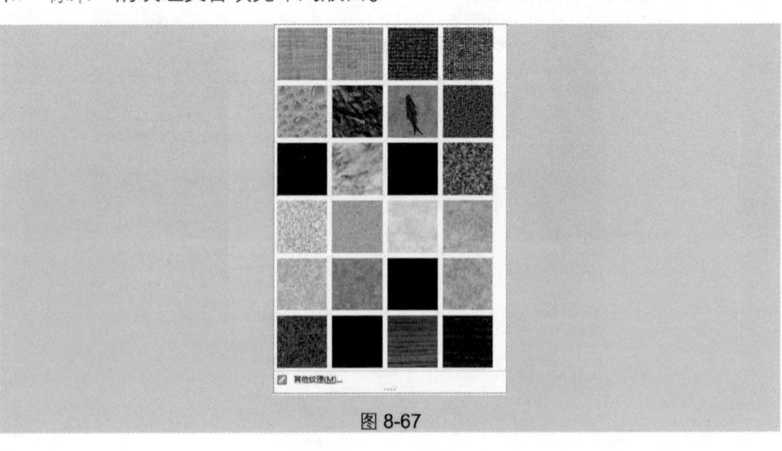

图 8-67

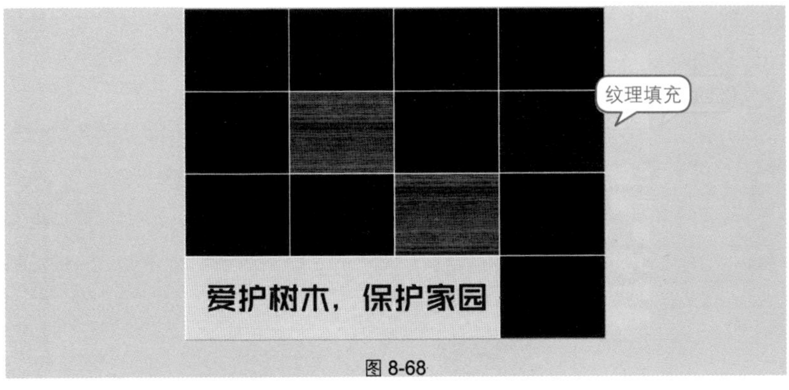

图 8-68

下面再介绍两个其他填充方式布局版面。

一、不同透明度填充布局版面

在设置底纹色时，默认是本色填充，如果对其透明度进行调整，则可以获得别具一格的设置效果，如图 8-69 所示是使用部分单元格半透明填充交替使用的效果。其设置方法如下。

在单元格或单元格区域上右击鼠标，在弹出的快捷菜单中选择“设置形状格式”命令，打开“设置形状格式”窗格，在“填充”栏中设置填充颜色后，可以对“透明度”进行调整，如图 8-70 所示。

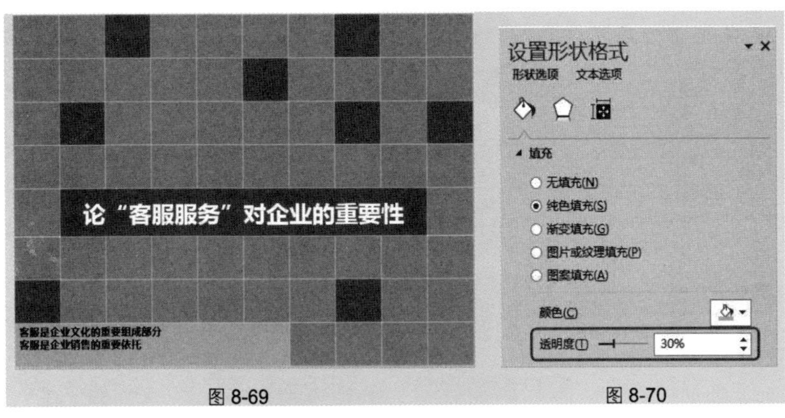

图 8-69　　图 8-70

二、表格背景功能布局版面

表格背景功能也可以实现对幻灯片版面的布局。其设置方法如下。

在“表设计”→“表格样式”选项组中单击“底纹”下拉按钮，在展开的菜单中选择“表格背景”命令，在其子菜单中选择“图片”命令（如图8-71所示），打开“插入图片”对话框，找到图片存放路径并选中图片，单击“插入”按钮，即可填充图片为表格背景。

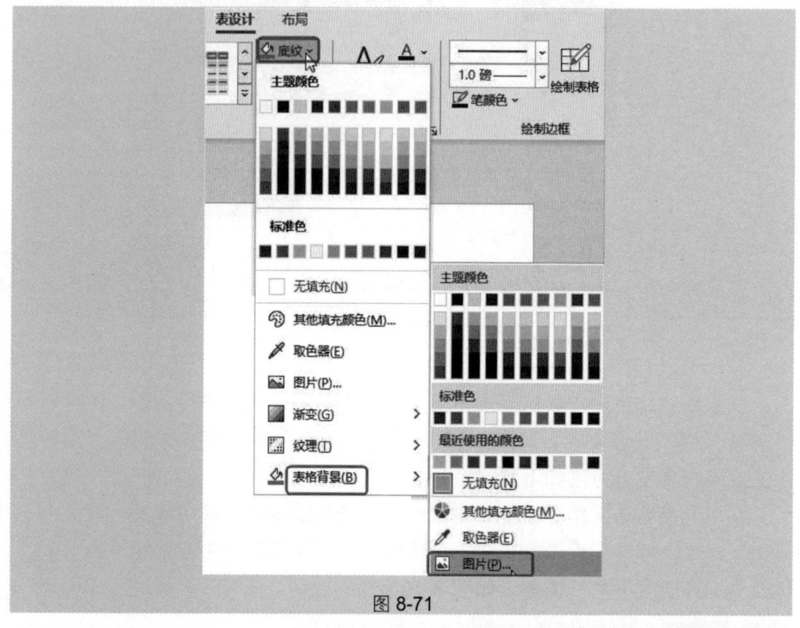

图 8-71

如图8-72所示的设计思路是先创建一个覆盖整张幻灯片的表格，然后设置图片为表格的背景，再设置大部分单元格为纯色的半透明填充，这样就形成了不错的设计效果。

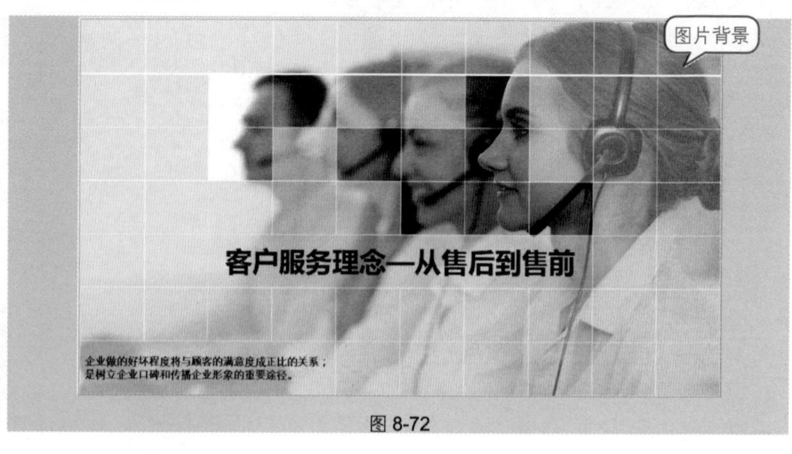

图 8-72

专家点拨

在为表格添加背景时，如果表格已经使用了程序中的内置样式，则首先要将其删除，否则即使为表格添加了背景，也不会在PPT中显示出背景样式。

删除内置样式的方法如下。

选中表格，在“表设计”→“表格样式”选项组中单击按钮，在下拉列表中选择“清除表格”命令即可。

技巧 14 复制使用 Excel 表格

如果幻灯片中要使用的表格在 Excel 中已经创建，则可以直接复制使用，而且操作起来也很方便。

❶ 在 Excel 工作表中按 Ctrl+C 组合键复制表格，如图 8-73 所示。

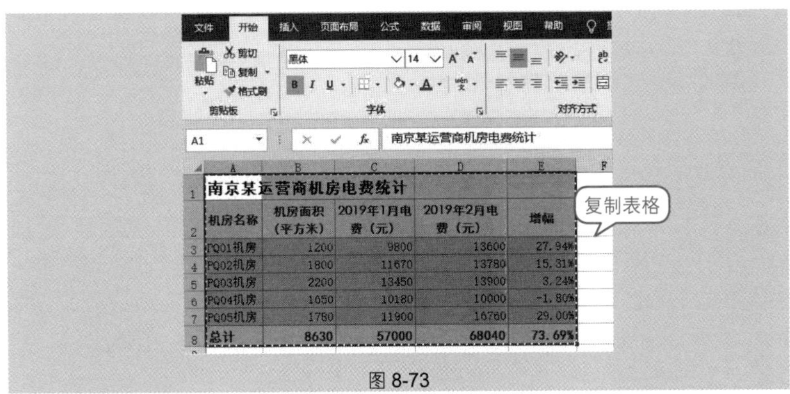

南京某运营商机房电费统计				
机房名称	机房面积（平方米）	2019年1月电费（元）	2019年2月电费（元）	增幅
PQ01机房	1200	9800	13600	27.94%
PQ02机房	1800	11670	13780	15.31%
PQ03机房	2200	13450	13900	3.24%
PQ04机房	1050	10180	10000	-1.80%
PQ05机房	1780	11900	16760	29.00%
总计	8630	57000	68040	73.69%

图 8-73

❷ 切换到幻灯片中，按 Ctrl+V 组合键粘贴表格，如图 8-74 所示。

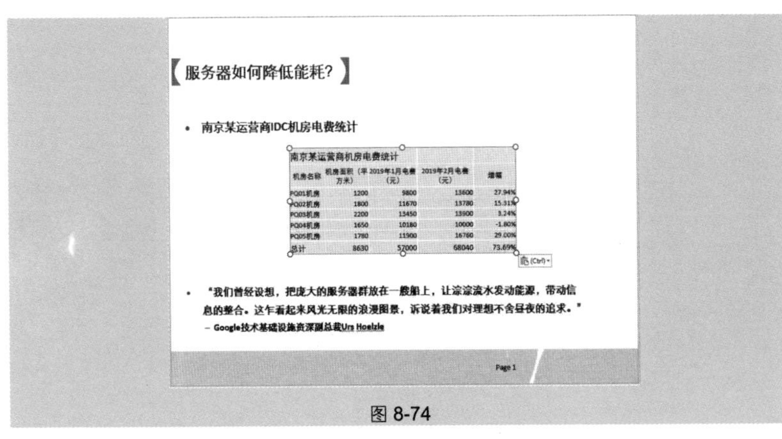

图 8-74

❸ 单击“粘贴选项”下拉按钮，在打开的下拉列表中选择“保留源格式”命令，如图 8-75 所示。

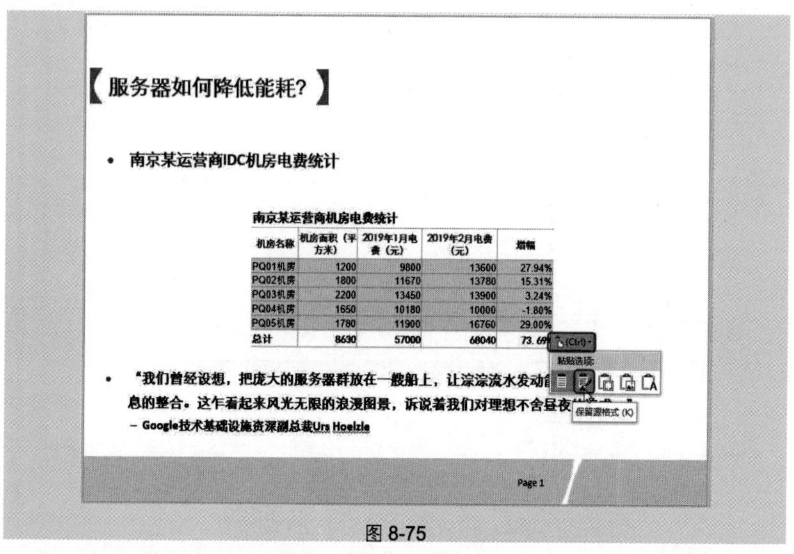

机房名称	机房面积（平方米）	2019年1月电费（元）	2019年2月电费（元）	增幅
PQ01机房	1200	9800	13600	27.94%
PQ02机房	1800	11670	13780	15.31%
PQ03机房	2200	13450	13900	3.24%
PQ04机房	1650	10180	10000	-1.80%
PQ05机房	1780	11900	16760	29.00%
总计	8630	57000	68040	73.69%

图 8-75

❹ 将表格移至合适的位置，选中表格，在功能区中可以看到“表设计”和“布局”选项卡（如图 8-76 所示），若对表格的格式不满意，还可以像编辑普通表格一样对表格进行补充编辑。

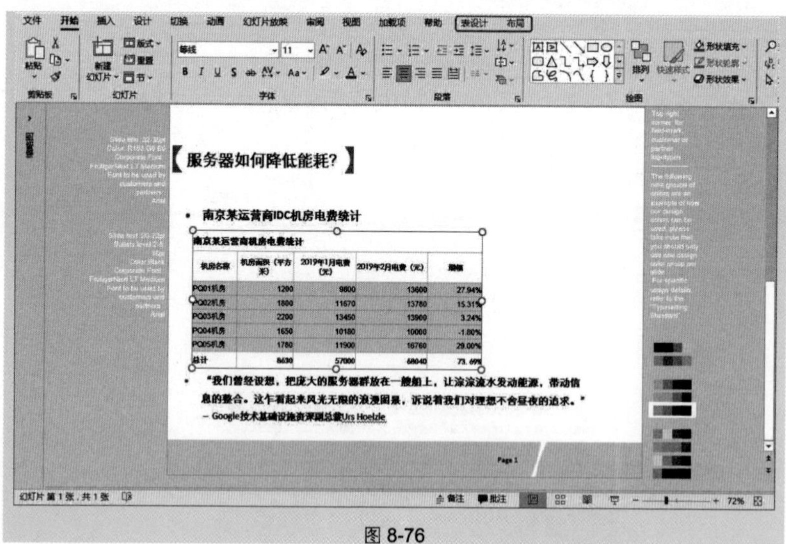

图 8-76

专家点拨

“粘贴选项”中的几个按钮功能如下。

使用目标样式：即让表格的外观样式匹配当前幻灯片的格式，如主题色等（直接执行复制时的默认项）。

保留源格式：即让表格的外观样式保留原来在 Excel 中的设置效果。

嵌入：即将 Excel 程序嵌入 PPT 程序中，以此方式粘贴后，双击表格即可进入 Excel 编辑状态，这会增加幻灯片体积，一般不建议使用。

图片：即将表格直接转换为图片插入到幻灯片中。

8.2 幻灯片中图表的创建及编辑

技巧 15 了解用于幻灯片中的几种常用图表类型

合适的数据图表可以让复杂的数据更加可视化，这在幻灯片中显得尤其重要，它可以让观众瞬间抓住重点，达到迅速传达信息的目的。如果要制作的幻灯片牵涉数据分析与比较时，建议使用图表来展示数据结果。

一、柱形图

柱形图是一种以柱子的高低来表示数据值大小的图表，用来描述一段时间内数据的变化情况，也用于对多个系列数据的比较。图 8-77、图 8-78 都是建立了柱形图的幻灯片。

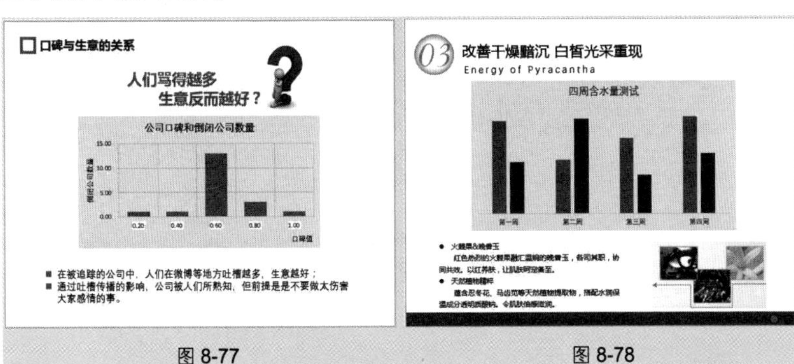

图 8-77　　图 8-78

二、条形图

条形图也是用于数据大小比较的图表，可以看作旋转了的柱形图，在制作条形图时，一般可以先将数据排序，这样其大小比较会更加直观明了。如图 8-79 所示为建立了条形图的幻灯片。

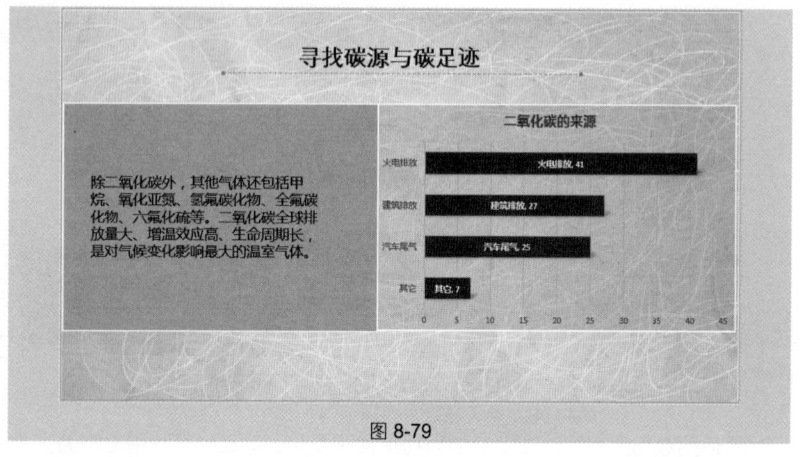

图 8-79

三、饼图

饼图可以显示一个数据系列中各项的大小与各项总和的比例。所以，在强调同系列某项数据在所有数据中的比例时，饼图具有很好的效果。如图 8-80 所示为建立了饼图的幻灯片。

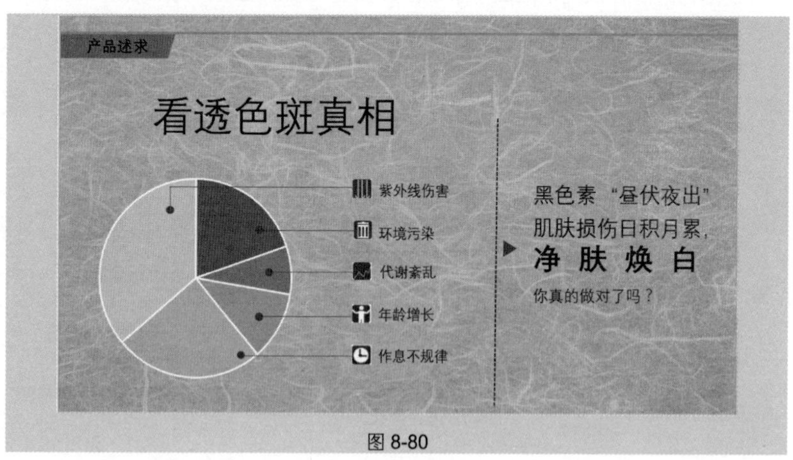

图 8-80

四、折线图

折线图用于展现随时间有序变化的数据，表现数据的变化趋势。如

图 8-81、图 8-82 所示为建立了折线图的幻灯片。

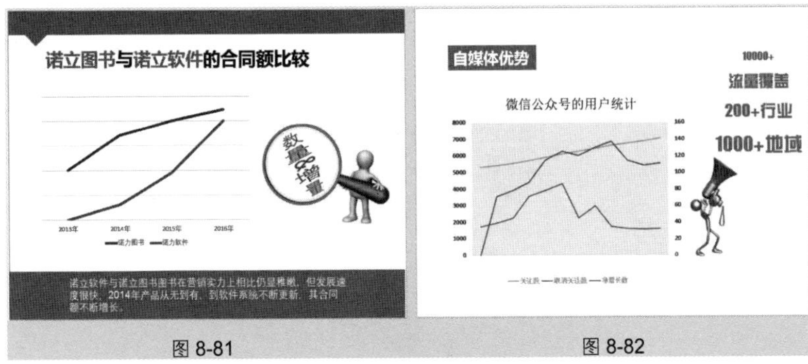

图 8-81　　图 8-82

图表的种类是多种多样的，PPT 中提供多个图表类型，其中包含组合图表和多种子图表类型，各自在表达的重点上也有所区别。

技巧 16　创建新图表

要使用图表，首先需要创建新图表。本例以柱形图为例来介绍创建新图表的方法，具体操作如下。

❶ 在“插入”→“插图”选项组中单击“图表”按钮（如图 8-83 所示），打开“插入图表”对话框，用鼠标选中“柱形图”，在其右侧子图表类型下选择“簇状柱形图”，如图 8-84 所示。

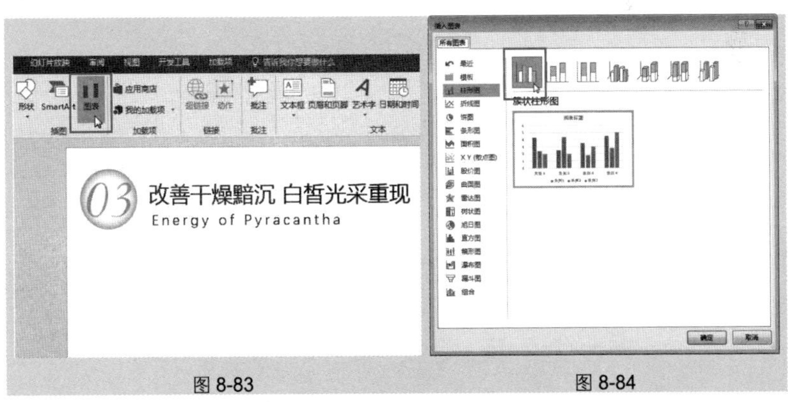

图 8-83　　图 8-84

❷ 此时，幻灯片编辑区显示出新图表，其中包含编辑数据的表格“Microsoft PowerPoint 中的图表”，如图 8-85 所示。

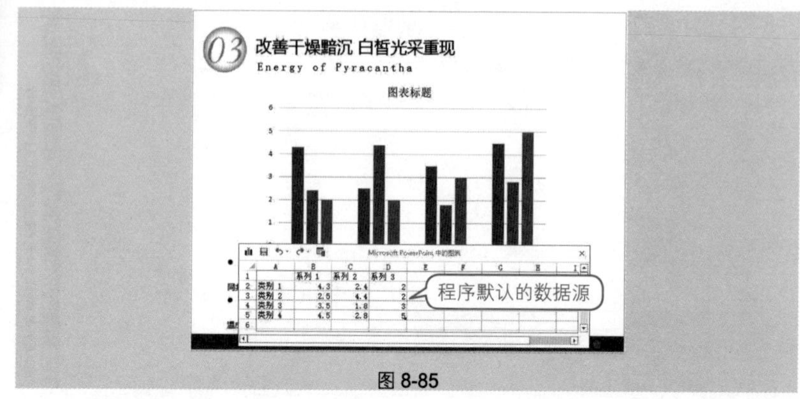

图 8-85

❸ 向对应的单元格区域中输入数据，可以看到柱状图图形随数据变化而变化（如图 **8-86** 所示），输入完成后，单击“关闭”按钮关闭数据编辑窗口，在幻灯片中通过拖动尺寸控制点调整图表的大小，如图 **8-87** 所示。

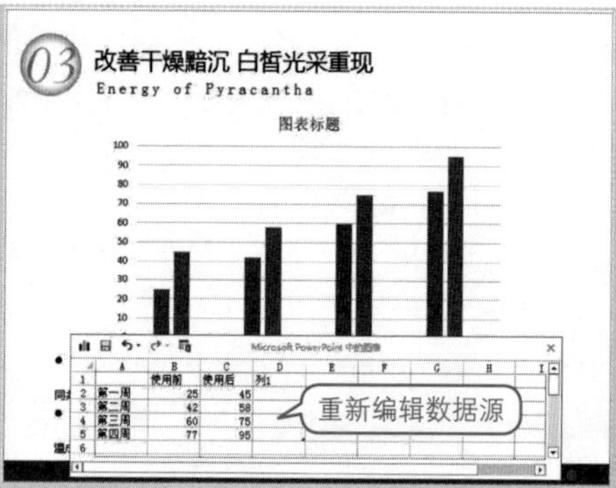

图 8-86

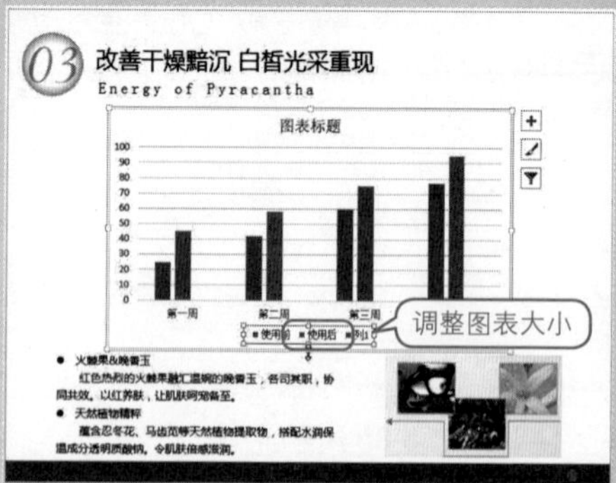

图 8-87

❹ 将光标定位到“图表标题”文本框，删除原文字后输入新的图表标题（如图 8-88 所示）即可创建新的图表。

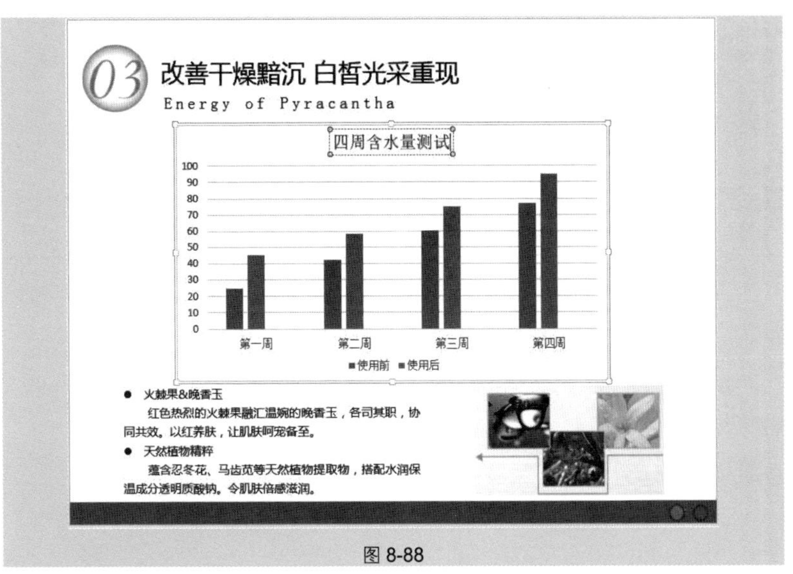

图 8-88

技巧 17 为图表追加新数据

如图 8-89 所示，幻灯片中的图表显示了四个数据类别，现在需要添加一个数据类别到图表中，以达到如图 8-90 所示的效果。此时可以直接在原图表上追加数据，而不需要重新建立图表。

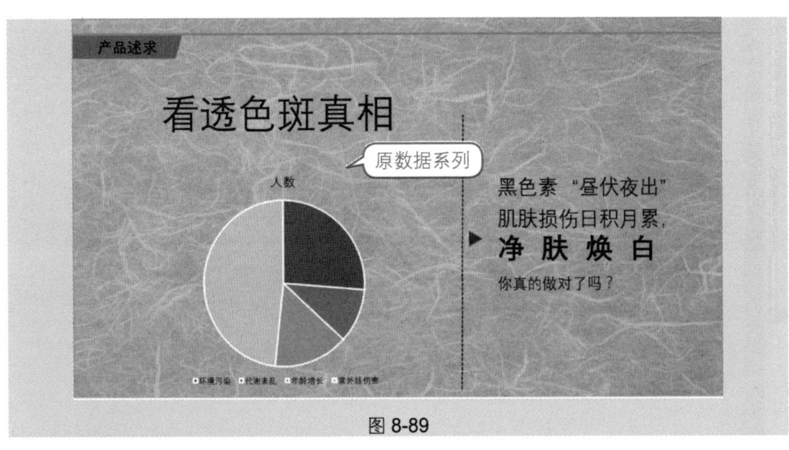

图 8-89

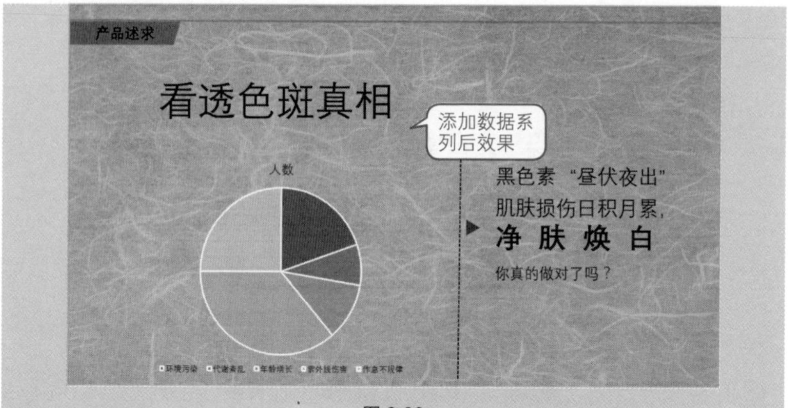

图 8-90

❶选中图表，在“图表设计”→“数据”选项组中单击“编辑数据”下拉按钮，如图 8-91 所示。

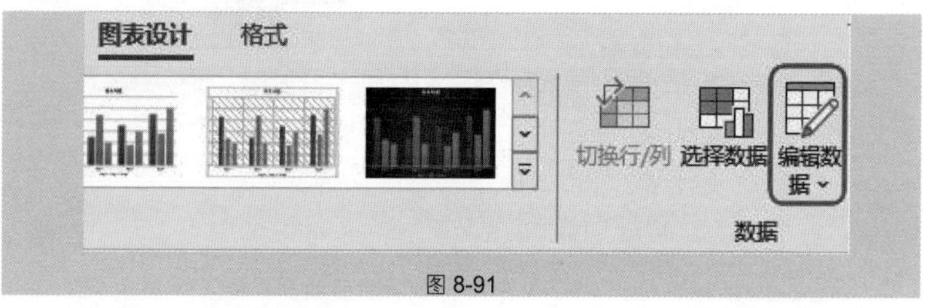

图 8-91

❷打开图表的数据源表格，表格中显示的是原图表的数据源，将新数据源输入表格中，如图 8-92 所示。

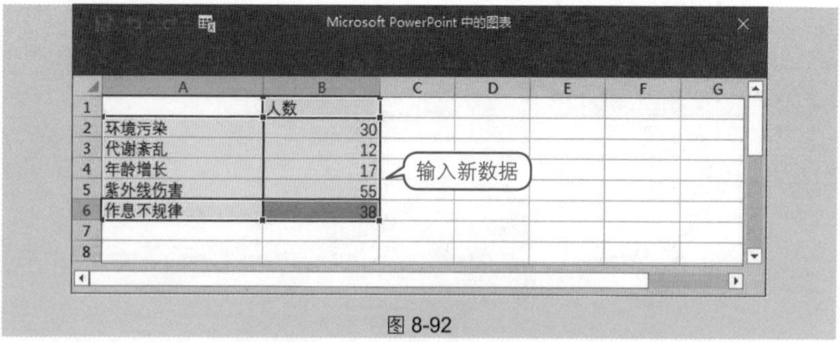

Microsoft PowerPoint 中的图表

	A	B	C	D	E	F	G
1		人数					
2	环境污染	30					
3	代谢紊乱	12					
4	年龄增长	17					
5	紫外线伤害	55					
6	作息不规律	38					
7							
8							

输入新数据

图 8-92

❸回到幻灯片中查看图表，即可看到新添加的数据源，如图 8-93 所示。

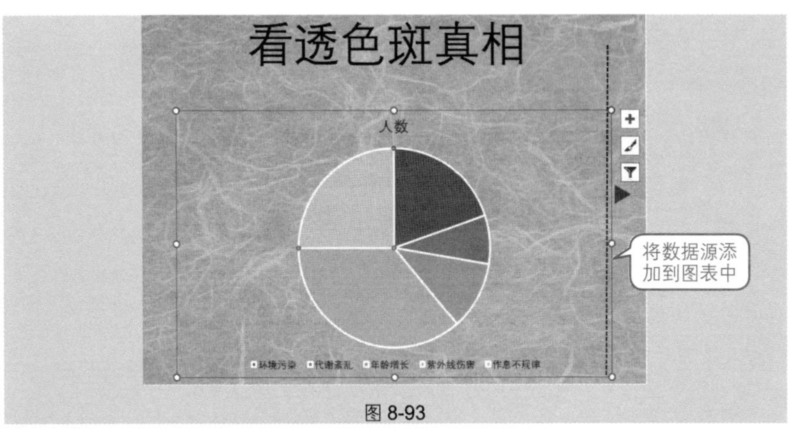

图 8-93

技巧 18　重新定义图表的数据源

如图 8-94 所示，图表中显示了四周的测试结果，如果需要比较第一周与第四周的含水量，即得到如图 8-95 所示的图表，可以直接在原图表上重新设置图表的数据源，而不需要重新建立图表。

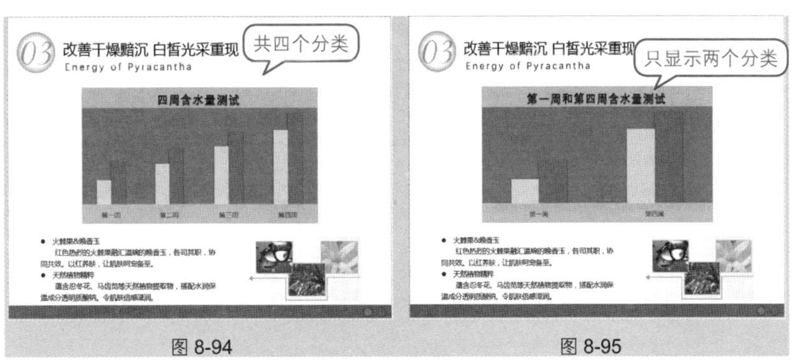

图 8-94　　图 8-95

❶ 选中图表，在“图表设计”→“数据”选项组中单击“选择数据”按钮（如图 8-96 所示），打开图表的数据源表格，表格中的虚线框位置即为当前图表的数据源，如图 8-97 所示。

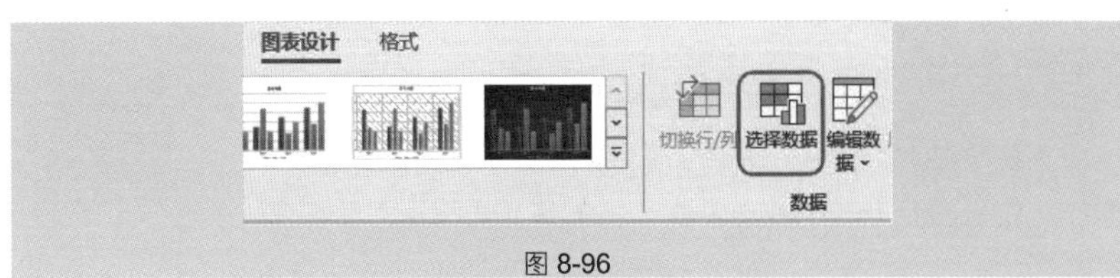

图 8-96

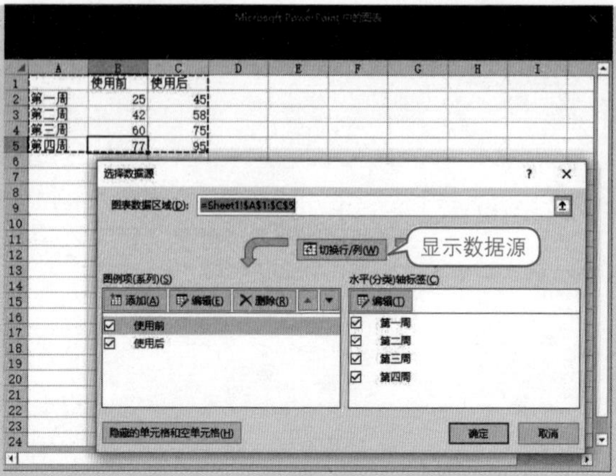

图 8-97

❷ 直接用鼠标拖动选择新数据源区域，如果要选择的数据源不是连续的，可以按住 Ctrl 键不放，依次拖动选择，如图 8-98 所示。

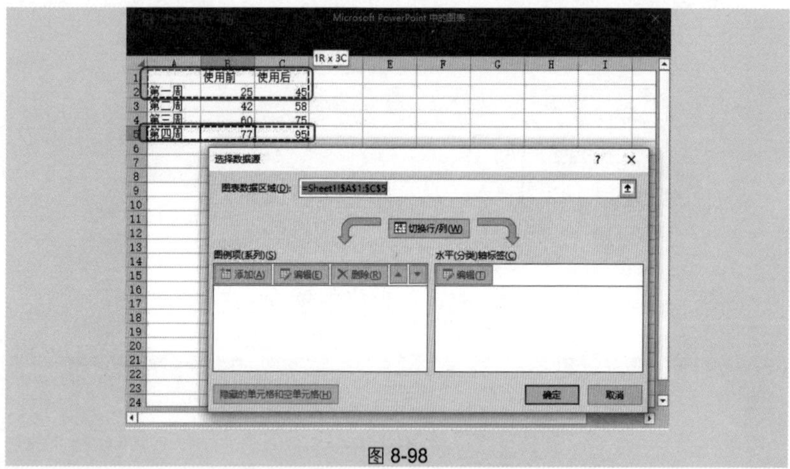

图 8-98

❸ 单击“确定”按钮，即可更改图表中的数据源。回到图表中即可查看到更改数据源后的图表效果。

技巧 19　快速变换图表的类型

如图 8-99 所示为创建完成的饼形图，如果想使用另一种图表类型来表达数据，则可以在原图上快速更改，如图 8-100 所示为更改成了条形图。其操作步骤如下。

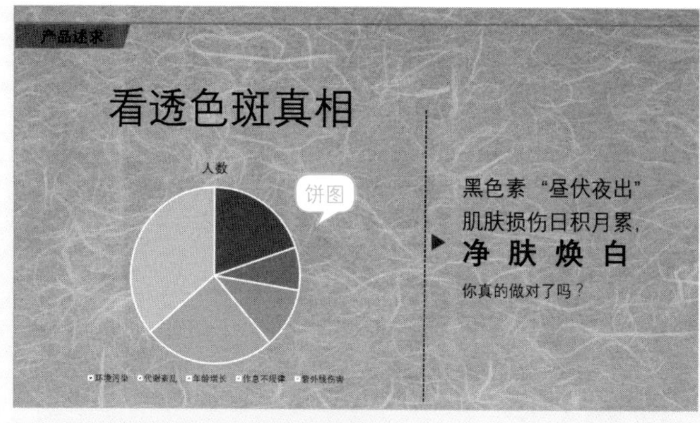

图 8-99

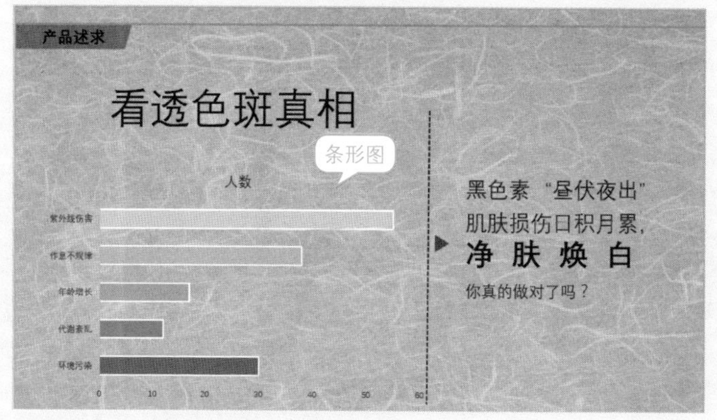

图 8-100

❶ 选中图表，在“图表设计”→“数据”选项组中单击“更改图表类型”按钮，如图 8-101 所示。

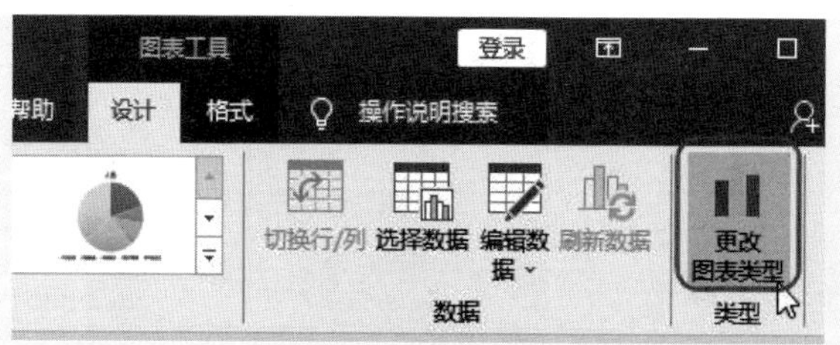

图 8-101

❷ 打开“更改图表类型”对话框，重新选择图表类型，如图 8-102 所示。

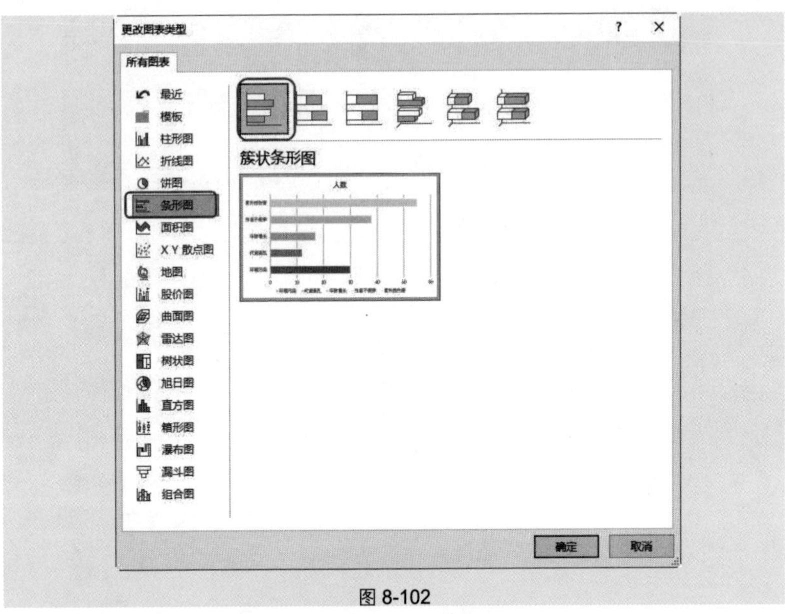

图 8-102

❸ 单击“确定”按钮，即可更改原图表的类型。

技巧 20　为图表添加数据标签

系统默认插入的图表是不显示数据标签的，现在要求为图表添加数据标签。一般数据类标签直接添加即可，但要是饼图的百分比数据标签就要通过设置实现转化。

❶ 选中图表，单击图表右上角出现的“图表元素”按钮，在弹出的菜单中单击“数据标签”右侧的▸按钮，在展开的子菜单中选择想让数据标签显示到的位置，如图 8-103 所示。

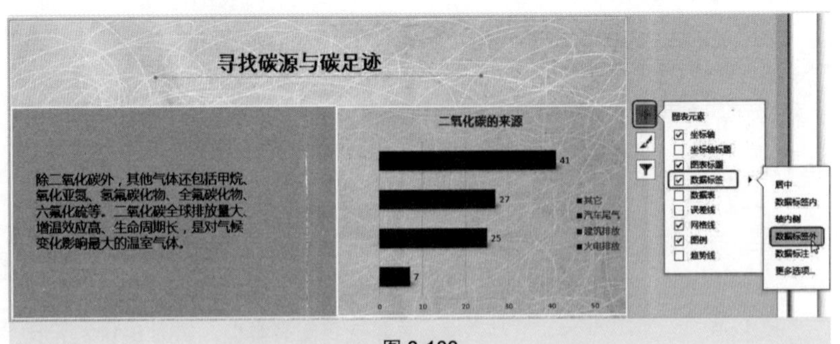

图 8-103

❷ 如选择“数据标注”选项，则添加的数据标签如图 8-104 所示。

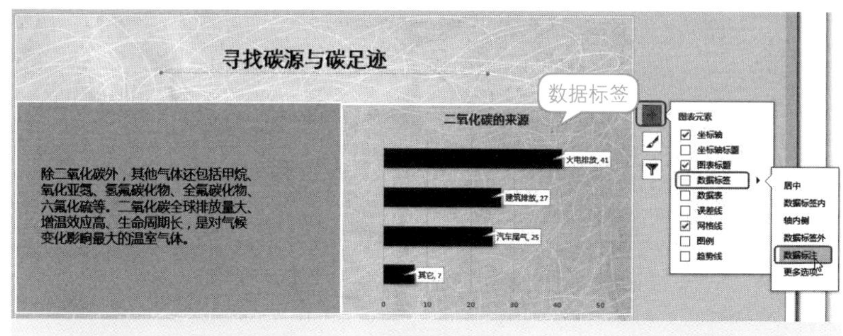

图 8-104

技巧 21 为饼图添加类别名称与百分比数据标签

为饼图添加数据标签时，一般会同时显示类别名称与百分比，即达到如图 8-105 所示的效果，其添加方法如下。

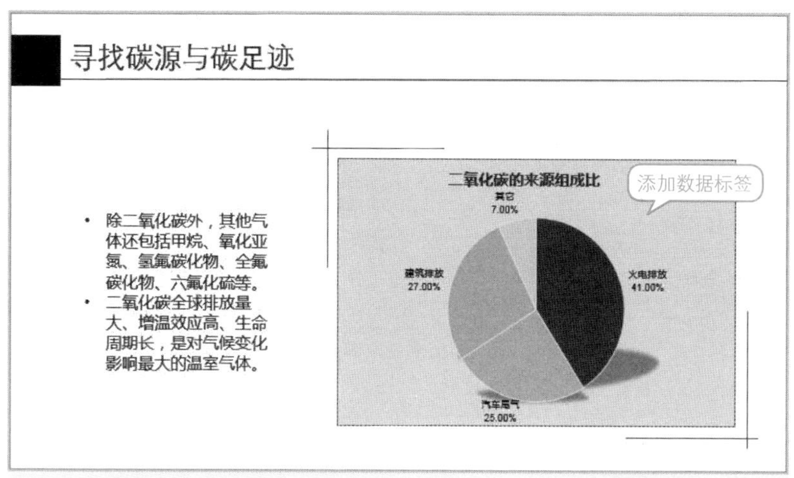

图 8-105

❶ 选中图表，单击图表右上角的“图表元素”按钮，在弹出的菜单中单击“数据标签”右侧的▸按钮，在展开的子菜单中选择“更多选项”选项，如图 8-106 所示。

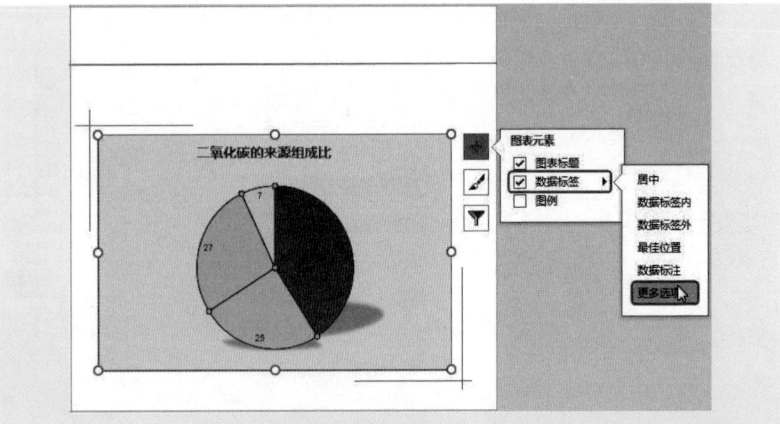

图 8-106

❷ 弹出“设置数据标签格式”窗格，展开“标签选项”栏，在“标签包括”栏中选中“类别名称”“百分比”复选框，如图 8-107 所示。

❸ 展开“数字”栏的“类别”下拉列表框，选择“百分比”选项，然后设置“小数位数”为 2，如图 8-108 所示。

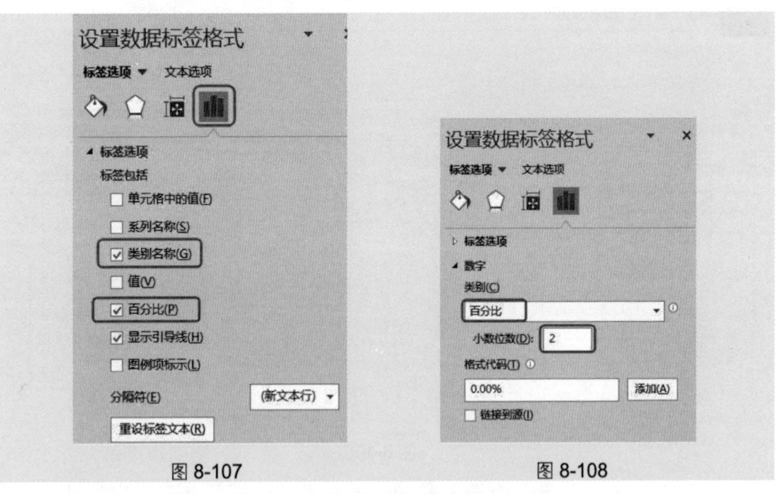

图 8-107　　图 8-108

❹ 单击“关闭”按钮，即可为图表数据标签添加类别名称与百分比数据标签。

专家点拨

添加数据标签后，如果默认的数据标签字体大小、颜色与图表底纹不符时，可以选中数据标签，在“开始”→“字体”选项组中重设数据标签的文字格式。

技巧 22 套用图表样式实现快速美化

新插入的图表保持默认格式，通过套用图表样式可以达到快速美化的目的，并且在 PPT 2016 版本中提供的图表样式比过去的版本有了较大提升，整体效果较好，对于初学者而言可以选择先套用图表样式再补充设计的美化方案。如图 8-109 所示为原图表，如图 8-110 所示为套用了样式后图表的效果，其设置方法如下。

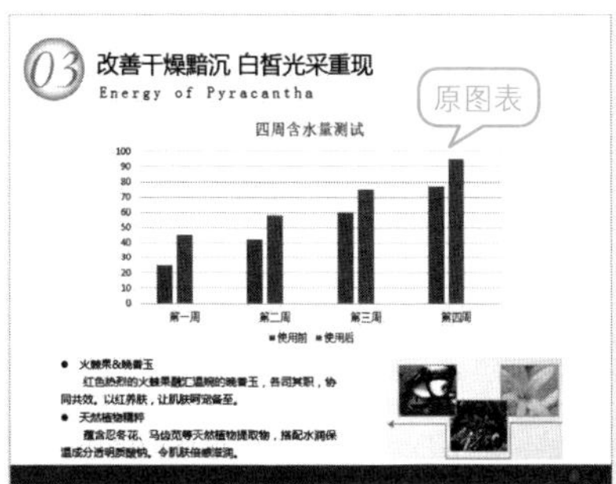

图 8-109

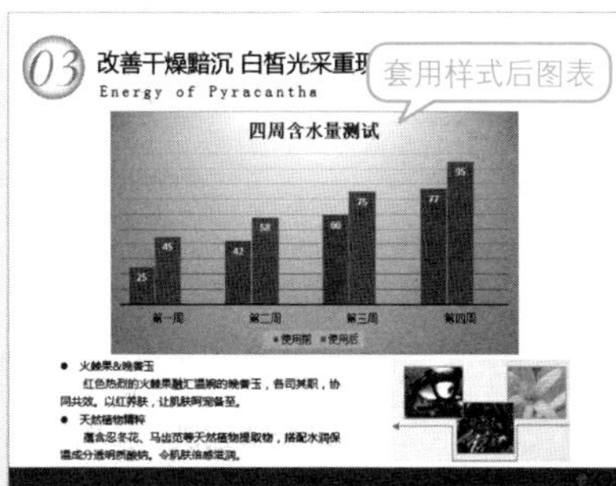

图 8-110

选中图表，在“图表设计”→“图表样式”选项组中单击按钮，在下拉列表中选择想要套用的样式，如图 8-111 所示，单击即可套用。

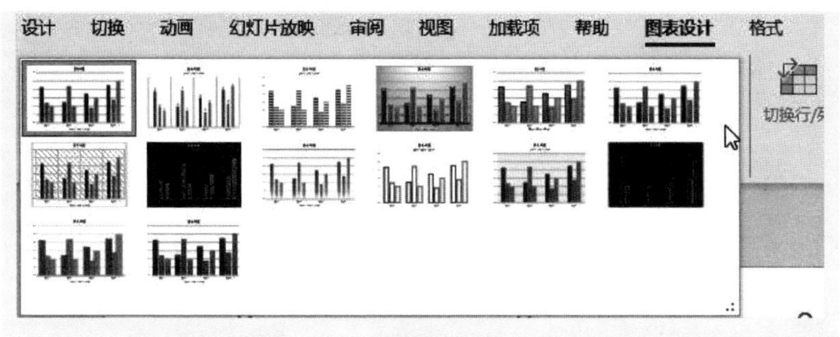

图 8-111

专家点拨

由于套用图表样式时会将原来所设置的格式取消，因此如果想通过套用样式来美化图表，可以在建立图表后首先进行套用，然后再对需要补充设计的对象补充设置。

技巧 23　图表中重点对象的特殊美化

创建的图表也有其要表达的重点，对于图表中的重点对象可以为其进行特殊的美化，如形状美化、重点对象抽离等，以达到突出显示的目的。

一、形状美化

形状美化主要是设置重点对象的填充色、边框色不同于其他对象，如图 8-112、图 8-113 所示。

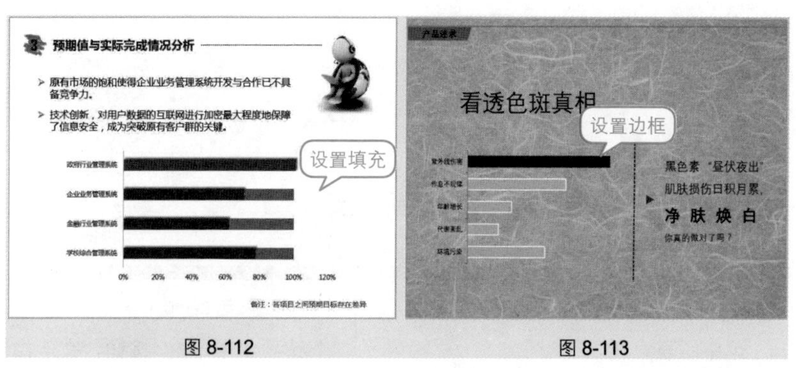

图 8-112　　　　图 8-113

二、重点对象抽离

对于特殊的饼图，我们还可以实现将其重点部分抽离出来以突出显示，如图 8-114 所示。

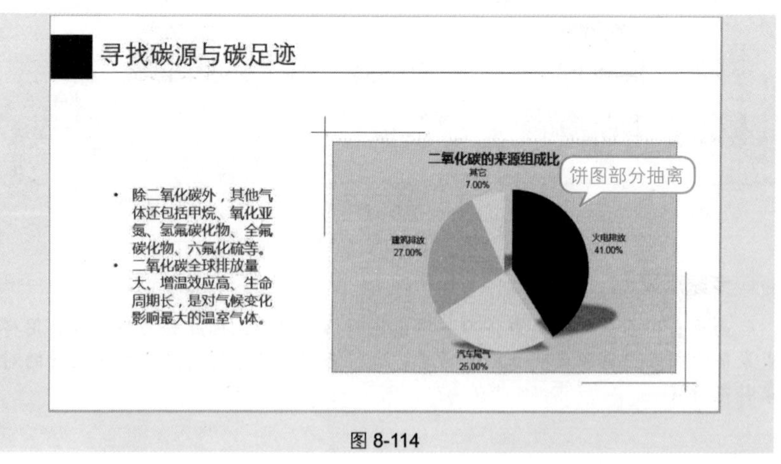

图 8-114

如图 8-115 所示的柱形图，我们只选取部分数据并添加趋势线以突出其数据之间的变化关系。

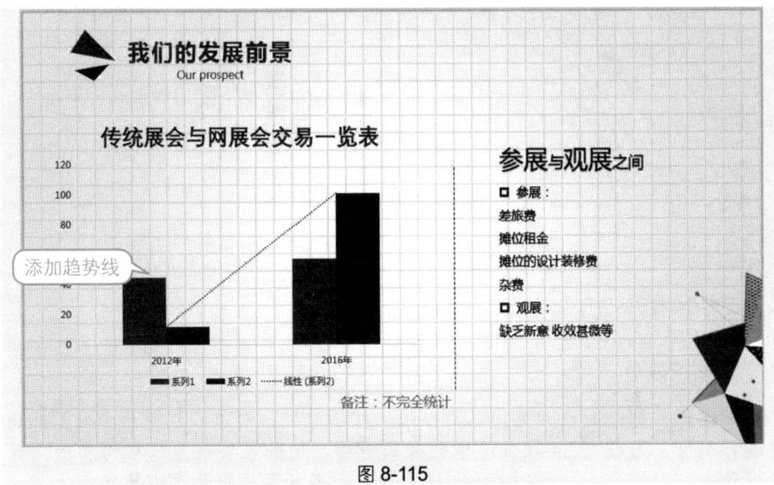

图 8-115

技巧 24 隐藏图表中不必要的对象实现简化

默认创建的图表包含较多元素，而对于图表中不必要的对象是可以实现隐藏简化的，这样更有利于突出重点对象，使图表更简洁，如隐藏坐标轴线，即有数据标签时将坐标轴值隐藏。如图 8-116 所示为默认的图表格式，通过隐藏对象设置可达到如图 8-117 所示的效果。

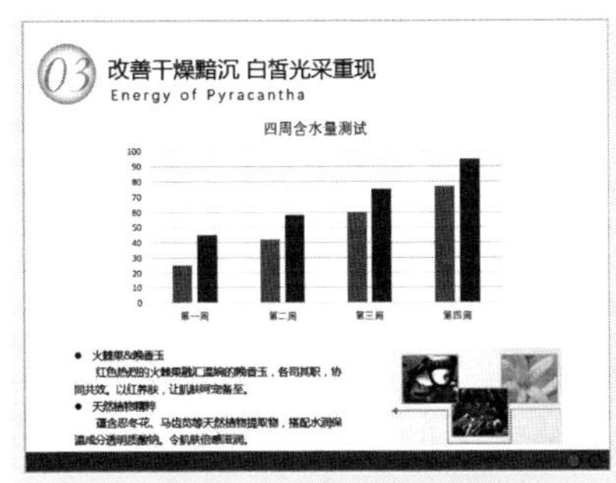

图 8-116

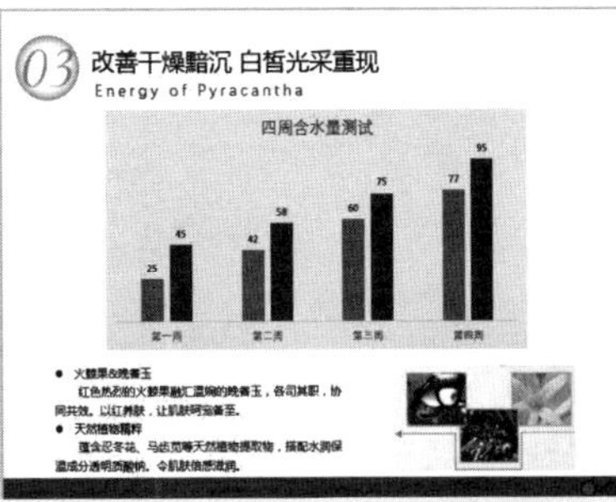

图 8-117

❶ 选中图表，单击图表编辑框右上角的“图表元素”按钮，在右侧弹出的列表框中选中“坐标轴”“图表标题”和“数据标签”复选框，取消选中“网格线”复选框，如图 8-118 所示。

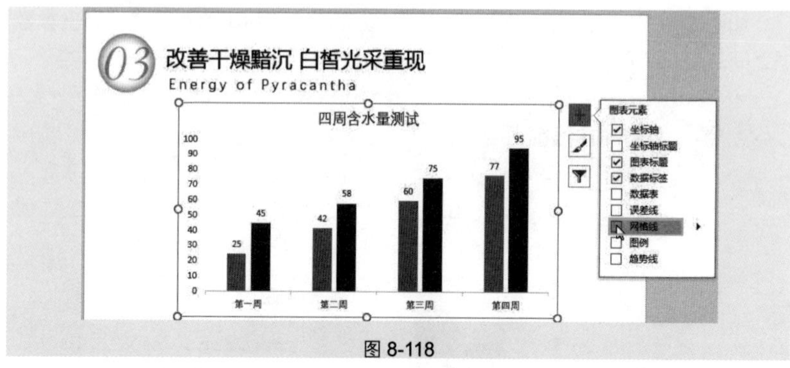

图 8-118

❷ 按相同的方法可以隐藏其他任意对象。

专家点拨

在隐藏对象时有一种更简洁的方法，即选中目标对象，按键盘上的 Delete 键进行删除，与技巧 24 操作达到的效果一样。但如果要恢复对象的显示，则必须单击“图表元素”按钮，重新选中对象前面的复选框才可恢复显示。

技巧 25 将设计好的图表转换为图片

在幻灯片中创建图表并设置了效果后，可以将图表保存为图片，当其他地方需要使用时，可直接插入转换后的图片使用。

❶ 选中图表并单击鼠标右键，在弹出的快捷菜单中选择“另存为图片”命令，如图 8-119 所示。

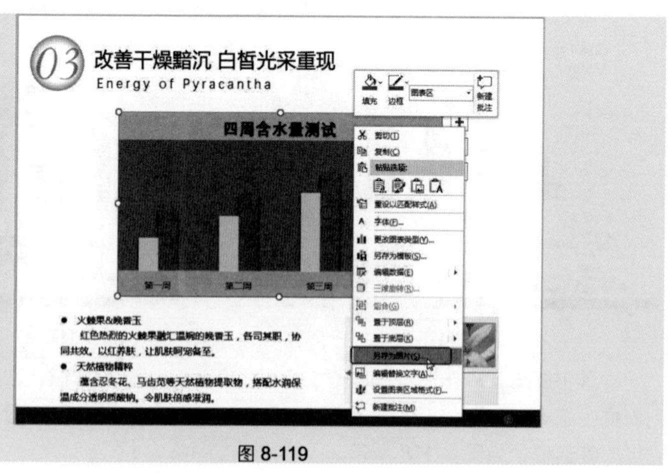

图 8-119

❷ 打开“另存为图片”对话框，设置好保存位置与文件名称，单击“保存”按钮即可，如图 8-120 所示。

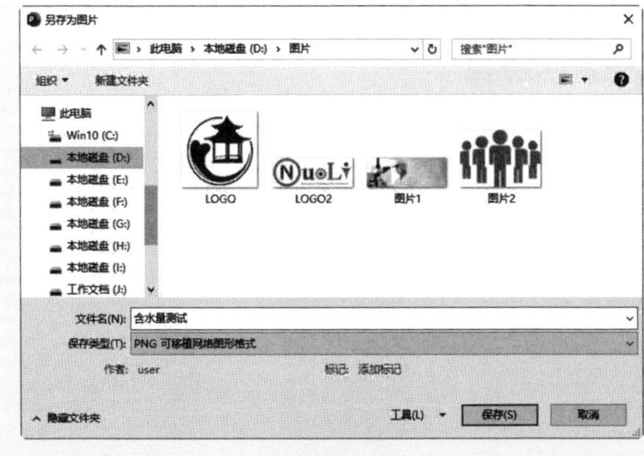

图 8-120

技巧 26　复制使用 Excel 图表

如果幻灯片中想使用的图表在 Excel 中已经创建，则可以进入 Excel 程序中复制图表，然后直接粘贴到幻灯片中来使用。

❶ 在 Excel 工作表中选中建立完成的图表，按 Ctrl+C 组合键进行复制，如图 8-121 所示。

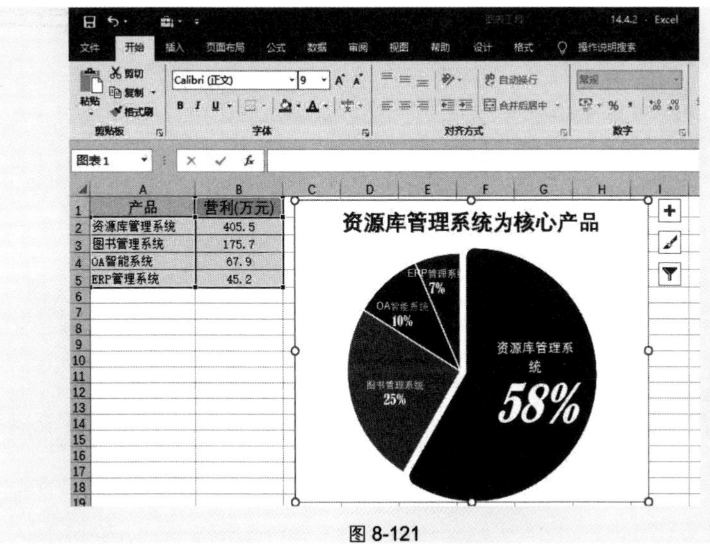

图 8-121

❷ 打开 PowerPoint 演示文稿，光标定位在目标位置上，按 Ctrl+V 组合键粘贴，得到的图表如图 8-122 所示。

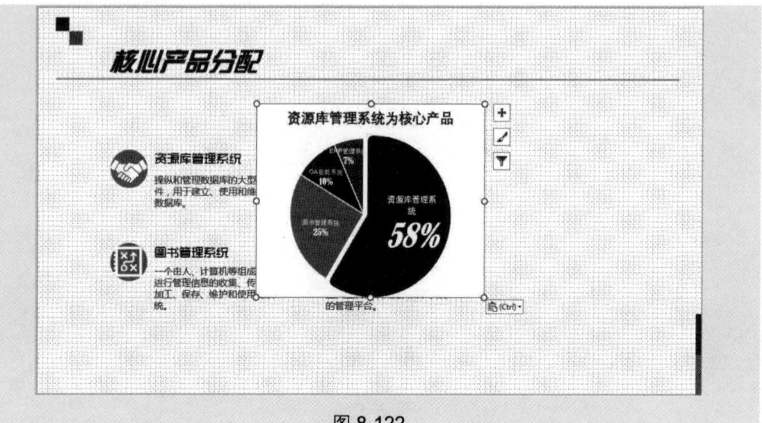

图 8-122

❸ 另外，从 Excel 中复制来的图表默认都会包含底纹色与边框（即使没有特殊设置也默认呈现白色底纹和灰色边框），这可能会与当前幻灯片的底纹色不匹配，这时可以取消图表的填充色与边框。选中图表，在“格式”→“形状样式”选项组中单击“形状填充”下拉按钮，在展开的下拉列表中选择“无填充”选项，如图 8-123 所示。接着再单击“形状轮廓”下拉按钮，在展开的下拉列表中选择“无轮廓”选项，如图 8-124 所示。

图 8-123

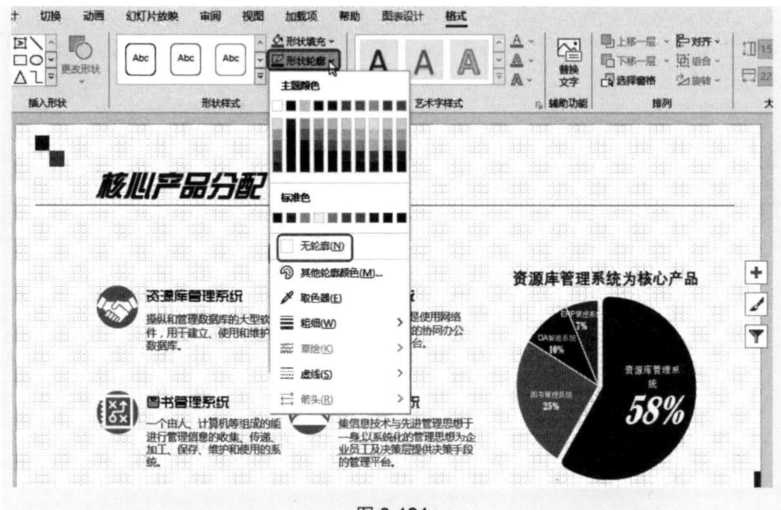

图 8-124

④ 按幻灯片的设计排版图表，即可达到如图 8-125 所示的效果。

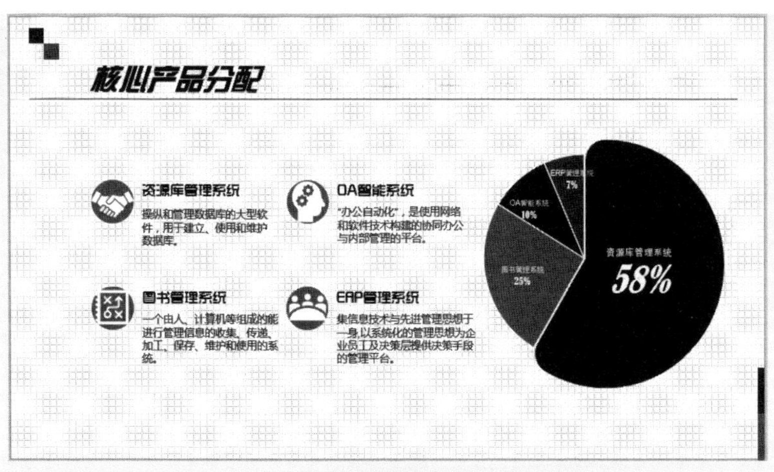

图 8-125

专家点拨

“粘贴选项”按钮中的几个功能选项说明如下。

使用目标主题和嵌入工作簿：让图表的外观使用当前幻灯片的主题，并将 Excel 程序嵌入 PPT 程序中，以此方式粘贴后，双击表格即可进入 Excel 编辑状态，这会增加幻灯片体积，一般不建议使用。

保留源格式和嵌入工作簿：让图表的外观保留源格式，并将 Excel 程序嵌入 PPT 程序中，以此方式粘贴后，双击表格即可进入 Excel 编辑状态，这会增加幻灯片体积，一般不建议使用。

使用目标主题与链接数据：让图表的外观使用当前幻灯片的主题，并保持图表与 Excel 中的图表相链接（直接执行复制时的默认项）。

保留源格式与链接数据：让图表的外观保留源格式，并保持图表与 Excel 中的图表相链接。

图片：将图表直接转换为图片插入到幻灯片中。

第 9 章 幻灯片中音频和视频的处理技巧

9.1 音频的处理技巧

技巧 1 在幻灯片中插入音频

在制作 PPT 时，可以将计算机上的音频文件添加到 PPT 中，以增强播放效果，如图 9-1 所示。

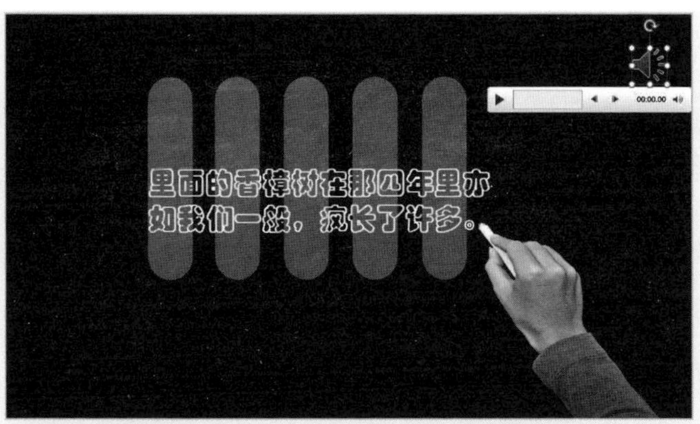

图 9-1

❶ 选中幻灯片，在“插入”→“媒体”选项组中单击“音频”下拉按钮，在弹出的下拉列表中选择“PC 上的音频”命令（如图 9-2 所示），打开“插入音频”对话框，如图 9-3 所示。

图 9-2

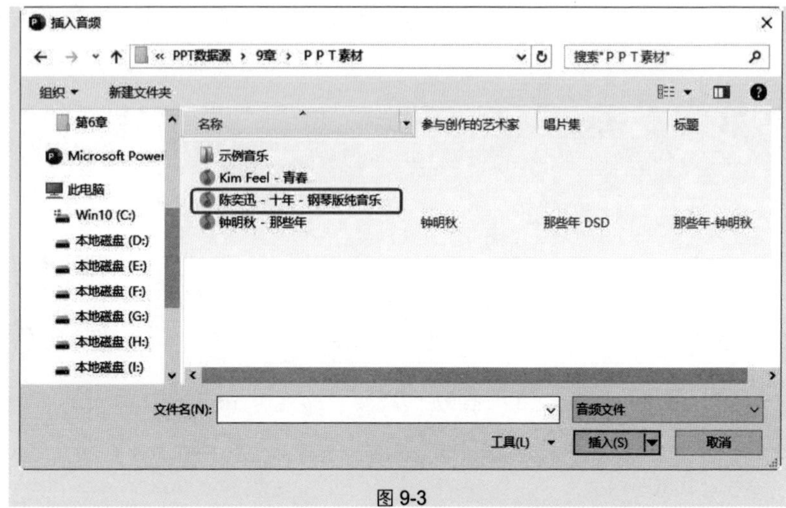

图 9-3

❷ 选中音频文件，单击“插入”按钮，即可将音频添加到指定的幻灯片中。

技巧 2　设置音频自动播放

音频文件插入到幻灯片中后，默认是单击鼠标才会播放，如果想让其自动播放，则可按如下方法设置。

选中插入音频后显示的小喇叭图标，在“播放”→“音频选项”选项组中的“开始”下拉列表框中选择“自动”选项，如图 9-4 所示。

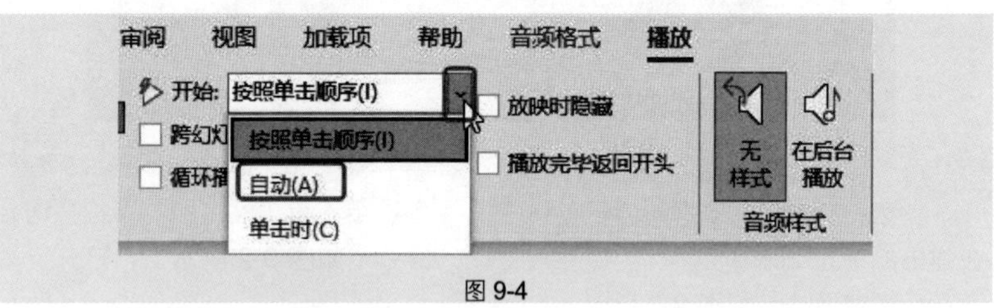

图 9-4

技巧 3　录制声音到幻灯片中

在制作 PPT 时，可以将自己的声音添加到 PPT 中。例如，在制作关于情人节主题的 PPT 时，可以插入录制的真人唱的歌曲，以增强效果，如图 9-5 所示。

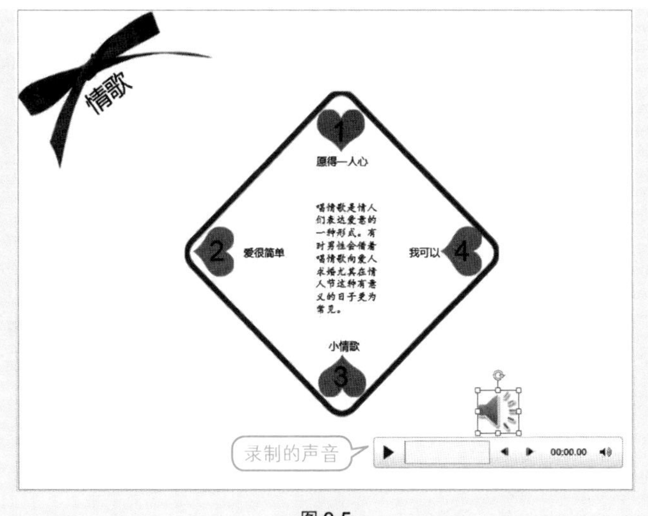

图 9-5

❶ 选中幻灯片，在"插入"→"媒体"选项组中单击"音频"下拉按钮，在弹出的下拉列表中选择"录制音频"命令，打开"录制声音"对话框。在"名称"文本框中输入"爱很简单"，如图 9-6 所示。

❷ 单击"录制"按钮后，即可使用麦克风进行录制，录制完成后单击"停止"按钮，如图 9-7 所示。

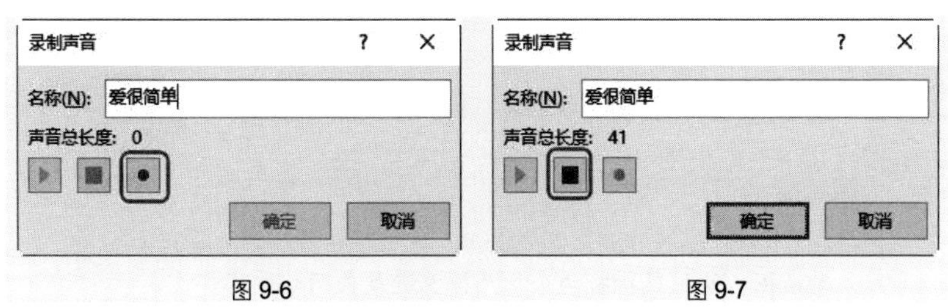

图 9-6　　图 9-7

❸ 单击"确定"按钮，即可将录制的声音添加到指定的幻灯片中。

专家点拨

在录制声音之前，要准备好一个麦克风，并且要确保麦克风和计算机连接正常，能正常地录制声音。

技巧 4　录制音频后快速剪裁无用部分

在录制音频后，如果对音频的某些部分不满意，可以对其进行剪裁，然后保留整个音频中有用的部分。

① 选中录制的声音，在“播放”→“编辑”选项组中选择“剪裁音频”命令（如图 9-8 所示），打开“剪裁音频”对话框。

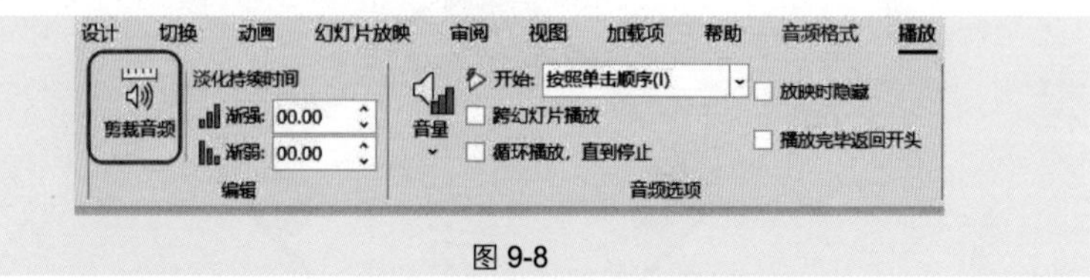

图 9-8

② 单击▶按钮预览音频，接着拖动进度条上的两个“标尺”确定剪裁的位置（两个标尺中间的部分是保留的音频，其余的部分会被剪裁掉），如图 9-9 所示。

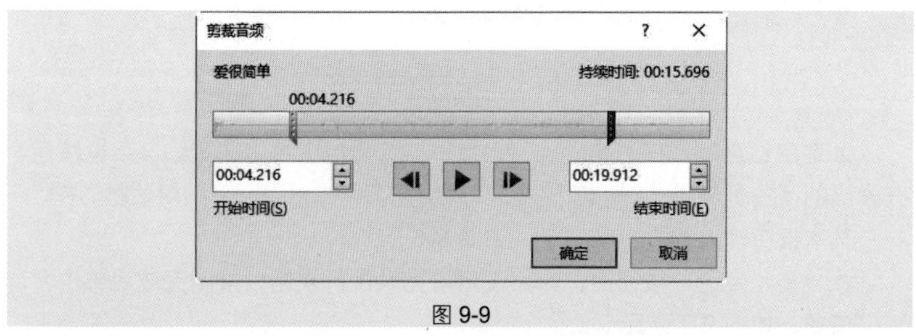

图 9-9

③ 剪裁完成后，再次单击“播放”按钮预览截取的音频，如果截取的音频不符合要求，可以再按相同的方法进行剪裁。

④ 确定了剪裁的位置后，单击“确定”按钮即可完成音频的剪裁。

专家点拨

在截取音频后，如果想恢复原有音频的长度，可以按照相同的方法打开“剪裁音频”对话框，使用鼠标将两个标尺拖至进度条两端即可。

技巧 5　设置淡入淡出的播放效果

插入的音频开头或结尾有时候过于高潮化，会影响整体播放效果，可以将其设置为淡入淡出的播放效果，这种设置比较符合人们缓进缓出的听觉习惯。

① 选中插入音频后显示的小喇叭图标，在“播放”→“编辑”选项组中的“淡化持续时间”下可设置“渐强”和“渐弱”的值，或者通过大小调节按钮选择淡入时间。

② 按照同样的方法可以设置淡出时间，如图 9-10 所示。

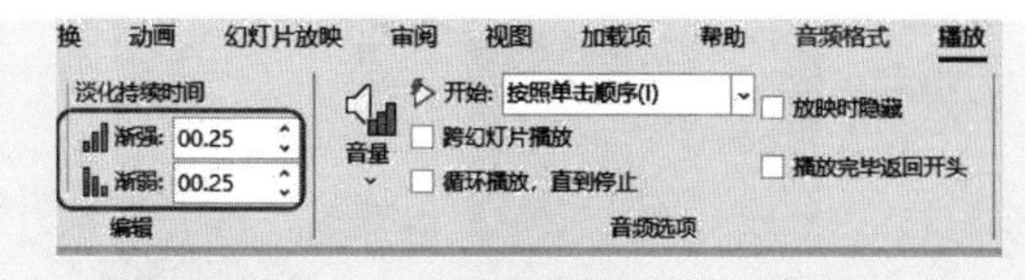

图 9-10

技巧 6　隐藏小喇叭图标

如图 9-11 所示，插入音频后显示出小喇叭图标，如果希望在放映时不显示出小喇叭图标（如图 9-12 所示），可以按如下方法将其隐藏。

图 9-11　　图 9-12

选中插入音频后显示的小喇叭图标，在“播放”→“音频选项”选项组中，选中“放映时隐藏”复选框，此时即默认音频在后台播放，如图 9-13 所示。

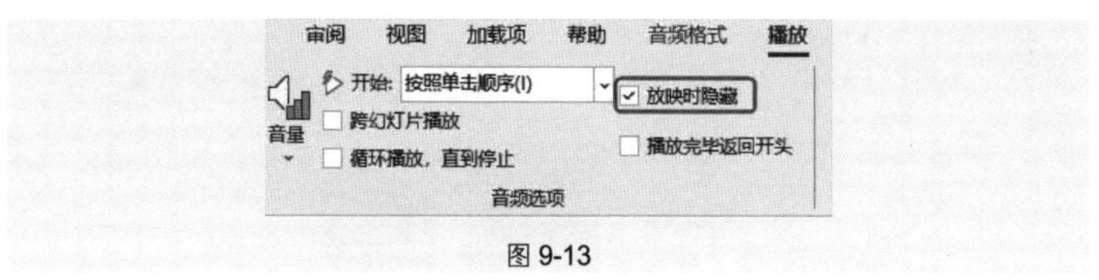

图 9-13

9.2　视频的处理技巧

技巧 7　在幻灯片中插入视频

如果需要在 PPT 中插入视频文件，可以事先将文件下载到计算机上，然后再将其插入幻灯片中，如图 9-14 所示为插入了视频到幻灯片中，单击即可播放。

图 9-14

❶ 切换到要插入视频的幻灯片，在“插入”→“媒体”选项组中单击“视频”下拉按钮，在下拉列表中选择“此设备”命令（如图 9-15 所示），打开“插入视频文件”对话框，找到视频所在路径并选中视频，如图 9-16 所示。

图 9-15

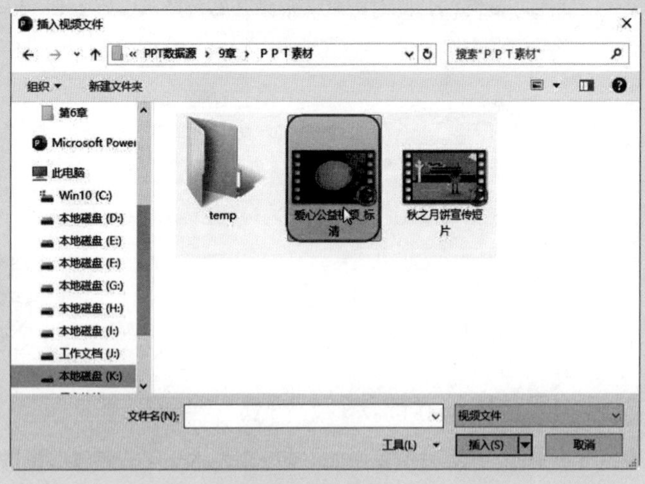

图 9-16

❷ 单击“插入”按钮，即可将选中的视频插入幻灯片中，如图 9-17 所示。

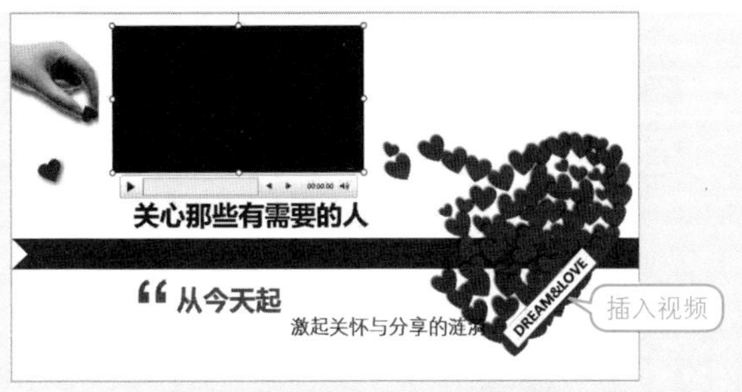

图 9-17

技巧 8 设置视频的封面图片

在幻灯片中插入视频后，会显示视频第一帧处的图像，如果不想让观众看到第一帧处的图像，可以重新设置其他图片来作为视频的封面。如图 9-18 所示为视频文件第一帧处的图像，如图 9-19 所示的幻灯片中则设置了新的封面图片。

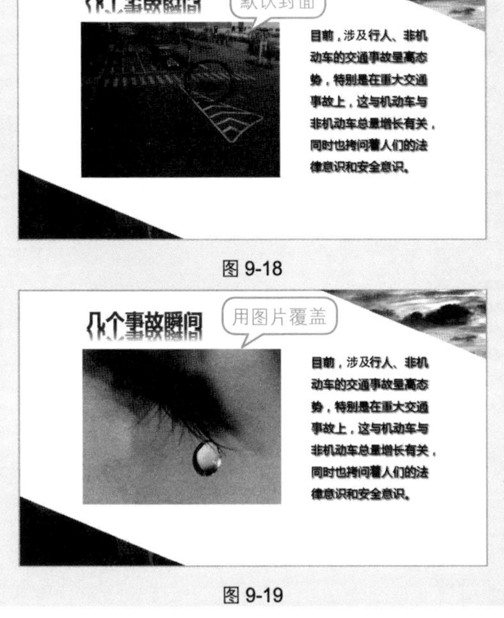

图 9-18

图 9-19

❶ 选中视频，在“视频格式”→“调整”选项组中单击“海报框架”下拉按钮，在下拉列表中选择“文件中的图像”命令（如图 9-20 所示），打开“插入图片”提示框，如图 9-21 所示。

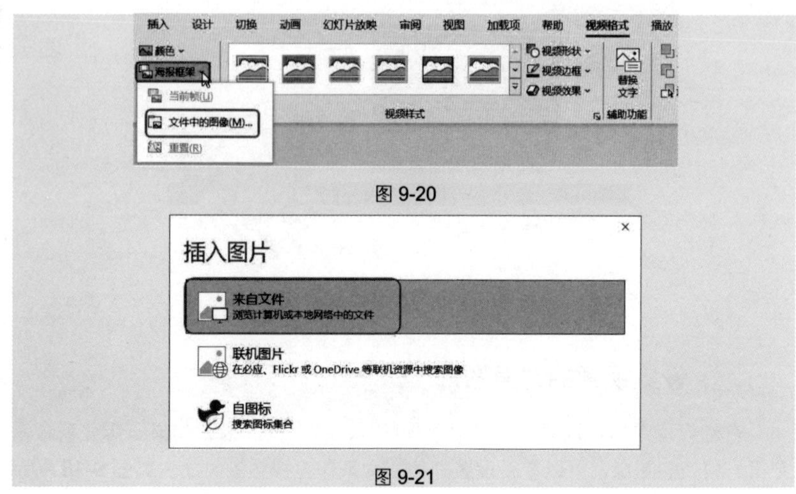

图 9-20

图 9-21

❷ 单击“来自文件”按钮，打开“插入图片”对话框，找到要设置为封面图片所在的路径并选中图片，如图 9-22 所示。

图 9-22

❸ 单击“打开”按钮，即可为视频设置新的封面图片。单击“播放”按钮，即可进入视频播放模式。

技巧 9　将视频中的重要场景设置为封面

在观看视频时，某些场景适合用来设置为标牌框架，可以将其设置为封面，如图 9-23 所示。

图 9-23

❶ 播放视频，进入需要的画面时，单击"暂停"按钮将画面定格，如图 9-24 所示。

图 9-24

❷ 在"视频格式"→"调整"选项组中，单击"海报框架"下拉按钮，在展开的设置列表中选择"当前帧"命令（如图 9-25 所示），即可达到如图 9-23 所示的效果。

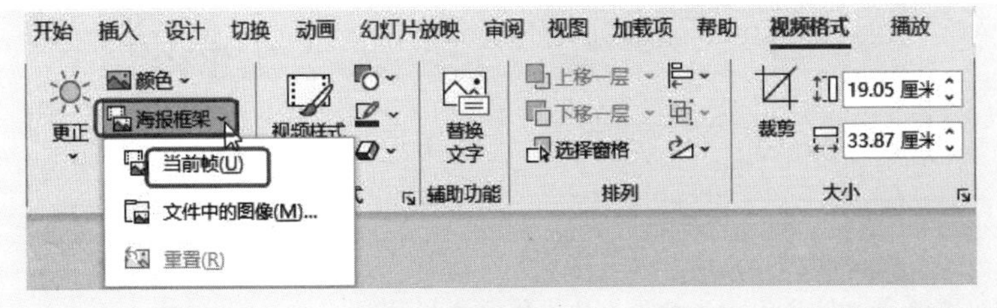

图 9-25

技巧 10　自定义视频播放窗口的外观

系统默认播放插入视频的窗口是长方形的，自己也可以设置个性化的播放窗口，具体操作方法如下。

❶ 选中视频，在“视频格式”→“视频样式”选项组中单击“视频形状”下拉按钮，在下拉列表中选择“流程图：多文档”图形，如图 9-26 所示。

图 9-26

❷ 程序会自动根据选择的形状更改视频的播放窗口外观，如图 9-27 所示。

图 9-27

专家点拨

在幻灯片中，用户还可以根据需要为视频的播放窗口添加格式效果，如阴影、发光等，其操作方法与图片的操作方法相同。

技巧 11　让视频在幻灯片放映时全屏播放

在幻灯片中插入了视频后，当放映幻灯片时，视频只在默认的窗口中播放。若想实现全屏播放效果，可按以下步骤操作。

❶ 在“播放”→“视频选项”选项组中选中“全屏播放”复选框，如图 9-28 所示。

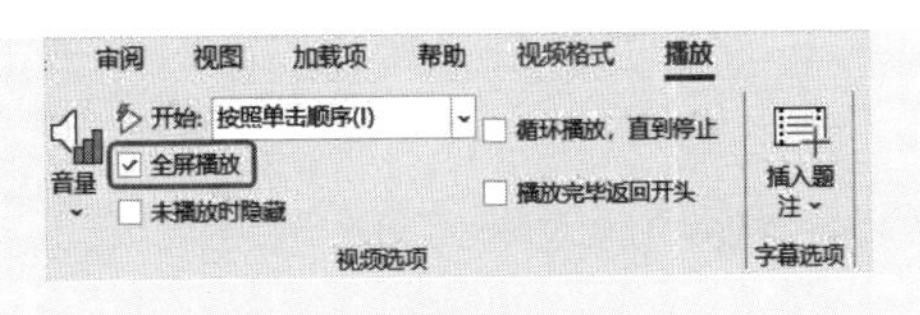

图 9-28

❷ 在放映幻灯片时，单击“播放”按钮，即可全屏播放视频。

技巧 12　自定义视频放映时的色彩效果

在放映演示文稿时，播放的视频是以彩色效果放映的，为了达到一些特殊的画面效果，还可以设置视频以黑白效果（或其他颜色）放映。

❶ 选中视频，在“视频格式”→“调整”选项组中单击“颜色”下拉按钮，在下拉列表中选择“灰度”颜色，如图 9-29 所示。

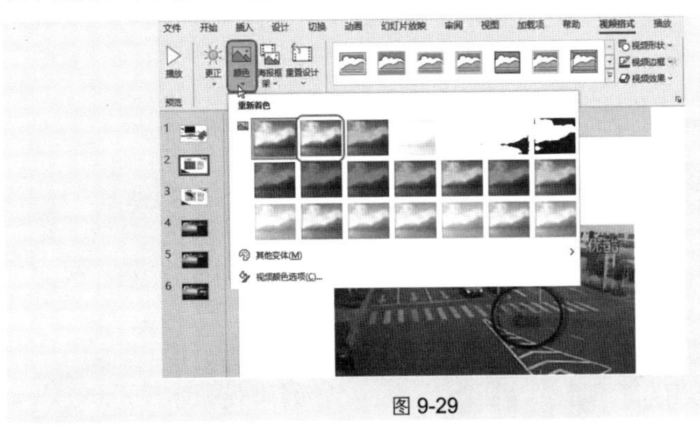

图 9-29

❷ 设置以后，在播放幻灯片时即可以黑白效果放映。

专家点拨

按相同的方法还可以选择多种色彩来放映视频，以达到一些特殊的效果，如旧电影效果、朦胧效果等。

第10章 幻灯片中对象的动画效果

10.1 设置幻灯片的切片动画

技巧1 为幻灯片添加切片动画

在放映幻灯片时，当前一张放映完并进入下一张放映时，可以设置不同的切换方式。PowerPoint 2021 中提供了非常多的切片效果以供使用。

❶ 选中要设置的幻灯片，在“切换”→“切换到此幻灯片”选项组中单击 ▾ 按钮，在下拉列表中选择一种切换效果，如“随机线条”，如图 10-1 所示。

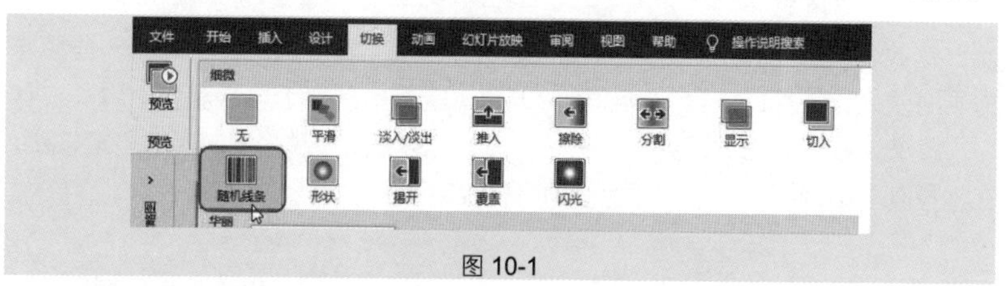

图 10-1

❷ 设置完成后，在播放幻灯片时即可在幻灯片切换时使用“随机线条”效果，如图 10-2、图 10-3 所示为切片动画播放时的效果。

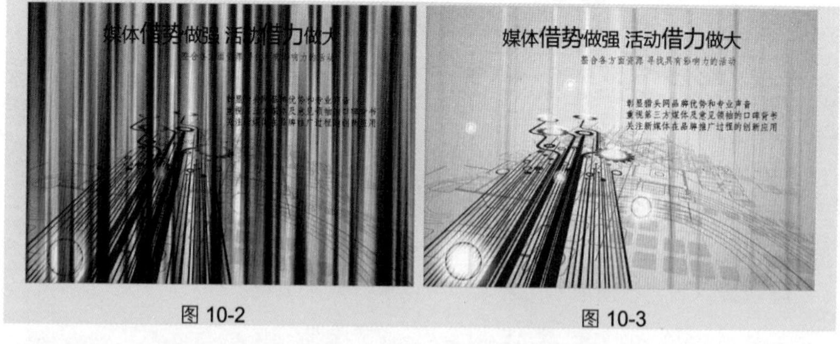

图 10-2　　图 10-3

技巧2 一次性设置所有幻灯片的切片动画

在设置好某一张幻灯片的切换效果后，为了省去逐一设置的麻烦，用户可以将幻灯片的切换效果一次性应用到所有幻灯片中。

设置好幻灯片的切片效果之后，在"切换"→"计时"选项组中单击"应用到全部"按钮（如图 10-4 所示），即可同时设置全部幻灯片的切片效果。

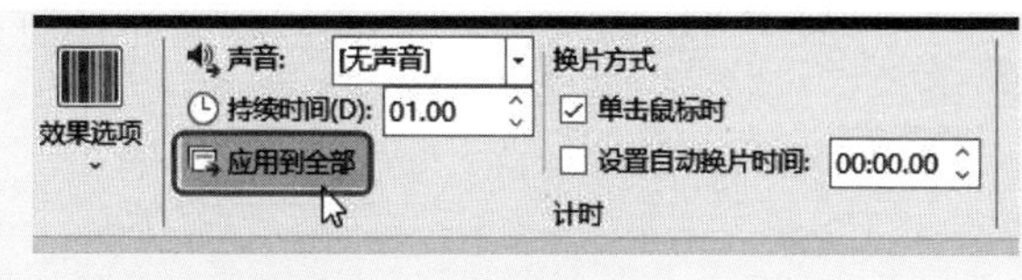

图 10-4

技巧 3　自定义切片动画的持续时间

为幻灯片添加了切片动画后，其切换动画的速度是可以改变的。一般情况下，为了保持整体统一的效果，可以设置为相同的切换速度。

❶ 设置好幻灯片的切片效果之后，在"切换"→"计时"选项组中的"持续时间"设置框里输入持续时间，或者通过上下调节按钮设置持续时间，如图 10-5 所示。

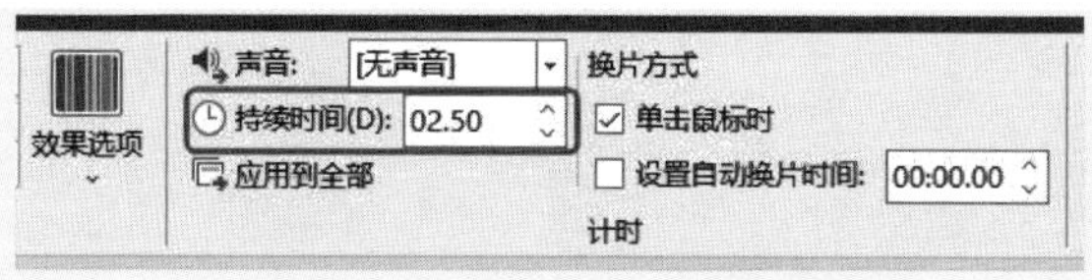

图 10-5

❷ 设置完成后，即为所有幻灯片定义了切片动画的持续时间。

技巧 4　让幻灯片能自动切片

幻灯片在进行切换时，通常有两种方法，一种方法是通过单击鼠标，还有一种方法是通过设置时间让幻灯片自动换片。这种自动切片的方式适用于浏览型幻灯片的自动播放。

❶ 设置好幻灯片的切片效果之后，在"切换"→"计时"选项组中的"换片方式"中选中"设置自动换片时间"复选框，在其设置框里输入自动换片时间，或者通过上下调节按钮设置换片时间，如图 10-6 所示。

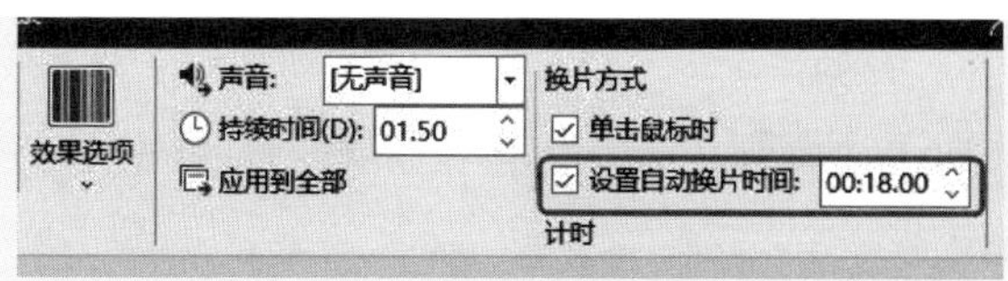

图 10-6

❷ 设置完成后，即为所有幻灯片定义了自动换片的持续时间。

技巧 5 快速清除所有切片动画

为所有的换灯片都设置了切换动画后，如果想一次性取消，按以下操作方法可实现快速清除。

❶ 在"视图"→"演示文稿视图"选项组中单击"幻灯片浏览"按钮（如图 10-7 所示）。按 Ctrl+A 组合键选中所有幻灯片，单击"切换"→"切换到此幻灯片"选项组的☐按钮。

图 10-7

❷ 设置完成后，即为所有幻灯片都清除了切片动画，如图 10-8 所示。

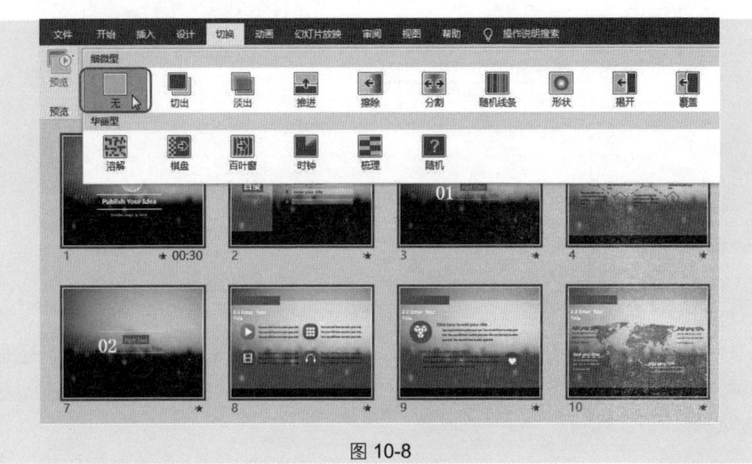

图 10-8

10.2 自定义动画

技巧 6 动画设计原则 1——全篇动作要顺序自然

所谓全篇动作要顺序自然，即文字、图形元素柔和地出现，而任何动作都是有原因的，任何动作与前后动作、周围动作都是有关联的。为使幻灯片内容有条理、清晰地展现给观众，一般都是遵循从上到下、一条一条按顺序出现的原则。

我们以下面演示文稿中的一张幻灯片为例，来了解动画的自然顺序性。

首先，"目录"文本底部形状先出现，然后，目录文字及英文文字采用"空翻"方式出现，最后，其他修饰性的小图形采用"缩放"方式出现，这样设计的目的就是保证各元素能够自然而又有条理地出现，如图 10-9 所示。

图 10-9

下面的目录按条目逐条从底部浮入，过渡自然，向观众有条理地呈现内容，如图 10-10 所示。

图 10-10

技巧 7　动画设计原则 2——重点内容用动画强调

当幻灯片中有需要重点强调的内容时，动画就可以发挥很大的作用。使用动画可以吸引大家的注意力，达到强调的效果。其实，PPT 动画的初衷在于强调，用片头动画集中观众的视线；用逻辑动画引导观众的思路；用生动的情景动画调动观众的热情；在关键处，用夸张的动画引起观众的重视。所以，在制作动画时，要强调该强调的，突出该突出的。

如图 **10-11** 所示，右上方图片下浮，延迟几秒后文本从左侧飞入，然后设置文本标题的波浪形强调效果，此时可做文本的解说；一段时间后左下方图片上浮，文本从右侧飞入，图片与文本说明一一对应。整个过程有条不紊，同时还设置了文本标题的波浪形强调效果。如果不采用动画效果层层递进，在观看时就显得有些杂乱，不知从何看起。

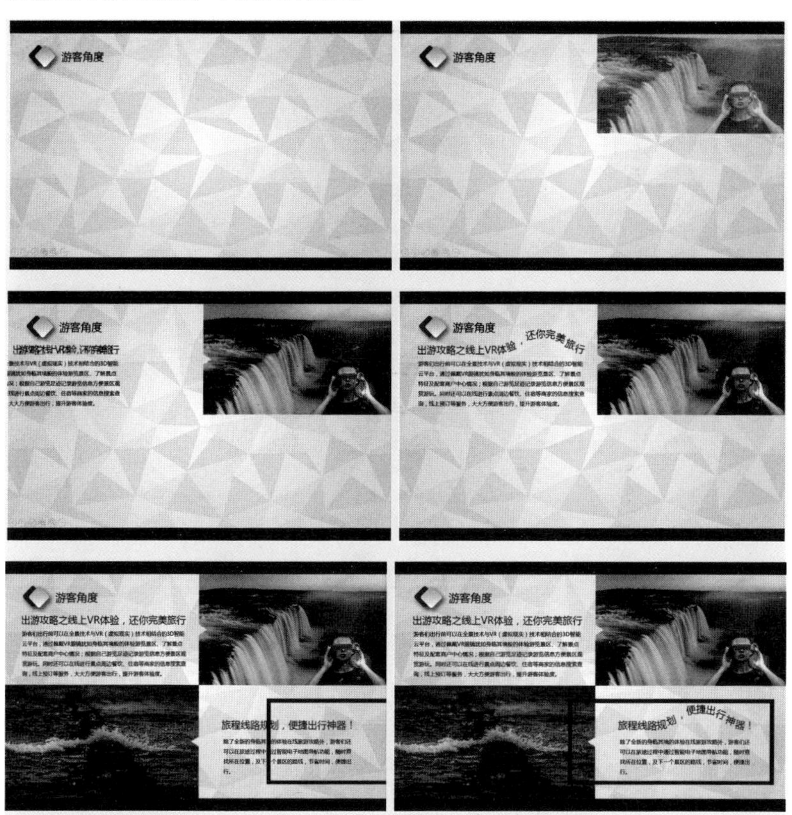

图 10-11

技巧 8　为目标对象添加动画效果

当为幻灯片添加动画效果后，会在加入的效果旁用数字标识出来。如图 **10-12** 所示，即为“低碳经济”文本添加了动画效果。

图 10-12

❶ 选中要设置动画的文字，在“动画”→“动画”选项组中单击▾按钮（如图 10-13 所示），在其下拉列表中选择“进入”→“随机线条”动画样式（如图 10-14 所示），即可为文字添加该动画效果。

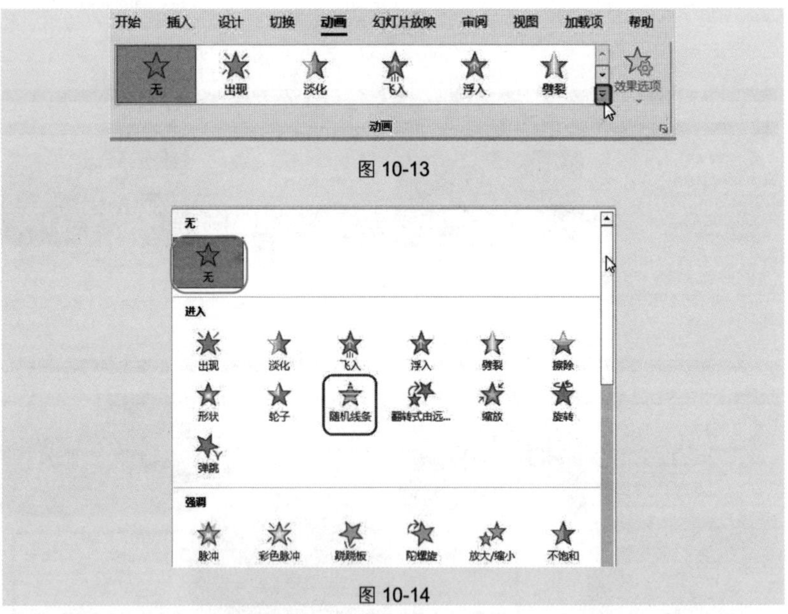

图 10-13

图 10-14

❷ 在“预览”选项组中单击“预览”按钮，可以自动演示该动画效果。

应用扩展

如果菜单中的动画效果不能够满足要求，还可以选择更多的效果。

❶ 在“动画”→“动画”选项组中单击▾按钮，在其下拉列表中选择“更多进入效果”命令，如图 10-15 所示。

❷ 打开“更改进入效果”对话框，即可查看并应用更多动画效果，如图 10-16 所示。

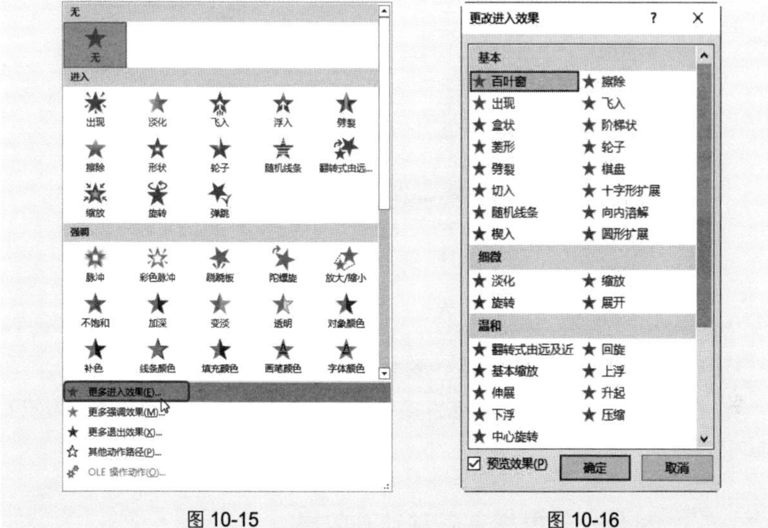

图 10-15　　　　图 10-16

技巧 9　修改不满意的动画

如图 10-17 所示，当前为“年度工作计划”添加了“弹跳”动画效果，如果想使用另一种动画效果（如“形状”），可以更改原动画效果。

图 10-17

❶ 在幻灯片中选中添加了动画的对象，在“动画”→“动画”选项组中单击 ▾ 按钮，打开下拉列表，如图 10-18 所示。

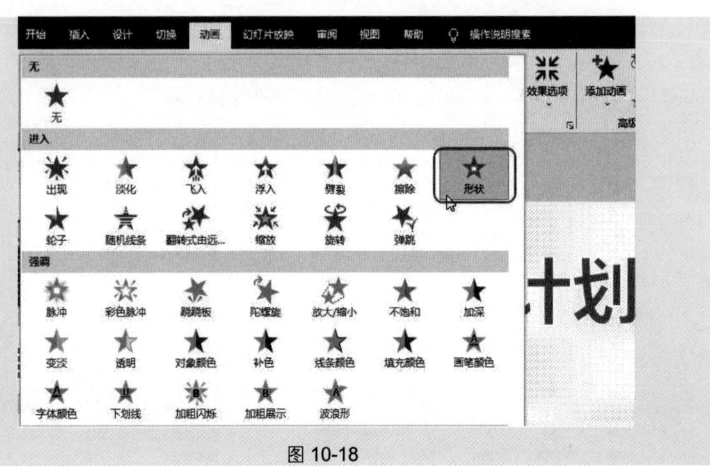

图 10-18

② 在想更换为的动画效果上直接单击鼠标即可快速将原动画更改为新的动画效果。

技巧 10　对单一对象指定多种动画效果

需要重点突出显示的对象，可以对其设置多个动画效果，这样可以达到更好的表达效果。如图 10-19 所示，即为图片设置了“浮入”的进入效果和“波浪形”的强调效果（对象前面有两个动画编号）。

图 10-19

① 选中文本，在“动画”→“动画”选项组中单击按钮，在其下拉列表中的“进入”栏中选中“浮入”的动画效果，如图 10-20 所示。

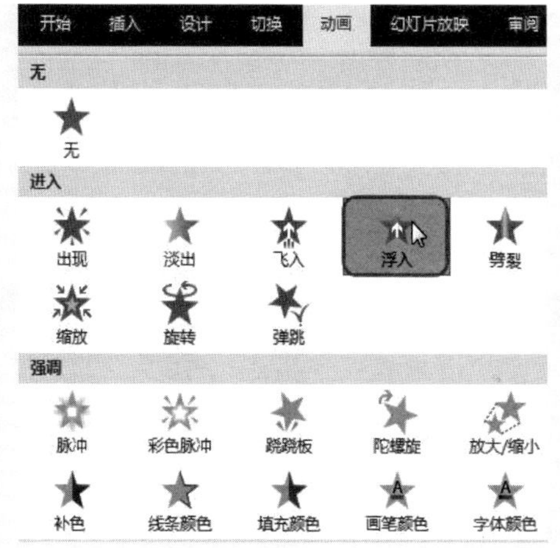

图 10-20

❷ 此时文字前出现一个“1”，在“动画”→“高级动画”选项组中单击“添加动画”下拉按钮，在其下拉列表的“强调”栏中选中“波浪形”动画效果，如图 10-21 所示。

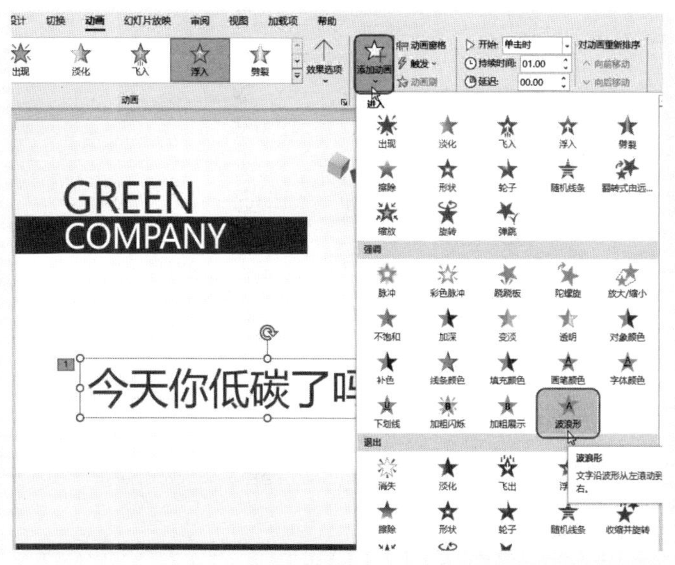

图 10-21

❸ 单击“确定”按钮，即可为文字添加两种动画效果。单击“预览”按钮即可预览动画，如图 10-22、图 10-23 所示。

图 10-22　　图 10-23

专家点拨

为对象添加动画效果时，不仅能添加“进入”和“强调”两种效果，还可以同时为对象添加“退出”效果。

技巧 11　让对象按路径进行移动

路径动画是一种非常奇妙的效果，通过路径设置可以让对象进行上下、左右移动或沿着路径进行移动。这种特殊效果一般只能在 Flash 中实现，但是也可以在幻灯片的动画效果设置中实现，如图 10-24 所示。

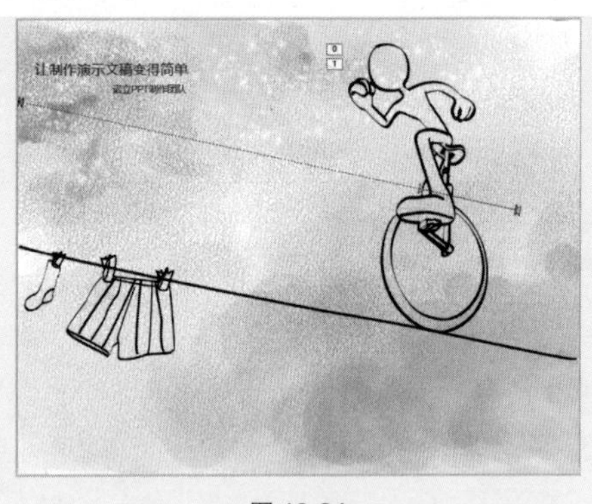

图 10-24

① 选中需要设置动画的对象，在“动画”→“动画”选项组中单击按钮（如图 10-25 所示），打开下拉列表。

② 在下拉列表中选择“其他动作路径”命令（如图 10-26 所示），打开“更改动作路径”对话框。

③ 选择“对角线向右下”命令（如图 10-27 所示），单击“确定”按钮，即可为对象指定路径。

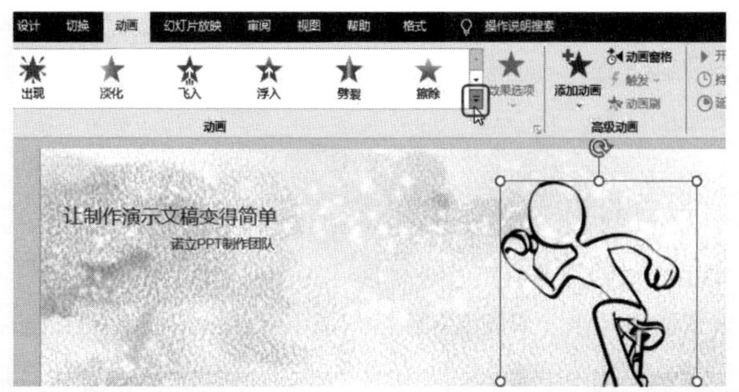

图 10-25

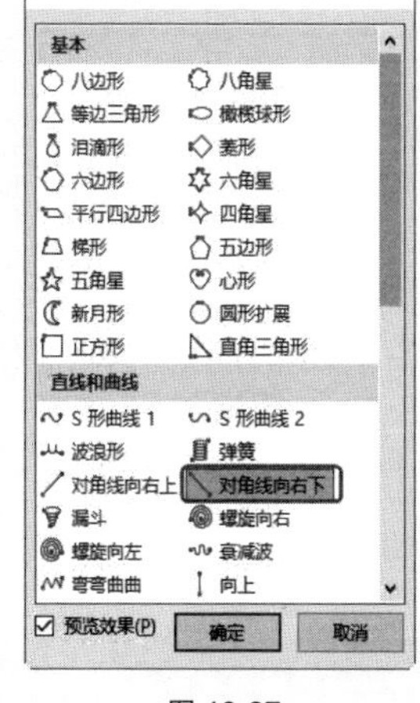

图 10-26　　　　图 10-27

④ 添加的路径是程序默认的，并不一定满足我们想要的运动轨迹需求，此时可以将鼠标指针指向红色控点上（如图 10-28 所示），按住鼠标拖至需要的位置，拖动后如图 10-29 所示。在放映时对象就会沿着设置的路径移动。

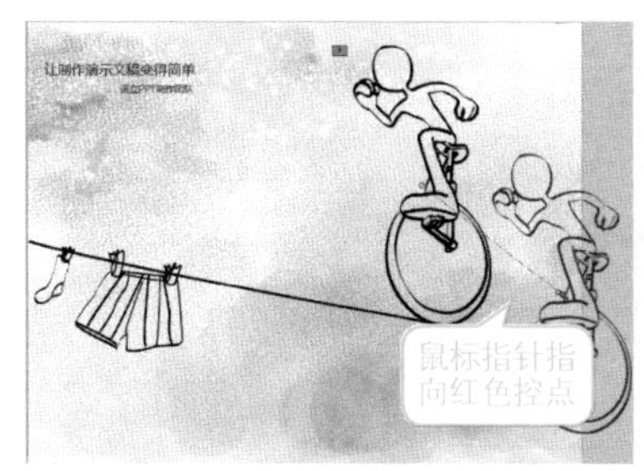

图 10-28　　　　图 10-29

⑤ 按照同样的操作方法，使用“添加动画”功能，将第一条路径的起点移到终点处（作为第二条路径的起点），然后向左上绘制路径，即可得到如图 10-24 所示的效果。

技巧 12 饼图的轮子动画

PPT 中每个动画都要有其设置的必要性，可以根据对象的特点完成设置。如为饼图设置轮子动画，如图 10-30、图 10-31 所示为动画播放时的效果。

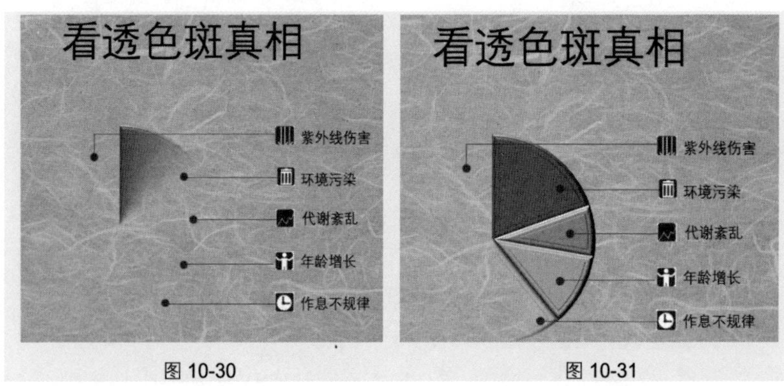

图 10-30　　图 10-31

① 选中饼图，在“动画”→“动画”选项组中单击按钮，在其下拉列表中选择“进入”→“轮子”动画样式（如图 10-32 所示），即可为图添加该动画效果。

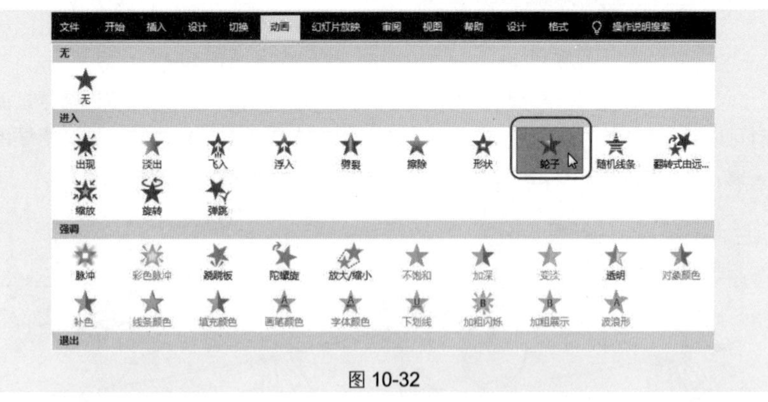

图 10-32

② 选中图表，单击“动画”→“动画”选项组中“效果选项”下拉按钮，在“序列”下拉列表中选择“按类别”选项（如图 10-33 所示），即可实现单个扇面逐个进行轮子动画的效果，如图 10-34 所示。

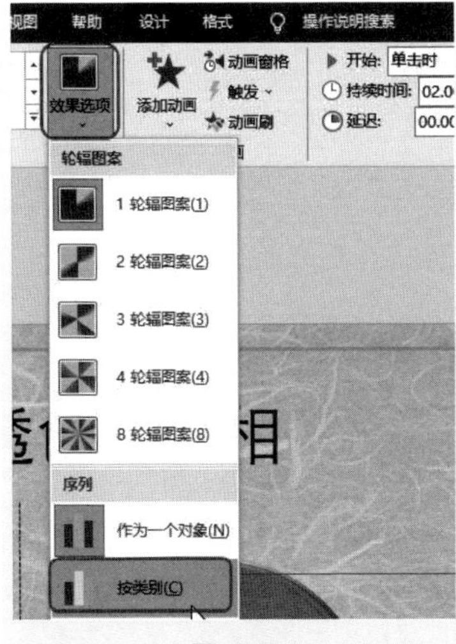

图 10-33

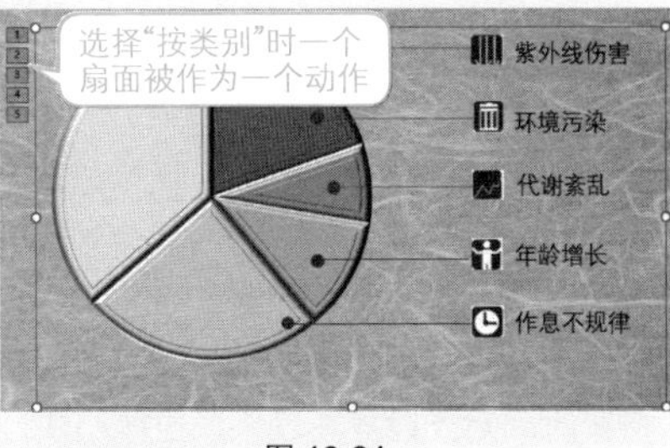

图 10-34

技巧 13 柱形图的逐一擦除式动画效果

根据柱形图中各柱子代表着不同的数据系列，可以为柱形图制作逐一擦除式动画效果，从而引导观众更清晰地理解图表。如图 10-35、图 10-36 所示为动画播放时的效果。

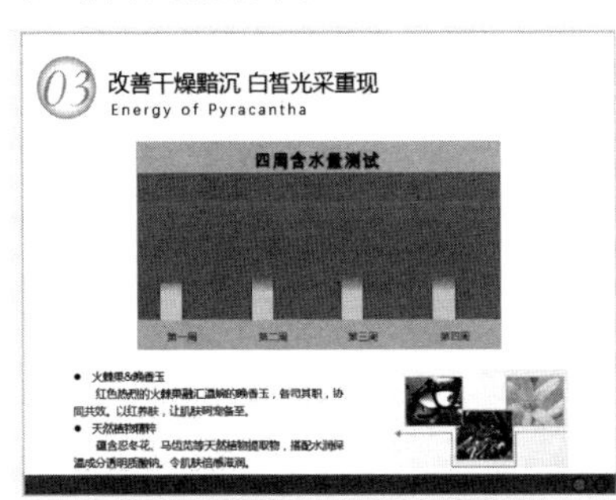

图 10-35

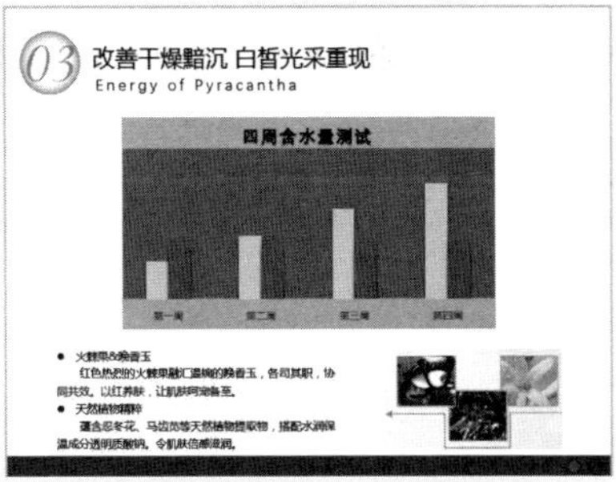

图 10-36

❶ 选中图表，在“动画”→“动画”选项组中单击按钮，在其下拉列表中选择“进入”→“擦除”动画样式，如图 10-37 所示。

❷ 选中图形，在“动画”→“动画”选项组中单击“效果选项”的下拉按钮，在“方向”下拉列表中选择“自底部”选项，在“序列”下拉列表中选择“按系列”选项（如图 10-38 所示），即可实现按数据系列逐个擦除的动画效果。

图 10-37

图 10-38

③ 默认添加的动画的持续时间（即播放的速度）都有一个默认值，这个默认持续时间对于播放图表来说显得稍快，因此可以选中图表，在“动画”→“计时”选项组中调节“持续时间”，如图 10-39 所示。

图 10-39

技巧 14　SmartArt 图形逐一出现动画

SmartArt 图形不同于简单的图形或文本，它具有层次性或逻辑性，可以为其设置逐一出现的动画效果，从而引导观众的视线，如图 10-40、图 10-41 所示。

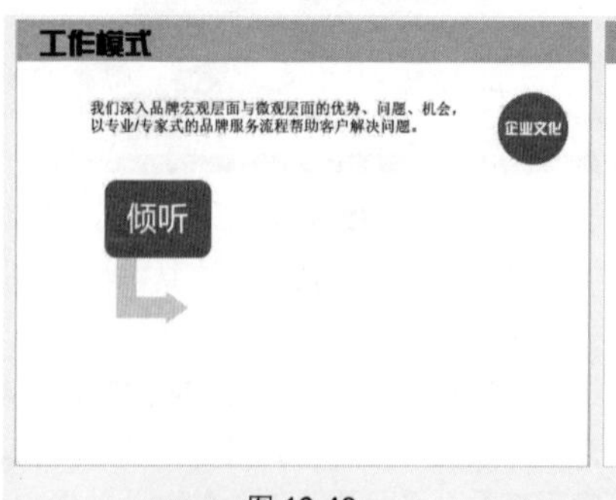

图 10-40

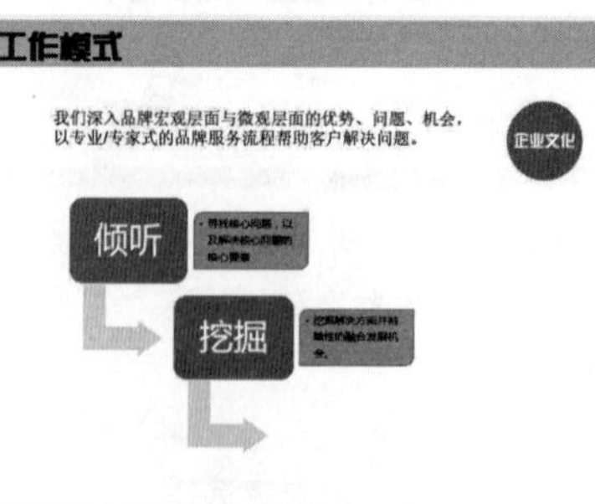

图 10-41

❶ 选中 SmartArt 图形，在 “动画” → “动画” 选项组中单击 按钮，在其下拉列表中选择 “进入” → “出现” 动画样式，如图 10-42 所示。

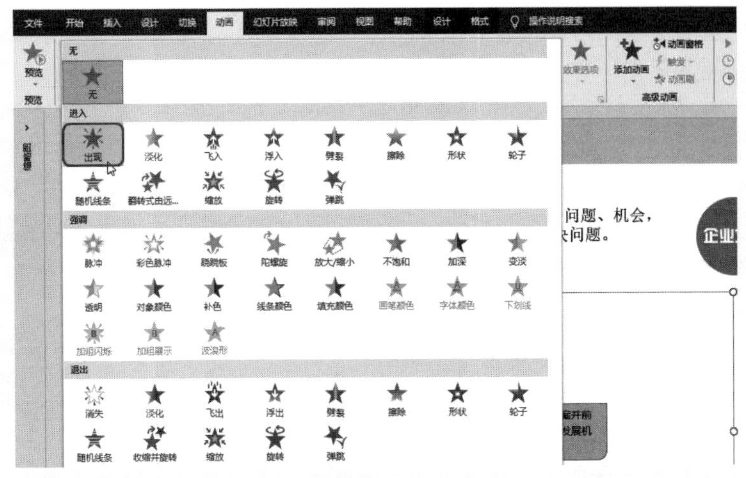

图 10-42

❷ 选中图形，单击 “动画” → “动画” 选项组中 “效果选项” 下拉按钮，在其下拉菜单中选择 “逐个” 样式（如图 10-43 所示），即可为图设置逐一出现的动画效果。

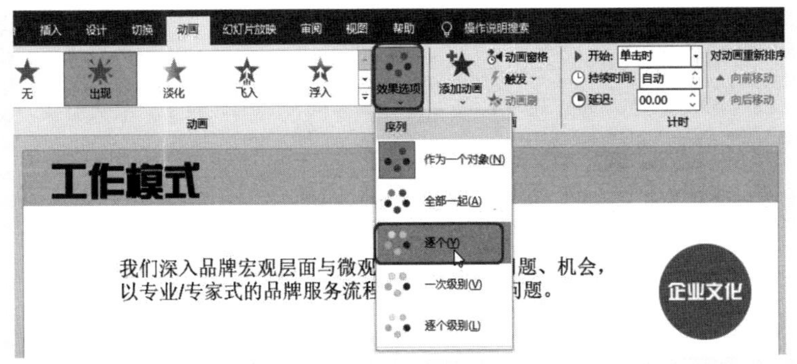

图 10-43

专家点拨

在设置对象逐个播放后，也可以去设置动作的 “持续时间”，从而自定义控制每个对象的播放速度。

技巧 15 删除不需要的动画

如果对添加的动画效果不满意且不想再使用，可以将目标动画删除，其操作方法如下。

选中想删除动画的编号（如图 10-44 所示），此时动画编号框变成红色框，在“动画”→“动画”选项组中显示出当前文本的动画效果，单击▾按钮，打开下拉列表，选择“无”选项即可删除，如图 10-45 所示。

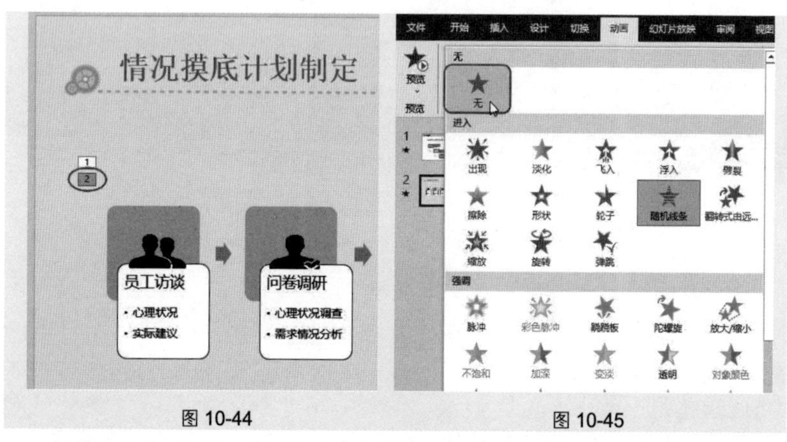

图 10-44　　图 10-45

应用扩展

除了以上的方法外，还可以选中需要删除动画效果的对象，将光标定位于对象前的动画标记，按 Delete 键即可删除。

技巧 16 为每张幻灯片添加相同的动作按钮

动作按钮是用于将制作好的幻灯片转到下一张、上一张、第一张和最后一张，或者是用于播放声音、视频等的一个按钮。在播放幻灯片时可以通过单击此按钮触发相应的动作。下面讲解为每张幻灯片统一添加一个“上一张”动作按钮，即放映幻灯片时，在任意一张幻灯片中都可以单击此按钮返回到上一张幻灯片。

① 在“视图”→“母版”选项组中单击“幻灯片母版”按钮，即可进入幻灯片母版视图。

② 在左侧选中主母版，在“插入”→“插图”选项组中单击“形状”下拉按钮，在弹出的下拉列表的“动作按钮”栏中选中“上一张”动作按钮，如图 10-46 所示。

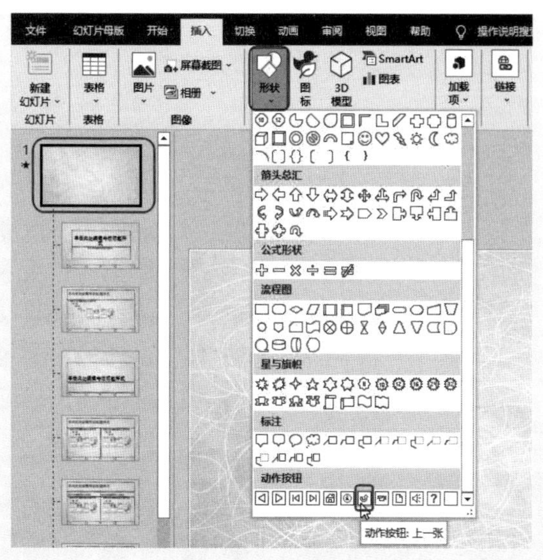

图 10-46

③此时光标变成十字箭头形状，拖动鼠标到幻灯片中适合的位置绘制出一个大小适中的“上一张”动作按钮，释放鼠标立即弹出“操作设置”对话框，如图 10-47 所示。选中“超链接到”单选按钮，然后在下拉列表框中选择“上一张幻灯片”选项，如图 10-48 所示。

图 10-47

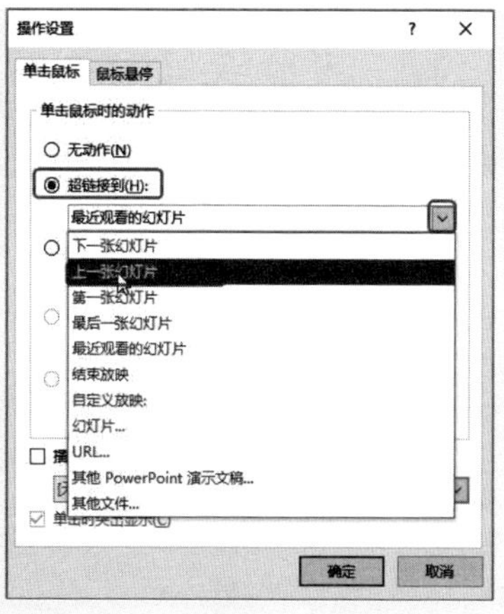

图 10-48

④选中“播放声音”复选框，在下拉列表框中选择“风铃”声音效果，如图 10-49 所示。

⑤ 单击“确定”按钮，还可以在“形状格式”→“形状样式”选项组中，通过套用样式来实现快速美化，如图 10-50 所示。

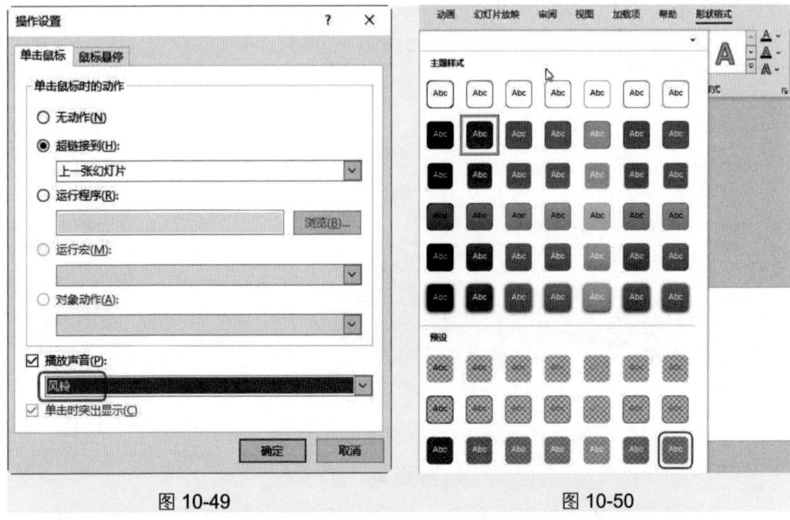

图 10-49　　　　图 10-50

⑥ 在“关闭”选项组中单击“关闭母版视图”按钮，接着在“演示文稿视图”选项组中单击“幻灯片浏览”按钮，即可看到为每张幻灯片添加了动作按钮。

⑦ 在放映幻灯片时，在每张幻灯片中都可以通过单击此按钮返回到上一张幻灯片，如图 10-51 所示。

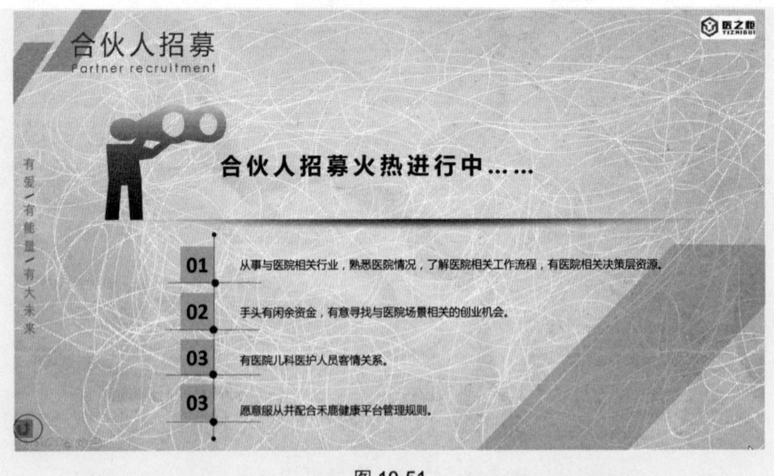

图 10-51

10.3 动画播放效果设置技巧

技巧 17 重新调整动画的播放顺序

在放映幻灯片时，默认情况下动画的播放顺序是按照设置动画时的先后顺序进行的。在完成所有动画的添加后，如果在预览时对播放顺序不满意，可以进行调整，而不必重新设置。

如图 10-52 所示，从动画窗格中可以看到几个序号的动画顺序有误，我们希望按序号指定的条目依次播放，可以按照以下步骤调节各个序号的动画顺序。

图 10-52

❶ 在"动画"→"高级动画"选项组中单击"动画窗格"按钮（如图 10-53 所示），在窗口右侧打开"动画窗格"。

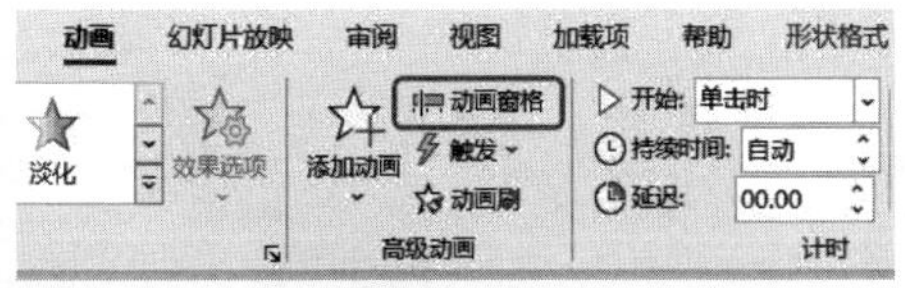

图 10-53

❷ 在"动画窗格"中选中第 9 个动画，按住鼠标不放向上拖动，如图 10-54 所示。拖至目标位置时释放鼠标，如图 10-55 所示。

❸ 按相同的方法，依次调整几个序号动画的位置，如图 10-56 所示。

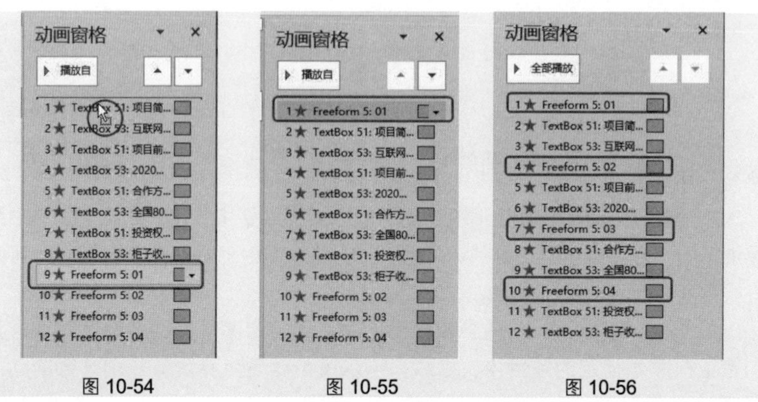

图 10-54　　图 10-55　　图 10-56

应用扩展

在“动画窗格”中除了使用▲和▼按钮调整动画顺序外，还可以直接选中动画，按住鼠标不放，将其拖至需要的位置后释放鼠标即可。

技巧 18 自定义设置动画播放速度

在 PowerPoint 2021 中，当为一个对象添加动画时，都会有一个默认的播放速度，但在实际放映时，默认的播放速度不一定满足要求，因此可以自定义设置动画的播放速度。

❶ 在“动画”→“高级动画”选项组中单击“动画窗格”按钮，在窗口右侧打开“动画窗格”。

❷ 选中目标动画，单击右侧的下拉按钮，此时在“动画”→“计时”选项组中可以看到该动画的默认持续时间，如图 10-57 所示。

❸ 通过单击右侧的调节钮可任意进行调节，如图 10-58 所示。

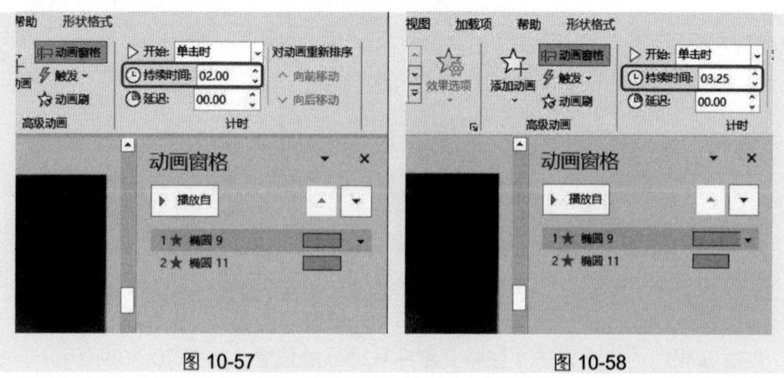

图 10-57　　图 10-58

技巧 19　控制动画的开始时间

在添加多动画时，默认情况下，从一个动画进入下一个动画时需要单击一次鼠标，如果有些动画需要自动播放，则可以重新设置其开始时间，并且也可以让其在延迟多少时间后自动播放。

❶ 在“动画”→“高级动画”选项组中单击“动画窗格”按钮，在窗口右侧打开“动画窗格”。

❷ 在“动画窗格”中选中需要调整动画开始时间的对象，单击右侧下拉按钮，选择“从上一项之后开始”选项，如图 10-59 所示。设置后可以看到该动画紧接上一动画，如图 10-60 所示。

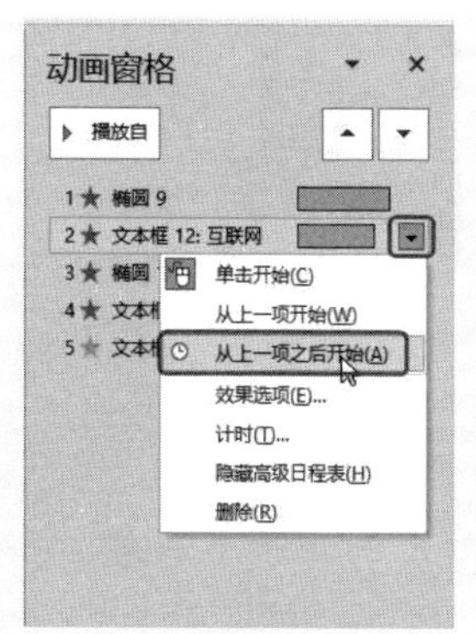

图 10-59

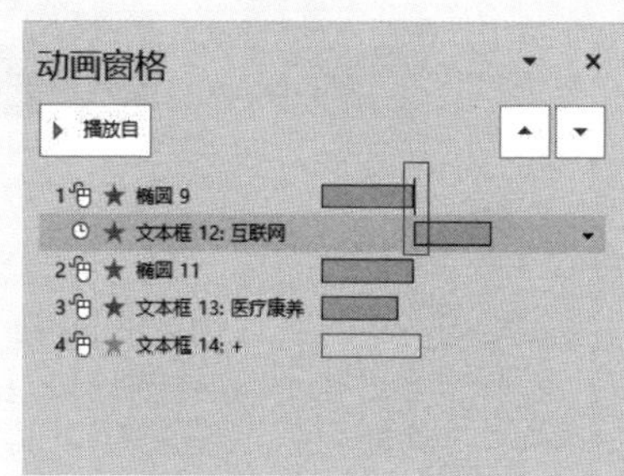

图 10-60

❸ 按相同的方法依次设置各个动画，可见各个动画都紧接着上一动画，如图 10-61 所示。同时在幻灯片中也可以看到各个动画的序号都变成一样的了。

❹ 另外，选中目标动画，在“计时”选项组中，还可以在“延迟”设置框里输入此动画播放距上一动画之后的开始时间，即上一动画播放完毕后，延迟指定时间后再自动播放这个动画，如图 10-62 所示。

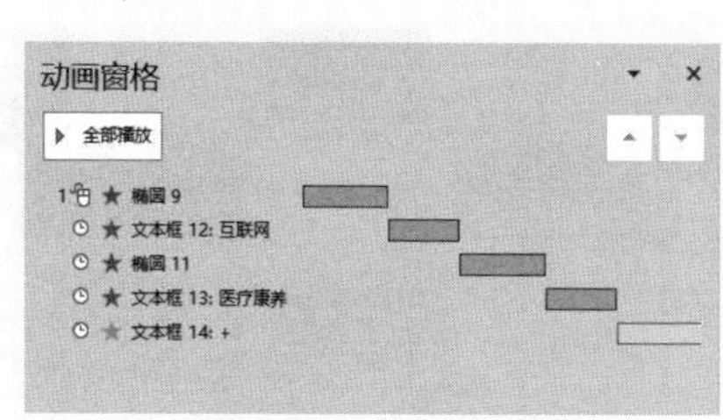

图 10-61

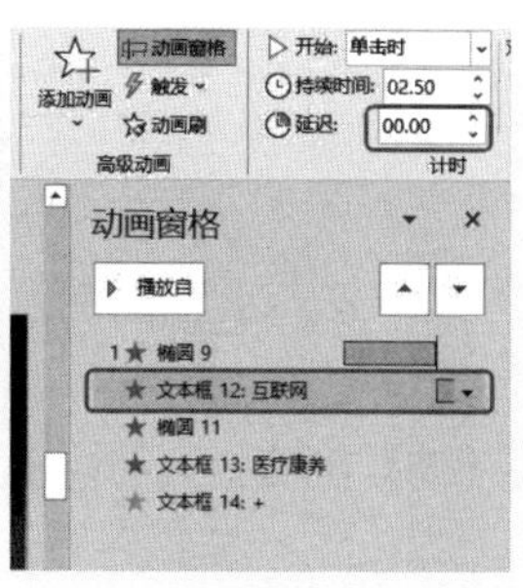

图 10-62

技巧 20 让多个动画同时播放

在设计动画效果时，有些动画效果没有先后之分，同时播放具有更强的视觉冲击效果，此时可以设置为让多个动画同时播放（默认是依次播放）。如图 10-63 所示的幻灯片，想让三个动画同时播放，从当前添加的序号可以看到它们是依次播放的，序号分别为 2、3、4。

图 10-63

① 在"动画"→"高级动画"选项组中单击"动画窗格"按钮，在窗口右侧打开"动画窗格"。

② 选中第 3 与第 4 个动画，然后单击右下角的下拉按钮，在弹出的下拉列表中选择"从上一项开始"命令，如图 10-64 所示。

③ 完成设置后，选中的两个动画就会与第 2 个动画同时进行，播放效果如图 10-65 所示。

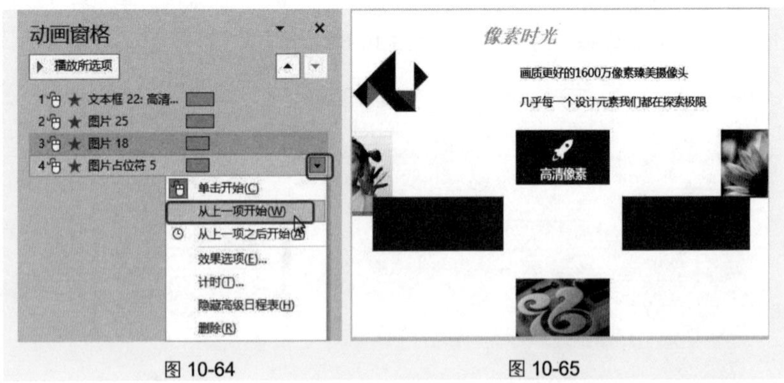

图 10-64　　图 10-65

技巧 21　让某个对象始终是运动的

在播放动画时，动画播放一次后就会停止，为了突出幻灯片中的某个对象，可以设置让其始终保持运动状态。例如，本例要设置标题文字始终保持运动状态。

❶ 选中标题文字，如果未添加动画，可以先添加动画。本例中已经设置了标题为“画笔颜色”动画。

❷ 在“动画窗格”中单击动画右侧的下拉按钮，在下拉列表中选择“效果选项”命令，如图 10-66 所示，打开“画笔颜色”对话框。

❸ 选择“计时”选项卡，在“重复”下拉列表框中选择“直到幻灯片末尾”选项，如图 10-67 所示。

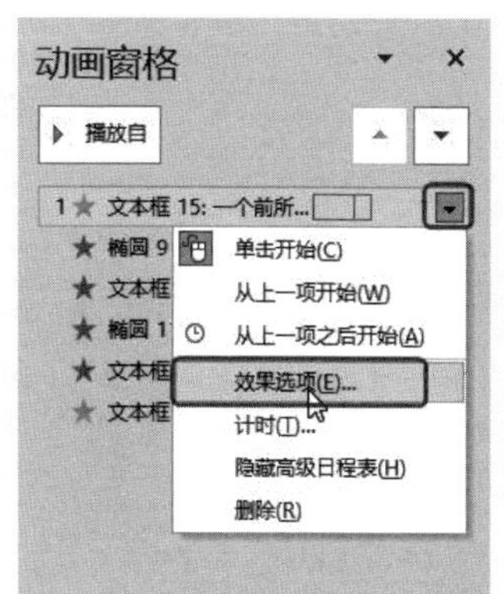

图 10-66

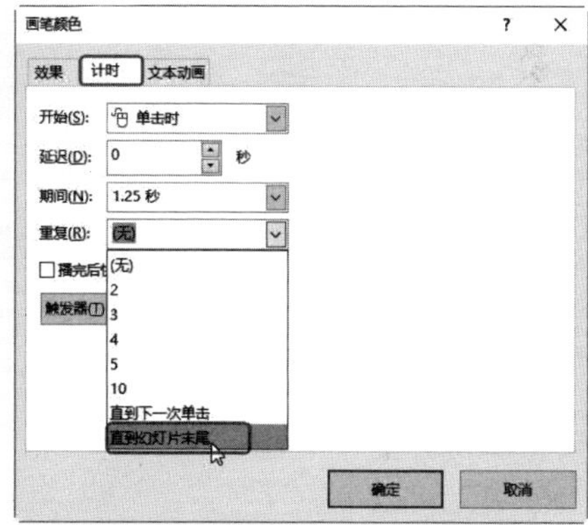

图 10-67

❹ 单击“确定”按钮完成设置，当在幻灯片放映时标题文字会一直重复“画笔颜色”的动画效果，直到这张幻灯片放映结束。

技巧 22　让对象在动画播放后自动隐藏

在播放动画时，动画播放结束后会显示出原始状态。如果希望动画播放完成后自动隐藏起来，可以按如下步骤进行设置。

❶ 在“动画窗格”中选中文字动画，并单击右侧的下拉按钮，在下拉列表中选择“效果选项”命令，如图 10-68 所示。

❷ 打开“轮子”对话框，在“动画播放后”下拉列表框中选择“播放动画后隐藏”选项，如图 10-69 所示。

图 10-68　　　　图 10-69

③ 单击“确定”按钮，然后预览播放效果，即可让所设置的那个动画在播放完成后就自动隐藏起来。

技巧 23　播放文字动画时按字、词显示

在为一段文字添加动画后，系统默认将一段文字作为一个整体来播放，即在动画播放时整段文字同时出现，如图 10-70 所示。通过设置可以实现让文字动画按字、词播放，效果如图 10-71 所示。

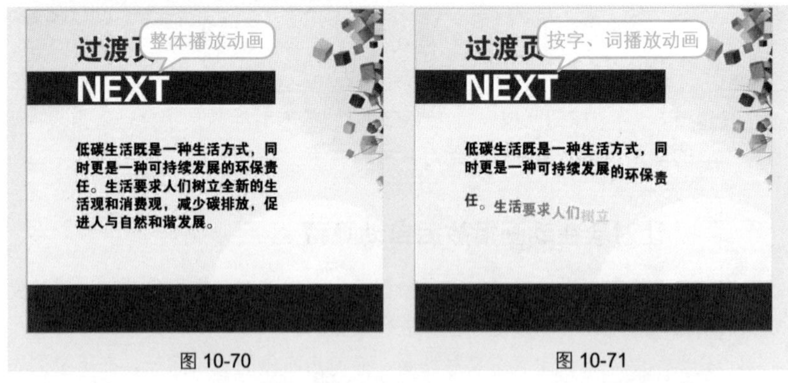

图 10-70　　　　图 10-71

① 在“动画窗格”中单击动画右侧的下拉按钮，在下拉列表中选择“效果选项”命令，如图 10-72 所示。

② 打开“上浮”对话框，在“设置文本动画”下拉列表框中选择“按词顺序”选项，如图 10-73 所示。

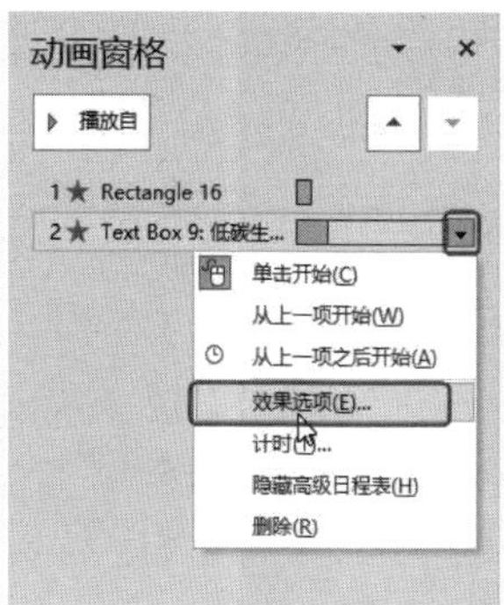

图 10-72

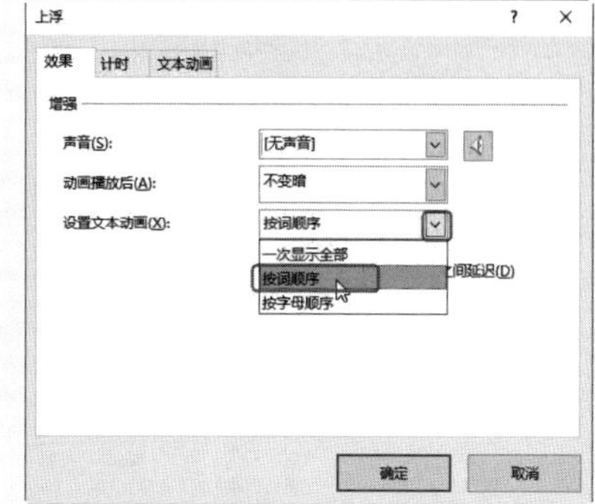

图 10-73

③ 单击“确定”按钮，返回幻灯片中，即可在播放文字动画时按字、词显示。

技巧 24 让播放后的文本换一种颜色显示

通过如下技巧的操作，可以实现让文字完成动画播放后换另一种字体颜色显示。如图 10-74 所示，前三行文字动作完成后，换成了灰色字体，第四行文字正在播放中，第五行还未播放。

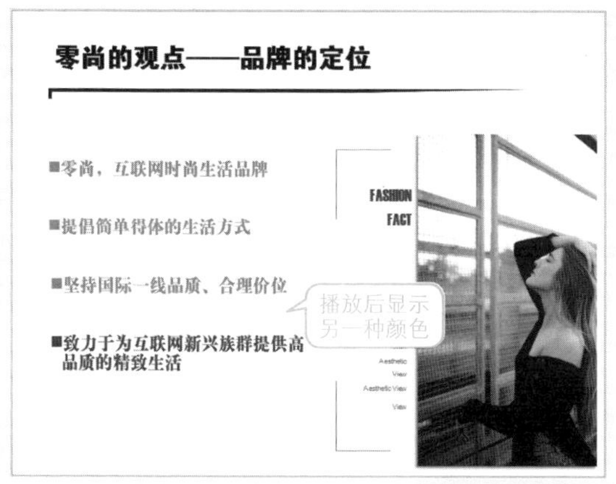

图 10-74

① 为文字设置按段落飞入的动画效果。打开“动画窗格”，单击动画右侧的下拉按钮，在下拉列表中选择“效果选项”命令，如图 10-75 所示。

② 打开“飞入”对话框，在“增强”栏中的“动画播放后”下拉列表框可以选择颜色，如图 10-76 所示。

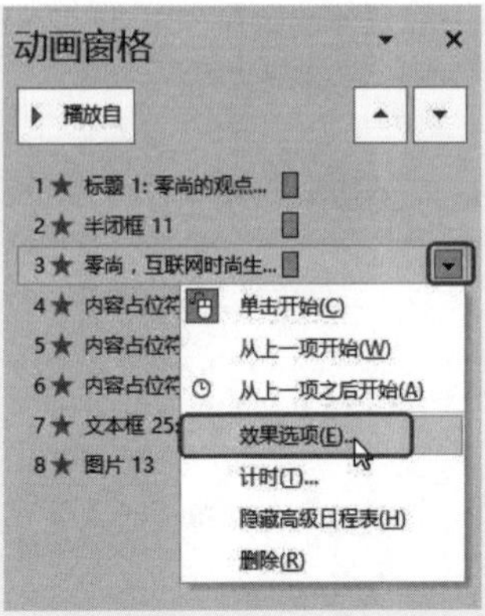

图 10-75

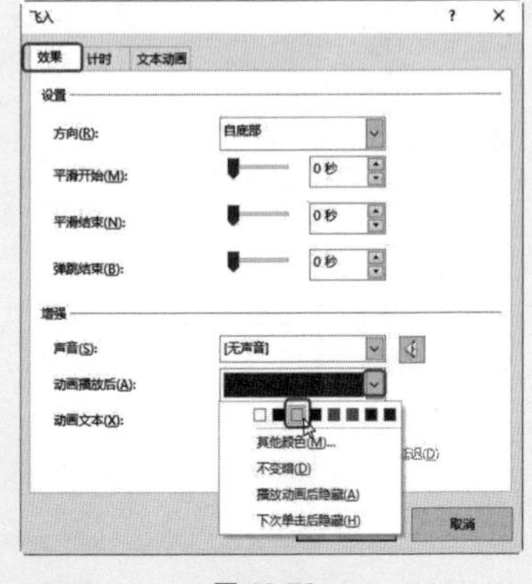

图 10-76

应用扩展

如果菜单中的动画效果不能够满足要求，还可以选择更多的效果。

还可以在“动画播放后”下拉列表框中选择“其他颜色”命令，打开“颜色”对话框来自定义设置其他颜色。

技巧 25 在显示产品图片的同时伴随拍照声音

在为幻灯片添加动画后，放映时是没有声音的。如果在适当的时候为某个动画配上拍照的声音（例如，当产品以动画的形式出现的同时伴随着拍照的声音），可以增强表达效果。

❶ 选中产品图片（设置动画后的），在“动画”→“动画”选项组中单击 按钮，如图 10-77 所示。

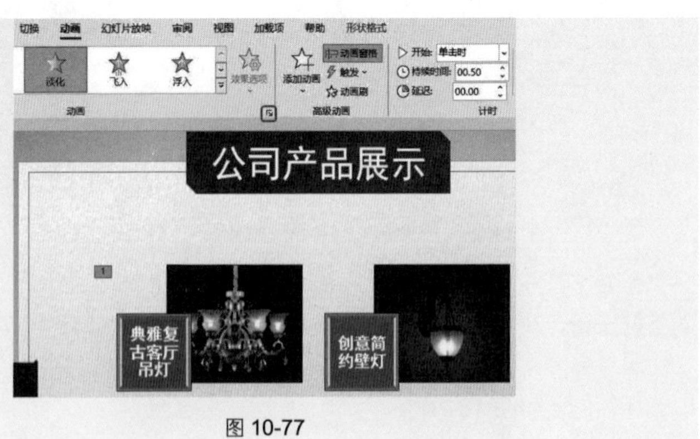

图 10-77

② 打开"圆形扩展"对话框，在"声音"下拉列表框中选择"照相机"选项，如图 10-78 所示。

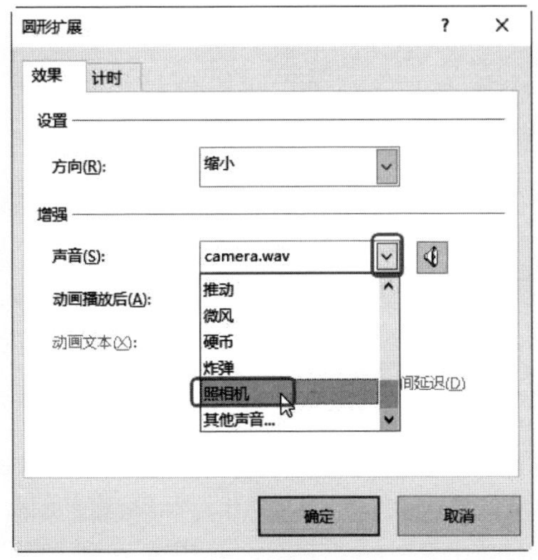

图 10-78

③ 单击"确定"按钮，即可为动画添加拍照声音，在播放动画的同时也会播放声音。

第11章 演示文稿的放映及输出

11.1 放映前的设置技巧

技巧1 让幻灯片自动放映（浏览型）

在放映演示文稿时，要实现自动放映幻灯片，而不采用鼠标单击的方式进行放映，可以设置让幻灯片在指定时间后就自动切换至下一张幻灯片，这种方式适合对浏览型幻灯片的自动放映。

1 打开演示文稿，选中第一张幻灯片，在“切换”→“计时”选项组中选中“设置自动换片时间”复选框，单击右侧数值框的微调按钮设置换片时间，如图 11-1 所示。

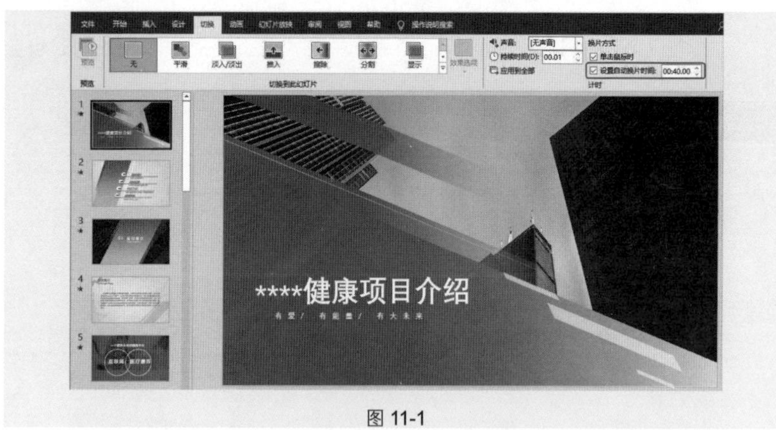

图 11-1

2 选中第二张幻灯片，按照相同的方法进行设置。

3 依次选中后面的幻灯片，根据需要播放的时长来设置换片时间。

应用扩展

设置好任意一张幻灯片的换片时间后，如果想要快速为整个演示文稿设置相同的换片时间，直接在“计时”选项组中单击“应用到全部”按钮即可；或者在设置前选中所有幻灯片，然后再进行相关设置。

技巧 2 让幻灯片自动放映（排练计时）

在放映幻灯片时，一般需要通过单击鼠标才能进入下一个动画或者下一张幻灯片。通过排练计时的设置可以实现自动播放整个演示文稿，每张幻灯片的播放时间将根据排练计时所设置的时间来放映。

如图 11-2 所示即为演示文稿设置了排练计时（每张幻灯片下显示了各自的播放时间）。

图 11-2

❶ 切换到第一张幻灯片，在“幻灯片放映”→“设置”选项组中单击“排练计时”按钮（如图 11-3 所示），此时会切换到幻灯片放映状态，并在屏幕左上角出现一个“录制”对话框，其中显示了时间，如图 11-4 所示。

❷ 当时间达到预定的时间后，单击“下一项”按钮，即可切换到下一个动作或者下一张幻灯片，开始对下一项进行计时，并在右侧显示总计时，如图 11-5 所示。

图 11-3

图 11-4

图 11-5

③ 依次单击“下一项”按钮，直到幻灯片排练结束，按 Esc 键退出播放，系统自动弹出提示，询问是否保留此次幻灯片的排练时间，如图 11-6 所示。

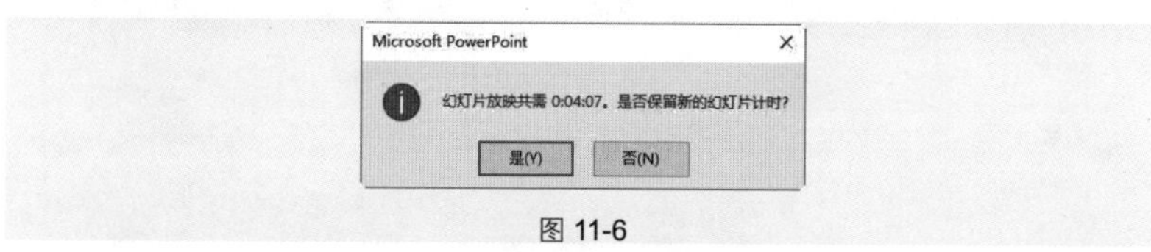

图 11-6

④ 单击“是”按钮，演示文稿自动切换到幻灯片浏览视图，显示出每张幻灯片的排练时间。

完成上述设置后，进入幻灯片放映时，即可按照排练时所设置的时间自动进行播放，而无须使用鼠标单击。

应用扩展

如果不再需要演示文稿中的排练时间设置，可以将其删除，方法如下。

在“幻灯片放映”→“设置”选项组中单击“录制幻灯片演示”下拉按钮，在下拉列表中选择“清除”→“清除所有幻灯片中的计时”命令（如图 11-7 所示），即可清除添加的排练计时。

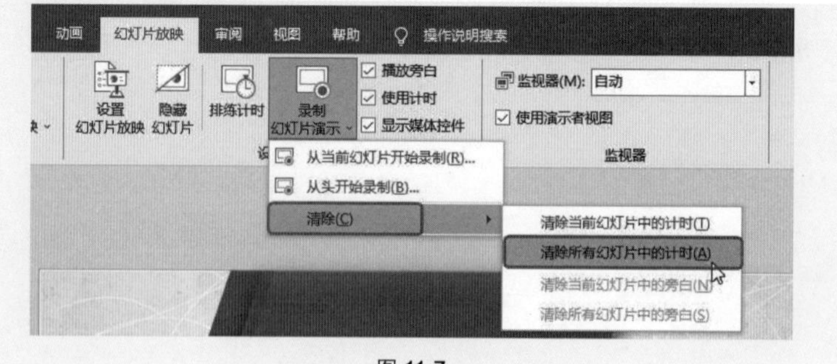

图 11-7

专家点拨

设置排练计时实现幻灯片自动放映与幻灯片自动切片实现自动放映的区别在于：排练计时是以一个动作为单位的，如幻灯片中的一个动画、一个音频等都是一个对象，可以分别设置它们的播放时间；而自动切片是以一张幻灯片为单位，如设置的切片时间为 1 分钟，那么一张幻灯中的所有对象的动作都要在这 1 分钟内完成。

技巧 3 录制幻灯片演示

通过录制幻灯片演示也可以实现幻灯片浏览放映，并且可以边录制边搭配旁白讲解，也可以用笔对重点做出标记。

① 在“录制”→“录制”选项组中单击“录制幻灯片演示”下拉按钮，在打开的下拉列表中选择“从头开始录制”命令，如图 11-8 所示。

图 11-8

② 进入录制界面后，单击左上角的红色录制按钮即可开始录制，并且可以准备好麦克风，边录制边讲解，如图 11-9 所示。

图 11-9

③ 当需要进入下一张幻灯片的录制时，则单击右侧的按钮，如图 11-10 所示。

图 11-10

④ 在录制的时候还可以对重要的词语用笔做标记，在底部正下方先选择笔样式，再选择笔颜色，然后可以在幻灯片中进行标记，如图 11-11 所示。

图 11-11

⑤ 完成全部录制后，单击左上角的“停止”按钮，然后关闭录制窗口即可。

技巧 4 只播放整篇演示文稿中的部分幻灯片

如果要播放的幻灯片不是连续的，并且只需要播放演示文稿中的部分幻灯片，则需要使用“自定义放映”功能来为想放映的幻灯片设置自定义放映列表。

① 在“幻灯片放映”→“开始放映幻灯片”选项组中单击“自定义幻灯片放映”下拉按钮，在下拉列表中选择“自定义放映”命令（如图 11-12 所示），打开“自定义放映”对话框，如图 11-13 所示。

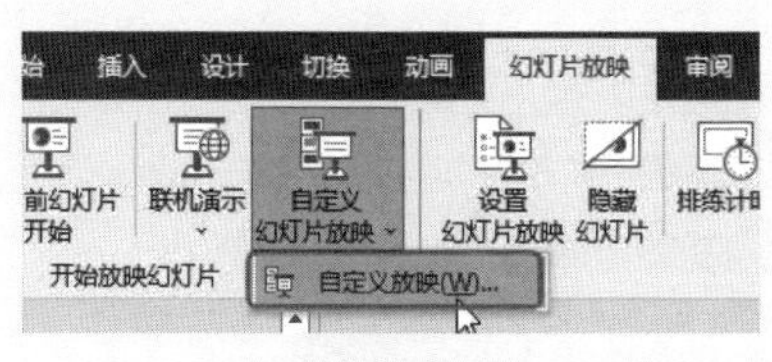

图 11-12

图 11-13

② 单击“新建”按钮，打开“定义自定义放映”对话框。在“在演示文稿中的幻灯片”列表框中选中要放映的第一张幻灯片，如图 11-14 所示。

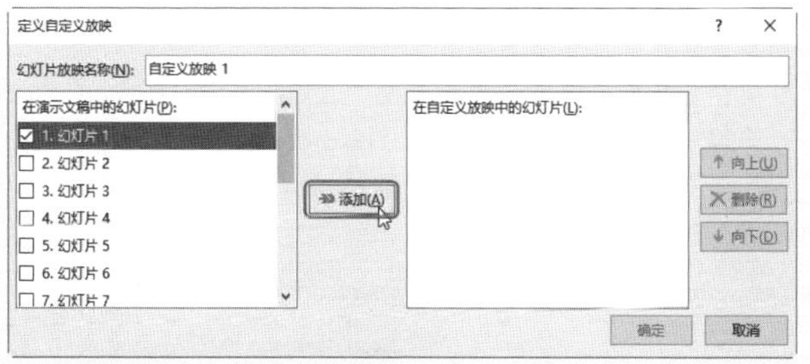

图 11-14

③ 单击“添加”按钮，将其添加到右侧的“在自定义放映中的幻灯片”列表框中。按照相同的方法，依次添加其他幻灯片到“在自定义放映中的幻灯片”列表框中，如图 11-15 所示。

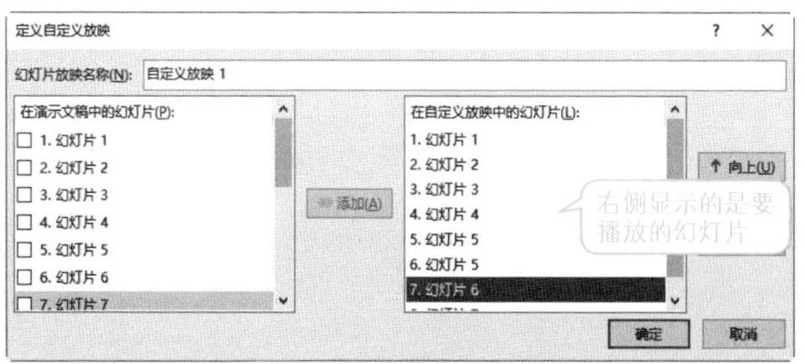

图 11-15

④ 添加完成后，依次单击“确定”按钮，自定义放映列表即建立完成。

⑤ 当需要放映这个列表中的幻灯片时，则再次打开“自定义放映”对话框，选中名称，单击“放映”按钮，即可实现播放。

应用扩展

如果已经设置了自定义放映，由于实际情况发生变化，需要对自定义放映进行调整时，则可以按如下方法更改。

① 打开“自定义放映”对话框，选中之前定义的自定义放映（如图 11-16 所示），单击“编辑”按钮，打开“定义自定义放映”对话框。

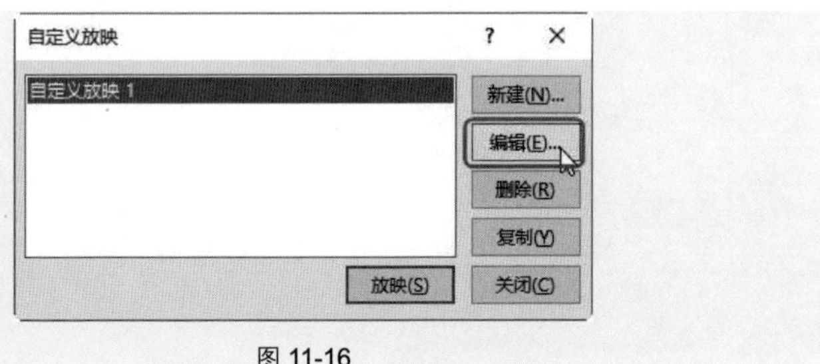

图 11-16

② 然后按相同的方法重新调整需要自定义放映的幻灯片，或单击“向上”和“向下”按钮调整放映的顺序，如图 11-17 所示。

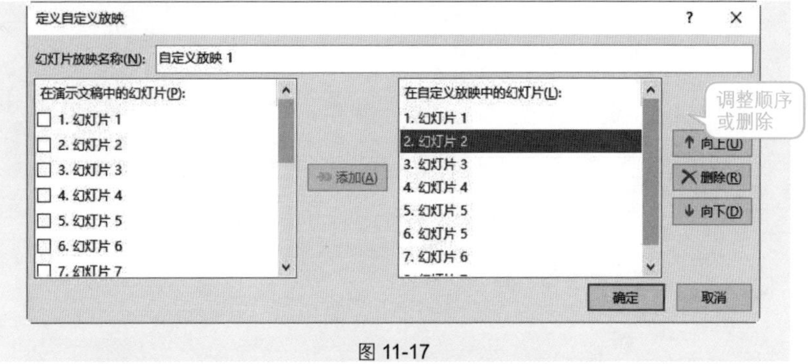

图 11-17

技巧 5 实现在文件夹中双击演示文稿即进入播放状态

如果演示文稿全部编辑完成并无须再修改，可以将其保存为放映模式，从而实现进入保存文件夹中双击演示文稿就能进行播放。

① 打开目标演示文稿，单击“文件”菜单，在打开的菜单中选择“另存为”选项，在右侧单击“浏览”（如图 11-18 所示），打开“另存为”对话框。设置文件保存路径，在“保存类型”下拉列表框中选择“PowerPoint 放映”选项，如图 11-19 所示。

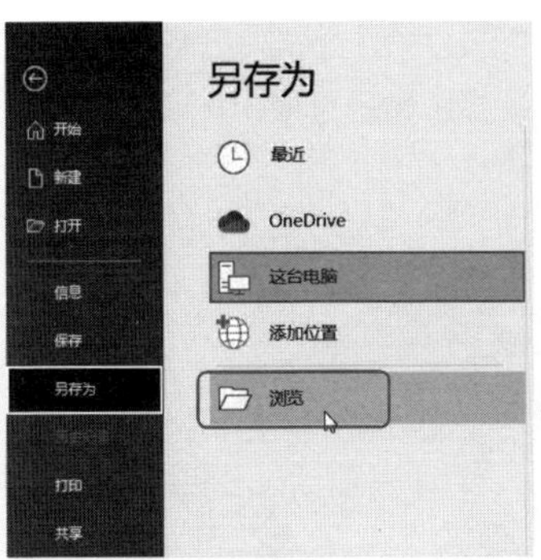

图 11-18

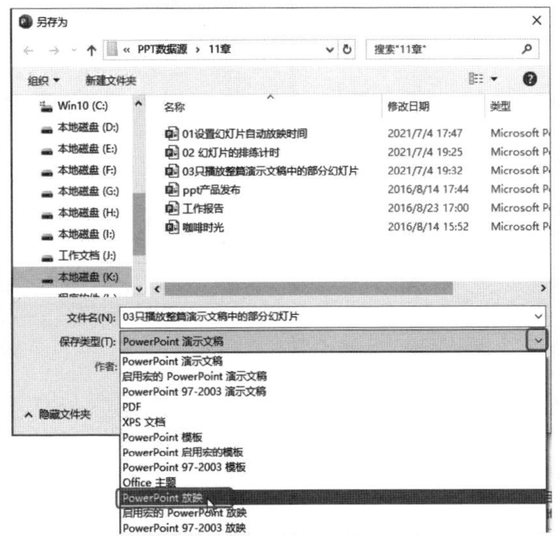

图 11-19

❷ 单击"保存"按钮，即可将演示文稿以"PowerPoint 放映"类型保存，当需要放映此演示文稿时，直接进入该目录下并双击演示文稿即可进行放映。

11.2 放映中的操作技巧

技巧 6 放映中返回到上一张幻灯片

在播放幻灯片的过程中，若需要重新返回到上一张幻灯片中查看内容，有很多种方法可以实现，下面介绍几种常见的方法。

① 在播放幻灯片时，单击鼠标右键，在弹出的快捷菜单中选择“上一张”命令，如图 11-20 所示。

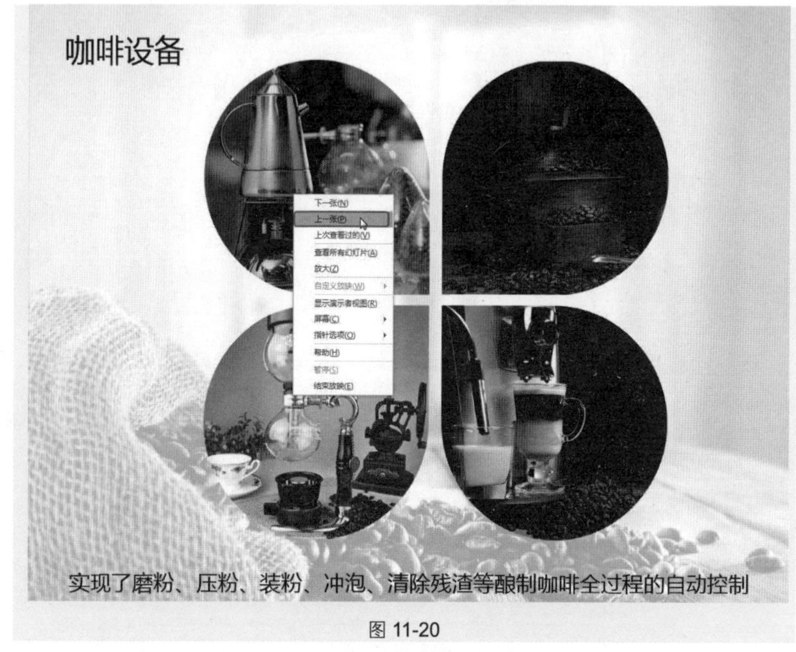

图 11-20

② 在播放幻灯片时，单击幻灯片页面左下角的“上一张”按钮，即可返回上一张幻灯片，如图 11-21 所示。

图 11-21

③ 直接按键盘上的向上方向键。

技巧 7　放映时快速切换到其他幻灯片

在放映幻灯片时是按顺序播放每张幻灯片的，如果在播放过程中需要切换到某张幻灯片，可以按如下操作实现。

① 在播放幻灯片时，单击鼠标右键，在弹出的快捷菜单中选择“查看所有幻灯片”命令，如图 11-22 所示。

图 11-22

② 此时进入幻灯片浏览视图状态，选择需要切换的幻灯片（如图 11-23 所示），单击即可实现切换。

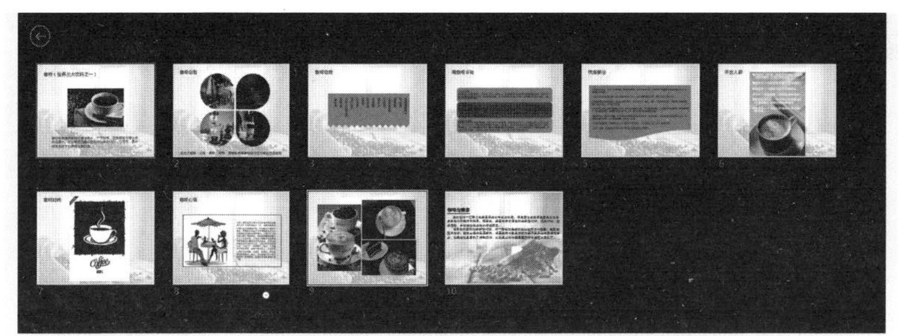

图 11-23

技巧 8　在放映幻灯片时隐藏光标

在放映幻灯片时，移动鼠标可以在屏幕上看到鼠标标识，如果影响到讲演，则可以将光标隐藏起来，其操作方法如下。

进入幻灯片放映状态，在屏幕上单击鼠标右键，在弹出的快捷菜单中选择“指针选项”→“箭头选项”→“永远隐藏”命令，如图 11-24 所示。

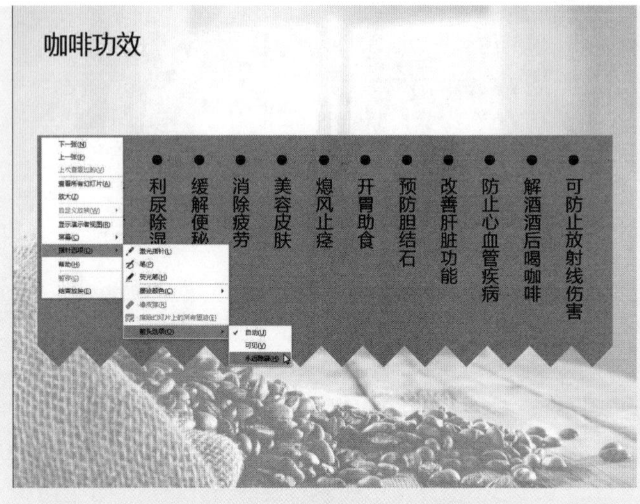

图 11-24

技巧 9　在放映幻灯片时对重要内容做标记

当在放映演示文稿的过程中需要讲解时，还可以将光标变成笔的形状，在幻灯片上直接画线做标记。

①进入幻灯片放映状态，在屏幕上单击鼠标右键，在弹出的快捷菜单中选择“指针选项”→“笔”命令，如图 11-25 所示。

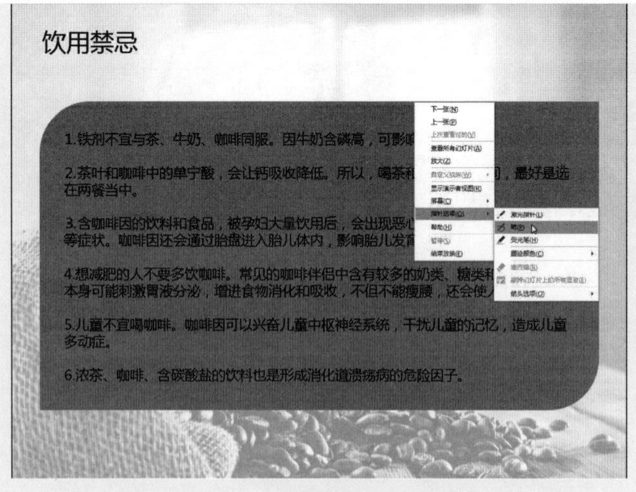

图 11-25

② 此时鼠标变成一个红点，拖动鼠标即可在屏幕上画上标记，如图 11-26 所示。

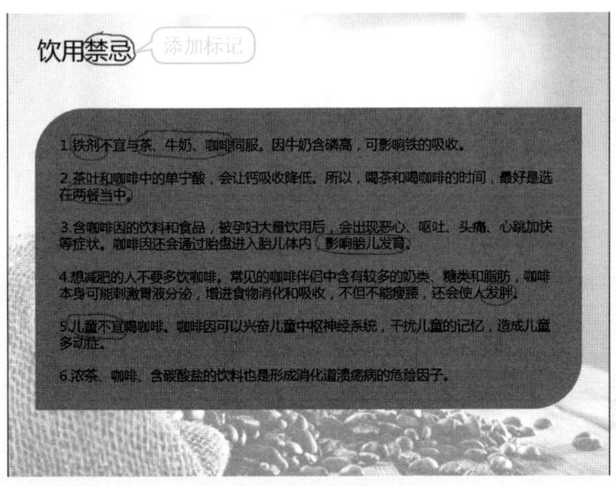

图 11-26

应用扩展

可以按如下方法保留墨迹。

① 在按 Esc 键退出演示文稿放映时，系统会弹出一个提示框，提示是否保留墨迹，如图 11-27 所示。

② 单击“保留”按钮，返回到演示文稿中，即可看到保留的墨迹（如图 11-28 所示），此时的墨迹是以图的形式存在的，如果不想要了，还可以按 Delete 键清除。

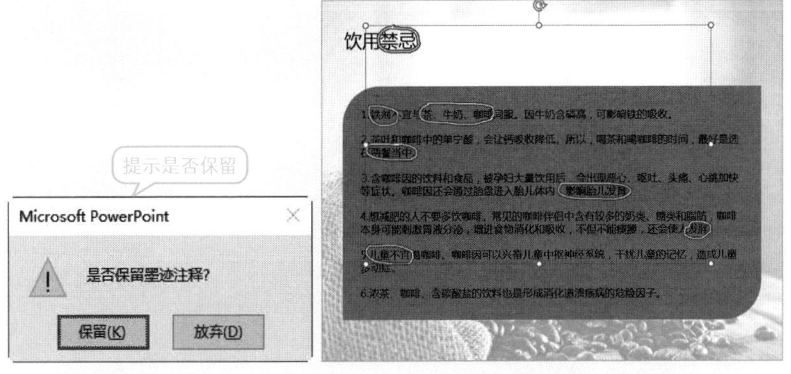

图 11-27　　　　图 11-28

专家点拨

在放映幻灯片时，可以选择笔、荧光笔和箭头三种方式显示光标，用户可以根据需要进行选择。

技巧 10　更改绘图笔的默认颜色

系统默认绘图笔的颜色是红色的，用户可以根据需要重新更改绘图笔的默认颜色。

❶ 打开演示文稿，在“幻灯片放映”→“设置”选项组中单击“设置幻灯片放映”按钮，打开“设置放映方式”对话框。

❷ 在“绘图笔颜色”下拉列表框中可以选择颜色，也可以选择“其他颜色”命令（如图 11-29 所示），打开“颜色”对话框。

❸ 在“颜色”栏中选择需要设置的颜色，如图 11-30 所示。单击“确定”按钮，即可更改绘图笔的默认颜色。

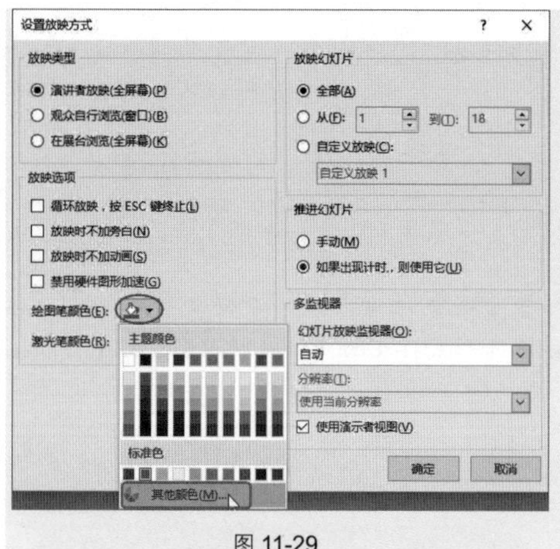

图 11-29

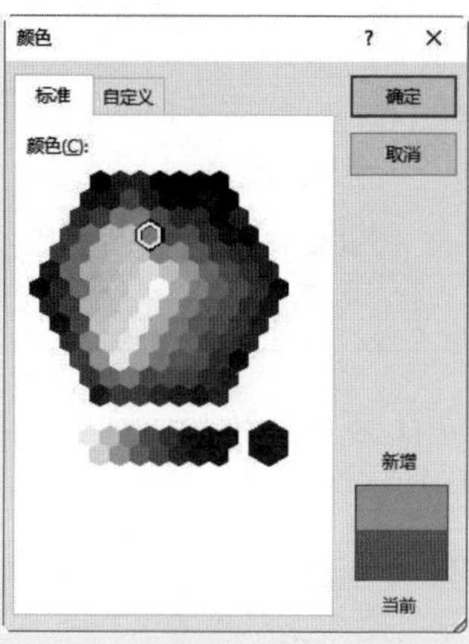

图 11-30

技巧 11　放映时放大局部内容

在 PPT 放映时，可能会有部分文字或图片较小的情况，此时可以通过局部放大 PPT 中的某些区域使内容被放大，从而可以清晰地呈现在观众面前。

❶ 进入幻灯片放映状态，在屏幕上单击鼠标右键，在弹出的快捷菜单中选择“放大”命令，如图 11-31 所示。

图 11-31

② 此时在幻灯片编辑区鼠标指针变为一个放大镜的图标，鼠标周围是一个矩形的区域，其他部分则是灰色，矩形所覆盖的区域就是即将放大的区域，将鼠标移至要放大的位置后，单击鼠标即可放大该区域，如图 11-32 所示。

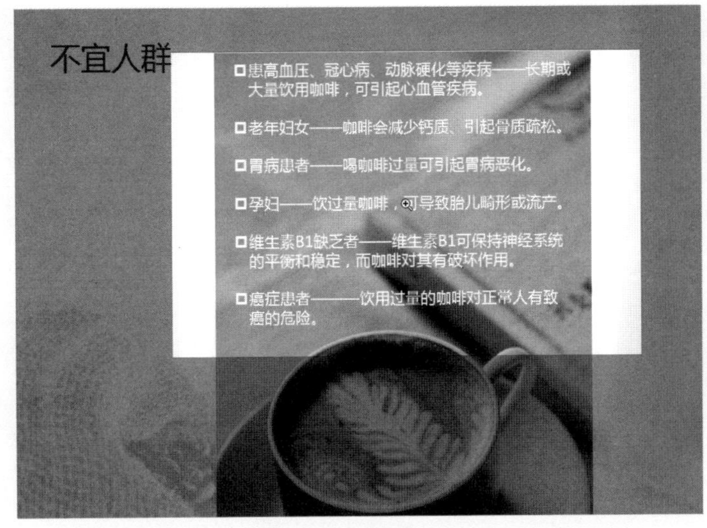

图 11-32

③ 单击放大之后，矩形覆盖的区域占据了整个屏幕，即可实现局部内容放大，如图 11-33 所示。

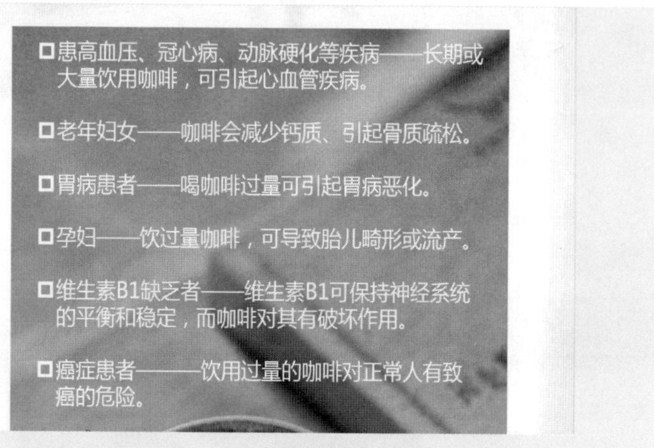

图 11-33

应用扩展

除了以上的方法外，还可以将鼠标移至屏幕左下角，当显示出一排按钮时，单击其中的放大镜图标，也可实现放大，如图 11-34 所示。

图 11-34

专家点拨

局部内容被放大之后，单击鼠标右键即可恢复到原始状态。

技巧 12 在放映时屏蔽幻灯片内容

PowerPoint 提供了多种灵活的幻灯片切换控制操作，在播放幻灯片时，若用户希望暂时屏蔽当前内容，可以将屏幕切换为黑屏样式。

① 在放映幻灯片时单击鼠标右键，在弹出的快捷菜单中选择"屏幕"→"黑屏"命令，如图 11-35 所示。

图 11-35

❷ 执行“黑屏”命令后，整个界面会变成黑色。如果想要取消黑屏操作，只需单击右键，在弹出的快捷菜单中选择“屏幕”→“屏幕还原”命令即可。

技巧 13 远程同步观看幻灯片放映

在 PPT 制作完成后，可以邀请其他人对演示文稿进行同步观看，以及对演示文稿放映设置进行交流。通过使用 Office Presentation Service 可以实现 PowerPoint 放映演示文稿的同步观看。Office Presentation Service 是一项免费的公共服务，在进行联机演示后就会创建一个链接，其他人可以通过此链接在 Web 浏览器中同步观看演示，如图 11-36 所示。

图 11-36

❶ 打开目标演示文稿，单击“文件”菜单，在打开的菜单中选择“共享”选项，

在右侧选择“联机演示”选项，再单击“联机演示”按钮，如图 11-37 所示。

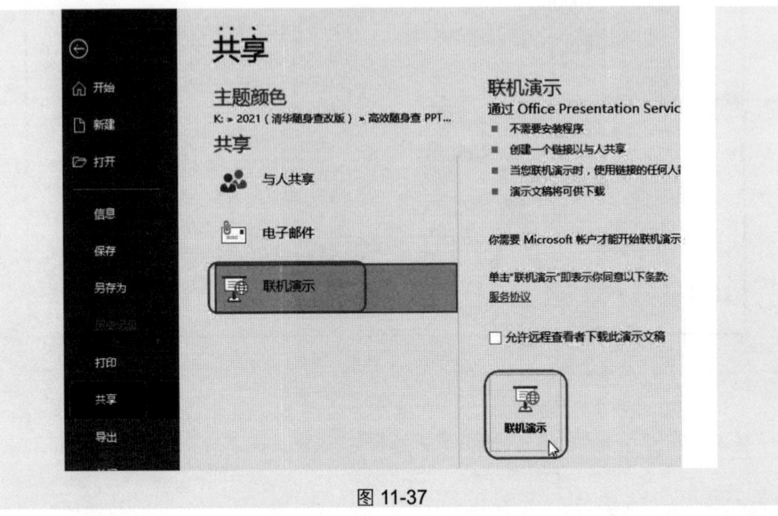

图 11-37

❷打开“联机演示”提示框，在“联机演示”提示框中出现一个链接地址。单击“复制链接”，将链接地址分享给远程查看者（如图 11-38 所示），这样你在播放幻灯片的同时，他人在浏览器上输入链接地址，即可在网页上同步观看你的演示。

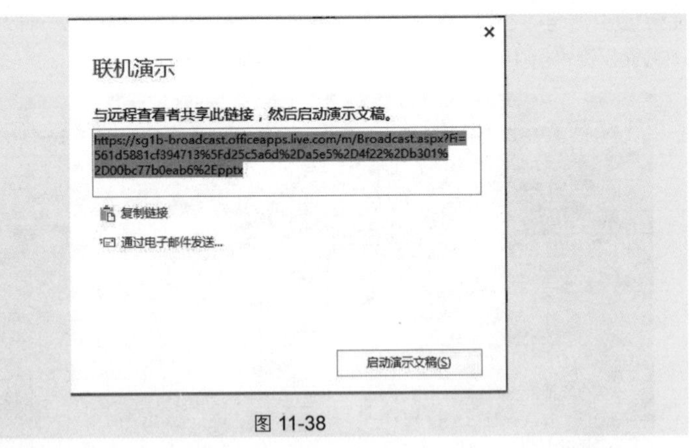

图 11-38

应用扩展

联机放映前需要有 Microsoft 账户，如果没有账户则需要先进行注册，按照提示依次完成信息填写即可完成注册，如图 11-39 所示。

图 11-39

11.3 演示文稿的输出

技巧 14 创建讲义

讲义是指一页中包含 1 张、2 张、3 张、4 张、6 张或 9 张幻灯片，将讲义打印出来，可以方便演讲者或观众查看。

❶ 打开目标演示文稿，单击"文件"菜单，在打开的菜单中选择"打印"选项，在右侧"打印"栏的"设置"区域内单击"整页幻灯片"右侧下拉按钮，在展开的设置列表中的"讲义"栏下选择合适的讲义打印选项，如图 11-40 所示。

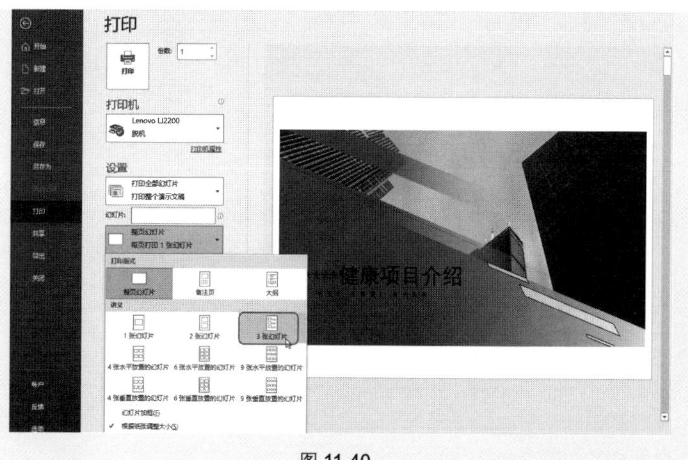

图 11-40

❷设置完成后，单击“打印”按钮即可，设置不同打印版式会呈现不同打印效果，如图 11-41、图 11-42 所示分别为“3 张幻灯片”和“6 张水平放置的幻灯片”的版式效果。

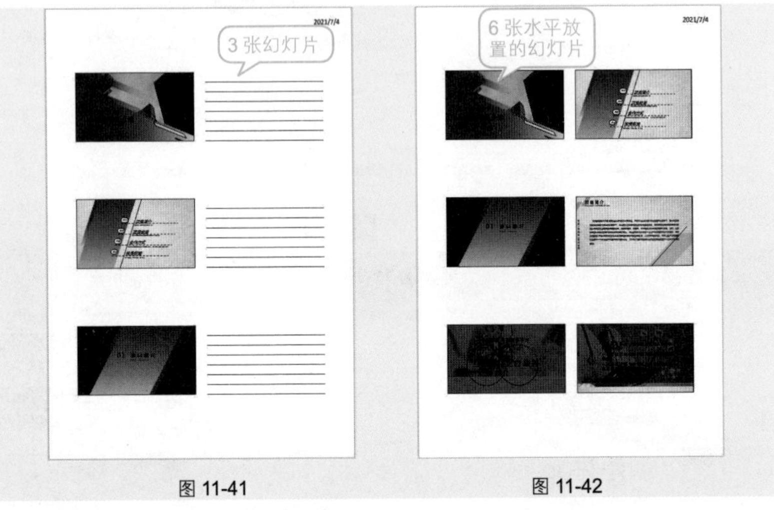

图 11-41　　图 11-42

技巧 15　在 Word 中创建讲义

在保存演示文稿时，可以将其以讲义的方式插入 Word 文档中，每张幻灯片都会以图片的形式显示出来，如果在创建幻灯片时为幻灯片添加了备注信息，其会显示在幻灯片旁边，效果如图 11-43 所示。

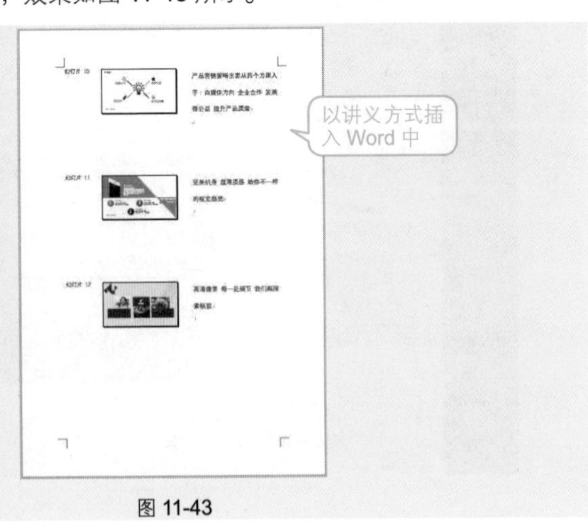

图 11-43

❶ 打开目标演示文稿（包括幻灯片备注都已经编辑），单击"文件"菜单，在打开的菜单中选择"导出"选项，在右侧选择"创建讲义"选项，然后单击"创建讲义"按钮，如图 11-44 所示。

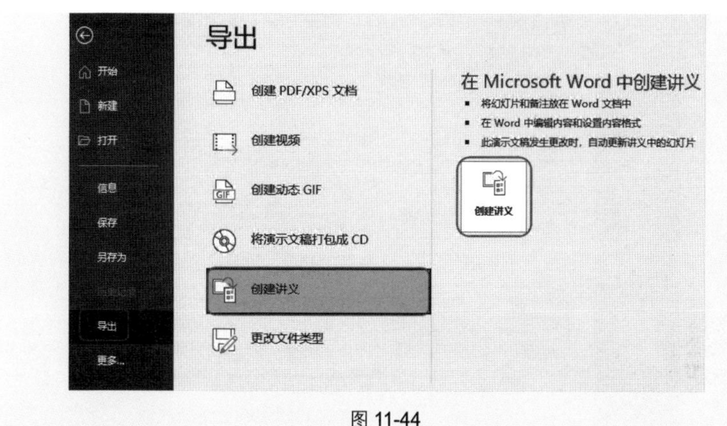

图 11-44

❷ 打开"发送到 Microsoft Word"对话框，在列表中选择一种版式，如图 11-45 所示。

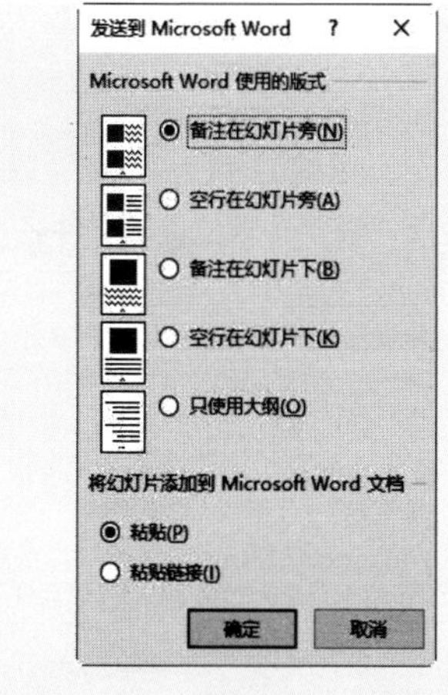

图 11-45

❸ 单击"确定"按钮，即可将演示文稿以讲义的方式发送到 Word 文档中。

技巧 16　将演示文稿保存为图片

PowerPoint 2019 之后的版本中自带了快速将演示文稿保存为图片的功

能，即将设计好的每张幻灯片都转换成一张图片。转换后的图片可以像普通图片一样使用，并且使用起来也很方便。

❶ 打开目标演示文稿，单击“文件”菜单，在打开的菜单中选择“导出”选项，在右侧选择“更改文件类型”选项，然后在右侧选择“JPEG 文件交换格式”，单击“另存为”按钮，如图 11-46 所示。

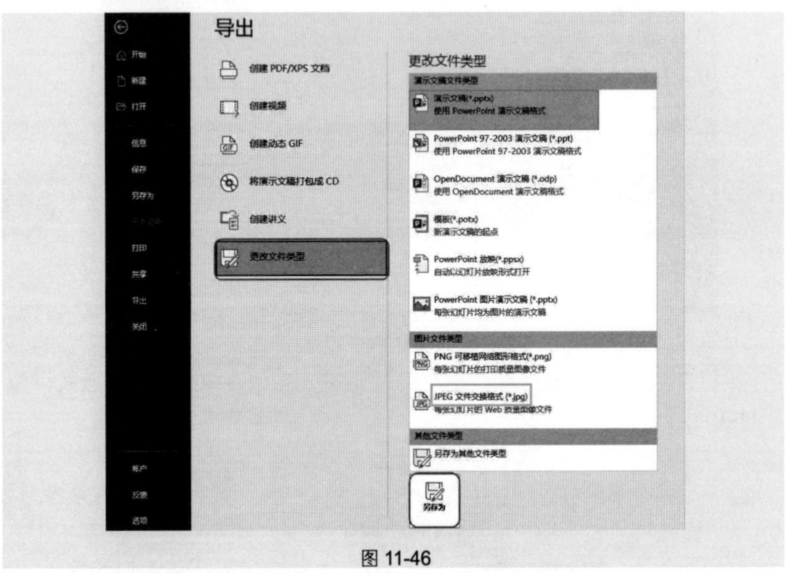

图 11-46

❷ 打开“另存为”对话框，设置保存位置和文件名，如图 11-47 所示。

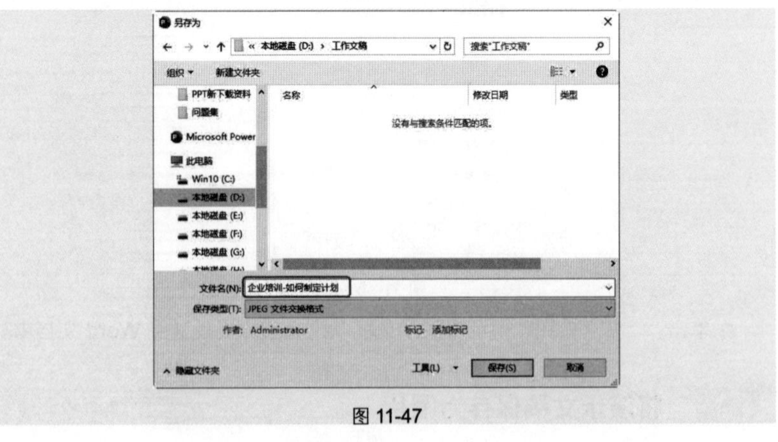

图 11-47

❸ 单击“保存”按钮，系统会弹出提示对话框，如图 11-48 所示。

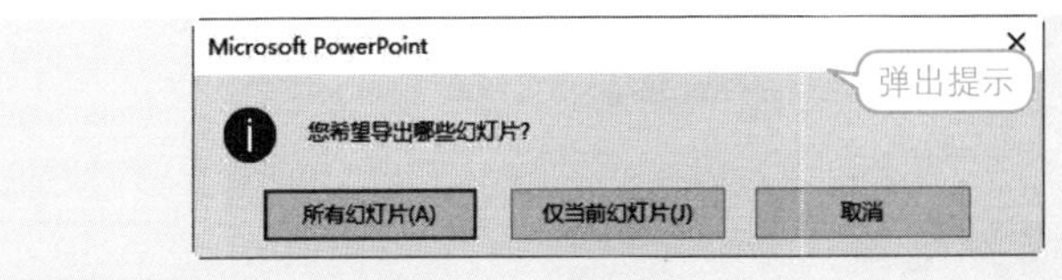

图 11-48

❹ 单击"所有幻灯片"按钮，即可将演示文稿中的每张幻灯片都保存为图片，并弹出提示框，提示每张幻灯片都以独立文件的方式保存到指定路径，如图 11-49 所示。

图 11-49

❺ 单击"确定"按钮即可完成保存，进入保存目录下可以看到所保存的图片，如图 11-50 所示。

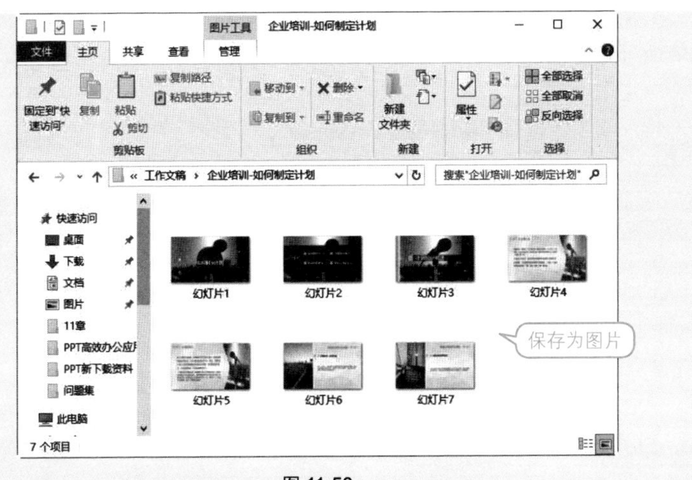

图 11-50

技巧 17 将演示文稿打包成 CD

许多用户都有过这样的经历，在自己计算机中放映顺利的演示文稿，当复制到其他计算机中进行播放时，原来插入的声音和视频都不能播放了，或者字体也不能正常显示了。要解决这样的问题，可以使用 PowerPoint 的打包功能，将演示文稿中用到的素材打包到一个文件夹中。

❶ 打开目标演示文稿，单击"文件"菜单，在打开的菜单中选择"导出"选项，在右侧选择"将演示文稿打包成CD"选项，然后单击"打包成CD"按钮（如图11-51所示），打开"打包成CD"对话框。

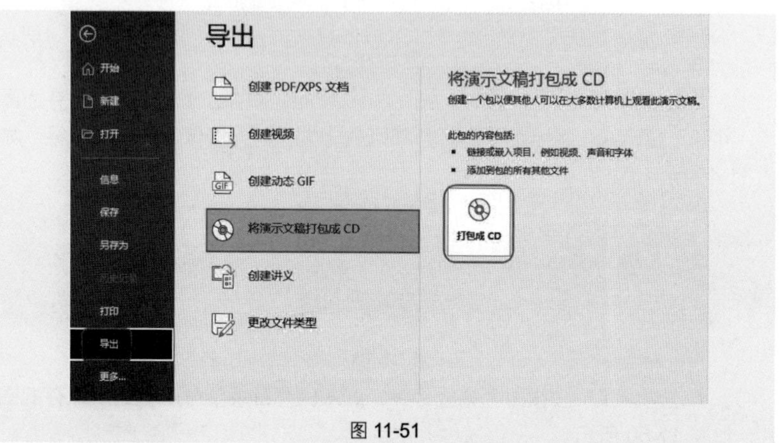

图 11-51

❷ 单击"复制到文件夹"按钮（如图11-52所示），打开"复制到文件夹"对话框，在"文件夹名称"文本框中输入名称，并设置保存路径，如图11-53所示。

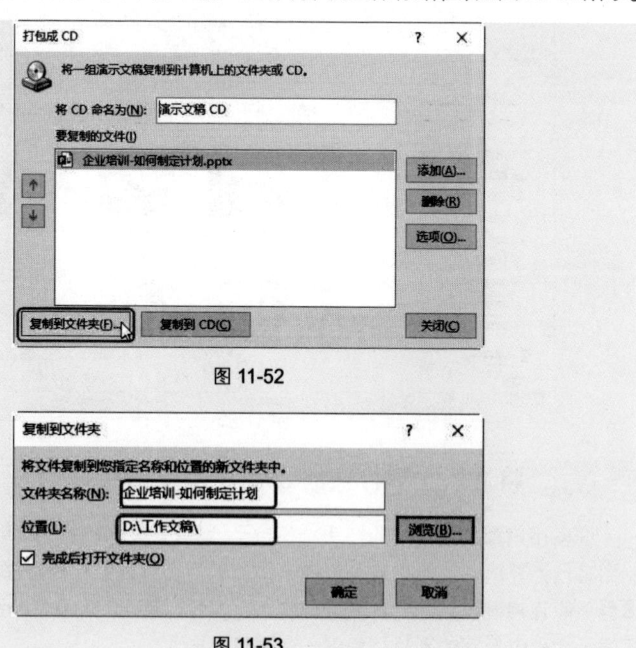

图 11-52

图 11-53

③ 单击“确定”按钮，即可对演示文稿进行打包成 CD 处理，进入保存路径下可以看到打包好的素材，如图 11-54 所示。

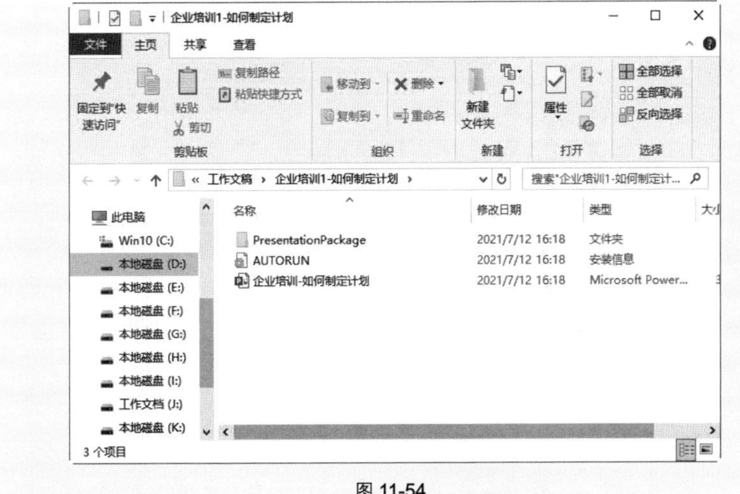

图 11-54

技巧 18　一次性打包多篇演示文稿并加密

在对幻灯片进行打包时，默认情况下是将当前演示文稿打包。假如某次讲演需要使用多篇演示文稿，则可以一次性将多篇演示文稿同时打包。

① 打开目标演示文稿，单击“文件”菜单，在打开的菜单中选择“导出”选项，在右侧选择“将演示文稿打包成 CD”选项，然后单击“打包成 CD”按钮，打开“打包成 CD”对话框（如图 11-55 所示）。

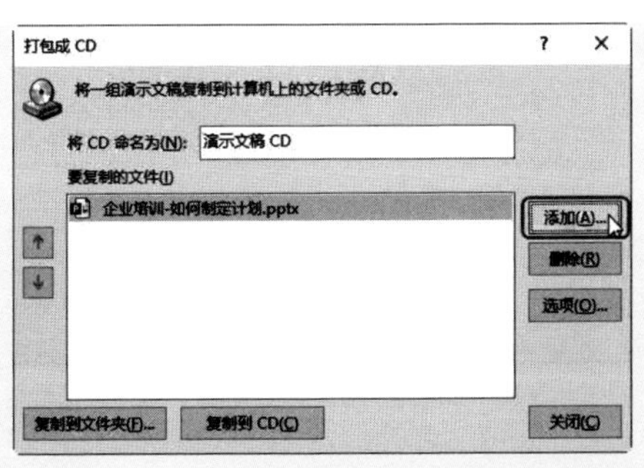

图 11-55

② 单击“添加”按钮，打开“添加文件”对话框，找到需要一次性打包的演示文稿所在的路径并选中，如图 11-56 所示。

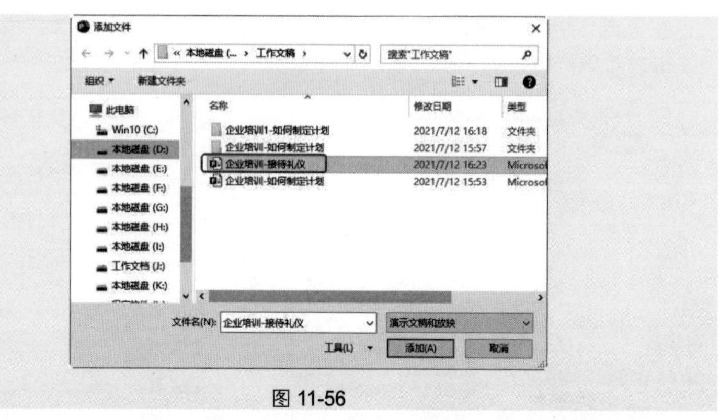

图 11-56

③单击"添加"按钮，返回"打包成 CD"对话框，可以看到列表中显示了多篇演示文稿，如图 11-57 所示。

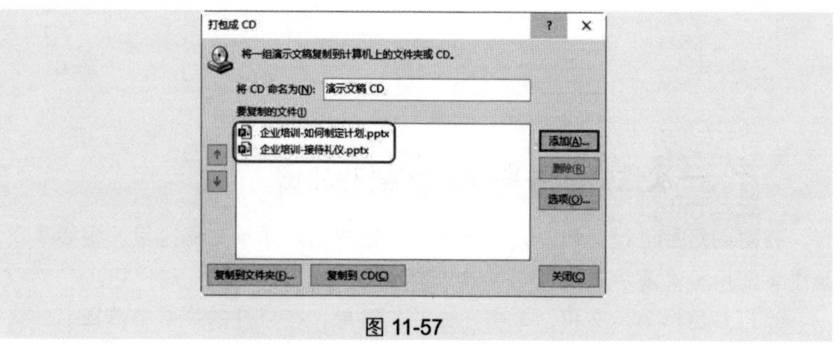

图 11-57

④单击"选项"按钮，打开"选项"对话框，分别设置打开和修改演示文稿时所需要使用的密码，如图 11-58 所示。

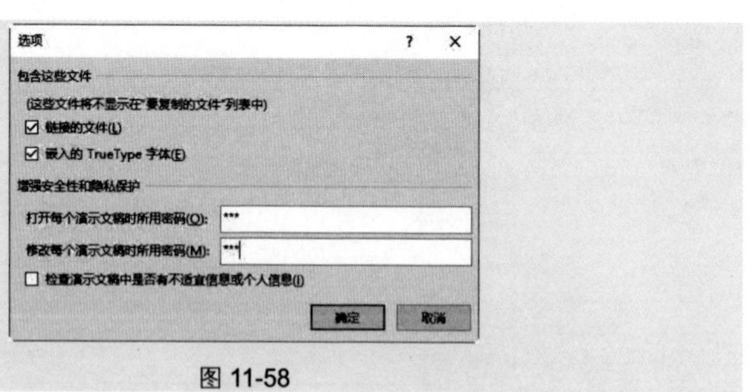

图 11-58

⑤单击"确定"按钮，弹出"确认密码"对话框，依次完成确认密码的设置后返回"打包成 CD"对话框。按技巧 17 步骤②的操作单击"复制到文件夹"按钮，设置打包名称和路径，对演示文稿进行打包即可。

技巧 19　将演示文稿转换为 PDF 文件

PDF 文件是以 PostScript 语言图像模型为基础的，无论在哪种打印机上都可确保以很好的效果打印出来，即 PDF 会真实地再现原稿的每一个字符、颜色以及图像。创建完成的演示文稿也可以保存为 PDF 格式。

❶ 打开目标演示文稿，单击“文件”菜单，在打开的菜单中选择“导出”选项，在右侧选择“创建 PDF/XPS 文档”选项，然后单击“创建 PDF/XPS”按钮，如图 11-59 所示。

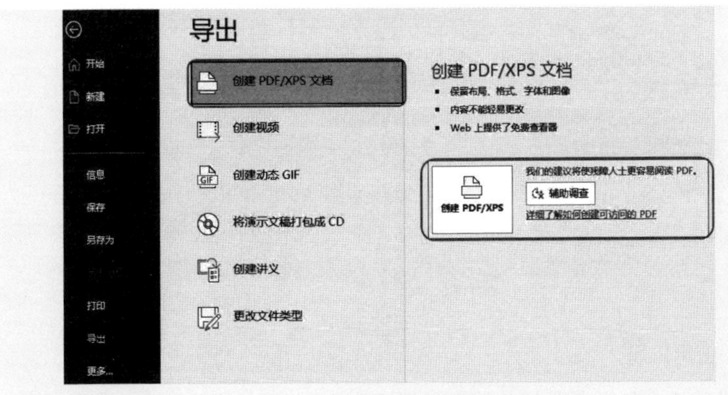

图 11-59

❷ 打开“发布为 PDF 或 XPS”对话框，设置 PDF 文件保存的文件名和路径，如图 11-60 所示。

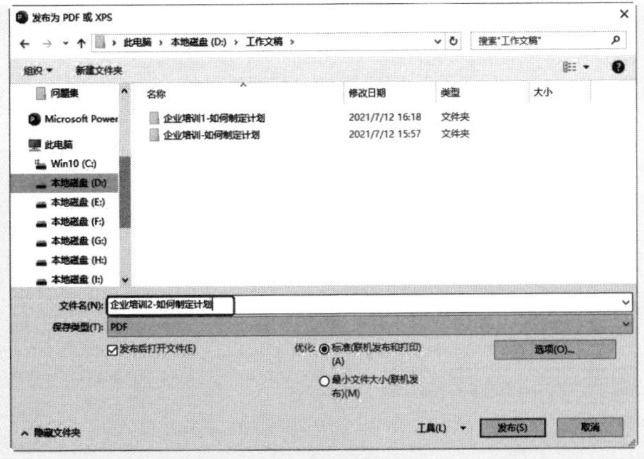

图 11-60

❸ 单击“发布”按钮，发布完成后，即可将演示文稿保存为 PDF 格式，进入保存路径中即可打开查看，如图 11-61 所示。

图 11-61

应用扩展

将演示文稿发布成 PDF/XPS 文档时，可以有选择地选取需要发布的幻灯片。其方法是在“发布为 PDF 或 XPS”对话框中单击“选项”按钮，打开“选项”对话框，在“范围”栏中可以选择需要发布的幻灯片，如图 11-62 所示。

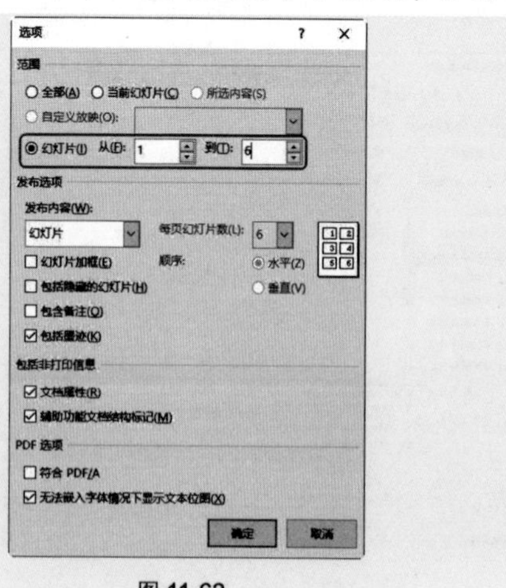

图 11-62

技巧 20 将演示文稿创建为视频文件

对于制作好的演示文稿，可不可以在视频播放工具中以幻灯片的方式播放呢？答案是肯定的，而且在播放视频时，为幻灯片设置的每个动画效果、音频效果等都可以播放出来。

❶ 打开目标演示文稿，单击“文件”菜单，在打开的菜单中选择“导出”选项，在右侧选择“创建视频”选项，然后单击“创建视频”按钮，如图 11-63 所示。

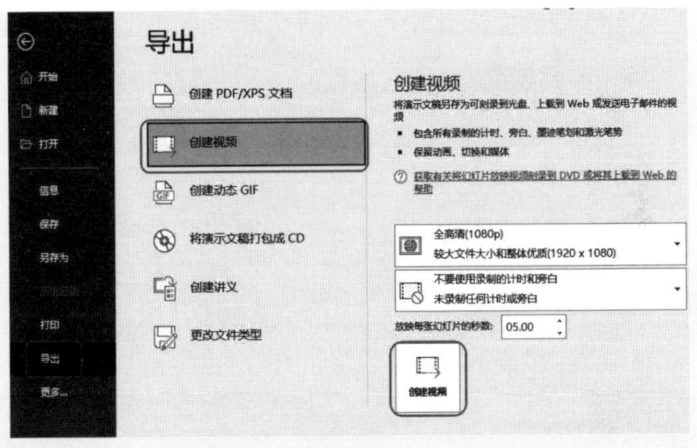

图 11-63

❷ 打开“另存为”对话框，设置视频文件保存的路径与文件名，如图 11-64 所示。

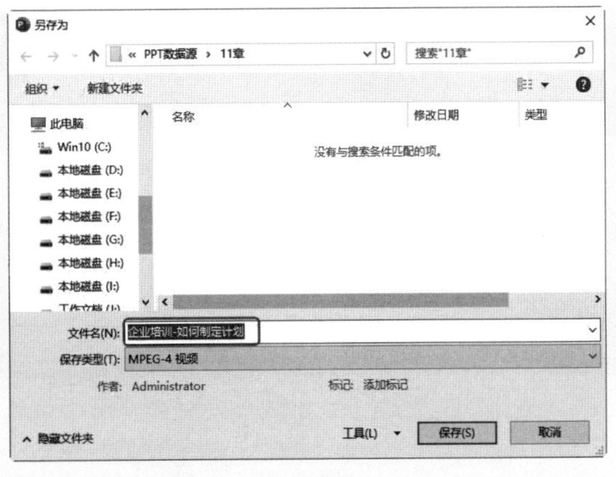

图 11-64

❸ 单击“保存”按钮，可以在演示文稿下方看到正在制作视频的提示。制作完成后，进入保存路径中即可看到生成的视频文件，如图 11-65 所示。

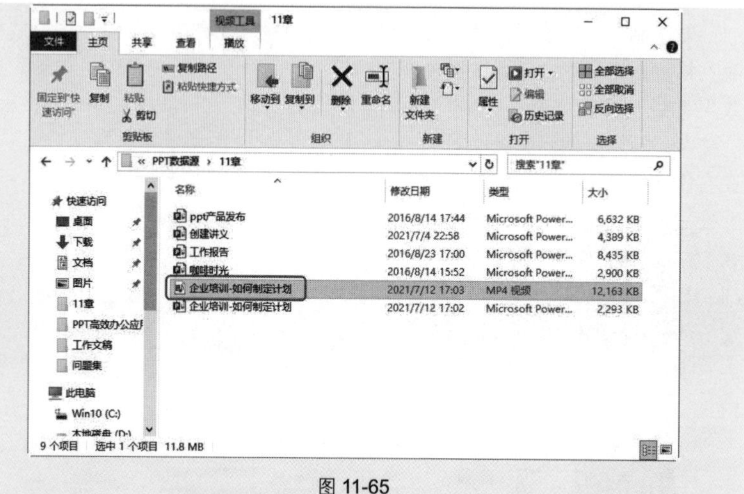

图 11-65

❹ 双击文件，即可打开播放器播放视频，如图 11-66 所示为正在播放的画面。

图 11-66

附录 A 问题集

问题 1 主题颜色是什么？什么情况下需要更改？

问题描述：在设计幻灯片时经常听到讲“主题颜色”这个概念，但在实际创建幻灯片的过程中，似乎感觉并没有用到，请问主题颜色是什么？什么情况下需要更改？

问题解答：

主题颜色是程序设置好的一种配色方案，无论哪一个主题，除了你当前使用的配色方案外，还可以应用程序内置的多种配色方案。如图 A-1、图 A-2 所示为两张完全相同的幻灯片，只是它们的主题配色方案不同。

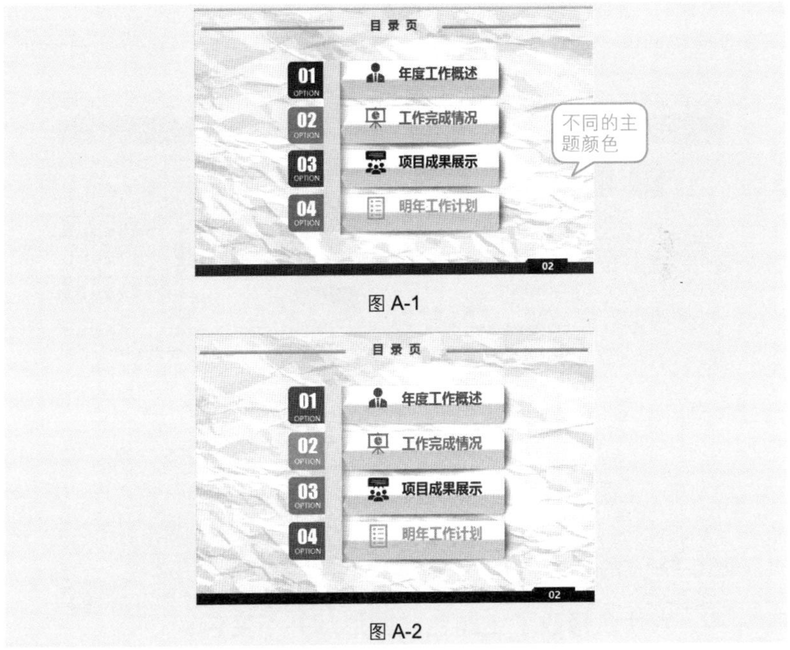

图 A-1

图 A-2

我们先来看如何去更改主题颜色，然后再来对比更改主题颜色后能带来什么不同的效果。

在“设计”→“变体”选项组中单击“其他”按钮，在展开的菜单中将鼠标指针指向“颜色”，在其子菜单中可选择不同的配色方案，如图 A-3 所示。

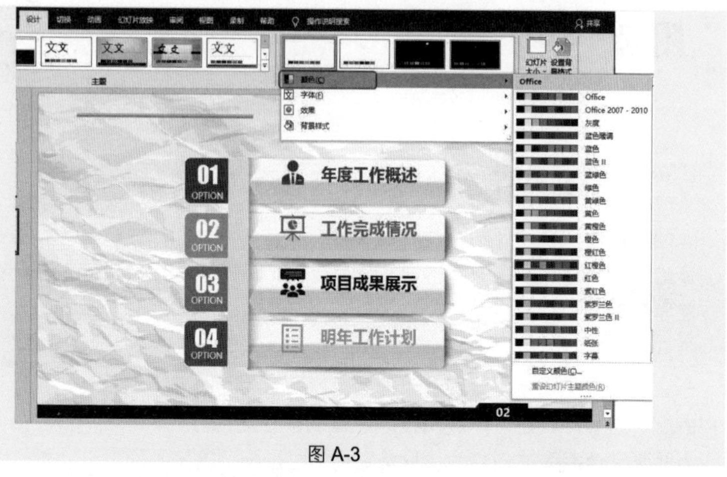

图 A-3

当更改了主题颜色后，无论是设置图形的颜色（如图 A-4 所示），还是设置文字的颜色（如图 A-5 所示），都可以看到主题列表中的配色方案发生了改变（注意默认的主题颜色是“Office”）。

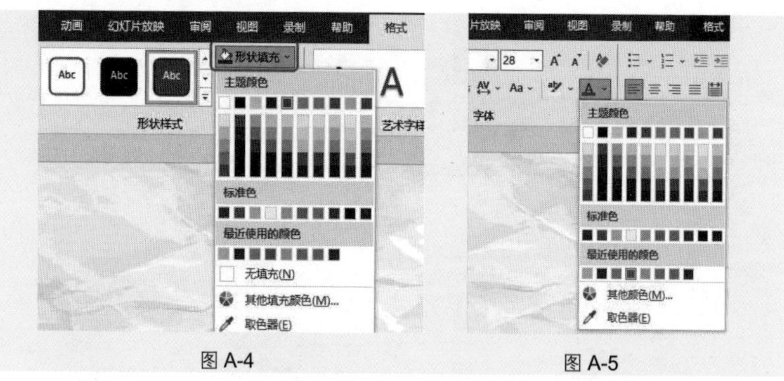

图 A-4　　图 A-5

因此更改主题颜色主要是看自己想使用怎样的色调去设计幻灯片。因为更改了主题颜色后，可以看到在设置任意一个对象的颜色时，其主题颜色的列表也都做出了相应的配色。

问题 2　为什么修改了主题色，图形却并不变色？

问题描述：为图形设置了不同的填充颜色，按理说只要重新改变主题颜色，图形也会随之变色，可是无论怎么更换主题色，图形还是保持原来的颜色，未做任何改变。

问题解答：

出现这种情况是因为你为图形设置的填充颜色并不是“主题颜色”列表中的颜色，即非如图所示区域中的颜色。只要不选用这个区域中的颜色，其颜色就不会随着主题颜色的改变而改变。

如图 A-6 所示的各个图形的填充颜色均是使用如图 A-7 所示的“主题颜色”区域中的颜色。

图 A-6

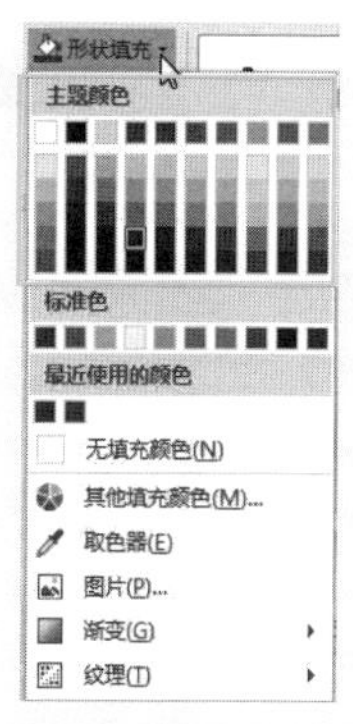

图 A-7

当更改主题颜色为“流畅”时，如图 A-8 所示（更改方法详见问题 1 中的操作），可以看到图形颜色自动变更为如图 A-9 所示的效果。

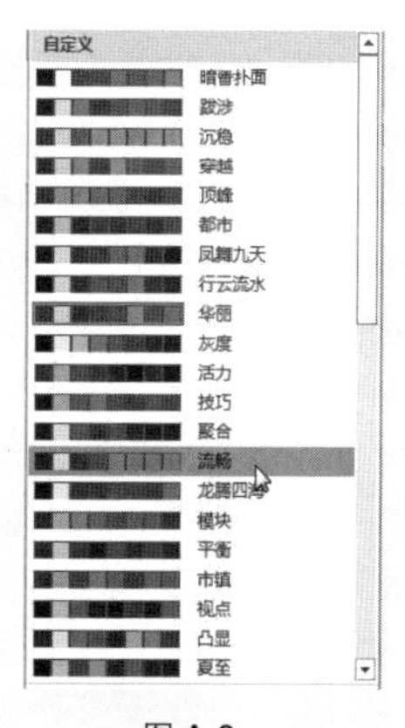

图 A-8

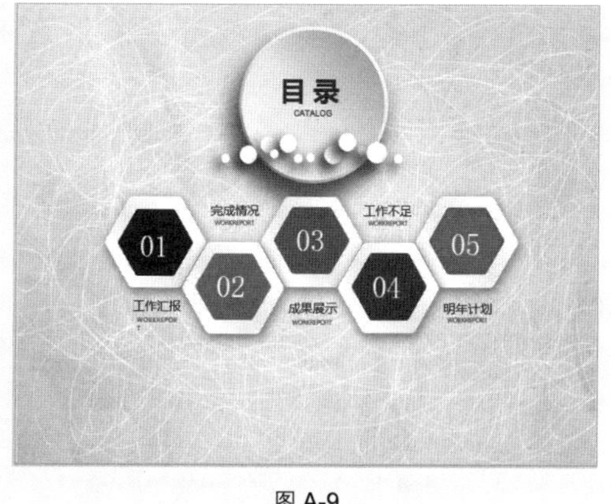

图 A-9

问题 3　为什么在母版中设置了文字的格式，幻灯片中却不应用？

问题描述：在母版中设置了文字的格式，幻灯片中却不应用，这是什么原因？

问题解答：

出现这种情况有两个原因。

一是我们看到幻灯片的一个主母版下会有多个版式母版，如果选中某个版式母版来设置文字的格式，那么在创建幻灯片时只有应用此版式才会应用设置的效果，而应用其他版式创建的幻灯片则不会应用设置的效果。

例如，图 A-10 是在母版中为“标题和内容”版式设置了标题文字的格式。

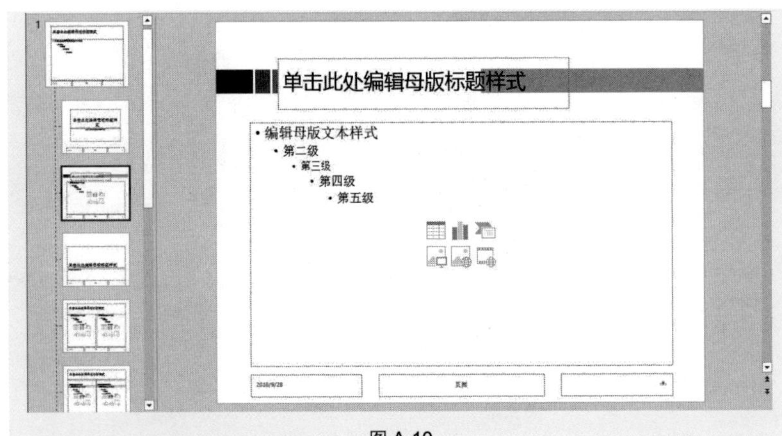

图 A-10

退出母版后，如图 A-11 所示的幻灯片使用的是“仅标题”版式，所以它的标题文字并不应用设置的效果。如果将版式更改为“标题和内容”，则可以应用在母版中所设置的效果（如图 A-12 所示）。

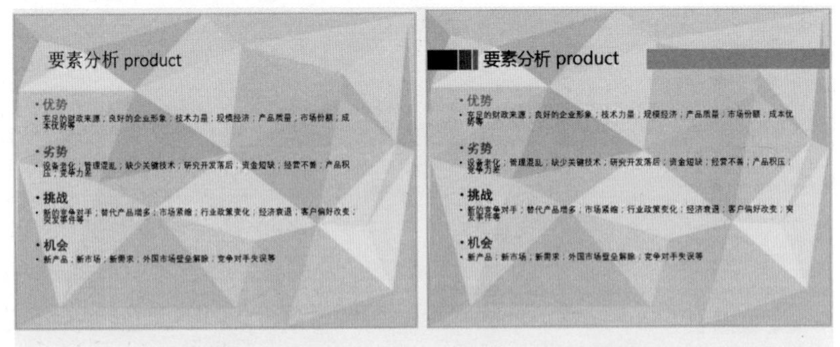

图 A-11　　图 A-12

二是虽然你在母版中设置了标题文字的格式，可是你的幻灯片中并没有使用默认的标题占位符，如你是直接在幻灯片中通过绘制文本框来添加文本的，这时在母版中设置的文字格式也是不会自动应用的。

问题 4　在 Word 中拟好文本框架，有没有办法一次性转换为 PPT ？

问题描述： 文字是幻灯片的“纲”，是 PPT 中必不可少的一个要素，如果在 Word 中已经将文本内容拟订好，有没有办法一次性转换为 PPT，然后再补充完整对幻灯片的设计。

问题解答：

这种转换是可以实现的，其操作方法如下。

在 Word 文档中将文档整理好，由于 PPT 中的文档是分级显示的，因此 Word 文档也应该设置好级别。例如，将所有需要建立到单一幻灯片中的标题设置为一级，将正文设置为二级（从导航窗格中可以看到），如图 A-13 所示。

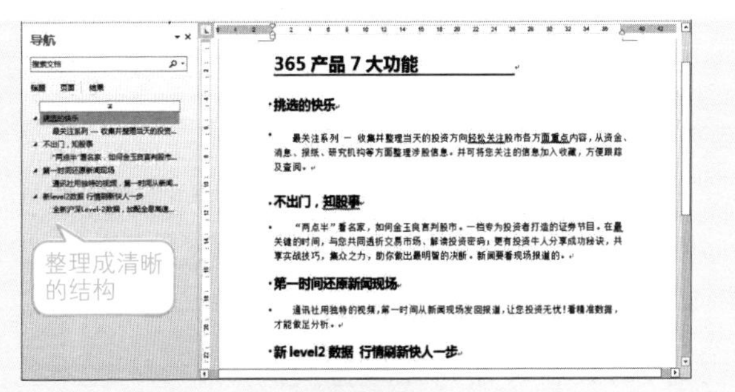

图 A-13

切换到 PPT 程序中，在“开始”→“幻灯片”选项组中单击“新建幻灯片”下拉按钮，在下拉菜单中单击“幻灯片（从大纲）”，如图 A-14 所示。打开“插入大纲”对话框，定位 Word 文档的位置并选中文件，如图 A-15 所示。

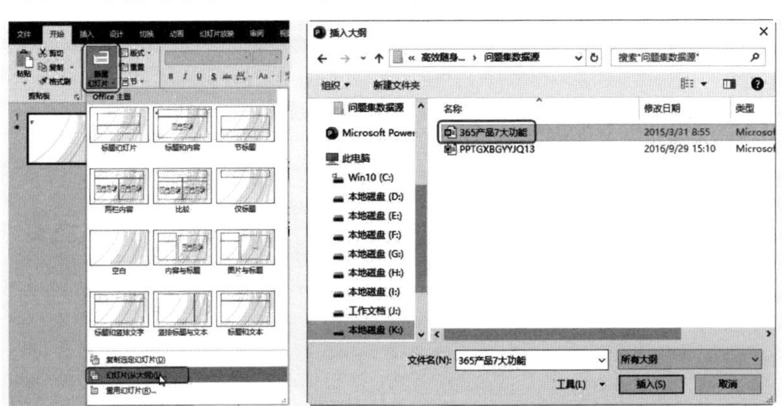

图 A-14　　　图 A-15

单击“插入”按钮即可将 Word 文档转换为多张幻灯片，一级标题为每张幻灯片的标题，二级标题为每张幻灯片的内容，如图 A-16 所示。

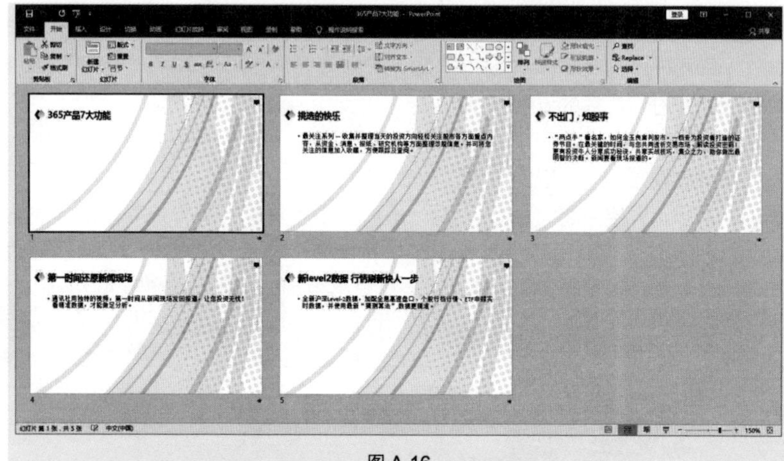

图 A-16

完成这种基本幻灯片的创建后，可以根据情况对幻灯片中的内容进行排版及补充设计。

问题 5　如何将文本转换为二级分类的 SmartArt 图形？

问题描述：我们知道幻灯片中的文本可以快速转换为 SmartArt 图形，从而增强文本的表达效果。那么如果我们的文本不是只有一级，而是包含下一级文本（如图 A-17 所示），转换后结果并不能自动分级（如图 A-18 所示）。如果我想转换为带有二级分类的 SmartArt 图形，应该如何实现呢？

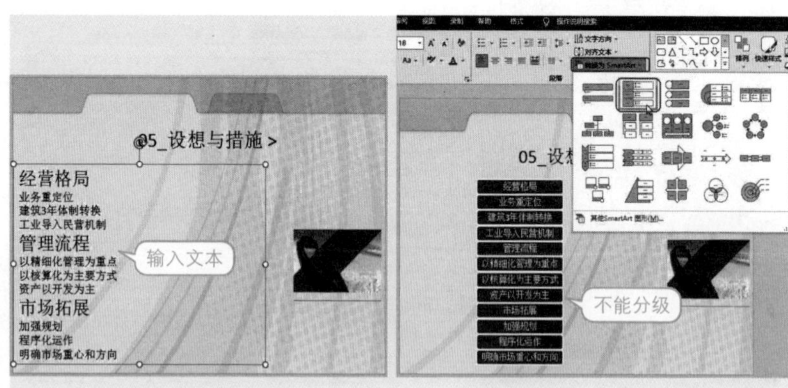

图 A-17　　图 A-18

问题解答：

当文本不分级时，只要将文本分行显示，即可将其快速地转换为 SmartArt 图形；如果文本是分级的，如一个标题下面有几个细分项目，这种情况下就需要在转换前将文本的级别设置好，否则将无法转换为正确的 SmartArt 图形。

选中各小标题下面的文本，在“开始”→“段落”选项组中单击“提高列表级别”按钮，以改变文本的级别，如图 A-19 所示。

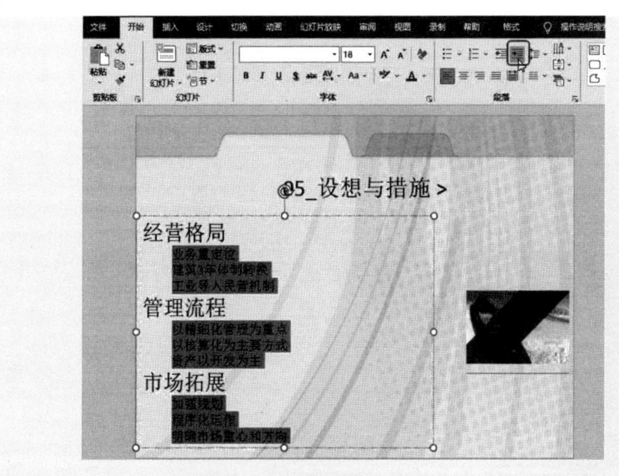

图 A-19

在“开始”→“段落”选项组中单击“转换为 SmartArt 图形”下拉按钮，在下拉列表中选择 SmartArt 图形样式即可进行转换，如图 A-20 所示。

图 A-20

问题 6　幻灯片页面中很多用来布局的不规则图形是手工绘制的吗？

问题描述： 总是看到很多幻灯片中使用了多个图形来布局页面，整体效果极具设计感（如图 A-21 所示的幻灯片）。可是这些图形似乎又不是“自选图形”列表中的图形，那么它们是手工绘制的吗？又是怎么绘制的呢？

图 A-21

问题解答：

这些图形是手工绘制的。因为 PPT 程序对图形的绘制是非常灵活的，并不是只有“自选图形”列表中的那些可以使用，除此之外我们还可以使用“曲线”、“自由 - 形状”、“自由 - 曲线”这几个工具自由地绘制，也可以先绘制基本图形，然后通过对图表的顶点进行调整来获取自己想要的形状。这方面的知识我们在第 6 章中有详细的操作介绍，下面针对上面给出的幻灯片中的效果，简单介绍一下此幻灯片中的图形是如何得来的。

首先在“自选图形”列表中选择“梯形”图形并绘制，如图 A-22 所示。

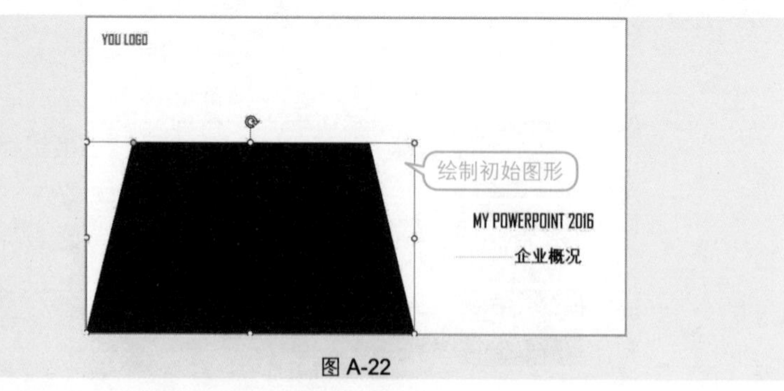

图 A-22

在图形上单击鼠标右键，在弹出的快捷菜单中选择“编辑顶点”命令（如图 A-23 所示），此时即进入顶点编辑状态，拖动顶点即可重新更改顶点位置，如图 A-24 所示。

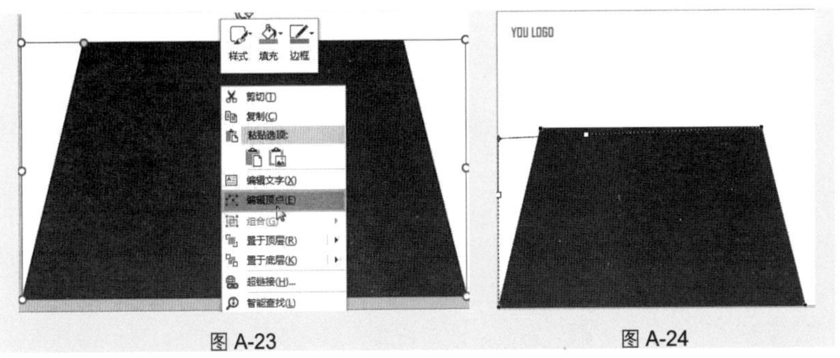

图 A-23　　　　图 A-24

按相同的方法再调节另一个顶点的位置（如图 A-25 所示），调节后可以得到需要的图形样式，如图 A-26 所示。

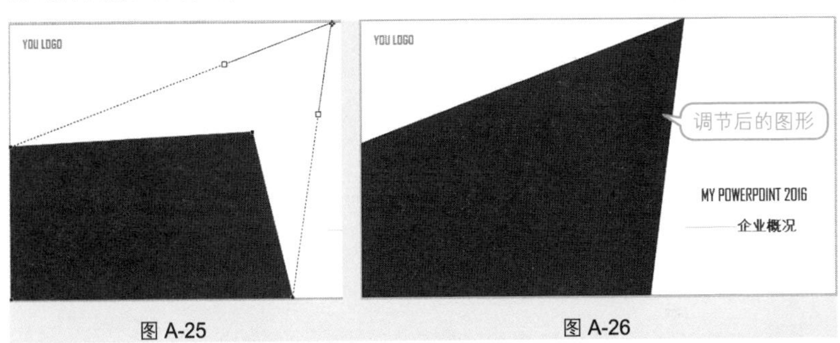

图 A-25　　　　图 A-26

按相同的方法得到多个图形，并合理叠放，然后设置图形不同的填充效果（本例中使用的是不同的渐变），从而实现自己设计思路中的布局样式，如图 A-27 所示。

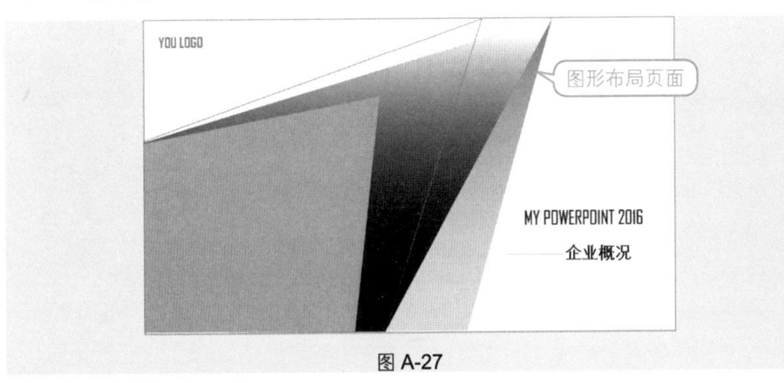

图 A-27

由上述描述我们了解了图形的使用及调节方法，那么最重要的还是要有成熟的设计思路，即只要具备设计思路，操作起来就不成问题。

问题 7　在制作教学课件时怎样才能先出现问题，再出现答案呢？

问题描述：在制作教学课件时，想实现的效果是先出现问题，在经过讲解与思考后，当再次单击鼠标时才出现答案。

问题解答：

这种效果应该算是教学课件的基本要求。不少人在制作教学课件时，将问题与答案写进同一个文本框中，而在进行动画设置时，这个文本框中的内容是同时发生动作的，因此达不到上述的效果。所以要想实现这一效果，则需要将问题和答案用两个文本框来完成，即先设置问题文本框的动画，再设置答案文本框的动画，并且答案文本框的动画要在单击鼠标时执行。

如图 A-28 所示为两个文本框分别设置了不同的动画，通过序号可以看到问题在前，答案在后；图 A-29 中显示的答案文本框的动画的开始时间设置为“单击开始”。

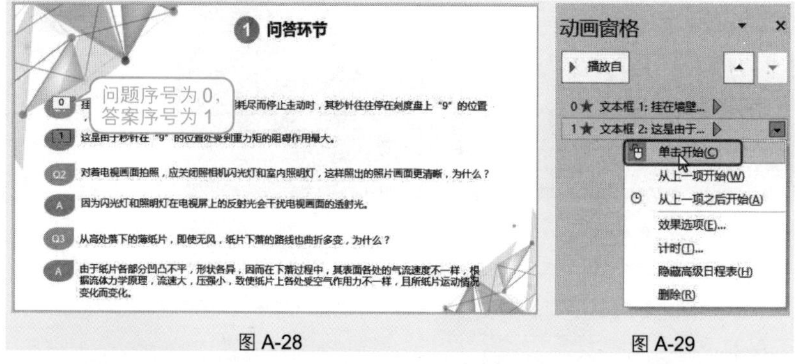

图 A-28　　　　图 A-29

问题 8　在放映幻灯片的过程中，背景音乐始终在播放，这是如何实现的？

问题描述：在会场或是婚礼现场经常看到幻灯片滚动放映时一直有背景音乐在播放，这种播放效果是如何实现的？

问题解答：

添加音频后，选中插入音频后显示的小喇叭图标，在“音频工具”→“播放”→“音频选项”选项组中选中“跨幻灯片播放”“循环播放，直到停止”复选框，如图 A-30 所示。

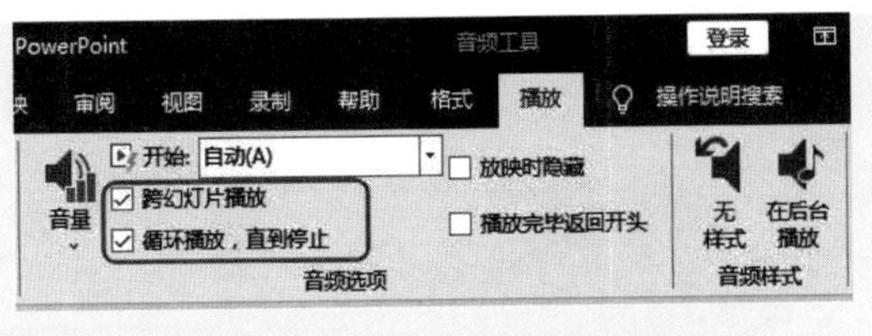

图 A-30

设置完成后，当再次放映幻灯片时，无论切换到哪一张幻灯片都会自动播放设置的音频文件。

问题 9 在放映幻灯片时，想在放映和讲解的同时查看备注信息，可以实现吗？

问题描述：通常情况下 PPT 是以全屏方式播放演示文稿的，而自己想利用之前建立的备注信息来辅助讲解，即想在放映时能查看之前添加的备注信息，以防止演讲有误，有没有办法实现？

问题解答：

在桌面上单击鼠标右键，在弹出的快捷菜单中单击“显示设置”，打开“设置”对话框，这时选择第二个显示器，即投影仪，如图 A-31 所示。接着在 PPT 程序中，在“幻灯片放映”→“设置”选项组中选择“设置幻灯片放映”命令，打开“设置放映方式”对话框，选中“使用演示者视图”复选框，如图 A-32 所示。

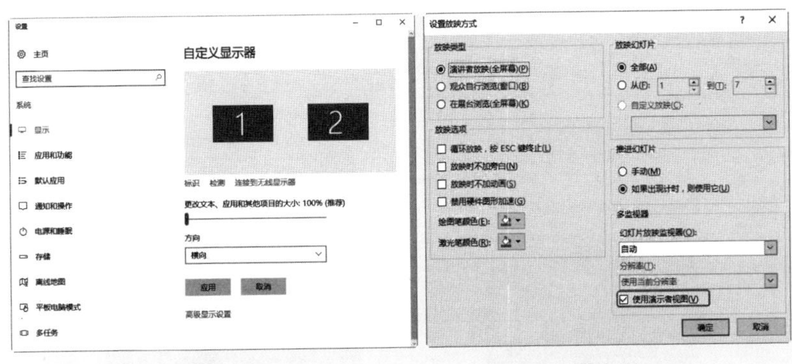

图 A-31　　　　图 A-32

完成上面的设置后，在放映时就可以清晰地看到备注信息，同时也对下一张幻灯片进行了预览，如图 A-33 所示。

图 A-33

问题 10　如何保存文稿中的图片或者背景图片？

问题描述：我们在欣赏某篇演示文稿时，发现其中的一些图片或者背景非常精美，想保存下来供自己以后在制作演示文稿时使用，有办法实现吗？

问题解答：

可以保存的，如下面保存幻灯片中的背景图片，操作步骤如下。

在幻灯片背景的空白处单击鼠标右键，在弹出的快捷菜单中选择“保存背景”命令（如图 **A-34** 所示），打开“保存背景”对话框，设置图片的保存路径并为图片重命名（如图 **A-35** 所示），单击“保存”按钮即可。

图 A-34

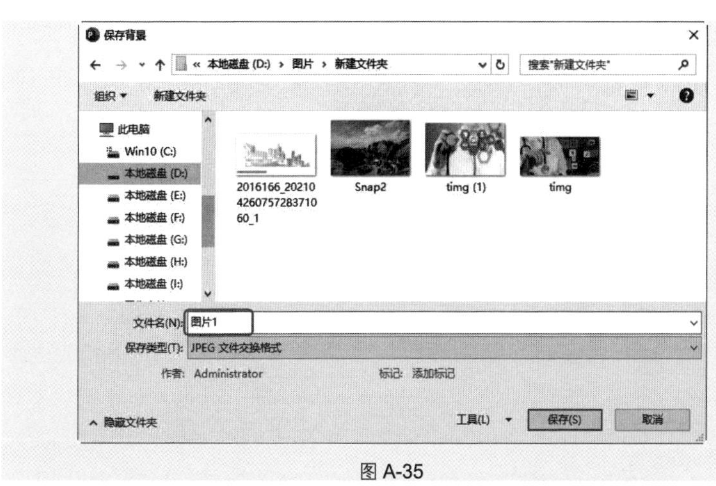

图 A-35

如果是保存幻灯片中的图片，则可在图片上右击鼠标，在弹出的快捷菜单中选择“另存为图片”命令（如图 A-36 所示），然后设置保存位置即可。

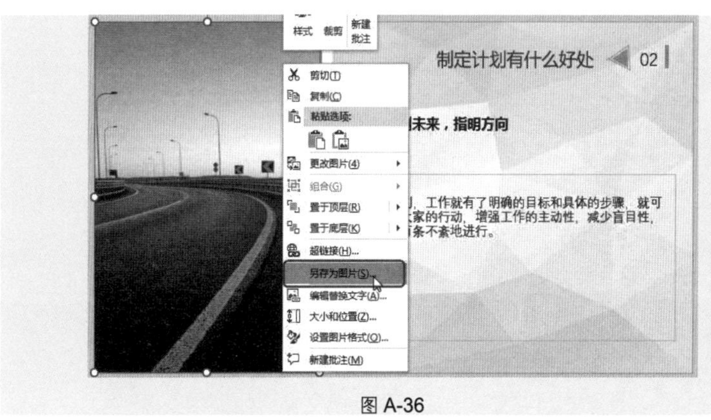

图 A-36

问题 11 PPT 在其他计算机中打开时，为什么字体都不是原来的字体了？

问题描述：将制作好的演示文稿在其他计算机中打开时，发现我之前设置好的字体都没有了，这是怎么回事？怎么做才能让我的文字效果保持原样？

问题解答：

这是由于两台计算机安装的字体不同，你使用的字体在另一台计算机中未安装，所以要想让字体保持原样，则需要在保存演示文稿时就将字体嵌入文件中。

单击“文件”菜单，在打开的菜单中选择“选项”命令，打开“PowerPoint选项”对话框。在左侧选择“保存”图标，在右侧选中“将字体嵌入文件”复选框，接着选中“仅嵌入演示文稿中使用的字符（适于减小文件大小）”单选按钮（如图 A-37 所示），单击“确定”按钮即可。

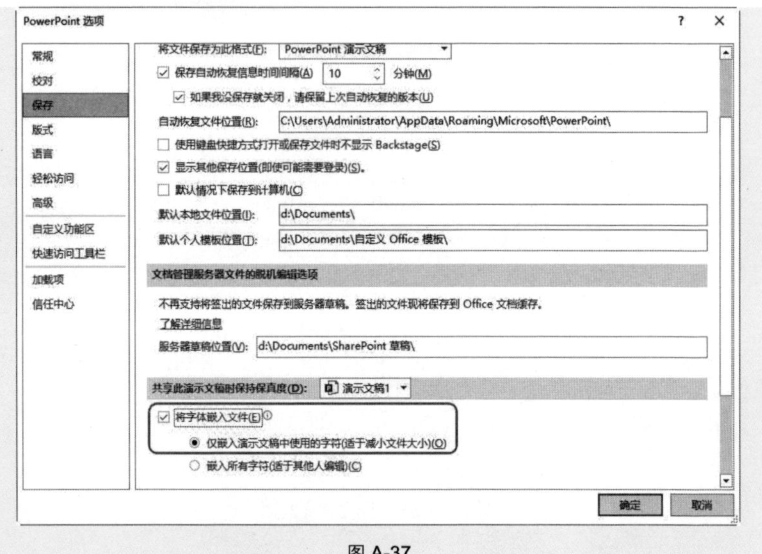

图 A-37

建议在幻灯片编辑过程中不要先嵌入字体（因为这样会增大演示文稿的体积），当编辑完成后需要移至其他计算机中使用时再嵌入字体。

问题 12　如果不想让别人在“最近使用的文档”列表中看到我打开了哪些文件，有没有办法实现？

问题描述：我最近打开了几个较为机密的文件，如果不想让别人在“最近使用的文档”列表中看到我最近打开了哪些文件，要进行什么设置才能删除这个列表中的文件名称?

问题解答：

这个列表是为了方便使用者能快速打开自己最近编辑过的文件而设置的。如果想删除这个列表，其操作如下。

单击“文件”菜单，在打开的菜单中选择“选项”命令，打开“PowerPoint选项”对话框。在左侧选择“高级”图标，在“显示”栏中将“显示此数目的取消固定的‘最近的文件夹’”的数目更改为 0，如图 A-38 所示。

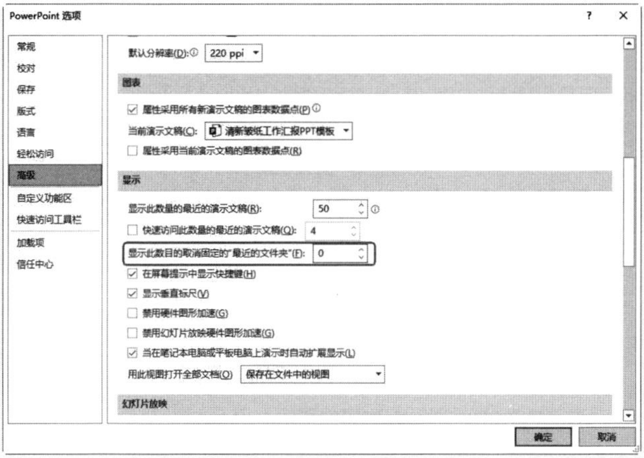

图 A-38

单击“确定”按钮即可完成设置。再次单击“文件”菜单，在打开的菜单中选择“打开”命令，可以看到列表被清空，如图 A-39 所示。

图 A-39

问题 13　不启动 PowerPoint 程序能放映幻灯片吗？

问题描述： 如果要对幻灯片进行放映，需要打开演示文稿，在“幻灯片放映”→“开始放映幻灯片”选项组中放映幻灯片，那么可以在不打开演示文稿的情况下直接放映幻灯片吗?

问题解答：

按如下方法操作，可以实现进入保存演示文稿的文件夹中就能放映幻灯片。找到演示文稿的保存路径，选中演示文稿右击，在弹出的快捷菜单中选择“显示”命令（如图 A-40 所示），即可放映演示文稿。

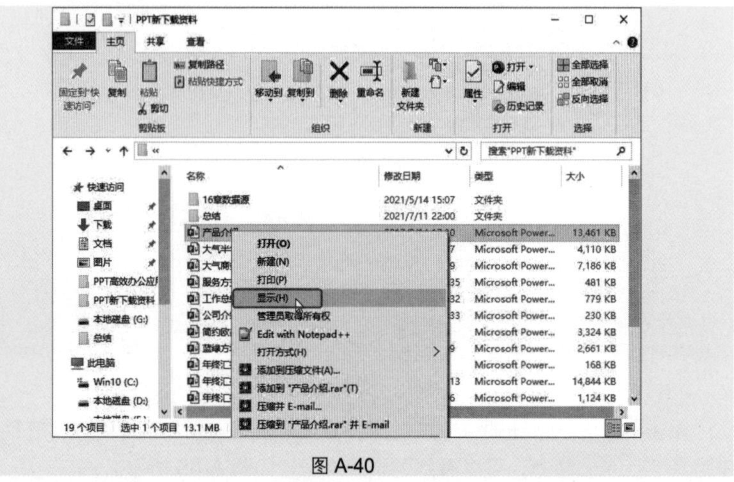

图 A-40

在放映过程中按 Esc 键，即可退出放映状态并关闭演示文稿。

问题 14　演示文稿建立好后通常体积都会比较大，有哪些办法为演示文稿瘦身？

问题描述：演示文稿中往往需要使用大量的图片，有的还会插入音频、视频等，因此文件通常会很大，有哪些办法为演示文稿瘦身？

问题解答：

幻灯片中占用空间的要素为图片、字体、音频与视频几项，因此要想在保持幻灯片质量的同时压缩体积，在制作幻灯片时就要从图片、字体、音频与视频的选取上掌握一些注意事项。

（1）不同格式的图片所占空间的大小也不同，其中位图格式（.bmp）的图片最大，所以尽量不要使用位图格式（.bmp）图片，推荐使用质量好的 jpg 格式图片与矢量图。

（2）根据演示的环境选择合适的图片尺寸，如果是在较大场地里演示，则需要选择一些大尺寸的图片以确保演示效果。如果是较小场地的演示环境，或者只是在计算机上演示，则可以选择一些尺寸小的图片，并非盲目认为图片越大越好。

（3）裁剪过的图片，注意要删除掉裁剪部分。打开需要压缩的演示文稿，单击“文件”菜单，在打开的菜单中选择“另存为”命令，在右侧单击“浏览”，打开“另存为”对话框，单击左下角的“工具”下拉按钮，从下拉列表中选择“压缩图片”命令（如图 A-41 所示），打开“压缩图片”对话框，建议选中“删除图片的剪裁区域”复选框与“Web（150 ppi）：适用于网页和投影仪”单选按钮（如图 A-42 所示）。单击“确定”按钮，然后单击“保存”按钮即可对演示文稿进行压缩处理。

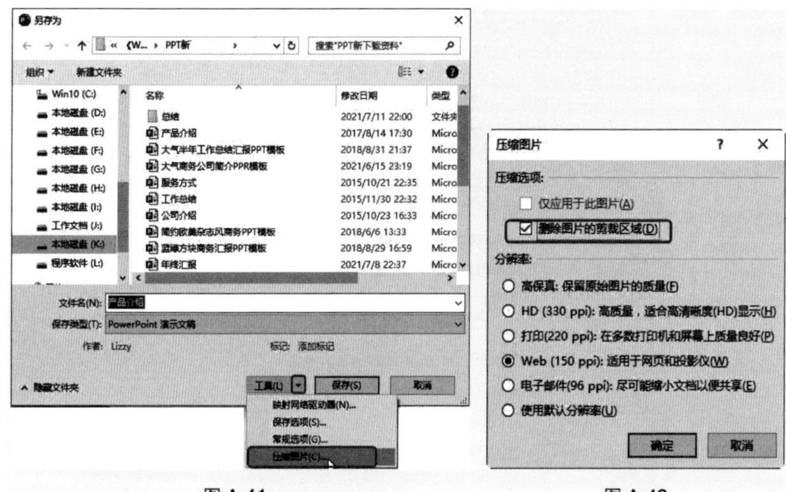

图 A-41　　　　图 A-42

（4）如果是报告类、阅读学习类的演示文稿，当对字体没有过高要求时，可以尽量选用系统自带的字体，因为很多特殊字体其所占用的空间也是很惊人的。

（5）选择音频文件时，同图片的格式一样，不同格式的音频文件所占用空间的大小也不同，音频文件一般使用 MP3 格式，而 WAV 格式的体积巨大。

（6）视频文件可以选择 AVI、MP4 格式的，MPG 格式的体积也较大。视频文件的格式可以使用小工具进行转换，非常方便。另外，视频文件也可以按需要进行裁剪，只截取所需要的小段即可。

问题 15　如何抢救丢失的文稿？

问题描述： 我们在编辑文稿时，由于死机或停电，常常造成文稿的丢失，能不能抢救回来呢？

问题解答：

单击“文件”菜单，在打开的菜单中选择“选项”命令，打开“PowerPoint 选项”对话框。在左侧选择“保存”图标，在右侧选中“保存自动恢复信息时间间隔”复选框，接着在数值框中输入时间间隔，如“3分钟”，如图A-43所示。

图 A-43

单击“确定”按钮。若遇到异常情况关闭程序后，当再次打开程序时，文档即可快速恢复到3分钟前的编辑状态。

尽管死机或停电前最后一段时间内编辑的内容无法恢复，但已经尽可能地挽回了损失。